U0195670

普通高等教育土建学科专业『十一五』规划教材

全国高职高专教育土建类专业教学指导委员会规划推荐教材

园林建筑材料与构造

（园林工程技术专业适用）

本教材编审委员会组织编写

武佩牛 主编

季 翔 主审

中国建筑工业出版社

图书在版编目（CIP）数据

园林建筑材料与构造／本教材编审委员会组织编写. —北京：中国建筑工业出版社，2007（2023.4重印）

普通高等教育土建学科专业“十一五”规划教材. 全国高职高专教育土建类专业教学指导委员会规划推荐教材. 园林工程技术专业适用

ISBN 978－7－112－09299－4

Ⅰ. 园… Ⅱ. 本… Ⅲ. ①园林建筑－建筑材料－高等学校：技术学校－教材②园林建筑－建筑构造－高等学校：技术学校－教材 Ⅳ. TU986.4

中国版本图书馆 CIP 数据核字（2007）第 065532 号

本书为建设行业技能型紧缺人才培训教育工程系列教材之一，全书共4章，即：园林建筑材料、房屋建筑基本知识、园林建筑的基本构造、园林建筑材料与构造实训。前3章附有内容小结及思考题。

本书主要作为高职高专院校园林工程技术专业及其他相关专业教材，也可用于在职培训或供有关工程技术人员参考。

责任编辑：朱首明 杨 虹
责任设计：董建平
责任校对：兰曼利 关 健

普通高等教育土建学科专业“十一五”规划教材
全国高职高专教育土建类专业教学指导委员会规划推荐教材

园林建筑材料与构造

（园林工程技术专业适用）

本教材编审委员会组织编写

武佩牛 主编

季 翔 主审

*

中国建筑工业出版社出版、发行（北京西郊百万庄）
各地新华书店、建筑书店经销
北京嘉泰利德公司制版
北京建筑工业印刷厂印刷

*

开本：787×1092 毫米 1/16 印张：17¾ 字数：429 千字
2007 年 12 月第一版 2023 年 4 月第十七次印刷
定价：**32.00** 元

ISBN 978－7－112－09299－4
（21663）

序　言

全国高职高专教育土建类专业教学指导委员会建筑类专业指导分委员会是建设部受教育部委托，由建设部聘任和管理的专家机构。其主要工作任务是，研究如何适应建设事业发展的需要设置高等职业教育专业，明确建设类高等职业教育人才的培养标准和规格，构建理论与实践紧密结合的教学内容体系，构筑“校企合作、产学结合”的人才培养模式，为我国建设事业的健康发展提供智力支持。

在建设部人事教育司和全国高职高专教育土建类专业教学指导委员会的领导下，自成立以来，全国高职高专教育土建类专业教学指导委员会建筑类专业指导分委员会的工作取得了多项成果，编制了建筑类高职高专教育指导性专业目录；在重点专业的专业定位、人才培养方案、教学内容体系、主干课程内容等方面取得了共识；制定了“建筑装饰技术”等专业的教育标准、人才培养方案、主干课程教学大纲；制定了教材编审原则；启动了建设类高等职业教育建筑类专业人才培养模式的研究工作。

全国高职高专教育土建类专业教学指导委员会建筑类专业指导分委员会指导的专业有建筑设计技术、室内设计技术、建筑装饰工程技术、园林工程技术、中国古建筑工程技术、环境艺术设计等6个专业。为了满足上述专业的教学需要，我们在调查研究的基础上制定了这些专业的教育标准和培养方案，根据培养方案认真组织了教学与实践经验较丰富的教授和专家编制了主干课程的教学大纲，然后根据教学大纲编审了本套教材。

本套教材是在高等职业教育有关改革精神指导下，以社会需求为导向，以培养实用为主、技能为本的应用型人才为出发点，根据目前各专业毕业生的岗位走向、生源状况等实际情况，由理论知识扎实、实践能力强的双师型教师和专家编写的。因此，本套教材体现了高等职业教育适应性、实用性强的特点，具有内容新、通俗易懂、紧密结合实际、符合高职学生学习规律的特色。我们希望通过这套教材的使用，进一步提高教学质量，更好地为社会培养具有解决工作中实际问题的有用人才打下基础。也为今后推出更多更好的具有高职教育特色的教材探索一条新的路子，使我国的高职教育办的更加规范和有效。

全国高职高专教育土建类专业教学指导委员会建筑类专业指导分委员会
2007年6月

前　言

本教材根据教育部高等职业园林工程技术专业培养方案中主干课程《园林建筑材料与构造》基本内容和基本要求而编写，是建设行业技能型紧缺人才培训教育工程系列教材之一，也是教育部职教司与成人教育司推荐教材。

本书的内容包括园林建筑材料、房屋建筑构造基本知识、园林工程一般设施的构造、实训四部分的内容。

园林建筑材料部分包括了常用材料的基本性质、分类方式及石材、水泥和其他胶凝材料、混凝土和砂浆、砌体材料、木材、建筑塑料、防水绝缘吸声材料、装饰材料的性能、技术指标及使用等内容。有利于科学选用、合理使用园林材料。

房屋建筑构造部分包括了建筑的概念、建筑结构知识、房屋组成部分——基础、墙、屋顶、楼梯、装饰装修等相应的构造知识和一般的构造做法等内容。有利于掌握相应的构造原理，为园林建筑构造设计打下理论与技能的基础。

园林建筑基本构造部分包括了园林工程中的景墙、景路与地装、梯道、花架、廊与亭、水景与石景的构造知识和常见的构造做法，并介绍了相应实例。有利于建筑工程的构造设计；有利于园林制图能力的提高；有利于园林设计、园林工程施工与管理等课程的学习。

园林建筑材料与构造实训部分包括了园林建筑材料知识、中式亭的抄绘、楼梯建筑设计、园林小品测绘、现代亭构造设计等内容。有利于综合应用相应理论知识，增强解决实际问题的能力，逐步提高实践操作水平。

本书的内容综合性强，偏重于实践能力的培养，实训中各课题的目的明确，实为有一定价值的教学与培训用书。然而，由于时间仓促，书中难免有不足之处，欢迎读者提出宝贵意见和建议。

本教材由武佩牛主编，季翔主审，黄卫群编写第 1 章、肖琳琛编写第 2 章、武佩牛编写第 3 章、蔡丽琼编写第 4 章，潘福荣对全书进行了统稿。另外，蔡丽琼为本书的编写做了大量的资料收集与整理工作。

本套教材的封面图片由北京林业大学王向荣教授提供，在此表示衷心的感谢。

目　录

第 1 章　园林建筑材料 …… 1
1.1　建筑材料分类 …… 2
1.2　园林建筑材料的基本性质 …… 3
1.3　园林建筑常用材料的类别 …… 14
本章小结 …… 88
复习思考题 …… 89

第 2 章　房屋建筑基本知识 …… 91
2.1　房屋建筑概论 …… 92
2.2　力学与结构知识 …… 95
2.3　地基与基础 …… 103
2.4　墙体 …… 107
2.5　楼地面构造 …… 129
2.6　饰面装修 …… 141
2.7　楼梯 …… 159
2.8　屋顶 …… 170
2.9　门窗 …… 190
本章小结 …… 205
复习思考题 …… 207

第 3 章　园林建筑的基本构造 …… 209
3.1　景墙 …… 210
3.2　园路与铺地 …… 218
3.3　梯道与楼梯 …… 226
3.4　花架 …… 229
3.5　廊 …… 235
3.6　亭 …… 241
3.7　石景与水景 …… 255
本章小结 …… 269
复习思考题 …… 270

第 4 章　园林建筑材料与构造实训 …… 271
4.1　园林建筑材料的认识 …… 272
4.2　中式半亭抄绘 …… 272
4.3　楼梯设计 …… 273

4.4 园林小品测绘 …………………………………………………… 274
4.5 现代亭构造设计 …………………………………………………… 275

参考文献 …………………………………………………………… 276

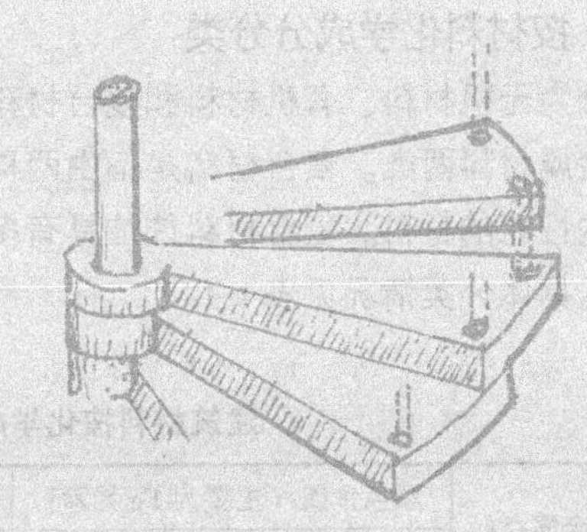

第 1 章　园林建筑材料

1.1 建筑材料分类

人类赖以生存的总环境中，所有构筑物与建筑物所用材料及制品统称为建筑材料，它是一切建筑工程的物质基础。本节所讨论的是用于园林建筑的材料，介绍园林建筑材料的基本性质与常用类别。

建筑材料浩如烟海，品种花色非常繁杂，常可从多个角度对建筑材料进行分类。最常见的是按材料的化学成分和用途分类。

1.1.1 按材料化学成分分类

可分为无机材料、有机材料和复合材料三大类。无机材料又可分为金属材料与非金属材料两类。复合材料是指由两种或两种以上的材料，组合成为一种具有新的性能的材料。复合材料往往具有多种功能，因此，它是现代材料的发展方向。具体分类情况见表 1-1。

建筑材料按化学成分分类 **表 1-1**

无机材料	金属材料	黑色金属（主要为 Fe 元素）	如，钢、铁等
		有色金属	如，铝、铜、锌、铅及其合金等
	非金属材料	天然材料	如，砂、黏土、石子、大理石、花岗石等
		烧土制品	如，砖、瓦、玻璃、陶瓷等
		胶凝材料	如，石灰、石膏、水泥、水玻璃等
		保温材料	如，石棉、矿物棉、膨胀蛭石等
		混凝土及硅酸盐制品	如，混凝土、砂浆、硅酸盐制品等
有机材料	天然材料		如，木材、竹材、植物纤维等
	胶凝材料		如，沥青、合成树脂等
	保温材料		如，软木板、毛毡等
	高分子材料		如，塑料、涂料、合成橡胶等
复合材料	金属材料与非金属材料复合		如，钢筋混凝土、钢纤维增强混凝土等
	有机材料与无机材料复合		如，聚合物混凝土、玻璃纤维增强塑料等
	金属材料与有机材料复合		如，轻质金属夹芯板、铝塑板等

1.1.2 按用途分类

按材料的用途可分为结构材料与功能材料两大类。

结构材料指用作承重构件的材料，如梁、板、柱所用的材料，像砖、石材、砌块、钢材、混凝土等都是结构材料。

功能材料指所用材料在建筑上具有某些特殊功能，如防水、装饰、隔热等功能。

①防水材料：沥青、塑料、橡胶等。

②饰面材料：墙面砖、石材、彩钢板、彩色混凝土等。

③吸声材料：多孔石膏板、塑料吸声板、膨胀珍珠岩等。

④绝热材料：塑料、橡胶、泡沫混凝土等。

⑤卫生工程材料：金属管道、塑料、陶瓷等。

无论是什么类型材料，都有一个标准。建筑材料标准，是企业生产的产品质量是否合格的技术依据，也是供需双方对产品质量进行验收的依据。按标准合理地选用材料，能使结构设计、施工工艺也相应标准化，可加快施工进度，使材料在工程实践中具有最佳的经济效益。我国目前常用的标准有如下三大类：

①国家标准。国家标准有强制性标准（代号 GB）、推荐性标准（代号 GB/T）。

②行业标准。如建设部行业标准（代号 JGJ），国家建材工业行业标准（代号 JC），冶金工业行业标准（代号 YB），交通部行业标准（代号 JT），水电行业标准（代号 SD）等。

③地方标准（代号 DBJ）和企业标准（代号 QB）。

标准的表示方法为：标准名称—部门代号—编号—批准年份。

例如：国家标准《硅酸盐水泥、普通硅酸盐水泥》GB 175—1999。

1.2 园林建筑材料的基本性质

园林建筑材料的基本性质，是指材料处于不同的使用条件和使用环境时，通常必须考虑的最基本的、共有的性质。因为园林建筑材料所处工程的部位不同，使用环境不同，人们对材料的使用功能要求不同，所起的作用就不同，要求的性质也就有所不同。

1.2.1 材料的物理性质

（1）材料与质量有关的性质

1）材料的密度、表观密度、堆积密度

①密度　材料的密度是指材料在绝对密实状态下单位体积的质量，按下式计算：

$$\rho = \frac{m}{V} \tag{1-1}$$

式中　ρ——密度（g/cm^3 或 kg/m^3）；

m——材料的质量（g 或 kg）；

V——材料的绝对密实体积（cm^3 或 m^3）。

材料在绝对密实状态下的体积，是指不包含材料内部孔隙的实体积。在常用园林工程材料中，除了钢材、玻璃、沥青等少数接近于绝对密实的材料外，绝大多数材料都含有一定的孔隙。在测定有孔隙材料的密度时，应先把材料磨成细粉，烘干至恒定质量以排除内部孔隙，然后用李氏瓶测得其实体积，再用上式计算得到密度值。

②材料的表观密度　表观密度是指材料在自然状态下单位体积的质量。按下式计算：

$$\rho_0 = \frac{m}{V_0} \tag{1-2}$$

式中　ρ_0——材料的表观密度（g/cm^3 或 kg/m^3）；

m——材料的质量（g 或 kg）；

V_0——材料的表观体积（cm^3 或 m^3）。

材料在自然状态下的体积，是指包括实体积和孔隙体积在内的体积。对于形状规则的材料，直接测量体积；对于形状不规则的材料，可用蜡封法封闭孔隙，然后再用排液法测量体积；对于混凝土用的砂石骨料，直接用排液法测量体积，此时的体积是实体积和闭口孔隙体积之和，即不包括与外界连通的开口孔隙体积。由于砂石比较密实，孔隙很少，开口孔隙体积更少，所以用排液法测得的密度也称为表观密度。

材料内常含有水分，材料的质量会随其含水率的变化而变化，因此测定表观密度时应注明其含水状态。材料的表观密度大小取决于材料的密度、孔隙率、孔隙构造和其含水情况。

③堆积密度　堆积密度是指粉状或粒状的散粒材料，在堆积状态下单位体积的质量。按下式计算：

$$\rho'_0 = \frac{m}{V'_0} \tag{1-3}$$

式中　ρ'_0——材料的堆积密度（g/cm^3 或 kg/m^3）；

m——材料的质量（g 或 kg）；

V'_0——材料的堆积体积（cm^3 或 m^3）。

粉状或粒状材料的质量是指填充在一定容器内的材料质量，其堆积体积是指所用容器的容积而言。因此，材料的堆积体积包含了颗粒之间的空隙。

堆积密度是指材料在气干状态下的堆积密度，其取决于材料颗粒的表观密度以及颗粒堆积的密实程度，同时材料的含水状态也会影响堆积密度值，含水情况应注明。

在园林建筑工程中，计算材料用量、构件的自重、配料计算以及确定堆放空间时经常要用到材料的密度、表观密度和堆积密度等数据。

常用园林建筑材料的密度、表观密度、堆积密度，见表1-2。

常用材料的密度、表观密度、堆积密度、孔隙率　　**表1-2**

材料名称	密度（g/cm^3）	表观密度（kg/m^3）	堆积密度（kg/m^3）	孔隙率（%）
钢材	7.85	7850	—	—
花岗石	2.6~2.9	2500~2850		0~0.3

续表

材料名称	密度（g/cm³）	表观密度（kg/m³）	堆积密度（kg/m³）	孔隙率（%）
石灰石	2.6～2.8	2000～2600	—	0.5～3.0
碎石或卵石	2.6～2.9	—	1400～1700	—
普通砂	2.6～2.8	—	1450～1700	—
烧结黏土砖	2.5～2.7	1500～1800	—	20～40
水泥	3.0～3.2	—	1300～1700	—
普通混凝土	—	2100～2600	—	5～20
沥青混凝土	—	2300～2400	—	2～4
木材	1.55	400～800	—	55～75

2）材料的密实度和孔隙率

①密实度　密实度是指材料体积内被固体物质充实的程度。密实度的计算式如下：

$$D=\frac{V}{V_0}=\frac{\rho_0}{\rho} \tag{1-4}$$

对于绝对密实材料，因 $\rho_0=\rho$，故密实度 $D=1$ 或 $D=100\%$。对于大多数园林工程材料，因 $\rho_0<\rho$，故密实度 $D<1$ 或 $D<100\%$。

②孔隙率　材料的孔隙率是指材料内部孔隙的体积占材料总体积的百分率。孔隙率 P 按下式计算：

$$P=\frac{V_0-V}{V_0}=1-\frac{\rho_0}{\rho} \tag{1-5}$$

式中　V——材料的绝对密实体积（cm^3 或 m^3）；

V_0——材料的表观体积（cm^3 或 m^3）；

ρ_0——材料的表观密度（g/cm^3 或 kg/m^3）；

ρ——密度（g/cm^3 或 kg/m^3）。

密实度和孔隙率是从不同的两个方面反映材料的同一性质，对同一材料，其$D+P=1$。

材料的许多性质（如强度、吸湿性、抗冻性、吸声性等）均与孔隙率的大小密切相关，同时还与孔隙的构造特征有关。孔隙特征是指孔隙的形状、孔隙的大小和分布状态。在工程实践中，经常通过控制材料的孔隙率和孔隙特征以改善材料的某些性能。

几种常用材料的孔隙率见表1-2。

3）材料的填充率和空隙率

①填充率　是指散粒材料在其堆积体积中，被颗粒实体体积填充的程度，以 D'表示，按下式计算：

$$D'=\frac{V_0}{V'_0}\times 100\%=\frac{\rho_0'}{\rho_0}\times 100\% \tag{1-6}$$

②空隙率　空隙率是指散粒材料在其堆积体积中，颗粒之间的空隙体积所占的比例。空隙率 P' 按下式计算：

$$P' = \frac{V_0' - V_0}{V_0'} = 1 - \frac{V_0}{V_0'} = 1 - \frac{\rho'_0}{\rho_0} \tag{1-7}$$

空隙率的大小反映了散粒材料的颗粒互相填充的致密程度。空隙率可作为控制混凝土骨料级配与计算含砂率的依据。对同一材料，其 $D' + P' = 1$。

【例 1-1】 已知某种建筑材料试样的孔隙率为 24%，此试样在自然状态下的体积为 $40cm^3$，质量为 85.50g，吸水饱和后的质量为 89.77g，烘干后的质量为 82.30g。试求该材料的密度、表观密度、开口孔隙率、闭口孔隙率、含水率。

【解】 密度：$\rho = m/V = 82.30/40 \times (1 - 0.24) = 2.7g/cm^3$

开口孔隙率：开口孔隙的体积/自然状态下的体积 = [(89.77 − 82.30) ÷ 1] /40 = 0.187

闭口孔隙率：孔隙率 − 开口孔隙率 = 0.24 − 0.187 = 0.053

表观密度：$\rho_0 = m/V_0 = 82.3/40 \times (1 - 0.187) = 2.53g/cm^3$

含水率：水的质量/干重 = (85.5 − 82.3)/82.3 = 0.039%

【例 1-2】 某工地所用卵石材料的密度为 $2.65g/cm^3$、表观密度为 $2.61g/cm^3$、堆积密度为 $1.68g/cm^3$，计算此石子的孔隙率与空隙率。

【解】 石子的孔隙率 P 为：

$$P = \frac{V_0 - V}{V_0} = 1 - \frac{V}{V_0} = 1 - \frac{\rho_0}{\rho} = 1 - \frac{2.61}{2.65} = 1.51\%$$

石子的空隙率 P' 为：

$$P' = \frac{V_0' - V_0}{V_0'} = 1 - \frac{V_0}{V_0'} = 1 - \frac{\rho'_0}{\rho_0} = 1 - \frac{1.68}{2.61} = 35.63\%$$

(2) 材料与水有关的性质

1) 亲水性与憎水性

与水接触时，有些材料能被水润湿，而有些材料则不能被水润湿，对这两种现象来说，前者为亲水性，后者为憎水性。具有亲水性的材料称为亲水性材料，否则称为憎水性材料。

材料具有亲水性或憎水性的根本原因在于材料的分子结构。亲水性材料与水分子之间的分子亲和力，大于水分子本身之间的内聚力；反之，憎水性材料与水分子之间的亲和力，小于水分子本身之间的内聚力。

工程实际中，材料是亲水性或憎水性，通常以润湿角的大小划分，润湿角为在材料、水和空气的交点处，沿水滴表面的切线与水和固体接触面所成的夹角。其中润湿角 θ 愈小，表明材料愈易被水润湿。当材料的润湿角 $\theta < 90°$ 时，为亲水性材料，如木材、砖、混凝土、石等；当材料的润湿角 $\theta > 90°$ 时，为憎水性材料，如沥青、石蜡、塑料等。水在亲水性材料表面可以铺展开，且能通过毛细管作用自动将水吸入材料内部；水在憎水性材料表面不仅不能铺展开，而且水分不能渗入材料的毛细管中，如图1-1所示。憎水性材料

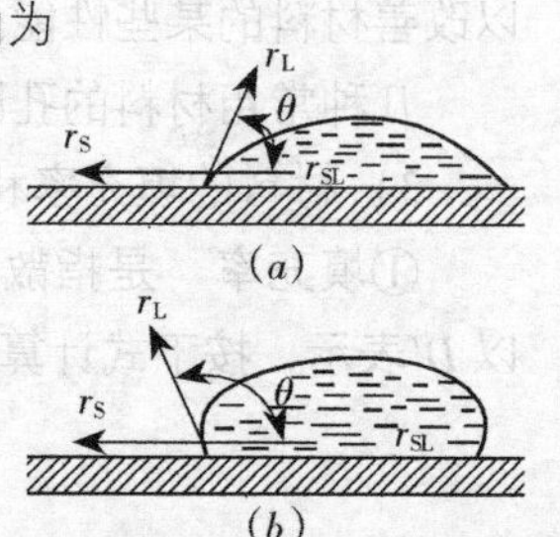

图 1-1　材料润湿示意图
(a) 亲水性材料；(b) 憎水性材料

具有较好的防水性与防潮性，常用作防水材料，也可用于亲水性材料的表面处理，以减少吸水率，提高抗渗性。

2）吸水性

材料在水中吸收水分的性质，称为材料的吸水性。吸水性的大小以吸水率来表示，吸水率常有质量吸水率与体积吸水率两种表示方法：

①质量吸水率　质量吸水率是指材料在吸水饱和状态下，所吸水量占材料在干燥状态下的质量百分比，其计算公式为：

$$W_m = \frac{m_b - m_g}{m_g} \times 100\% \tag{1-8}$$

式中　W_m——材料的质量吸水率（%）；

m_b——材料吸水饱和状态下的质量（g 或 kg）；

m_g——材料在干燥状态下的质量（g 或 kg）。

②体积吸水率　体积吸水率是指材料在吸水饱和时，所吸水的体积占材料自然体积的百分率，并以 W_v 表示。体积吸水率 W_v 的计算公式为：

$$W_v = \frac{m_b - m_g}{V_0} \times \frac{1}{\rho_w} \times 100\% \tag{1-9}$$

式中　W_v——材料的体积吸水率（%）；

m_b——材料吸水饱和状态下的质量（g 或 kg）；

m_g——材料在干燥状态下的质量（g 或 kg）；

V_0——材料在自然状态下的体积（cm^3 或 m^3）；

ρ_w——水的密度（g/cm^3 或 kg/m^3），常温下取 $\rho_w = 1.0 g/cm^3$。

质量吸水率与体积吸水率两者存在以下关系：

$$W_v = W_m \times \rho_0 \tag{1-10}$$

式中　ρ_0——材料干燥时的表观密度（g/cm^3 或 kg/m^3）。

材料的吸水率与其孔隙率有关，更与其孔隙特征有关。因为水分是通过材料的开口孔吸入并经过连通孔渗入内部的。材料内与外界连通的细微孔隙愈多，其吸水性就愈强；闭口孔隙，水分不易进入；开口的粗大孔隙，水分容易进入，但不能存留，故吸水性较小。各种材料的吸水率差别很大，如花岗石等致密岩石的质量吸水率为 0.2% ~0.7%，不同混凝土的质量吸水率为 2% ~3%，烧结普通黏土砖的质量吸水率为 8% ~20%，木材或其他轻质材料的质量吸水率常大于 100%。

材料的吸水性会对其性质产生不利影响。如材料吸水后，其质量增加，体积膨胀，导热性增大，强度与耐久性下降。

3）吸湿性

材料的吸湿性是指材料在潮湿空气中吸收水分的性质。干燥的材料处在较潮湿的空气中时，便会吸收空气中的水分；而当较潮湿的材料处在较干燥的空气中时，便会向空气中放出水分。前者是材料的吸湿过程，后者是材料的干燥过程。由此可见，在空气中，某一材料的含水多少是随空气的湿度变化的。

材料在任一条件下含水的多少称为材料的含水率，其计算公式为：

$$W_h = \frac{m_s - m_g}{m_g} \times 100\% \tag{1-11}$$

式中　W_h——材料的含水率（%）；

m_s——材料吸湿状态下的质量（g 或 kg）；

m_g——材料在干燥状态下的质量（g 或 kg）。

显然，材料的含水率受所处环境中空气湿度的影响。当空气中湿度在较长时间内稳定时，材料的吸湿和干燥过程处于平衡状态，此时材料的含水率保持不变，其含水率叫做材料的平衡含水率。

4）耐水性

材料的耐水性是指材料长期在饱和水的作用下不破坏，强度也不显著降低的性质。衡量材料耐水性的指标是材料的软化系数 K_p：

$$K_p = \frac{f_w}{f} \tag{1-12}$$

式中　K_p——材料的软化系数；

f_w——材料吸水饱和状态下的抗压强度（MPa）；

f——材料在干燥状态下的抗压强度（MPa）。

软化系数反映了材料饱水后强度降低的程度，是材料吸水后性质变化的重要特征之一。一般材料吸水后，水分会分散在材料内微粒的表面，削弱其内部结合力，强度则有不同程度的降低。当材料内含有可溶性物质时（如石膏、石灰等），吸入的水还可能溶解部分物质，造成强度的严重降低。

材料耐水性限制了材料的使用环境，软化系数小的材料耐水性差，其使用环境尤其受到限制。软化系数的波动范围在 0 ~ 1 之间。工程中通常将 $K_p >$ 0.85 的材料称为耐水性材料，可以用于水中或潮湿环境中的重要工程。用于一般受潮较轻或次要的工程部位时，材料软化系数 K_p 也不得小于 0.75。

【例 1-3】某石材在气干、绝干、水饱和情况下测得的抗压强度分别为 174、178、165MPa，求该石材的软化系数，并判断该石材可否用于水下工程。

【解】该石材的软化系数为：

$$K_p = \frac{f_w}{f} = \frac{165}{178} = 0.93$$

由于该石材的软化系数为 0.93，大于 0.85，故该石材可用于水下工程。

5）材料的抗渗性

抗渗性是材料在压力水作用下抵抗水渗透的性能。园林建筑工程中许多材料常含有孔隙、孔洞或其他缺陷，当材料两侧的水压差较高时，水可能从高压侧通过内部的孔隙、孔洞或其他缺陷渗透到低压侧。这种压力水的渗透，不仅会影响工程的使用，而且渗入的水还会带入能腐蚀材料的介质，或将材料内的某些成分带出，造成材料的破坏。

①渗透系数　材料的抗渗性用渗透系数来表示，可通过下式计算：

$$K = \frac{Qd}{AtH} \tag{1-13}$$

式中　K——渗透系数（cm/h）；

Q——渗水量（cm^3）；

A——渗水面积（cm^2）；

H——材料两侧的水压差（cm）；

d——试件厚度（cm）；

t——渗水时间（h）。

渗透系数 K 反映水在材料中流动的速度。K 越小，说明水在材料中流动的速度越慢，其抗渗性越强。

②抗渗等级　有些材料（如混凝土、砂浆等）的抗渗性也可用抗渗等级来表示。抗渗等级是指用标准方法进行透水试验时，材料标准试件在透水前所能承受的最大水压力，并以字母 P_n 来表示，n 为材料能抵抗的最大水压（以 0.1MPa 为单位）。如 P_4、P_6、P_8、P_{10}……等，表示试件能承受逐步增高至 0.4MPa、0.6MPa、0.8MPa、1.0MPa……的水压而不渗水。

材料的抗渗性不仅与材料本身的亲水性和憎水性有关，还与材料的孔隙率和孔隙特征有关。材料的孔隙率越小而且封闭孔隙越多，其抗渗性越强。经常受压力水作用的园林室外工程等，应选用具有一定抗渗性的材料。而任何部位采用的防水材料也应具有不透水性。

6）抗冻性

材料吸水后，在负温作用条件下，水在材料毛细孔内冻结成冰，体积膨胀所产生的冻胀压力造成材料的内应力，会使材料遭到局部破坏，比如表面出现剥落、裂纹，产生质量损失和强度降低。随着冻融循环的反复，材料的破坏作用逐步加剧，这种破坏称为冻融破坏。

抗冻性是指材料在吸水饱和状态下，能经受反复冻融循环作用而不破坏，强度也不显著降低的性能。

抗冻性以试件在冻融后的质量损失、外形变化或强度降低不超过一定限度时所能经受的冻融循环次数来表示，或称为抗冻等级。

材料的抗冻等级可分为 F_{15}、F_{25}、F_{50}、F_{100}、F_{200} 等，分别表示此材料可承受 15、25、50、100、200 次的冻融循环。材料的抗冻性与其内孔隙构造特征、材料强度、耐水性和吸水饱和程度等因数有关。抗冻性良好的材料，对于抵抗温度变化、干湿交替等破坏作用的能力也较强。所以，抗冻性常作为评价材料耐久性的一个指标。

（3）材料与热有关的性质

1）导热性

当材料两面存在温度差时，热量从材料一面通过材料传导至另一面的性质，称为材料的导热性。导热性用导热系数 λ 表示。导热系数的定义和计算式如下所示：

$$\lambda=\frac{Qd}{FZ\ (t_2-t_1)} \tag{1-14}$$

式中 λ——导热系数［W/(m·K)］；

Q——传导的热量（J）；

F——热传导面积（m^2）；

Z——热传导时间（s）；

d——材料厚度（m）；

(t_2-t_1)——材料两侧温度差（K）。

在物理意义上，导热系数为单位厚度（1m）的材料、两面温度差为1K时、在单位时间（1s）内通过单位面积（$1m^2$）的热量。

导热系数是评定材料保温隔热性能的重要指标，导热系数小，其保温隔热性能好。材料的导热系数主要取决于材料的组成与结构。一般来说，金属材料的导热系数大，无机非金属材料适中，有机材料最小。例如，铁的导热系数比石灰大，大理石的导热系数比塑料大，水晶的导热系数比玻璃大。孔隙率大且为闭口微孔的材料导热系数小。此外，材料的导热系数还与其含水率有关，含水率增大，其导热系数明显增大。

2）热容量

材料在受热时吸收热量，冷却时放出热量的性质称为材料的热容量。单位质量材料温度升高或降低1K所吸收或放出的热量称为热容量系数或比热。比热的计算式如下所示：

$$c=\frac{Q}{m\ (t_2-t_1)} \tag{1-15}$$

式中 c——材料的比热［J/(g·K)］；

Q——材料吸收或放出的热量（J）；

m——材料质量（g）；

(t_2-t_1)——材料受热或冷却前后的温差（K）。

当对建筑物或构筑物进行热工性能计算时，需了解材料的导热系数和比热。几种常用材料导热系数和比热参见表1-3。

几种常用材料导热系数和比热 表1-3

材料名称	导热系数 λ ［W/(m·K)］	比热 c ［J/(g·K)］	材料名称	导热系数 λ ［W/(m·K)］	比热 c ［J/(g·K)］
钢材	55	0.46	隔热纤维板	0.05	1.46
花岗石	2.9	0.8	玻璃棉板	0.04	0.88
普通混凝土	1.8	0.88	泡沫塑料	0.03	1.3
普通黏土砖	0.55	0.84	密闭空气	0.025	1
松木（横纹）	0.15	1.63	水	0.6	4.19

3）耐燃性和耐火性

耐燃性是指材料在火焰或高温作用下可否燃烧的性质。

按照遇火时的反应将材料分为非燃烧材料、难燃烧材料和燃烧材料三类。

①非燃烧材料　在空气中受到火烧或高温作用时，不起火、不碳化、不微烧的材料，称为非燃烧材料，如：砖、混凝土、砂浆、金属材料和天然或人工的无机矿物材料等。

②难燃烧材料　在空气中受到火烧或高温作用时，难起火、难碳化，离开火源后燃烧或微烧立即停止的材料，称为难燃烧材料，如石膏板、水泥石棉板、水泥刨花板等。

③燃烧材料　在空气中受到火烧或高温作用时，立即起火或燃烧，离开火源后继续燃烧或微燃的材料，称为燃烧材料，如胶合板、纤维板、木材、织物等。

耐火性是指材料在火焰或高温作用下，保持其不破坏、性能不明显下降的能力。用其耐火时间（h）来表示，称为耐火极限。通常耐燃的材料不一定耐火（如，钢筋），耐火的材料一般耐燃。

1.2.2　材料的力学性质

（1）材料的强度与强度等级

1）材料强度

材料的强度是材料在应力作用下抵抗破坏的能力。通常情况下，材料内部的应力多由外力（或荷载）作用而引起，随着外力增加，应力也随之增大，直至应力超过材料内部质点所能抵抗的极限，即强度极限，材料发生破坏。

在工程上，通常采用破坏试验法对材料的强度进行实测。将预先制作的试件放置在材料试验机上，施加外力（荷载）直至破坏，根据试件尺寸和破坏时的荷载值，计算材料的强度。

材料的受力状态如图1-2所示。

根据外力作用方式的不同，材料强度有抗拉、抗压、抗剪、抗弯强度等。材料的抗拉、抗压、抗剪强度的计算式如下：

$$f=\frac{F_{\max}}{A} \qquad (1\text{-}16)$$

式中　f——材料强度（MPa）；

$F_{\max}$——材料破坏时的最大荷载（N）。

A——试件受力面积（mm^2）。

材料的抗弯强度与受力状态、截面形状有关，一般试验方法是将条形试件放在两支点上，中间作用一集中荷载，对矩形截面试件，则其抗弯强度用下式计算：

$$f_{\mathrm{w}}=\frac{3F_{\max}L}{2bh^2} \qquad (1\text{-}17)$$

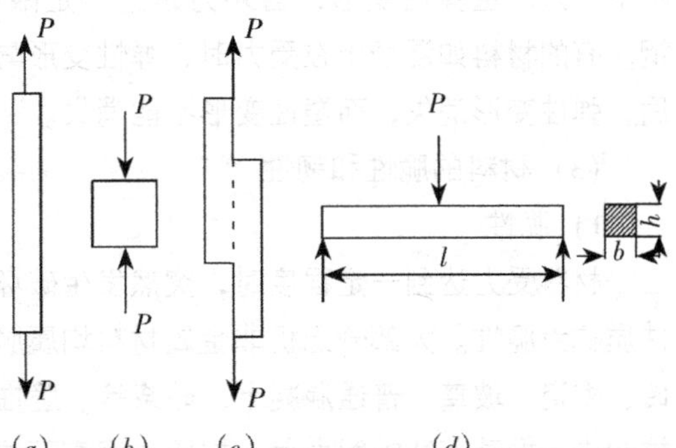

图1-2　材料的受力状态
（a）抗拉；（b）抗压；（c）抗剪；（d）抗弯

式中 f_w——材料的抗弯强度（MPa）；

F_{max}——材料受弯破坏时的最大荷载（N）；

L——两支点的间距（mm）；

b——试件横截面的宽度（mm）；

h——试件横截面的高度（mm）。

不同种类的材料其强度不同，同种材料其强度随孔隙率及宏观构造特征的不同也有很大差异。一般来说，材料的孔隙率越大，其强度越低。此外，所测量得的材料强度值还与试验时材料的形状、尺寸、表面状态、含水率及试验时的加荷速度等有关。因此，测定材料强度时，应严格按国家标准规定的方法进行。

2）强度等级

强度等级是指按照材料相应的强度值的不同，将其划分成若干个不同的强度级别。脆性材料（水泥、混凝土、砖、砂浆）主要以抗压强度来划分等级，而塑性材料（钢筋）主要以抗拉强度来划分。抗压强度等级符号均由表示材料品种的相应字母和相应的等级强度值两部分组成。比如，M5 表示砂浆的强度等级为 5MPa；C20 表示混凝土的强度等级为 20MPa；MU7.5 表示砖的强度等级为 7.5MPa。

3）比强度

比强度是指材料强度与其表观密度之比。它是衡量材料轻质高强性能的一项重要指标。普通混凝土、低碳钢、松木（顺纹）的比强度分别为 0.012、0.053、0.069。比强度越大，则材料越轻质高强。选用比强度大的材料或提高材料的比强度，对减轻结构自重、降低工程造价等具有重大意义。

（2）材料的弹性和塑性

材料在外力作用下产生变形，当外力取消后能够完全恢复原来形状的性质称为弹性。这种完全恢复的变形称为弹性变形（或瞬时变形）。

材料在外力作用下产生变形，如果外力取消后，仍能保持变形后的形状和尺寸，并且不产生裂缝的性质称为塑性。这种不能恢复的变形称为塑性变形（或永久变形）。

实际上，完全的弹性或塑性材料是不存在的。一部分材料在受力不大的情况下，只产生弹性变形，当外力超过一定限度后，便产生塑性变形，如低碳钢。有的材料如混凝土在受力时，弹性变形与塑性变形同时产生，当外力取消后，弹性变形消失，而塑性变形不能消失。

（3）材料的脆性和韧性

1）脆性

材料受力达到一定程度时，突然发生破坏，并无明显的变形，材料的这种性质称为脆性。大部分无机非金属材料均属脆性材料，如天然石材，烧结普通砖、陶瓷、玻璃、普通混凝土、砂浆等。脆性材料的特点是塑性变形很小，抵抗冲击、振动荷载的能力差，抗压强度高而抗拉、抗折强度低。在工程中使用时，应注意发挥这类材料的特性。

2）韧性

材料在冲击或动力荷载作用下，能吸收较大能量而不破坏的性能，称为韧性或冲击韧性。韧性以试件破坏时单位面积所消耗的功表示。计算公式如下：

$$\alpha_k = \frac{W_k}{A} \tag{1-18}$$

式中 α_k——材料的冲击韧性（J/mm^2）；

W_k——试件破坏时所消耗的功（J）；

A——材料受力截面积（mm^2）。

韧性材料的特点是塑性变形大，抗拉、抗压强度较高。建筑钢材、木材、橡胶等属于韧性材料。对于承受冲击振动荷载的路面、桥梁等结构，应选用具有较高韧性的材料。

（4）硬度和耐磨性

1）硬度

材料的硬度是材料表面的坚硬程度，是抵抗其他硬物刻划、压入其表面的能力。通常用刻划法、回弹法和压入法测定材料的硬度。

钢材、木材、混凝土等材料的硬度常采用压入法测定；刻划法用于天然矿物硬度的划分，按滑石、石膏、方解石、萤石、磷灰石、长石、石英、黄晶、刚玉、金刚石的顺序，分为10个硬度等级。材料的硬度愈大，则其耐磨性愈好，加工愈困难。

2）耐磨性

耐磨性是材料表面抵抗磨损的能力。材料的耐磨性用磨耗率表示，计算公式如下：

$$G = \frac{m_1 - m_2}{A} \tag{1-19}$$

式中 G——材料的磨耗率（g/cm^2）；

m_1——材料磨损前的质量（g）；

m_2——材料磨损后的质量（g）；

A——材料试件的受磨面积（cm^2）。

1.2.3 材料的耐久性

材料的耐久性是泛指材料在使用条件下，受各种内在或外来自然因素及有害介质的作用，能长久地保持其使用性能的性质。

材料在建筑物之中，除要受到各种外力的作用之外，还经常要受到环境中许多自然因素的破坏作用。这些破坏作用包括物理、化学、机械及生物的作用。

物理作用可有干湿变化、温度变化及冻融变化等。这些作用将使材料发生体积的胀缩，或导致内部裂缝的扩展。时间长久之后即会使材料逐渐破坏。在寒冷地区，冻融变化对材料会起着显著的破坏作用。在高温环境下，经常处于高温状态的建筑物或构筑物，所选用的建筑材料要具有耐热性能。在园林建筑中，考虑安全防火要求，须选用具有防火性能的难燃或不燃的材料。

化学作用包括大气、环境水以及使用条件下酸、碱、盐等液体或有害气体对材料的侵蚀作用。

机械作用包括使用荷载的持续作用，交变荷载引起材料疲劳，冲击、磨损、磨耗等。

生物作用包括菌类、昆虫等的作用而使材料腐朽、蛀蚀而破坏。

砖、石料、混凝土等矿物材料，多是由于物理作用而破坏，也可能同时会受到化学作用而破坏。金属材料主要是由于化学作用引起的腐蚀。木材等有机质材料常因生物作用而破坏。沥青材料、高分子材料在阳光、空气和热的作用下，会逐渐老化而使材料变脆或开裂。

材料的耐久性指标是根据工程所处的环境条件来决定的。例如处于冻融环境的工程，所用材料的耐久性以抗冻性指标来表示。处于暴露环境的有机材料，其耐久性以抗老化能力来表示。

1.3 园林建筑常用材料的类别

1.3.1 石材

(1) 天然石材的特点、形成与分类

1) 天然石材的特点

天然石材蕴藏量丰富、分布广泛，便于就地取材；石材结构紧密，抗压强度大；耐磨性好，吸水性小，耐冻性也强，使用年限可达百年以上，而且装饰性好。但也有一定的缺点，比如自重大，用于房屋建筑会增加建筑物的自重；硬度大，给开采和加工带来困难；质脆，耐火性差，当温度超过800℃时，由于其中二氧化硅（SiO_2）的晶型发生转变，造成体积膨胀而导致石材开裂，失去强度。

2) 岩石的形成与分类

岩石是由各种不同的地质作用所形成的天然矿物的集合体。组成岩石的矿物称造岩矿物。由一种矿物构成的岩石称单成岩，这种岩石的性质由其矿物成分及结构构造决定。由两种或两种以上矿物构成的岩石称为复成岩，这种岩石的性质由其组成矿物的相对含量及结构构造决定。

大部分岩石都是由多种造岩矿物所组成，如花岗岩，它是由长石、石英、云母及某些暗色矿物组成，因此颜色多样。只有少数岩石是单成岩，如白色大理石，是由方解石或白云石所组成。由此可见，岩石并无确定的化学成分和物理性质，同种岩石，产地不同，其矿物组成和结构均有差异，因而岩石的颜色、强度等性能也均不相同。

各种造岩矿物在不同的地质条件下，形成不同类型的岩石，通常可分为三大类，即岩浆岩（或称火成岩）、沉积岩、变质岩。

①岩浆岩　岩浆岩又称火成岩，它是因地壳变动，地壳深处的熔融岩浆上升到地表附近或喷出地表经冷凝而成。岩浆岩是组成地壳的主要岩石，占地壳总质量的89%。根据岩浆冷却情况不同，岩浆岩又可分为深成岩、喷出岩和火山岩三种。

A. 深成岩　深成岩是岩浆在地壳深处受到很大的上部覆盖压力作用，缓慢均匀冷却而成的岩石。其特点是矿物全部结晶且晶粒粗大，呈块状构造，构造密实。深成岩的抗压强度高，吸水率小，表观密度大和抗冻性、耐磨性、耐水性好。建筑上常用的深成岩有花岗岩、辉长岩、闪长岩等。

B. 喷出岩　喷出岩是岩浆喷出地表后，在压力骤减、迅速冷却的条件下形成的岩石。其特点是大部分结晶不完全，多呈细小结晶（隐晶质）或玻璃质结构。当喷出岩形成较厚的岩层时，其孔结构近似深成岩；当形成较薄的岩层时，因冷却较快，且岩浆中气体由于压力降低而膨胀，故常呈多孔结构，近似火山岩。建筑上常用的喷出岩有玄武岩、辉绿岩、安山岩等。

C. 火山岩　火山岩又称火山碎屑岩，它是火山爆发时，岩浆被喷到空中，经急速冷却下而成的岩石。其特点是表观密度较小，呈多孔玻璃质结构。建筑上常用的火山岩有火山灰、浮石、火山凝灰岩等。火山岩都是轻质多孔结构材料，其中火山灰被大量用作水泥的混合材料，而浮石可用作轻质骨料，配制轻骨料混凝土用作墙体材料。

②沉积岩　沉积岩又称水成岩。它是由露出地表的各种岩石（母岩）经自然风化、风力搬迁、流水移动等作用后再沉淀堆积，在地表及距地表不太深处形成的岩石。沉积岩为层状构造，其各层的成分、结构、颜色、层厚等均不相同。表观密度比岩浆岩小，密实度较差，吸水率较大，强度较低，耐久性也较差。

沉积岩分布广泛，而且埋藏于距地表不太深处，故易于开采。建筑上常用的有砾岩、石膏、石灰岩，其中最重要的是石灰岩。石灰岩是烧制石灰和水泥的主要原料，也是配制混凝土的骨料。石灰岩还可以用来砌筑基础、勒脚、墙体、拱、柱、路面、踏步、挡土墙等。

③变质岩　变质岩是由原生的岩浆岩或沉积岩，经过地壳内部高温、高压的作用，使岩石原来的结构发生变化，产生熔融再结晶而形成的岩石。通常沉积岩在变质时，由于受到高压重结晶的作用，形成的变质岩较原来的沉积岩更为紧密，建筑性能有所提高，例如，由石灰岩或白云岩变质而成的大理石，由砂岩变质而成的石英岩均比原来的岩石坚实耐久。相反，原为深成岩的岩石，经过变质后，产生了片状构造，其性能反而不及原来的深成岩，例如，由花岗岩变质而成的片麻岩，比花岗岩易于分层剥落，耐久性降低。建筑上常用的变质岩有大理石、石英岩、片麻岩等。

（2）常用天然石材

1）花岗石

花岗石是岩浆岩中的深成岩，为典型的深成岩，其矿物组成主要为长石、石英及少量暗色矿物和云母。其中长石含量为40%～60%，石英含量为20%～40%。

①花岗石的主要化学成分　花岗石为全晶质结构岩石，化学成分主要是SiO_2（含量67%～75%）及少量的Al_2O_3、CaO、MgO和Fe_2O_3。所以花岗石为酸性岩石。花岗石主要化学成分见表1-4。某些花岗石含有微量放射性元素，对这类花岗石应避免用于室内。

花岗石主要化学成分　　**表1-4**

化学成分	SiO_2	Al_2O_3	CaO	MgO	Fe_2O_3
含量（%）	67～75	12～17	1～2	1～2	0.5～1.5

②花岗石的主要物理力学特性

A. 表观密度大。表观密度为2.5～2.8g/cm^3。

B. 结构致密、强度高。抗压强度一般在100～250MPa，抗折强度8.0～35.0MPa。

C. 孔隙率小、吸水率低。

D. 材质坚硬。肖氏硬度为80～110，莫氏硬度为5～7，具有优异的耐磨性。

E. 化学稳定性好。不易风化变质，具有高抗酸腐蚀性。

F. 装饰性好。花岗石一般经加工磨光后，表面平整光滑，色彩斑斓，质感坚实，华丽庄重。

G. 耐久性好。细粒花岗石的使用年限可达500～1000年，粗粒花岗石可达100～200年。

H. 花岗石耐火性差。花岗石中的石英在573℃会发生晶型转变，产生体积膨胀，故火灾时花岗石会产生开裂破坏。

③花岗石板材的分类与等级　根据《天然花岗石建筑板材》GB 18601—2001规定，花岗石板材按形状分为普型板（PX）、圆形板（HM）和异型板（YX）三种。普型板为长方形或正方形，异型板为除长方形、正方形或圆形板之外的其他形状板。

按表面加工程度又分为：镜面板（JM）、亚光板（YG）、粗面板（CM）三种。镜面板表面平整，具有镜面光泽；亚光板饰面平整细腻，能使光线产生漫反射现象；粗面板表面粗糙平整，如具有较规则加工条纹的机刨板或剁斧板等。

花岗石按板材的规格尺寸偏差、平面度公差、角度公差、外观质量等将板材分为优等品（A）、一等品（B）和合格品（C）三个等级。

④花岗石板材的品种与规格　我国花岗石储量丰富，主要产地有山东、福建、四川、湖南、江苏、浙江、北京、安徽、陕西等省市。此外，广东、河北、河南、山西、黑龙江、湖北等省也有生产。国产花岗石较著名的品种有济

南青、将军红、白虎涧、莱州白（青、黑、红、棕黑等）、岑溪红等。国际上著名的花岗石板材有印度红、啡铅、巴拿马黑、蓝眼睛、积架红、蓝珍珠、拿破仑红、巴西黑、绿星石等。

天然花岗石的机刨板和剁斧板等粗面板按图纸要求加工，而镜面板等其他板材则按部颁标准生产，其标准规格尺寸见表1-5。

天然花岗石板标准规格（mm）　　　　**表1-5**

长	宽	厚	长	宽	厚	长	宽	厚	长	宽	厚
300	300	20	600	300	20	610	610	20	1067	762	20
305	305	20	600	600	20	900	600	20	1070	750	20
400	400	20	610	305	20	915	610	20			

注：本表摘自JC 205—92。

⑤花岗石板材的命名和标记　板材命名顺序是：荒料产地地名、花纹色彩特征描述、花岗石代号（G）。花岗石编号采用GB/T 18601—2001的规定。标记的顺序为：代号、类别、规格尺寸（长度×宽度×厚度，单位：mm）、等级、标准号。

如：用山东济南黑色花岗石荒料加工的600mm×600mm×20mm的普型、镜面、优等品花岗石板材，记为G3701PXJM600×600×20A GB/T 18601。

⑥应用　花岗石是公认的高级建筑结构与装饰材料，但由于其开采运输困难，修琢加工及铺贴施工耗工费时，因此造价较高，一般只用在一些重要工程的重点装饰部位，比如：广场地面、台阶、基座、踏步、栏杆、檐口、柱面、门厅地面、墙面、纪念碑、墓碑、铭牌、街边石、城市雕塑等。

2）辉绿岩

辉绿岩是岩浆岩中的喷出岩，它的主要矿物成分是石英、辉石、斜长石、角闪石等，它的化学成分见表1-6。

辉绿岩主要化学成分　　　　**表1-6**

化学成分	SiO_2	TiO_2	Al_2O_3	Fe_2O_3	FeO
（%）	55.48	1.45	15.34	3.84	7.78
化学成分	MgO	CaO	Na_2O	K_2O	H_2O
（%）	5.79	8.94	3.07	0.97	1.89

辉绿岩为多斑状结构，斑晶一般为斜长石，晶粒较细密。辉绿岩抗压抗折强度比花岗石高，抗压强度在125~350MPa，抗折强度在15~55MPa。硬度较花岗石略低，肖氏硬度在40~90。表观密度为2.6~3.0g/cm³。也具有很强的耐酸碱性。因此，辉绿岩具有较好的雕刻性，广泛地被用于浮雕、沉雕或人物肖像影雕等。

3）大理石

大理石是以我国云南省大理命名的石材，云南大理盛产大理石，花纹色彩美观，品质优良，名扬中外。

①大理石的主要矿物成分和化学成分　大理石是由石灰岩、白云岩变质而成，属于变质岩，主要矿物成分是方解石、白云石。化学成分以 $MgCO_3$、$CaCO_3$ 为主的碳酸盐类，其他还有 CaO、MgO 和 SiO_2 等。大理石是石灰岩在高温重压下重结晶的产物，所以呈粒状变晶结构，粒度粗细不一致，结构密实、抗压强度高、吸水率低、表面硬度不大，属中硬石材。

②大理石的主要物理力学特性

A. 表观密度大。表观密度为 2.5～2.7g/cm^3。

B. 质地紧密而硬度不大，其莫氏硬度 4 左右，肖氏硬度在 50 左右，故大理石较易进行锯解、雕琢和磨光等加工。

C. 力学性能高。抗压强度大约为 50～150MPa，抗折强度为7.0～25.0MPa。

D. 装饰性好。大理石一般均含多种矿物，故常呈多种色彩组成的花纹。加工后，表面光洁细腻，如脂似玉，纹理自然，十分诱人。纯净的大理石为白色，称汉白玉，纯白和纯黑的大理石属名贵品种。

E. 吸水率小。一般吸水率 0.1%～0.5%。

F. 耐磨性好。其磨耗量较小，但耐磨性不如花岗石。

G. 耐久性好。一般使用年限为 40～100 年。

H. 抗风化性较差。因为大理石主要化学成分为碳酸盐类，易被酸性介质侵蚀，故除质地特纯的汉白玉、艾叶青品种外，一般大理石不宜用于室外。$CaCO_3 + H_2SO_4 + H_2O = CaSO_4 + 2H_2O + CO_2\uparrow$，大理石怕酸雨侵蚀，从而失去表面光泽，甚至出现麻面斑点等现象。

③大理石板材的分类与等级　根据《天然大理石建筑板材》JC/T 79—2001 规定，大理石板材按形状分为普形板（PX）、圆形板（HM）和异形板（YX）三种。普形板为长方形或正方形的平板，异形板为除长方形、正方形或圆形板之外的其他形状板。

按表面加工程度又分为：粗磨、细磨、半细磨、精磨、抛光五种。

按板材的规格尺寸偏差、平面度公差、角度公差、外观质量等将板材分为优等品（A）、一等品（B）和合格品（C）三个等级。

④大理石的主要品种与规格　我国生产的天然大理石板材，著名的品种有汉白玉、丹东绿、雪浪、秋景、雪花、艾叶青、东北红等。除了汉白玉外，能与世界名品如印度红、巴西蓝、挪威蓝、卡拉奇白、金花米黄、大花绿等相媲美的珍贵名品还不多。

大理石装饰板材的板面尺寸有标准规格与非标准规格两大类。我国行业标准《天然大理石建筑板材》JC/T 79—2001 规定，普型板的标准规格见表1-7。

普型板大理石板的标准规格（mm） **表 1-7**

长	宽	厚	长	宽	厚	长	宽	厚	长	宽	厚
300	150	20	400	400	20	900	600	20	1200	900	20
300	300	20	600	300	20	915	610	20	1220	915	20
305	152	20	600	600	20	1067	762	20			
305	305	20	610	305	20	1070	750	20			
400	200	20	610	610	20	1200	600	20			

⑤天然大理石板材命名和标记　板材命名顺序为：荒料产地地名、花纹色调特征描述、大理石代号（M）。大理石的编号采用 GB/T 17670 的规定，板材的标记顺序是：代号、类别、规格尺寸（长度×宽度×厚度，单位：mm）、等级、标准号。

例如，用房山汉白玉大理石荒料加工的 600mm×600mm×20mm 普形、优等品大理石板材，命名为房山汉白玉大理石，标记为 M1101PX600×600×20A JC/T 79—2001。

⑥天然大理石的应用　天然大理石板材为高级饰面材料，适用于大型园林建筑的室内地面、柱面、墙面、楼梯踏步等，有时也可作为楼梯栏杆、服务台、门脸、墙裙、窗台板、踢脚板、卫生间台面等。天然大理石板材的光泽易被酸雨侵蚀，故除质地特纯的汉白玉、艾叶青品种外，一般都不宜用在室外露天部位。

在一些广场地坪和庭院小径路面，可用大理石边角料做成"碎拼大理石"地面，格调优美，乱中有序，别有风韵，且造价低廉。大理石边角余料可加工成相同尺寸的矩形、方形块料，或锯割成整齐而大小不一的矩形、方形块料，或锯割成整齐的各种多边形，也可不经锯割而呈不规则毛边碎块。

4）其他

①砂岩　它是一种由石英颗粒和其他矿物质天然粘结并压实而成的砂质岩石。它的种类由不同的胶凝材料和含有不同的其他矿物质所确定。例如，当胶凝材料是石英时就称为石英岩。坚实耐久的砂岩则是由硅质材料与硅质胶结料粘结而成。硅质颗粒是不能破坏的，因而砂岩的破坏是由于粘结层失效的缘故。由于这种耐久性很好的砂岩可以分割成 1.2～2.4m 见方的大小，所以它是很理想的铺面材料。砂岩的色彩范围是由银灰色或浅黄色至各种深浅的粉红和棕红色。

②石灰岩　石灰岩是沉积岩中最重要的一种，主要由方解石组成的石灰质岩石，往往含有化石。石灰岩的耐久性一般低于砂岩，当将它用于铺面或台阶面层时，应事先进行抗冻性试验。石灰岩的颜色可由纯白色至米黄色和蜂黄色。它是烧制石灰和水泥的主要原料，也是配制混凝土的骨料。石灰岩还可以用来砌筑基础、勒脚、墙体、拱、柱、挡土墙等。石灰岩中的湖石和英石是砌筑假山的主要材料。

③青白石　青白石是一种比较贵重的水层变质岩，色青带灰白。因色彩和花纹的不同，有不同的名称，南方地区多称为：青石、青白石等；北方地区称为：青石白碴、艾叶青、砖碴石、豆瓣绿等。它质感细腻、质地较硬、表面光滑、不易风化。多用于高级建筑的柱顶石、阶条石、铺地石、栏板和石雕等。

④砾石与卵石　砾石是经流水冲击磨去棱角的岩石碎块。砾石的色彩从浅到米黄色、银色，深到黄褐色、棕褐色的范围内变化。一般可以用于铺设车道或人行道。具有造价便宜，维护费用低廉的特点。

卵石通常采自砾石场或白垩层。经筛选后约25～75mm直径的卵石方能使用，一般呈卵形。海滩上的卵石易被腐蚀，不宜使用。在白垩层中生成的硅质岩球，或者沉淀在砾石层底部的卵砾石都是非常耐久的。在园林工程中，天然的砾石与卵石都能做成半渗透路面，有利于承受沉陷或冻胀。另外在种植物或水塘附近，还可将卵石与其他铺面材料掺合在一起使用，以改善那里的环境；或将卵石做成护树铺面，阻碍人或车辆靠近，以防伤害树根；或用卵石在小路交会处做成禁行标记，防止有人抄近路等等。

（3）常用人造石材

人造石材是人们模仿高级天然石材的花纹色彩，通过人工合成方法生产出来的人造石。主要模仿大理石和花岗石，因而又称人造大理石或人造花岗石。人造石材有五十多年的历史，我国20世纪70年代从国外引进人造大理石技术，20世纪80年代进入迅速发展时期，目前有些产品的质量，已达到国际同类产品的水平，并成功地应用于一些高级建筑工程中。

1）人造石材类型

人造石材按其材料的不同，通常可分为四类：

①有机型人造石材　有机型人造石材是以有机树脂为胶粘剂，与石碴、石粉固化剂、促进剂及颜料等配制成混合物，经浇注成型、固化、脱模、烘干、抛光等工序而制成。有机树脂常用不饱和聚酯树脂。

②无机型人造石材　无机型人造石材由无机胶凝材料为胶粘剂，掺入各种装饰骨料、颜料，经配制、搅拌、成型、养护、磨光制成。无机胶凝材料常用白水泥、高铝水泥或氯氧镁水泥（菱苦土）为原料。用白水泥生产工艺较易控制，产品质量较稳定；用铝酸盐水泥制作人造大理石，表面光泽度高，花纹耐久抗风化能力强，耐久性、防潮性优于一般水泥人造大理石；氯氧镁水泥生产成本较低，加入的$MgCl_2$易返卤，产品稳定性较差。

③烧结型人造石材　烧结型人造石材的生产方法与陶瓷工艺相似，它是将长石、石英、辉绿石、方解石等粉料和赤铁矿粉，以及一定量的高岭土共同混合，一般配合比为：石粉60%，高岭土40%，然后用混浆法制备坯料，用半干压法成型，再在窑炉中以1000℃左右的高温焙烧而成。

④复合型人造石材　复合型人造石材是用无机胶凝材料（如水泥）和有机高分子材料（树脂）作为胶结料。制作时先用无机胶凝材料将碎石、石粉

等集料胶结成型并硬化，再将硬化体浸渍于有机单体中，使其在一定的条件下集合而成。目前普遍使用的为复合型人造石板，其底层用廉价而性能稳定的无机材料制成，面层采用聚酯和大理石粉制作。

2）人造石材常用品种

①树脂型人造石材　树脂型人造石材是以不饱和聚酯树脂为胶结料而生产的聚酯合成石。聚酯合成石由于生产时所加颜料不同，采用的天然石料的种类、粒度和纯度不同，以及制作的工艺方法不同，所制成的石材的花纹、图案、颜色和质感也就不同，通常制成仿天然大理石、天然花岗石、天然玛瑙石的花纹和质感，故分别称人造大理石、人造花岗石和人造玛瑙石。

聚酯合成石的成型方法有振动成型、加压成型和挤压成型等多种。

聚酯合成石与天然岩石比较，密度较小，强度较高，其物理力学性能见表1-8。

聚酯合成石物理力学性能　　表 1-8

抗压强度（MPa）	抗折强度（MPa）	抗冲击强度（J/cm^2）	密度（g/cm^3）	吸水率（%）	表面光泽度（度）	硬度（肖氏）	线膨胀系数（$\times10^{-5}$）
>100	38 左右	15 左右	2.10 左右	<0.1	>100	40 左右	2~3

聚酯合成石具有以下一些特性：

A. 装饰性好。树脂型人造石材的表面光泽度高，色彩花纹仿真性强，质感与装饰效果完全可与天然大理石和天然花岗石媲美。

B. 强度高。可将其制成薄板，不易碎，重量又轻。施工时可直接用聚酯砂浆或 108 胶水泥浆粘贴，这对减轻结构自重及降低建筑成本有利。

C. 耐腐蚀。因采用不饱和聚酯树脂为胶结料，故合成石具有良好的耐酸、碱腐蚀性和抗污染性。对醋、酱油、鞋油、机油、口红、墨水等均不着色或着色十分轻微。

D. 耐久性好。冷热（0℃ 15min 与 80℃ 15min）交替 30 次，表面无裂纹，颜色无变化。80℃烘 100h，表面无裂纹，色泽微变黄。

E. 制作简单，可加工性好。制作与加工都比天然石材容易，生产设备与工艺简单。

F. 易老化。由于采用有机胶结料，若在室外长期受到阳光、空气、热量、水分等综合作用后，随着时间的延长，会逐渐产生老化，从而失去光泽，颜色变暗，降低了装饰效果。

树脂型人造石材主要用于室内地面、柱面、墙面，也可用于一些工作台面板、卫生洁具等，还可以做成建筑浮雕、壁画等。

②微晶玻璃装饰板　微晶玻璃装饰板是应用受控晶化高科技而得到的多晶体，其主要原料是含硅铝的矿物原料，通常采用普通玻璃原料或废玻璃或金矿尾砂等，加入芒硝作澄清剂，硒作脱色剂，采用特殊的制造工艺，使微晶玻璃

中充满微小晶体后（每立方米约十亿晶粒），玻璃固有的性质发生变化，即由非晶型变为具有金属内部结构的玻璃结晶材料，是一种新的半透明或不透明的无机材料。

微晶玻璃装饰板结构致密、高强、耐磨、耐蚀，在外观上纹理清晰、色泽鲜艳、无色差、不褪色。除比天然石材具有更高的强度、耐磨性、耐蚀性外，还具有吸水率小、无放射性污染、颜色可调整、规格大小可控制的优点，还能生产弧形板。目前已代替天然花岗石用于墙面、柱面、地面等处。

表 1-9为微晶玻璃板与大理石、花岗石板的主要性能比较。

微晶玻璃板与大理石、花岗石板的主要性能比较　　表 1-9

性能	微晶玻璃板	大理石板	花岗石板
密度（g/cm^3）	2.70	2.70	2.70
抗压强度（MPa）	300～549	60～150	100～300
抗折强度（MPa）	40～60	8～15	10～20

③水磨石板　水磨石板是以水泥和大理石末为主要原料，经过成型、养护、研磨、抛光等工序制成的一种建筑装饰用人造石材。一般预制水磨石板是以普通混凝土为底层，以添加颜料的白水泥和彩色水泥与各种大理石粉末拌制的水泥石屑面层所组成。

水磨石板具有美观、适用、强度高、施工方便等特点，颜色根据需要可任意配制，花色品种多，并可在使用施工时拼铺成各种不同的图案。适用于建筑物的地面、墙面、柱面、窗台、踢脚、台面、楼梯踏步等处，还可制作成桌面、水池、假山盘、花盘、茶几等。

④仿花岗石水磨石砖　仿花岗石水磨石砖，是使用颗粒较小的碎石米，加入各种颜色的色料，采用压制、粗磨、打蜡、磨光等生产工艺制成。其砖面的颜色、纹理和花岗石十分相似，光泽度较高，装饰效果好。应用于内外墙面和地面。

⑤艺术石　由精选硅酸盐水泥、轻骨料、氧化铁混合加工倒模而成。所有石模都是精心挑选的天然石材制造。其具有质量轻、吸水率低、耐光、隔热、吸声、强度高、耐腐蚀、耐风化、抗冻、不变形、不褪色、无毒等特点，质感、色泽和纹理与天然石材无异，不加雕饰就富有原始、古朴的雅趣。应用于内外墙面、园林景观等场所。

1.3.2　水泥和其他胶凝材料

建筑工程中，将散粒材料（如砂子、石子）或块状材料（如砖或石块）粘合为一个整体的材料，统称为胶凝材料。胶凝材料是建筑工程中重要的建筑材料，常用的胶凝材料类型见表 1-10。

常用的胶凝材料类型 **表 1-10**

胶凝材料	有机胶凝材料	沥青类	
		天然树脂类	
		合成树脂类	
	无机胶凝材料	气硬性胶凝材料	石膏
			石灰
			水玻璃
			菱苦土
		水硬性胶凝材料	硅酸盐水泥
			铝酸盐水泥
			其他水泥

这里将介绍几种在园林建筑工程中常用的胶凝材料。

(1) 水泥

水泥是水硬性矿物胶凝材料。粉末状的水泥与水混合成可塑性浆体，经过一系列的物理化学作用后，变成坚硬的水泥石块体，并能将散粒状（或块状）材料粘结成为整体。

水泥是工程中用量最大的建筑材料之一，是制造混凝土、钢筋混凝土、预应力混凝土构件的最基本的组成材料，广泛用于各类工程。水泥按其主要水硬性矿物名称分为硅酸盐系水泥、铝酸盐系水泥、硫酸盐系水泥和硫铝酸盐系水泥、磷酸盐系水泥等。

园林建筑工程中，常用的是硅酸盐系水泥，有硅酸盐水泥、普通硅酸盐水泥、火山灰质硅酸盐水泥、矿渣硅酸盐水泥、粉煤灰硅酸盐水泥、复合硅酸盐水泥等。

1) 硅酸盐水泥

由硅酸盐水泥熟料、0～5%石灰石或粒化高炉矿渣、适量石膏磨细制成的水硬性胶凝材料，称为硅酸盐水泥。硅酸盐水泥分两种类型，不掺加混合材料的称Ⅰ型硅酸盐水泥，其代号为P·Ⅰ；在硅酸盐水泥熟料粉磨时掺加不超过水泥质量5%的石灰石或粒化高炉矿渣混合材料的称为Ⅱ型硅酸盐水泥，其代号为P·Ⅱ。

①硅酸盐水泥熟料的矿物组成　硅酸盐水泥的主要熟料矿物的名称和含量范围如下：

硅酸三钙（$3CaO \cdot SiO_2$，简写为 C_3S），含量37%～60%；

硅酸二钙（$2CaO \cdot SiO_2$，简写为 C_2S），含量15%～37%；

铝酸三钙（$3CaO \cdot Al_2O_3$，简写为 C_3A），含量7%～15%；

铁铝酸四钙（$4CaO \cdot Al_2O_3 \cdot Fe_2O_3$，简写为 C_4AF），含量10%～18%。

除以上四种主要熟料矿物外，水泥中还含有少量游离氧化钙、游离氧化镁和碱，国家标准明确规定其总含量一般不超过水泥量的10%。

②硅酸盐水泥的水化和凝结硬化

A. 水泥的水化　硅酸盐水泥与水作用后，生成的主要水化产物有水化硅酸钙、水化铁酸钙凝胶体、氢氧化钙、水化铝酸钙和水化硫铝酸钙晶体。

水泥的建筑技术性能，主要是由水泥熟料中的几种主要矿物水化作用的结果所决定的。水泥的各种矿物单独与水作用时所表现的特性见表 1-11。

硅酸盐水泥熟料矿物水化、凝结硬化特性　　表 1-11

性能指标		熟料矿物名称			
		硅酸三钙（C_3S）	硅酸二钙（C_2S）	铝酸三钙（C_3A）	铁铝酸四钙（C_4AF）
水化、凝结硬化速度		快	慢	最快	快
28d 水化热		多	少	最多	中
强度	早期	高	低	低	低
	后期	高	高	低	低
耐化学侵蚀		中	良	差	优
干缩性		中	小	大	小

由表 1-11 可知，水泥中各熟料矿物的含量，决定着水泥某一方面的性能，当改变各熟料矿物的含量时，水泥性质即发生相应的变化。

B. 水泥的凝结和硬化　当水泥加水拌合后，在水泥颗粒表面立即发生水化反应，生成的胶体状水化产物聚集在颗粒表面，使化学反应减慢，并使水泥浆体具有可塑性。水化产物立即溶于水中，使水泥颗粒又暴露出一层新的表面，水化反应继续进行。由于生成的胶体状水化产物不断增多并在某些点接触，构成疏松的网状结构，使浆体失去流动性及可塑性，这就是水泥的凝结。

此后由于生成的水化硅酸钙凝胶、氢氧化钙和水化硫铝酸钙晶体等水化产物不断增多，它们相互接触连生，到一定程度，建立起较紧密的网状结晶结构，并在网状结构内部不断充实水化产物，使水泥具有初步的强度。随着硬化时间（龄期）的延续，水泥颗粒内部未水化部分将继续水化，使晶体逐渐增多，凝胶体逐渐密实，水泥石就具有愈来愈高的胶结力和强度。强度不断提高，最后形成具有较高强度的水泥石，这就是水泥的硬化。

C. 影响硅酸盐水泥凝结硬化的主要因素　水泥的矿物组成成分及各组分的比例是影响水泥凝结硬化的最主要因素。另外石膏掺量、水泥细度、养护条件（温度、湿度）、养护龄期、拌合用水量、外加剂及储存条件对水泥凝结硬化都有影响。混凝土构件浇筑后应加强洒水养护。当温度低于 0℃时，水化基本停止。因此冬期施工时，需要采取保温措施，保证水泥凝结硬化的正常进行。

③硅酸盐水泥的技术性质

A. 细度　细度是指水泥颗粒的粗细程度，它直接影响着水泥的性能和使用。凡水泥细度不符合规定者为不合格品。水泥细度采用筛析法或比表面积法测定。筛析法是以在0.080mm方孔筛上的筛余量不得超过10%。比表面积法要求硅酸盐水泥所具有的总表面积应大于$300m^2/kg$。

B. 凝结时间　水泥凝结时间分初凝时间和终凝时间。从加入拌合用水至水泥浆开始失去塑性所需的时间，称为初凝时间。自加入拌合用水至水泥浆完全失去塑性，并开始有一定结构强度所需的时间，称为终凝时间。国家标准规定硅酸盐水泥的初凝时间不得早于45min，终凝时间不得迟于6.5h。凡初凝时间不符合规定者为废品，终凝时间不符合规定者为不合格品。水泥的凝结时间在施工中具有重要意义。初凝不宜过快是为了保证有足够的时间在初凝之前完成混凝土成型等各工序的操作；终凝不宜过迟是为了使混凝土在浇捣完毕后能尽早完成凝结硬化，以利于下一道工序及早进行。

C. 体积安定性　水泥的体积安定性，是指水泥在凝结硬化过程中，水泥体积变化的均匀性。如果水泥凝结硬化后体积变化不均匀，水泥混凝土构件将产生膨胀性裂缝，降低建筑物质量，甚至引起严重事故。这就是水泥的体积安定性不良。体积安定性不良的水泥作废品处理，不能用于工程中。

D. 强度及强度等级　水泥强度是表明水泥质量的重要技术指标，也是划分水泥强度等级的依据。强度检验方法是由按质量计的一份水泥、三份中国ISO标准砂，用0.5的水灰比拌制的一组塑性胶砂，制成40mm×40mm×160mm的试件，试件连模一起在湿气中养护24h后，再脱模放在标准温度（20±1℃）的水中养护，分别测定3d和28d抗压强度和抗折强度，根据测定结果，按表1-12规定，可确定硅酸盐水泥的强度等级（各强度等级的强度值不得低于表中的规定）。

硅酸盐水泥的强度等级要求　　　　**表1-12**

强度等级	抗压强度（MPa）		抗折强度（MPa）	
	3d	28d	3d	28d
42.5	17.0	42.5	3.5	6.5
42.5R	22.0	42.5	4.0	6.5
52.5	23.0	52.5	4.0	7.0
52.5R	27.0	52.5	5.0	7.0
62.5	28.0	62.5	5.0	8.0
62.5R	32.0	62.5	5.5	8.0

注：R表示早强型。

E. 碱含量　碱含量是指水泥中Na_2O和K_2O的含量。在水泥中含碱是引起混凝土产生碱—骨料反应的条件。当使用活性骨料时，要使用低碱水泥。国家标准规定：水泥中碱含量（按$Na_2O+0.658K_2O$计算）不得大于0.60%或由供需双方商定。

国家标准中还规定：凡氧化镁、三氧化硫、安定性、初凝时间中任一项不符合标准规定时，均为废品。凡细度、终凝时间、强度低于规定指标时称为不合格品。废品水泥在工程中严禁使用。若水泥仅强度低于规定指标时，可以降级使用。

④水泥石的腐蚀与防止　水泥制品在一般使用条件下，具有较好的耐久性，但在某些侵蚀介质（软水、含酸或盐的水等）作用下，强度降低甚至造成建筑物结构破坏，这种现象称为水泥石的腐蚀。

水泥石的腐蚀前提是其外环境和内环境能起化学反应，腐蚀性化合物必须是一定浓度的溶液状态，如较高的温度，一定的湿度，较快的流速，钢筋的锈蚀等。所以，使用水泥时，可通过根据侵蚀环境特点，合理选用水泥品种、提高水泥石的紧密度、加做保护层等措施加以防止。

⑤硅酸盐水泥的应用和存放　硅酸盐水泥具有一些良好的特性，在运输和储存水泥期间应特别注意防水、防潮。工地储存水泥应有专用仓库，库房要干燥。水泥要按不同品种、强度等级及出厂日期分开存放，散装水泥应分库存放；袋装水泥存放时，地面垫板要离地30cm，四周高墙30cm，堆放高度不应超过10袋，水泥的储存应考虑先存先用，防止存放过久。水泥存放期一般不应超过3个月，超过6个月的水泥必须经过试验才能使用。

受潮水泥多出现结块，轻微结块能用手指捏碎，或以适当方法压碎后，恢复受潮水泥的部分活性，并重新测定其强度等级，用于次要工程。

2）掺混合材料的硅酸盐水泥

凡在硅酸盐水泥熟料中，掺入一定量的混合材料（活性混合材料或非活性混合材料）和适量石膏共同磨细制成的水硬性胶凝材料，均属掺混合材料的硅酸盐水泥。在水泥熟料中加入混合材料后，可以改善水泥的性能，调节水泥的强度，增加品种，提高产量，降低成本，扩大水泥的使用范围，同时可以综合利用工业废料和地方材料。这类水泥根据掺入混合材料的数量和品种不同有：普通硅酸盐水泥、矿渣硅酸盐水泥、火山灰质硅酸盐水泥、粉煤灰硅酸盐水泥和复合硅酸盐水泥等。

①普通硅酸盐水泥　凡由硅酸盐水泥熟料、6%～15%混合材料、适量石膏磨细制成的水硬性胶凝材料，称为普通硅酸盐水泥（简称普通水泥），代号P·O。

掺活性混合材料时，最大掺量不得超过15%，其中允许用不超过水泥质量5%的窑灰或不超过水泥质量10%的非活性混合材料来代替。掺非活性混合材料，最大掺量不得超过水泥质量的10%。

普通水泥强度等级分为：32.5、32.5R、42.5、42.5R、52.5、52.5R。各强度等级水泥的各龄期强度不得低于表1-13中的数值。普通水泥的初凝不得早于45min，终凝不得迟于10h。在0.080mm方孔筛上的筛余量不得超过10%。沸煮法检测安定性必须合格。普通水泥中烧失量不得大于5.0%。

普通硅酸盐水泥各龄期的强度要求　　　　表 1-13

强度等级	抗压强度（MPa）		抗折强度（MPa）	
	3d	28d	3d	28d
32.5	11.0	32.5	2.5	5.5
32.5R	16.0	32.5	3.5	5.5
42.5	16.0	42.5	3.5	6.5
42.5R	21.0	42.5	4.0	6.5
52.5	22.0	52.5	4.0	7.0
52.5R	26.0	52.5	5.0	7.0

注：R 表示早强型。

普通硅酸盐水泥中绝大部分是硅酸盐水泥熟料，其性能与硅酸盐水泥相近。但因为掺入了少量的混合材料，与硅酸盐水泥相比，早期硬化速度稍慢，3d 的抗压强度稍低，抗冻性与耐磨性也稍差。

②矿渣硅酸盐水泥　凡由硅酸盐水泥熟料和粒化高炉矿渣、适量石膏磨细制成的水硬性胶凝材料，称为矿渣硅酸盐水泥（简称矿渣水泥），代号 P·S。水泥中粒化高炉矿渣掺加量按质量百分比计为 20%～70%。允许用石灰石、窑灰、粉煤灰和火山灰质混合材料中的一种材料代替矿渣，代替数量不得超过水泥质量的 8%，替代后水泥中粒化高炉矿渣不得少于 20%。

按照国家标准的规定，水泥熟料中氧化镁的含量不宜超过 5.0%。如果水泥以压蒸安定性试验合格，则熟料中氧化镁的含量允许放宽到 6.0%。矿渣水泥中三氧化硫的含量不得超过 4.0%。

矿渣水泥强度等级分为 32.5、32.5R、42.5、42.5R、52.5、52.5R。各强度等级水泥的各龄期强度不得低于表 1-14 中的规定。矿渣水泥对细度、凝结时间及体积安定性的要求均与普通水泥相同。矿渣水泥的密度通常为 2.8～3.1g/cm^3，堆积密度约为 1000～1200kg/m^3。

矿渣水泥、火山灰质水泥及粉煤灰水泥各龄期的强度要求　　　　表 1-14

强度等级	抗压强度（MPa）		抗折强度（MPa）	
	3d	28d	3d	28d
32.5	10.0	32.5	2.5	5.5
32.5R	15.0	32.5	3.5	5.5
42.5	15.0	42.5	3.5	6.5
42.5R	19.0	42.5	4.0	6.5
52.5	21.0	52.5	4.0	7.0
52.5R	23.0	52.5	5.0	7.0

注：R 表示早强型。

矿渣水泥中熟料的含量比硅酸盐水泥少，掺入的粒化高炉矿渣量比较多，与硅酸盐水泥相比，有凝结硬化慢，早期强度低、后期强度增长较快，水化热较低，抗碳化能力较差，保水性差、泌水性较大，耐热性较好，硬化时对湿热敏感性强等特点。

③火山灰质硅酸盐水泥　凡由硅酸盐水泥熟料和火山灰质混合材料、适量石膏磨细制成的水硬性胶凝材料称为火山灰质硅酸盐水泥（简称火山灰质水泥），代号P·P。水泥中火山灰质混合材料掺量按质量百分比计为20%～50%。

火山灰质水泥的技术要求同矿渣水泥，在性能方面有许多共同点（参见表1-14)。火山灰质水泥需水量大，在硬化过程中的干缩较矿渣水泥更为显著，在干热环境中易产生干缩裂缝。因此，使用时必须加强养护，使其在较长时间内保持潮湿状态。另外火山灰质水泥颗粒较细，泌水性小，故具有较高的抗渗性，宜用于有抗渗要求的混凝土工程。

④粉煤灰硅酸盐水泥　凡由硅酸盐水泥熟料和粉煤灰、适量石膏磨细制成的水硬性胶凝材料称为粉煤灰硅酸盐水泥（简称粉煤灰水泥)，代号P·F。水泥中粉煤灰掺量按质量百分比计为20%～40%。

粉煤灰水泥的细度、凝结时间及体积安定性等技术要求与普通水泥相同。粉煤灰水泥的水化硬化过程与火山灰质水泥基本相同，其性能也与火山灰质水泥有许多相似之处（参见表1-14)。粉煤灰水泥的主要特点是干缩性比较小，甚至比硅酸盐水泥及普通水泥还小，因而抗裂性较好。由于粉煤灰的颗粒多呈球形微粒，吸水率小，所以粉煤灰水泥的需水量小，配制的混凝土和易性较好。

⑤复合硅酸盐水泥　凡由硅酸盐水泥熟料、两种或两种以上规定的混合材料、适量石膏磨细制成的水硬性胶凝材料，称为复合硅酸盐水泥（简称复合水泥)，代号P·C。水泥中混合材料总掺加量按质量百分比计应大于15%，但不超过50%。允许用不超过8%的窑灰代替部分混合材料，掺矿渣时混合材料掺量不得与矿渣硅酸盐水泥重复。

按照国家标准规定，水泥熟料中氧化镁的含量不得超过5.0%。如水泥经压蒸安定性试验合格，则熟料中氧化镁的含量允许放宽到6.0%。水泥中三氧化硫的含量不得超过3.5%。复合硅酸盐水泥各强度等级水泥的各龄期强度不得低于表1-15数值。

复合水泥各龄期的强度值　　**表1-15**

强度等级	抗压强度（MPa）		抗折强度（MPa）	
	3d	28d	3d	28d
32.5	11.0	32.5	2.5	5.5
32.5R	16.0	32.5	3.5	5.5
42.5	16.0	42.5	3.5	6.5
42.5R	21.0	42.5	4.0	6.5
52.5	22.0	52.5	4.0	7.0
52.5R	26.0	52.5	5.0	7.0

注：R表示早强型。

⑥常用水泥的特性　常用水泥的特性见表1-16。

常用水泥的特性　　表1-16

品种	硅酸盐水泥	普通硅酸盐水泥	矿渣硅酸盐水泥	火山灰质硅酸盐水泥	粉煤灰硅酸盐水泥	复合硅酸盐水泥
主要特性	1. 凝结硬化快 2. 早期强度高 3. 水化热大 4. 抗冻性好 5. 干缩性小 6. 耐蚀性差 7. 耐热性差	1. 凝结硬化较快 2. 早期强度较高 3. 水化热较大 4. 抗冻性较好 5. 干缩性较小 6. 耐蚀性较差 7. 耐热性较差	1. 凝结硬化慢 2. 早期强度低，后期强度增长较快 3. 水化热较低 4. 抗冻性差 5. 干缩性大 6. 耐蚀性较好 7. 耐热性好 8. 泌水性大 9. 抗碳化能力差	1. 凝结硬化慢 2. 早期强度低，后期强度增长较快 3. 水化热较低 4. 抗冻性差 5. 干缩性大 6. 耐蚀性较好 7. 耐热性较好 8. 抗渗性好	1. 凝结硬化快 2. 早期强度高，后期强度增长较快 3. 水化热较低 4. 抗冻性差 5. 干缩性较小，抗裂性较好 6. 耐蚀性较好 7. 耐热性较好	与所掺两种或两种以上混合材料的种类、掺量有关，其特性基本与矿渣硅酸盐水泥、火山灰质硅酸盐水泥、粉煤灰硅酸盐水泥的特性相似

⑦常用水泥的选用　各类建筑工程，针对其工程性质、结构部位、施工要求和使用环境条件等，进行选用。常用水泥的选用见表1-17。

常用水泥的选用　　表1-17

混凝土工程特点及所处环境条件			优先选用	可以选用	不宜选用
普通混凝土	1	在一般气候环境中的混凝土	普通水泥	矿渣水泥、火山灰质水泥、粉煤灰水泥、复合水泥	—
	2	在干燥环境中的混凝土	普通水泥	矿渣水泥	火山灰质水泥、粉煤灰水泥
	3	在高湿度环境中或长期处于水中的混凝土	矿渣水泥、火山灰质水泥、粉煤灰水泥、复合水泥	普通水泥	—
	4	厚大体积的混凝土	矿渣水泥、火山灰质水泥、粉煤灰水泥、复合水泥	—	硅酸盐水泥
有特殊要求的混凝土	1	要求快硬、高强（>C60）的混凝土	硅酸盐水泥	普通水泥	矿渣水泥、火山灰质水泥、粉煤灰水泥、复合水泥
	2	严寒地区的露天混凝土、寒冷地区处于水位升降范围内的混凝土	普通水泥	矿渣水泥（>32.5级）	火山灰质水泥、粉煤灰水泥
	3	严寒地区处于水位升降范围内的混凝土	普通水泥（>42.5级）	—	矿渣水泥、火山灰质水泥、粉煤灰水泥、复合水泥
	4	有抗渗要求的混凝土	普通水泥、火山灰质水泥	—	矿渣水泥
	5	有耐磨要求的混凝土	硅酸盐水泥、普通水泥	矿渣水泥（>32.5级）	火山灰质水泥、粉煤灰水泥
	6	受侵蚀性介质作用的混凝土	矿渣水泥、火山灰质水泥、粉煤灰水泥、复合水泥	—	硅酸盐水泥

3）其他品种水泥

①铝酸盐水泥　以铝酸钙为主要成分的铝酸盐水泥熟料，经磨细而成的水硬性胶凝材料称为铝酸盐水泥（高铝水泥），其代号为 CA。铝酸盐水泥的主要矿物成分为铝酸一钙（$CaO \cdot Al_2O_3$）和二铝酸钙（$CaO \cdot 2Al_2O_3$），有时还含有很少量的 $2CaO \cdot SiO_2$ 和其他铝酸盐。

铝酸盐水泥按 Al_2O_3 含量百分数分为 CA－50（$50\% \leqslant Al_2O_3 < 60\%$）、CA－60（$60\% \leqslant Al_2O_3 < 68\%$）、CA－70（$68\% \leqslant Al_2O_3 < 77\%$）、CA－80（$77\% \leqslant Al_2O_3$）四类。

铝酸盐水泥的主要特性和应用如下：

A. 快凝早强。主要用于工期紧急（如筑路、桥）的工程、抢修工程（如堵漏）等；也可用于冬期施工的工程。

B. 水化热大。不宜用于大体积混凝土工程。

C. 较高的耐热性。

D. 抗碱性极差。不得用于接触碱性溶液的工程。

E. 抗矿物水和硫酸盐作用的能力很强。

F. 自然条件下，长期强度及其他性能略有降低的趋势；因此，铝酸盐水泥不宜用于长期承重的结构及处于高温高湿环境的工程中。

铝酸盐水泥制品不能进行蒸汽养护；铝酸盐水泥不得与硅酸盐水泥或石灰相混，以免引起闪凝和强度下降；铝酸盐水泥也不得与尚未硬化的硅酸盐水泥混凝土接触使用。此外，在运输和储存过程中要注意铝酸盐水泥的防潮，否则吸湿后强度下降快。

②膨胀水泥　膨胀水泥在水化过程中能产生体积膨胀，在硬化过程中不仅不收缩，而且有不同程度的膨胀。使用膨胀水泥能克服和改善普通水泥混凝土的一些缺点（常用水泥在硬化过程中常产生一定收缩，造成水泥混凝土构件裂纹、透水和不适宜某些工程的使用），能提高水泥混凝土构件的密实性，能提高混凝土的整体性。

膨胀水泥按主要成分有硅酸盐型、铝酸盐型、硫铝酸盐型和铁铝酸钙型几类，其膨胀机理都是水泥石中所形成的钙矾石的膨胀。其中，硅酸盐膨胀水泥凝结硬化较慢，铝酸盐膨胀水泥凝结硬化较快。

膨胀水泥常用于水泥混凝土路面、机场道面或桥梁修补混凝土。此外用于防止渗漏、修补裂缝及管道接头等工程。

③白色和彩色硅酸盐水泥。

A. 白色硅酸盐水泥　白色硅酸盐水泥简称白水泥。其性能与硅酸盐水泥基本相同。根据国家标准规定，白色硅酸盐水泥分为 32.5、42.5、52.5、62.5 四个强度等级，各强度等级水泥各规定龄期的强度不得低于表 1-18 的数值。

白色硅酸盐水泥强度要求　　表 1–18

强度等级	抗压强度（MPa）			抗折强度（MPa）		
	3d	7d	28d	3d	7d	28d
32.5	14.0	20.5	32.5	2.5	3.5	5.5
42.5	18.0	26.5	42.5	3.5	4.5	6.5
52.5	23.0	33.5	52.5	4.0	5.5	7.0
62.5	28.0	42.5	62.5	5.0	6.5	8.0

白色硅酸盐水泥的细度要求为 0.080mm 方孔筛筛余量不超过 10%；其初凝时间不得早于 45min，终凝时间不迟于 12h；体积安定性用沸煮法检验必须合格，同时熟料中氧化镁的含量不得超过 4.5%，白水泥中三氧化硫含量不得超过 3.5%。

B. 彩色硅酸盐水泥　白色和彩色水泥在装饰工程中，常用于配制各类彩色水泥浆、砂浆和混凝土，用以制造各种水磨石、水刷石、饰面及雕塑和装饰部件等制品。

彩色硅酸盐水泥根据其着色方法不同，有三种生产方式：一是直接烧成法，在水泥生料中加入着色原料而直接煅烧成彩色水泥熟料，再加入适量石膏共同磨细；二是染色法，将白色硅酸盐水泥熟料或硅酸盐水泥熟料、适量石膏和碱性着色物质共同磨细制得彩色水泥；三是将干燥状态的着色物质直接掺入白水泥或硅酸盐水泥中。当工程使用量较少时，常用第三种办法。

彩色硅酸盐水泥有红色、黄色、蓝色、绿色、棕色、黑色等。彩色硅酸盐水泥强度等级分为 27.5、32.5、42.5 三级。各级彩色水泥各规定龄期的强度不得低于表 1–19 的数据。

彩色硅酸盐水泥的强度等级要求　　表 1–19

强度等级	抗压强度（MPa）		抗折强度（MPa）	
	3d	28d	3d	28d
27.5	7.5	27.5	2.0	5.0
32.5	10.0	32.5	2.5	5.5
42.5	15.0	42.5	3.5	6.5

彩色硅酸盐水泥的细度要求为 0.080mm 方孔筛筛余不得超过 6.0%；其初凝时间不得早于 1h，终凝时间不得迟于 10h；体积安定性用沸煮法检验必须合格，彩色水泥中三氧化硫的含量不得超过 4.0%。

白色和彩色硅酸盐水泥主要应用于建筑装饰工程中，常用于配制各类彩色水泥浆、水泥砂浆，用于饰面刷浆或陶瓷铺贴的勾缝，配制装饰混凝土、彩色水刷石、人造大理石及水磨石等制品，并以其特有的色彩装饰性，用于雕塑艺术和各种装饰部件。

（2）建筑石膏

1）建筑石膏的制备与技术要求

石膏是以硫酸钙为主要成分的气硬性胶凝材料，其制品具有一系列的优良性质，在建筑领域中得到广泛的应用。建筑工程中最常用的品种是建筑石膏，主要成分是β型半水石膏。它是将天然二水石膏在107～170℃温度下煅烧成半水石膏，经磨细而成的一种粉末状材料。它的反应式如下：

$$CaSO_4 \cdot 2H_2O \xrightarrow{107\sim170℃} CaSO_4 \cdot \frac{1}{2}H_2O + 1\frac{1}{2}H_2O$$

建筑石膏为白色，密度为2.6～2.75g/cm^3，堆积密度为800～1000kg/m^3。建筑石膏按强度、细度、凝结时间指标分为优等品、一等品和合格品三个等级。

建筑石膏按产品名称、抗折强度及标准号的顺序进行产品标记。例如，抗折强度为2.5MPa的建筑石膏表示为：建筑石膏2.5GB 9776。

建筑石膏硬化后有较大的孔隙率，强度较低，表观密度较小，导热性较低，吸声性较好。建筑石膏在储运过程中，应防止受潮及混入杂物。不同等级的石膏应分别储运，不得混杂，一般储存期为3个月，超过3个月，强度将降低30%左右，超过储存期限的石膏应重新进行质量检验，以确定其等级。

2）建筑石膏的硬化机理

建筑石膏与水拌合后，可调制成可塑性浆体，经过一段时间反应后，将失去塑性，并凝结硬化成具有一定强度的固体。

建筑石膏的凝结硬化主要是由于半水石膏与水相互作用，还原成二水石膏：

$$CaSO_4 \cdot \frac{1}{2}H_2O + 1\frac{1}{2}H_2O \longrightarrow CaSO_4 \cdot 2H_2O$$

在这个过程中，浆体中的自由水分因水化和蒸发而逐渐减少，二水石膏胶体微粒不断增加，浆体稠度变大，颗粒之间的摩擦力和粘结力逐渐增加，因而浆体可塑性逐渐降低，此时称之为“凝结”。其后，浆体继续变稠，胶体微粒逐渐成为晶体，晶体逐渐长大、共生并相互交错，使浆体逐渐产生强度，并不断增长，直到完全干燥，晶体之间的摩擦力和粘结力不再增加，强度才停止发展，这个过程称为“硬化”。实际上，石膏的凝结和硬化是一个连续的、复杂的物理化学变化过程。

3）建筑石膏的特性与应用

建筑石膏具有凝结硬化快，硬化初期体积略有膨胀，孔隙率大，防火性好，耐火性差，塑性变形大等特性。

建筑石膏在建筑工程中的用途广泛，目前主要用于室内抹灰与粉刷、石膏装饰制品和生产各种石膏板等。

（3）石灰

石灰是人类在建筑中最早使用的胶凝材料之一，生产石灰的主要原料是以碳酸钙为主要成分的天然岩石，常用的有石灰石、白云石、白垩等。另外，也可以利用化学工业副产品，例如用电石（碳化钙）制取乙炔时的电石渣，其主要成分是氢氧化钙，即消石灰。将这些原料经过煅烧生成生石灰，其化学反应式如下：

$$CaCO_3 \xrightarrow{900 \sim 1100℃} CaO + CO_2$$

生产时由于火候或温度控制不均，石灰中常含有欠火石灰（未分解的碳酸钙内核的石灰）和过火石灰（表面被熔融的黏土杂质所形成的玻璃物质所包裹的石灰）。使用时会影响工程质量。欠火石灰使用时，产浆量较低，质量较差，降低了石灰的利用率；过火石灰使用时，会影响工程质量。

1）石灰的熟化与硬化

①石灰的熟化　生石灰（CaO）加水生成氢氧化钙的过程，称为石灰的熟化或消解过程，其化学反应为：

$$CaO + H_2O \longrightarrow Ca(OH)_2 + 64kJ/mol$$

石灰熟化时放出大量的热，其体积膨胀 1～2.5 倍。工地上熟化石灰常用的方法有两种：消石灰浆法和消石灰粉法。

一般当石灰已经硬化后，其中过火石灰才开始熟化，体积膨胀，引起隆起和开裂。为了消除过火石灰的这种危害，石灰浆应在储灰池中“陈伏”两周以上，“陈伏”期间，石灰浆表面应留有一层水，与空气隔绝，以免石灰碳化。

②石灰的硬化　石灰在空气中的硬化包括两个硬化过程：

A. 干燥结晶　石灰浆在使用过程中，因游离水分逐渐蒸发和被砌体吸收，使得 $Ca(OH)_2$ 溶液过饱和而逐渐结晶析出，促进石灰浆体的硬化。同时，干燥时毛细孔隙逐渐失水，使得由于水表面张力作用而产生的毛细管压力增大，氢氧化钙颗粒间的接触变得紧密，从而使浆体产生一定的强度。

B. 碳化作用　$Ca(OH)_2$ 与空气中的 CO_2 作用，在有水的条件下，生成不溶解于水的碳酸钙晶体的过程称为碳化。其反应如下：

$$Ca(OH)_2 + CO_2 + nH_2O = CaCO_2 + (n+1)H_2O$$

形成的碳酸钙晶体结构致密，强度较高。但由于空气中的 CO_2 含量少，使得碳化过程进行缓慢。当石灰浆处于干燥状态时，碳化反应几乎停止；当石灰浆含水过多，碳化作用仅限于在表面进行。所以，石灰硬化是个相当缓慢的过程。

2）石灰的技术要求与特性

①技术要求　建筑工程中所用的石灰，分成三个品种：建筑生石灰、建筑生石灰粉和建筑消石灰粉。

根据石灰中氧化镁的含量，可将生石灰分为钙质石灰（MgO 含量 $<5\%$）和镁质石灰（MgO 含量 $\geq 5\%$）；将消石灰分为钙质消石灰（MgO 含量 $<4\%$）、镁质消石灰（MgO 含量为 $4\% \sim 24\%$）和白云石质消石灰（MgO 含量为 $24\% \sim 30\%$）。

建筑生石灰根据有效氧化钙和氧化镁的含量、未消化残渣含量（即欠火石灰、过火石灰和杂质的含量）、二氧化碳含量（欠火石灰含量）、产浆量（1kg 生石灰制成石灰膏的体积），划分为优等品、一等品和合格品。

建筑生石灰粉根据有效氧化钙和氧化镁的含量、二氧化碳含量及细度，划分为优等品、一等品和合格品。

建筑消石灰根据有效氧化钙和氧化镁的含量、游离水含量、体积安定性和细度，划分为优等品、一等品和合格品。

②石灰的特性、应用与储存　石灰具有保水性与可塑性好，凝结硬化慢、强度低，耐水性差，干燥收缩大等特性。

生石灰经加工处理后可得到很多品种的石灰，如生石灰粉、消石灰粉、石灰乳、石灰膏等。石灰粉与其他材料混合，还可制成硅酸盐制品、碳化石灰板、石灰土、三合土、石灰砂浆、混合砂浆、建筑涂料等。

生石灰会吸收空气中的水分和二氧化碳，生成碳酸钙粉末，从而失去粘结力，所以在工地上储存时要防止受潮，且不宜太多太久。另外，石灰熟化时要放出大量的热，因此应将生石灰与可燃物分开保管，以免引起火灾。通常进场后可立即陈伏，将储存期变为熟化期。

（4）菱苦土

菱苦土是一种气硬性无机胶凝材料，是由含有 $MgCO_3$ 为主的原料在 750～850℃条件下煅烧，经磨细而得的一种白色或黄色的粉末，其主要成分是氧化镁（MgO），属镁质胶凝材料。

菱苦土密度为 3.10～3.40g/cm^3，堆积密度为 800～900kg/m^3。

菱苦土在加水拌合后，迅速水化并放出大量热，但凝结硬化很慢，硬化后的强度也很低。所以，菱苦土在使用过程中，常用氯化镁溶液调制，以加速其硬化过程的进行，并且强度也得到显著的提高。

菱苦土与植物纤维粘结性好，不会引起纤维的分解。因此，常与木丝、木屑等木质纤维混合应用，制成菱苦土板。有时还加入滑石粉、石棉、细石英砂、砖粉等填充材料，应用大理石或中等硬度的岩石碎屑为骨料，可制成菱苦土类地板等制品。

菱苦土板有较高的密实度与强度，而且具有吸声、隔热的效果，可作内墙、顶棚板和其他建筑材料之用。菱苦土地板具有保温、无尘土、耐磨、防火、表面光滑和弹性好等特性，若填加耐碱矿物颜料，可将地面着色，是良好的地面材料。

加筋的菱苦土具有较高的强度，可以代替木材制成垫木、柱子等构件。在菱苦土中加入泡沫剂可制成轻质多孔的绝热材料。

菱苦土耐水性较差，在运输或储存时应避免受潮，也不可久存。因为菱苦土吸收空气中的水分变成 $Mg(OH)_2$，再碳化成 $MgCO_3$，将失去其化学活性。

1.3.3 混凝土和砂浆

（1）混凝土

1）概述

凡由胶凝材料、颗粒状的粗细骨料和水（必要时掺入一定数量的外加剂和矿物混合材料）按适当比例配制，经均匀搅拌、密实成型，并经过硬化后而成的一种人造石材称混凝土。在工程中，应用最广的是以水泥为胶凝材料，以砂、石为骨料，加水拌制成混合物，经一定时间硬化而成的水泥混凝土，简称普通混凝土。

2）混凝土的分类

按胶结材料可分为：水泥混凝土、石膏混凝土、沥青混凝土及聚合物混凝土等。

按表观密度可分为：重混凝土（$\rho_0 > 2500kg/m^3$）、普通混凝土（ρ_0 介于 $1900 \sim 2500kg/m^3$）、轻混凝土（ρ_0 介于 $600 \sim 1900kg/m^3$）及特轻混凝土（$\rho_0 < 600kg/m^3$）。

按性能与用途可分为：结构混凝土、防水混凝土、防射线混凝土、耐酸混凝土、装饰混凝土、耐火混凝土、补偿收缩混凝土、水下浇筑混凝土、道路混凝土等。

按施工方法可分为：泵送混凝土、喷射混凝土、振密混凝土、压力灌浆混凝土、离心混凝土等。

按掺合料可分为：粉煤灰混凝土、硅灰混凝土、磨细高炉矿渣混凝土、纤维混凝土等。

按强度分类：低强度混凝土、中强度混凝土、高强度混凝土。

3）混凝土的特点

①使用方便。硬化前的混凝土具有良好的可塑性，可浇筑成各种形状和尺寸的构件及结构物。

②价格低廉。原材料丰富且可就地取材。其中 80% 以上用量的砂石料，资源丰富，能耗低，符合经济原则。

③高强耐久。普通混凝土的强度为 20 ~ 55MPa，具有良好的耐久性。

④和易性好。改变组成材料的品种和数量，可以制成不同性能的混凝土，以满足工程上的不同要求；也可用钢筋增强，组成复合材料（钢筋混凝土），以弥补其抗拉及抗折强度低的缺点，满足各种结构工程的需要。

⑤有利环保。混凝土可以充分利用工业废料，如矿渣、粉煤灰等，降低环境污染。

其主要缺点是自重大、抗拉强度低、呈脆性、易产生裂缝、硬化速度慢、生产周期长等。

4）普通混凝土的组成材料

组成混凝土的基本材料是水泥、水、砂子和石子。一般砂子、石子的总含量占其总体积的 80% 以上，主要起骨架作用，故分别称为细骨料和粗骨料。水泥加水形成水泥浆，包裹在砂粒表面并填充砂粒间的空隙形成水泥砂浆，水泥砂浆又包裹石子并填充石子间的空隙而形成混凝土。水泥浆在硬化前起润滑作用，使混凝土拌合物具有良好的流动性；硬化后将骨料胶结在一起形成坚硬的整体——人造石材混凝土。

①水泥　配制混凝土时，应根据工程性质、部位、施工条件、环境状况

等，按各品种水泥的特性合理地选择水泥的品种。通常水泥强度等级则选为混凝土强度等级的1.5～2.0倍。

②骨料　普通混凝土用骨料按粒径大小分为两种，粒径大于4.75mm的称为粗骨料，粒径小于4.75mm的称为细骨料。普通混凝土中所用细骨料有天然砂和人工砂两种；普通混凝土通常所用的粗骨料有碎石和卵石两种。我国在《建筑用砂》GB/T 14684—2001和《建筑用卵石、碎石》GB/T 14685—2001中规定，建筑用砂石按技术质量要求分为Ⅰ类、Ⅱ类、Ⅲ类。Ⅰ类宜用于强度等级大于C60的混凝土；Ⅱ类宜用于强度等级C30～C60及有抗冻、抗渗或其他要求的混凝土；Ⅲ类宜用于强度等级小于C30的混凝土和建筑砂浆。不同等级的砂石对泥、石粉和泥块的含量以及有害杂质的含量要求不同，同时还应合理地选择颗粒级配和砂的细度模数。

③水　水也是混凝土的主要组分之一，水质不良不仅影响混凝土的凝结硬化，还影响混凝土的强度和耐久性，并加速钢筋混凝土中钢筋（特别是预应力钢丝）的锈蚀。因此，《混凝土拌合用水标准》JGJ 63对混凝土用水提出了具体的质量要求。拌制及养护混凝土宜采用饮用的自来水及清洁的天然水。海水与生活污水不能用于拌制混凝土，地表水、地下水和工业废水必须按标准规定检验合格后方可使用。对混凝土用水的质量要求是：不影响混凝土的凝结和硬化；无损于混凝土强度发展及耐久性；不加快钢筋锈蚀；不引起预应力钢筋脆断；不污染混凝土表面。

④外加剂　为改善混凝土性能，常在混凝土拌合过程中掺入混凝土外加剂。其掺量一般不超过水泥质量的5%。混凝土外加剂按其主要功能分为四类。

A. 改善混凝土拌合物流变性能的外加剂，包括各种减水剂、引气剂和泵送剂等。

B. 调节混凝土凝结时间、硬化性能的外加剂，包括缓凝剂、早强剂和速凝剂等。

C. 改善混凝土耐久性的外加剂，包括引气剂、防水剂和阻锈剂等。

D. 改善混凝土其他性能的外加剂，包括加气剂、膨胀剂、防冻剂、着色剂等。

其中减水剂、引气剂、早强剂、缓凝剂等在工程上最常用。

5）普通混凝土的主要技术性质

①新拌混凝土的和易性　新拌混凝土是指将水泥、砂、石和水拌合的尚未凝固时的拌合物。和易性是指混凝土拌合物易于各工序施工操作（搅拌、运输、浇筑、捣实）并能获得质量均匀、成型密实的混凝土的性能。其中包括流动性、黏聚性和保水性等。

流动性指新拌混凝土在自重及施工振捣的作用下，能够流满模型、包围钢筋的能力（满足运输和浇捣要求的流动性）。黏聚性是指混凝土拌合物在施工过程中，其组成材料之间有一定的黏聚力，不致发生分层和离析的现象，使混凝土保持整体均匀的性能。保水性是指混凝土拌合物具有一定的保持内部水分的能力，在施工过程中不致产生严重的泌水现象。

混凝土拌合物的流动性、黏聚性、保水性，三者之间互相关联又互相矛盾。如黏聚性好则保水性往往较好，但当流动性增大时，黏聚性和保水性往往变差；反之亦然。因此，所谓拌合物的和易性良好，就是要使这三个方面的性能在某种具体条件下，达到均为良好，使矛盾得到统一。

新拌混凝土的和易性可采用坍落度或维勃稠度的方法来测定。

影响新拌混凝土和易性的因素有水泥特性、骨料特性、集浆比、水灰比、砂率、外加剂等。此外，环境条件（温度、湿度和风速）和时间也有一定的影响。

②硬化后混凝土强度　混凝土的强度包括抗压、抗拉、抗弯和抗剪等，其中抗压强度最大，故混凝土主要用来承受压力。此混凝土的抗压强度是结构设计的主要参数，也是混凝土质量评定的指标。

按照国家标准《普通混凝土力学性能试验方法标准》GB/T50081—2002 的规定，混凝土立方体抗压强度（简称混凝土抗压强度），是指按标准方法制作的边长为 150mm 的立方体试件，在标准养护条件（温度 20±3℃，相对湿度大于 90% 或置于水中）下，养护至 28d 龄期，经标准方法测试、计算得到具有 95% 以上的保证率的抗压强度值（用标准试验方法测定的抗压强度总体分布中的一个值，强度低于该值的百分率不超过 5%），称为混凝土立方体的抗压强度。

为便于设计选用和施工控制混凝土，将混凝土强度分成若干等级，即强度等级。强度等级是按立方体抗压强度标准值（$f_{cu,k}$）划分的。普通混凝土通常划分为 C7.5、C10、C15、C20、C25、C30、C35、C40、C45、C50、C55、C60 等 12 个等级（≥C60 以上的混凝土为高强混凝土）。强度等级表示中的“C”为混凝土强度符号，“C”后边的数值，即为抗压强度的标准值。例如强度等级为 C40，表示立方体抗压强度标准值为 40MPa。

混凝土的强度主要取决于水泥强度及其与骨料的粘结强度。也就是主要取决于水灰比和水泥强度、骨料特性、集浆比。此外，混凝土强度还受养护条件（温度、湿度、龄期等）及试验条件的影响。

③硬化混凝土的耐久性　混凝土结构物除要求具有设计强度，以保证建筑物能安全承受荷载外，还应具有耐久性，即保证混凝土在长期自然环境及使用条件下保持其使用性能。混凝土的耐久性主要包括抗渗、抗冻、抗侵蚀、碳化、碱—骨料反应等性能。

A. 混凝土的抗渗性　混凝土的抗渗性，是指混凝土抵抗水、油等压力液体渗透作用的能力。混凝土的抗渗性用抗渗等级 P 表示。它是以 28d 龄期的标准试件，按规定方法试验，以试件不渗水时所承受的最大水压（MPa）来确定。抗渗等级有：P4、P6、P8、P10、P12，即表示混凝土能抵抗 0.4MPa、0.6MPa、0.8MPa、1.0MPa、1.2MPa 水压而不渗水。

提高混凝土抗渗性的关键是提高密实度，改善混凝土的内部孔隙结构。具体措施有降低水灰比，采用减水剂，掺加引气剂，选用致密、干净、级配良好的骨料，加强养护等。

B. 混凝土的抗冻性　混凝土的抗冻性是指混凝土在饱和水状态下遭受冰冻时，抵抗冻融循环作用而不破坏的能力。抗冻性是以28d龄期的试块在吸水饱和后于 -20～-15℃和15～20℃反复冻融循环，以同时满足强度损失率不超过25%，质量损失率不超过5%时的最多循环次数来确定。混凝土抗冻性以抗冻等级来表示。混凝土抗冻等级分为：F10、F15、F25、F50、F100、F150、F200、F250、F300九个等级。F为等级符号，后面的数字分别表示混凝土能够承受反复冻融循环的最少次数。

影响混凝土抗冻性的主要因素有水泥品种、水灰比及骨料的坚固性等。提高抗冻性的措施是提高密实度、减小水灰比和掺加引气剂或减水型引气剂等。

C. 混凝土的抗侵蚀性　混凝土所处环境中含有侵蚀性介质时，混凝土便会遭受侵蚀，通常有软水侵蚀、硫酸盐侵蚀、镁盐侵蚀、碳酸侵蚀、一般酸侵蚀与强碱侵蚀等。混凝土的抗侵蚀性与所用水泥品种、混凝土的密实程度和孔隙特征等有关。密实和孔隙封闭的混凝土，环境水不易侵入，抗侵蚀性较强。提高混凝土抗侵蚀性的主要措施是合理选择水泥品种、降低水灰比、提高混凝土密实度和改善孔结构。

D. 混凝土的碳化　混凝土的碳化是指混凝土内水泥石中的氢氧化钙与空气中的二氧化碳，在湿度相宜时发生化学反应，生成碳酸钙和水，也称中性化。混凝土的碳化是二氧化碳由表及里逐渐向混凝土内部扩散的过程。

碳化引起水泥石化学组成及组织结构的变化，像混凝土开裂，钢筋锈蚀等，从而降低混凝土的抗拉、抗折强度及抗渗能力。

影响碳化速度的主要因素有水泥品种、水灰比及外界因素（二氧化碳的浓度、环境湿度）等。

E. 混凝土的碱—骨料反应　碱—骨料反应是指水泥中的碱（Na_2O、K_2O）与骨料中的活性二氧化硅发生化学反应，在骨料表面生成复杂的碱—硅酸凝胶，吸水体积膨胀（体积可增加3倍以上），从而导致混凝土产生膨胀开裂而破坏，这种现象称为碱—骨料反应。

混凝土发生碱—骨料反应的原因：一是水泥中碱含量高（Na_2O 大于0.6%）；二是骨料中含有活性二氧化硅成分；三是有水存在。避免碱—骨料反应的措施有：采用低碱水泥（碱含量不超过0.6%）；在混凝土中掺入活性混合材料，以减少膨胀值；防止水分侵入，设法使混凝土处于干燥状态等。

混凝土所处的环境和使用条件不同，对其耐久性的要求也不相同，但影响耐久性的因素却有许多相同之处，混凝土的密实程度是影响耐久性的主要因素，其次是原材料的性质、施工质量等。提高混凝土耐久性的主要措施有：合理选择水泥品种；控制水灰比及保证足够的水泥用量；选用质量良好、技术条件合格的砂石骨料；掺入减水剂或引气剂；改善施工操作，保证施工质量等。

④硬化混凝土的变形。

A. 非荷载作用下的变形

a. 化学收缩。在混凝土硬化过程中，由于水泥水化生成物的体积比反应前物质的总体积小，从而引起混凝土的收缩，称为化学收缩。化学收缩是不能恢复的。化学收缩率很小，在限制应力下不会对结构物产生破坏作用，但其收缩过程中在混凝土内部还是会产生微细裂缝，这些微细裂缝可能会影响到混凝土的受载性能和耐久性能。

b. 干湿变形。处于空气中的混凝土当水分散失时，会因其体积收缩，称为干燥收缩，简称干缩。但受潮后体积又会膨胀，即为湿胀。混凝土的湿胀变形量很小，一般无破坏作用。但干缩变形对混凝土危害较大，干缩能使混凝土表面出现拉应力而导致开裂，严重影响混凝土的耐久性。混凝土干缩主要是水泥石产生的，因此降低水泥用量，减少水灰比是减少干缩的关键。此外，影响混凝土干缩的因素还有用水量、水泥品种及细度、骨料种类和养护条件等。

c. 温度变形。混凝土与其他材料一样，也会随着温度的变化产生热胀冷缩的变形。温度变形对大体积混凝土及大面积混凝土工程极为不利，在混凝土硬化初期，水泥水化放出较多热量，而混凝土又是热的不良导体，当混凝土厚度较厚时，散热很慢，因此造成混凝土内外温差很大，这将使混凝土产生内胀外缩，结果在外表混凝土中产生很大的拉应力，严重时使混凝土产生裂缝。因此，大体积混凝土施工常采用低热水泥、减少水泥用量、减少用水量、掺加缓凝剂及采用人工降温等措施。也可以在混凝土中每隔一定长度设置收缩缝以及在混凝土中设置温度筋等措施。

B. 荷载作用下的变形

a. 在短期荷载作用下的变形。混凝土是一种由水泥、砂、石、孔隙等组成的不匀质的三相复合材料。它既不是一个完全弹性体，也不是一个完全塑性体，而是一个弹—塑性体。受力时既产生可以恢复的弹性变形，又产生不可恢复的塑性变形，其应力与应变的关系不是直线，而是曲线。在应力—应变曲线上任一点的应力与其应变的比值，称作混凝土在该应力下的变形模量。根据《普通混凝土力学性能试验方法标准》GB/T 50081—2002 中规定，采用150mm×150mm×300mm 的棱柱体作为标准试件，取测定点的应力为试件轴心强度的40%，经 3 次以上反复加荷与卸荷后，测得的变形模量值，即为该混凝土的弹性模量。影响混凝土弹性模量的因素主要有混凝土的强度、骨料的含量与弹性模量、养护条件等。

b. 长期荷载作用下的变形——徐变。混凝土在长期荷载作用下，除产生瞬间的弹性变形和塑性变形外，还会产生随时间而增长的非弹性变形。混凝土承受持续荷载时，这种随时间的延长而增加的变形，称为徐变。混凝土的徐变受许多因素的影响。混凝土的水灰比较小或在水中养护时，徐变较小；水灰比相同的混凝土，其水泥用量越多，徐变越大；混凝土所用骨料的弹性模量较大时，徐变较小；所受应力越大，徐变越大。混凝土不论受压、受拉或受弯时，均有徐变现象。混凝土的徐变可消除钢筋混凝土内的应力集中，使应力重分布，从而使局部应力集中得到缓解；对大体积混凝土则能消除一部分由于温度变形所产生的破坏应力。但在预应力钢筋混凝土中，混凝土的徐变将产生应力松弛，引起预应力损失，造成不利影响。

⑤普通混凝土的配合比　普通混凝土的配合比是指混凝土各组成材料数量之间的比例关系，实质上就是水泥、水、砂与石子组成材料的用量。其中有三个重要参数：水灰比、单位用水量和砂率。

水灰比：水与水泥之间的比例。

单位用水量：即 $1m^3$ 混凝土的用水量，它反映了水泥浆与骨料之间的比例关系。

砂率：砂子占砂、石总质量的百分率值，它影响着混凝土的黏聚性和保水性。

混凝土配合比的表示方法有两种：一是单位用量表示法，以 $1m^3$ 混凝土中各项材料的质量表示，如水泥（m_c）300kg、水（m_w）180kg、砂（m_s）720kg、石子（m_g）1200kg；另一种是相对用量表示法，以各项材料相互的质量比来表示，上述的例子可换成：水泥：砂：石子：水＝1∶2.4∶4∶0.6。

6）其他品种混凝土

①轻混凝土　轻混凝土是指干密度小于 $1950kg/m^3$ 的混凝土。包括轻骨料混凝土、多孔混凝土和大孔混凝土。

A. 轻骨料混凝土　凡是由轻粗骨料、轻细骨料（或普通砂）、水泥和水配制而成的轻混凝土，称为轻骨料混凝土。按骨料种类，轻骨料混凝土又分为全轻混凝土（粗、细骨料均为轻骨料）和砂轻混凝土（细骨料全部或部分为普通砂）。

轻骨料按其来源可分为工业废料轻骨料（如粉煤灰陶粒、膨胀矿渣珠、煤渣及其轻砂等）、天然轻骨料（如浮石、火山渣及轻砂等）与人造轻骨料（如页岩陶粒、黏土陶粒、膨胀珍珠岩等）三类。轻骨料按粒径大小分为轻粗骨料和轻细骨料（或称轻砂）。

轻骨料混凝土与普通混凝土相比，有如下特点：表观密度小，弹性模量低，抗震性能好，热膨胀系数较小，抗渗、抗冻和耐久性能良好，导热系数小、保温性能好。强度等级为 CL5.0、CL7.5、CL10、CL15、CL20、CL25、CL30、CL35、CL40、CL45、CL50。

B. 多孔混凝土　多孔混凝土是一种内部均匀分布细小气孔而无骨料的混凝土。多孔混凝土按形成气孔的方法不同，分为加气混凝土和泡沫混凝土两种。

加气混凝土是以含钙材料（石灰、水泥）、含硅材料（石英砂、粉煤灰等）和发泡剂（铝粉）为原料，经磨细、配料、搅拌、浇筑、发泡、静停、切割和压蒸养护等工序生产而成。一般预制成条板或砌块。加气混凝土的表观密度约为 300～$1200kg/m^3$，抗压强度约为 0.5～7.5MPa，导热系数约为

0.081～0.29W/(m·K)。加气混凝土孔隙率大，吸水率大，强度较低，保温性能好，抗冻性能差，常用作屋面板材料和墙体材料。

泡沫混凝土是将水泥浆和泡沫剂拌合后，经硬化而成的一种多孔混凝土。其表观密度为300～500kg/m^3，抗压强度为0.5～0.7MPa，可以现场直接浇筑，主要用于屋面保温层。

C. 大孔混凝土　大孔混凝土是以粒径相近的粗骨料、水泥、水，有时加入外加剂配制而成的混凝土。由于没有细骨料，在混凝土中形成许多大孔。按所用骨料的种类不同，分为普通大孔混凝土和轻骨料大孔混凝土。

普通大孔混凝土的表观密度一般为1500～1950kg/m^3，抗压强度为3.5～10MPa，多用于承重及保温的外墙体。轻骨料大孔混凝土的表观密度为500～1500kg/m^3，抗压强度为1.5～7.5MPa，适用于非承重的墙体。大孔混凝土的导热系数小，保温性能好，吸湿性小，收缩较普通混凝土小20%～50%，抗冻性可达15～20次，适用于墙体材料。

②高强混凝土　人们常将强度等级达到C60和超过C60的混凝土称为高强混凝土；强度等级超过C100的混凝土称为超高强混凝土。

高强混凝土的特点是强度高，变形小，耐久性能好，能适应现代工程向大跨度结构、重载受压构件及高耸发展和承受恶劣环境条件的需要。目前我国实际应用的高强混凝土C60～C80，主要用于混凝土桩基、电杆、大跨度薄壳结构、桥梁、输水管等。

③防水混凝土　防水混凝土是指具有较高抗渗能力的混凝土，其抗渗等级等于或大于P6级，又称抗渗混凝土。防水混凝土主要用于有防水抗渗要求的水工构筑物、给水排水构筑物（如水池、水塔等）和地下构筑物，以及有防水抗渗要求的屋面等。目前，常用的防水混凝土有普通防水混凝土、外加剂防水混凝土和膨胀水泥防水混凝土。

A. 普通防水混凝土　普通防水混凝土是以调整配合比的方法，提高混凝土自身密实性以满足抗渗要求的混凝土。其原理是在保证和易性前提下采用渗透性小的骨料，并尽量减小水灰比，以减小毛细孔的数量和孔径，同时适当提高水泥用量和砂率，在粗骨料周围形成质量良好和数量足够的砂浆包裹层，使粗骨料彼此隔离，以阻隔沿粗骨料相互连通的渗水孔网。

B. 外加剂防水混凝土　外加剂防水混凝土是在混凝土中掺入适量品种和数量的外加剂，以改善混凝土内部结构，隔断或堵塞混凝土中的各种孔隙、裂缝及渗水通道，以达到改善抗渗性的一种混凝土。常用的外加剂有引气剂和密实剂。

在混凝土内掺入引气剂，可使混凝土中产生大量均匀的、封闭的和稳定的小气泡，由于气泡的阻隔作用，隔断了渗水通道，提高了混凝土的抗渗性。引气剂防水混凝土还具有良好的和易性、抗冻性和耐久性，技术经济效果较好，应用普遍。

密实剂一般是指氯化铁或铝盐的溶液。这些溶液与氢氧化钙反应产生不溶于水的胶体，能堵塞混凝土内部的毛细管及孔隙，从而提高混凝土的密实度和抗渗性。密实剂防水混凝土具有很高的抗渗性能，不仅可抵抗水的渗透，还可抵抗油、气的渗透，常用于对抗渗性要求较高的混凝土，如高水压容器和储油罐等。

C. 膨胀水泥防水混凝土　膨胀水泥防水混凝土是采用膨胀水泥配制而成的。由于这种水泥在水化过程中能形成大量的钙矾石，会产生一定的体积膨胀，在有约束的条件下，能改善混凝土的孔结构，使毛细孔径减小，孔隙率降低，从而提高混凝土的密实性和抗渗性。

④聚合物混凝土　凡在混凝土组成材料中掺入聚合物的混凝土，统称为聚合物混凝土。聚合物混凝土一般可分为以下三种。

A. 聚合物水泥混凝土　它是以水溶性聚合物（如天然或合成橡胶乳液、热塑性树脂乳液等）和水泥共同为胶凝材料，并掺入砂或其他骨料而制成的。与普通混凝土相比，聚合物水泥混凝土具有较好的耐久性、耐磨性、耐腐蚀性和耐冲击性等。目前，主要用于现场浇筑无缝地面、耐腐蚀性地面、桥面及修补混凝土工程中。

B. 聚合物胶结混凝土　又称树脂混凝土，是以合成树脂为胶结材料、以砂石为骨料的一种聚合物混凝土。树脂混凝土与普通混凝土相比，具有强度高和耐腐蚀、耐磨性、抗冻性好等优点，缺点是硬化时收缩大、耐久性差。目前成本较高，只能用于特殊工程（如耐腐蚀工程、修补混凝土构件及堵缝材料等）。此外，树脂混凝土因其美观的外表，又称人造大理石，可以制成桌面、地面砖、浴缸等装饰材料。

C. 聚合物浸渍混凝土　聚合物浸渍混凝土是以混凝土为基材（被浸渍的材料），而将有机单体（如甲基丙烯酸甲酯、苯乙烯、丙烯氰等）掺入混凝土中，再加入催化剂和交联剂等，然后再用加热或放射线照射的方法使其聚合，使混凝土与聚合物形成一个整体。

聚合物浸渍混凝土抗渗、抗冻、耐蚀、耐磨、抗冲击等性能都得到显著提高，另外，这种混凝土抗压强度可达150MPa以上，抗拉强度可达24.0MPa。但聚合物浸渍混凝土造价较高。

⑤抗冻混凝土　抗冻等级不小于F50级的混凝土为抗冻混凝土。

抗冻混凝土的原材料应符合下列规定：宜选用硅酸盐水泥或普通硅酸盐水泥，不宜使用火山灰质硅酸盐水泥；宜选用连续级配的粗骨料，其含泥量不得大于1.0%，泥块含量不得大于0.5%；细骨料含泥量不得大于3.0%，泥块含量不得大于1.0%；抗冻等级F100及以上的混凝土使用的粗骨料和细骨料均应进行坚固性试验，并应符合《建筑用砂》GB/T 14684—2001和《建筑用卵石、碎石》GB/T 14685—2001的规定；抗冻混凝土宜采用减水剂，对抗冻等级F100及以上的混凝土应掺引气剂。

⑥纤维混凝土　纤维混凝土是以普通混凝土为基材，将短而细的分散性纤维，均匀地撒布在普通混凝土中制成。纤维在混凝土中起增强作用，可提高混

凝土的抗压、抗弯、冲击韧性，也能有效地改善混凝土的脆性。

常用的短切纤维有两类：一类是高弹性模量纤维，如钢纤维、玻璃纤维、碳纤维等；另一类是低弹性模量纤维，如尼龙纤维、聚乙烯纤维和聚丙烯纤维等。低弹性模量纤维能提高冲击韧性，但对抗拉强度影响不大；高弹性模量纤维能显著提高抗拉强度。目前，纤维混凝土已用于路面等方面。

（2）建筑砂浆

1）砂浆的类型、组成材料及主要技术性质

①砂浆的类型　建筑砂浆是由胶凝材料、细骨料、掺加料和水按一定的比例配制而成的建筑材料。它与混凝土的主要区别是组成材料中没有粗骨料，因此，建筑砂浆也可称为细骨料混凝土。

根据不同用途，建筑砂浆主要分为砌筑砂浆、抹面砂浆（普通抹面砂浆、防水砂浆、装饰砂浆等）、特种砂浆（如隔热砂浆、耐腐蚀砂浆、吸声砂浆等）。

按所用的胶凝材料不同，建筑砂浆分为水泥砂浆、石灰砂浆、石膏砂浆、混合砂浆和聚合物水泥砂浆等。常用的混合砂浆有水泥石灰砂浆、水泥黏土砂浆和石灰黏土砂浆。

②砂浆的组成材料。

A. 胶凝材料　建筑砂浆主要的胶凝材料是水泥，常用的水泥品种有普通水泥、矿渣水泥、火山灰水泥、砌筑水泥和粉煤灰水泥等。应根据砌筑部位、工程所处的环境条件、强度要求和特殊功能等选用合适的水泥品种。水泥砂浆中的水泥强度等级不宜大于32.5级，混合砂浆中水泥强度等级不宜大于42.5级。一般水泥强度等级（28d抗压强度指标值，以MPa计）宜为砂浆强度等级的4～5倍。石灰、石膏和黏土亦可作为砂浆的胶凝材料，可与水泥混合使用配制混合砂浆，可以节约水泥并改善砂浆和易性。

B. 细骨料　砂是建筑砂浆的细骨料，应符合《建筑用砂》GB/T 14684—2001的规定。此外，由于砂浆层较薄，对砂子最大粒径应有限制。用于毛石砌体的砂浆，宜选用粗砂。砂子最大粒径应小于砂浆层厚度的1/5～1/4；对于砖砌体使用的砂浆，宜用中砂，其最大粒径不大于2.5mm；抹面及勾缝砂浆，宜选用细砂，其最大粒径不大于1.2mm。为保证砂浆质量，应选用洁净的砂，砂中黏土杂质的含量不宜过大，建工行业标准《砌筑砂浆配合比设计规程》JGJ 98—2000规定：砂浆强度等级≥M5的，砂的含泥量应不超过5%；强度等级为M2.5的，砂的含泥量应不超过10%。

C. 水　拌制砂浆应采用不含有害杂质的洁净水，一般与混凝土用水要求相同，要符合《混凝土拌合用水标准》JGJ 63—89的规定。未经试验鉴定的污水不得使用。

D. 掺加料及外加剂　为了改善砂浆的和易性和节约水泥，可在砂浆中加入一些无机的细颗粒掺合料，如石灰膏、黏土膏、电石膏、粉煤灰等。以达到提高质量、降低成本的目的。

为使砂浆具有良好的和易性和其他施工性能，可在砂浆中掺入外加剂

(如引气剂、早强剂、缓凝剂、防冻剂等)，外加剂的品种和掺量及物理力学性能等都应通过试验确定。

③砂浆的主要技术性质　为保证工程质量，新拌砂浆应具有良好的和易性，硬化后的砂浆应满足设计强度等级要求，并具有对基面足够的粘结力，而且变形较小，耐久性符合规定。

A. 新拌砂浆的和易性　新拌砂浆的和易性是指砂浆易于施工并能保证质量的综合性质，包括流动性和保水性两方面内容。和易性好的砂浆能比较容易地在砖石表面上铺砌成均匀的薄层，能很好地与基面粘结。

流动性又称稠度，是指砂浆在自重或外力作用下流动的性能。流动性的大小用“沉入度”表示，通常用砂浆稠度测定仪测定。砂浆流动性的选择应根据砌体种类、施工条件和气候条件等因素来决定。在工地上常用施工操作经验来掌握。

砂浆的保水性是指砂浆能够保持水分的能力。砂浆的保水性以“分层度”表示，用砂浆分层度测量仪测定。保水性良好的砂浆，分层度应在10~30mm。分层度大于30mm时，砂浆保水性差，易于离析；分层度小于10mm的砂浆过于黏稠，不便施工。一般水泥砂浆分层度不应大于30mm，混合砂浆分层度一般不超过20mm。

B. 硬化砂浆的强度和强度等级　砂浆硬化后应具有足够的强度，强度的大小用强度等级表示，抗压强度是划分砂浆强度等级的主要依据。

砂浆的强度等级是以边长为70.7mm的立方体试件，一组六块，在标准条件(温度20±3℃，规定湿度：水泥混合砂浆相对湿度为60%~80%，水泥砂浆和微沫砂浆相对湿度为90%以上)下养护28d后，用标准试验方法测得的抗压强度(MPa)平均值来确定，用$f_{m,o}$表示。砌筑砂浆的强度等级分为：M20、M15、M10、M7.5、M5、M2.5六个等级。

C. 砂浆的粘结力　砖石砌体是靠砂浆把许多块状的材料粘结成为一坚固整体的，因此要求砂浆对于砖石要有一定的粘结力。一般情况下，砂浆的抗压强度越高，其粘结力越大。此外，砂浆的粘结力与砖石表面状态、清洁程度、湿润情况以及施工养护条件等都有相当关系。如砌砖要事先浇水湿润，表面不沾泥土，就可以提高砂浆的粘结力，保证砌体的质量。

D. 砂浆的变形性　砂浆在承受荷载或温度情况变化时，容易变形。如果变形过大或不均匀，则会降低砌体及层面质量，引起沉陷或开裂。在使用轻骨料拌制的砂浆时，其收缩变形比普通砂浆大。为防止抹面砂浆收缩变形不均而开裂，可在砂浆中掺入麻刀、纸筋等纤维材料。

E. 硬化砂浆的耐久性　砂浆的耐久性是指砂浆在各种环境条件作用下，具有经久耐用的性能。经常与水接触的水工砌体有抗渗及抗冻要求，故水工砂浆应考虑抗渗、抗冻性。

砂浆的抗冻性是指砂浆抵抗冻融循环作用的能力。砂浆受冻遭损是由于其内部孔隙中水的冻结膨胀引起孔隙破坏而致。因此，密实的砂浆和具有封闭性孔隙的砂浆都具有较好的抗冻性能。此外，影响砂浆抗冻性的因素还有水泥品种及强度等级、水灰比等。

砂浆的抗渗性是指砂浆抵抗压力水渗透的能力。它主要与密实度及内部孔隙的大小和构造有关。砂浆内部互相连通的孔以及成型时产生的蜂窝、孔洞都会造成砂浆渗水。

2）砌筑砂浆

将砖、石、砌块等粘结成为整个砌体的砂浆称为砌筑砂浆。砌体的承载能力不仅取决于砖、石等块体强度，而且与砂浆强度有关。

砌筑砂浆应根据工程类别及砌体部位的设计要求来选择砂浆的强度等级，再按所选择的砂浆强度等级确定其配合比。通常可以查阅有关手册和资料来选择，经过试配调整，确定施工用的配合比。

3）抹面砂浆

抹面砂浆也称抹灰砂浆，以薄层抹在建筑物内外表面，既可保护建筑物，增加建筑物的耐久性，又可使其表面平整、光洁美观。为了便于施工，要求抹面砂浆具有良好的和易性，与基底材料有足够的粘结力，长期使用不致开裂或脱落。因此抹面中常需加入纤维材料，如纸筋、麻刀等。抹面砂浆按其功能的不同可分为普通抹面砂浆、装饰砂浆等。

①普通抹面砂浆　普通抹面砂浆主要是为了保护建筑物结构主体免遭各种侵蚀，提高建筑物的耐久性，使表面平整美观，改善建筑物的外观形象。常有石灰砂浆、水泥砂浆、混合砂浆、麻刀石灰浆、纸筋石灰浆等。

为了避免抹灰层起翘、开裂、脱落，通常抹面需分层抹灰。

底层砂浆主要起与基层粘结的作用。砖墙底层抹灰多用石灰砂浆；有防水、防潮要求时用水泥砂浆；混凝土底层抹灰多用水泥砂浆或混合砂浆；板条墙及顶棚的底层抹灰多用混合砂浆或石灰砂浆。

中层砂浆主要起找平作用，多用混合砂浆或石灰砂浆。

面层砂浆主要起保护装饰作用，宜用细砂。面层抹灰多用混合砂浆、麻刀石灰砂浆、纸筋石灰砂浆。在容易碰撞或潮湿部位的面层，如墙裙、踢脚板、雨篷、水池、窗台等均应采用水泥砂浆。

②装饰砂浆　涂抹在建筑物内外墙表面，以增加建筑物美观效果的砂浆称为装饰砂浆。装饰砂浆与抹面砂浆的主要区别在面层。面层要选用具有一定颜色的胶凝材料和染料并采用特殊的施工操作方法，以使表面呈现出各种不同的色彩线条和花纹等装饰效果。

装饰砂浆的各种色彩主要通过选用白水泥、彩色水泥、天然彩色砂或矿物颜料组成各种彩色的砂浆面层。

常见的装饰砂浆有水刷石、斩假石、干粘石、水磨石等。

4）特种砂浆

①防水砂浆　防水砂浆是一种制作防水层的抗渗性高的砂浆。常用于地下工程、水池、地下管道，沟渠、隧道或水塔的防水。砂浆防水层常用于不

受振动和具有一定刚度的混凝土和砖石砌体的表面，砂浆防水层又称刚性防水层。

防水砂浆可以用普通水泥砂浆来制作，也可以在水泥砂浆中掺入防水剂。常用的防水剂有硅酸钠类、金属皂类、氯化物金属盐及有机硅类，加入防水剂的水泥砂浆可提高砂浆的密实性和提高防水层的抗渗能力。

防水砂浆还可以用膨胀水泥和无收缩水泥配制防水砂浆，所配制防水砂浆具有微膨胀和抗渗性。防水砂浆的配合比中，水泥与砂的质量一般不宜大于1∶25，水灰比应为0.50~0.60，稠度不应大于80mm。水泥宜选用32.5级以上的普通硅酸盐水泥或42.5级矿渣水泥，砂子宜选用中砂。

②隔热砂浆　隔热砂浆是以水泥、石灰、石膏等胶凝材料与膨胀珍珠岩、膨胀蛭石、火山渣、浮岩或陶黏砂等轻质多孔骨料，按一定比例配制的砂浆。一般隔热砂浆的导热系数为0.07~0.10W/(m·K)。隔热砂浆具有轻质和保温隔热性能，可用于屋面隔热层，隔热墙壁或供热管道的隔热层等处。

③吸声砂浆　由水泥、石膏、砂、锯末配制成的砂浆，称吸声砂浆。在石灰、石膏砂浆中掺入玻璃纤维、矿物棉等松软纤维材料，也可得到吸声砂浆。由轻质多孔骨料配制成的隔热砂浆，也具有吸声性能。吸声砂浆用于有吸声要求的建筑物室内墙壁和顶棚的抹灰。

④耐腐蚀砂浆　由普通硅酸盐水泥，密实的石灰岩、石英岩、火成岩制成的砂和粉料，掺入水玻璃（硅酸钠）、氟硅酸钠配制的砂浆，称耐酸砂浆。耐酸砂浆多用作衬砌材料、耐酸地面和耐酸密器的内壁防护层。

1.3.4　砖和其他砌体材料

(1) 砖

1) 烧结普通砖（实心砖）

烧结普通砖是以黏土、页岩、煤矸石、粉煤灰为主要原料经烧结而成的普通砖。烧结普通砖的外形为直角六面体，标准尺寸是240mm×115mm×53mm。按其抗压强度可分为MU30、MU25、MU20、MU15和MU10五个强度等级。

烧结普通砖有一定的强度和耐久性，并有较好的保温隔热性能，是传统的墙体材料。但由于烧结普通砖的生产消耗了大量的土地资源和煤炭资源，造成严重的环境破坏和污染。因此，国家为促进墙体材料结构调整和技术进步，提高建筑工程质量和改善环境，出台了一系列政策。根据我国墙材革新和墙材“十五”规划要求，全国已有170个大中城市在2003年6月30日以后禁止使用实心黏土砖，除此以外，所有省会城市在2005年以后全面禁止使用实心黏土砖，在沿海地区和大中城市，禁用范围将逐步扩大到以黏土为主要原料的墙体材料。

2) 烧结多孔砖和空心砖

①烧结多孔砖　烧结多孔砖是以黏土、页岩、煤矸石为主要原料烧结而成的，主要用于结构承重的多孔砖。砖的大面有孔洞，孔的尺寸小而数量多，其

孔洞率不小于15%，使用时孔道垂直于承压面，因为它强度较高，主要用于六层以下建筑物的承重部位。其规格尺寸见表1-20。

烧结多孔砖的主要规格尺寸（mm） **表1-20**

代号	长	宽	高
M型	190	190	90
P型	240	115	90

根据砖的抗压强度、抗折强度可分为MU30、MU25、MU20、MU15、MU10和MU 7.5六个强度等级。根据砖的尺寸偏差和外观质量、强度等级和物理性能分为优等品、一等品与合格品三个质量等级。

②烧结空心砖　烧结空心砖是以黏土、页岩、粉煤灰为主要原料烧结而成的，主要用于非承重部位的空心砖。孔洞为矩形条孔或其他孔形，一般平行于大面或条面，孔的尺寸大而数量少，其孔洞率不小于35%，因为其质量轻，保温性能好，强度低，所以主要用于非承重墙及框架结构的填充墙。

按国家标准规定，烧结空心砖的外形为直角六面体，其标准尺寸是290mm×190mm×90mm和240mm×180mm×115mm两种。根据空心砖的表观密度不同分为800、900、1100三个级别，按其抗压强度可分为MU5.0、MU3.0、MU2.0三个强度等级。根据砖的尺寸偏差、孔洞及其排数、强度等级和物理性能分为优等品、一等品与合格品三个质量等级。

3）蒸压灰砂砖

蒸压灰砂砖是以石灰和砂为主要原料，经计量配料、搅拌混合、消化、压制成型、蒸压养护、成品包装等工序而制成的实心或空心砖，它是典型的硅酸盐建筑制品，主要用于多层混合结构建筑的承重墙体。

1958年我国开始研究发展蒸压灰砂砖。1960年用从前民主德国引进的十六孔转盘式压砖机，在北京硅酸盐制品厂建成蒸压灰砂砖生产线。生产技术和设备经消化吸收和改进后，在四川江津新建了一条生产线。随后在十六孔转盘式压机的基础上，研制了八孔转盘式压机。自此，蒸压灰砂砖在有砂和石灰石资源而又缺乏黏土资源的地区迅速发展，蒸压灰砂砖成为许多地方的主要墙体材料。灰砂砖是一种技术成熟，性能优良，生产节能的新型建筑材料，在有砂和石灰资源的地区，应大力发展，以替代黏土砖。

根据国家标准《蒸压灰砂砖》GB 11945—1999规定，其规格为240mm×115mm×53mm。强度级别有MU10、MU15、MU20、MU25四个等级，抗压强度平均值分别为10MPa、15MPa、20MPa、25MPa，抗折强度平均值分别为2.5MPa、3.3MPa、4.0MPa、5.0MPa。根据尺寸偏差和外观质量分为优等品、一等品与合格品三个质量等级。

4）蒸压粉煤灰砖

蒸压粉煤灰砖是以粉煤灰、石灰、石膏以及骨料为原料，经配料、搅拌、轮碾、压制成型、高压蒸气养护等生产工艺制成的实心粉煤灰砖。根据其抗压强度、抗折强度可分为 MU20、MU15、MU10、MU7.5 四个等级。

（2）砌块

1）混凝土小型空心砌块

混凝土小型空心砌块是以水泥为胶凝材料，砂石为骨料加水搅拌、振动加压成型，经养护而成的具有一定空心率的砌体材料。水泥品种一般选择普通硅酸盐水泥、矿渣水泥、火山灰水泥或复合水泥，宜采用散装水泥。水泥强度一般选用 32.5MPa。可掺入部分粉煤灰或粒化矿渣粉等活性混合材料，以节约材料；细骨料主要采用砂、石屑，粗骨料可采用碎石、卵石或重矿渣等。

按国家标准《普通混凝土小型空心砌块》GB 8239—1997 规定，常见规格尺寸为 390mm×190mm×190mm，最小外壁厚应不小于 30mm，最小肋厚应不小于 25mm，小砌块的空心率应不小于 25%。按砌块抗压强度分 MU3.5、MU5.0、MU7.5、MU10.0、MU15.0 与 MU20.0 六个等级。

混凝土空心砌块具有强度高、自重轻、砌筑方便、墙面平整度好、施工效率高等优点，因此应用广泛。一般用于各类建筑的承重墙体及框架结构填充墙。

2）轻骨料混凝土小型空心砌块

轻骨料混凝土小型空心砌块是以水泥为胶凝材料，炉渣等工业废渣为轻骨料加水搅拌，振动成型，经养护而成的具有较大空心率的砌体材料。

轻骨料混凝土空心砌块具有自重轻、保温隔热性能好、抗震性能强、防火、吸声隔声性能优异、施工方便、砌筑效率高等优点。因此可用于框架结构的填充墙，各类建筑的非承重墙及一般低层建筑墙体。

常用的轻骨料混凝土小型空心砌块有陶粒混凝土小砌块、火山渣混凝土小砌块、煤渣混凝土小砌块和自然煤矿石混凝土小砌块等。一般规格尺寸为 390mm×190mm×190mm。强度等级为 MU1.5、MU2.5、MU3.5、MU5.0、MU7.5 与 MU10.0 六个等级。

3）蒸压加气混凝土砌块

蒸压加气混凝土砌块是以水泥、石灰、矿渣、砂、粉煤灰等为基本原料，并加入适量发气剂（铝粉），经磨细、计量配料、搅拌浇筑、发气膨胀、静停切割、蒸压养护、成品加工、包装等工艺制成的一种多孔轻质的墙体材料。

它具有质量轻、保温隔热性能好、防火、吸声、有一定强度、可加工性好、施工简便等特点，被应用于多层及高层建筑的分户墙、分隔墙和框架结构的填充墙及三层以下的房屋承重墙。

蒸压加气混凝土砌块按抗压强度分为 1.0、2.0、2.5、3.5、5.0、7.5、10.0 七个级别。规格尺寸见表 1-21。

蒸压加气混凝土砌块规格尺寸（mm）　表 1-21

公称尺寸			制作尺寸		
长度 L	宽度 B	高度 H	长度 L_1	宽度 B_1	高度 H_1
600	100	200	$L-10$	B	$H-10$
	125	250			
	150	300			
	200				
	250				
	300				
	120				
	180				
	240				

4）其他砌块

石膏空心砌块是以高强度石膏粉为主要原料，加入适量功能性掺料及化学外加剂配料混合，浇筑成型，机械抽芯，干燥养护制成的轻质石膏墙体材料。砌块的规格为600mm×500mm×110mm，用来砌筑厚度为110mm的隔墙。砌块具有质轻、耐火、可锯、可刨、安装简便、施工快捷等特点，宜用于高层框架轻板结构及各种危房改造、房屋加层、大开间分隔等内隔墙。

大孔陶粒混凝土空心砌块是采用黏土陶粒为骨料的大孔混凝土制成的空心砌块，一般规格为400mm×200mm×200mm，带有两个向下开口的孔，减轻了自重，用于框架结构的填充墙和一般隔墙。

（3）轻质墙板

1）水泥类墙用板材

①轻质多孔隔墙条板（简称GRC板）　轻质多孔隔墙条板是以耐碱玻璃纤维作增强材料，低碱水泥作胶凝材料，膨胀珍珠岩为集料（也可用粉煤灰、炉渣等），并配以发泡剂和防水剂，经配料、搅拌、成型、养护而成的多孔轻质墙板，具有质量轻、防潮、不燃、保温隔声、加工方便、施工效率高等特点。外形尺寸可根据设计要求加工任意长度，一般长为2.4～3.0m，宽为600m，厚为60mm、90mm、120mm三种，适用于各类建筑的非承重隔墙等。

②TK板　TK板是以短切玻璃纤维等为增强材料，以Ⅰ型低碱度硫铝酸盐水泥为胶结材料，经混合、搅拌成型，养护而成的建筑平板，又称纤维增强低碱度水泥建筑平板。它具有质量轻、不燃、耐水、不变形，可钉、可锯、可涂刷、可干作业施工的特点。其外形尺寸为（1200～3000）mm×900mm×5（或6或8）mm，适用范围为框架结构的复合外墙、内隔墙和吊顶，特别是高层建筑有防火、防潮要求的隔墙。

③GM防火板　GM防火板是以氯化镁、氧化镁水泥为胶凝剂，玻璃纤维为增强剂，少量化工原料为辅助剂，经搅拌成型，养护而成的复合墙板，具有

不燃、强度高、无毒、不怕湿、不变形、线膨胀低、拼缝效果好的特点。其外形尺寸：(2000～2400)mm×(1000～1200)mm×3(或4或5或8或10)mm。其应用广泛，适用于防火隔墙板、防火吊顶板、防护墙板、外墙装饰板、路牌广告板、屋面板、防雨板、隔声板、吸声板等。

2）石膏类墙用板材

石膏类墙用板材有纸面石膏板与石膏空心条板等。

纸面石膏板是以熟石膏（半水石膏）为胶凝材料，并掺入适量外加剂和纤维作为夹芯，以板纸为护面制成的轻质板材，具有质轻、强度高、防火、抗震、防虫蛀、隔声、隔热、可加工性好以及装修美观等特点。以龙骨为骨架组成的墙体，可省去土建砌筑、抹灰等湿法作业。其具有施工快、劳动强度低、增加使用面积等优点，特别适用于高层建筑、旧房加层、改造中的内隔墙，也可作为吊顶材料。

石膏空心条板是以天然石膏或化学石膏为主要原料（也可掺加适量粉煤灰和水泥），加入少量增强纤维（也可掺加适量膨胀珍珠岩），经搅拌混合，浇筑成型的轻质板材，具有轻质、隔热、防火及施工方便等优点。其外形尺寸为800mm×500mm×90mm，一般适用于工业与民用建筑的非承重内隔墙，但若用于相对湿度大于75%的环境中，则板材表面应做防水等相应处理。

3）复合类墙板

①钢丝网架水泥聚苯乙烯夹芯板　钢丝网架水泥聚苯乙烯夹芯板又称泰柏板，本品是以直径为2.06±0.03mm，屈服强度为390～490MPa的钢丝焊接成的三维钢丝骨架，以阻燃型聚苯乙烯泡沫、泡沫塑料作内芯，以水泥砂浆作表层，喷抹而成的复合墙板，具有质量轻、隔热、保温、隔声、耐潮、防火、抗震性好、可任意切割、施工速度快等优点。主要规格尺寸为2700mm×1250mm×110mm。宜用于高层、框架结构的填充墙，多层及低层建筑的非承重墙、内隔墙，建筑加层的墙体、屋面等。

②EPS轻质隔热夹芯板　EPS轻质隔热夹芯板是以两层彩色薄钢板作表层，以阻燃聚苯乙烯塑料作内芯，由自动生成机将其粘在一起的复合墙板。具有轻质高强、美观耐久、保温性能好、防火防潮、施工简便，且无需饰面抹灰，拼装灵活等优点。外形尺寸一般板长度不大于9000mm、宽1200mm、厚50～250mm，可用于建筑内隔墙、外墙和屋面，活动组合房屋，建筑加层及大跨度空间结构的屋面及墙板等。

③钢丝网架岩棉夹芯板　钢丝网架岩棉夹芯板是以三维空间焊接钢丝网架为骨架，以阻燃型岩棉为内芯构成的网架芯板，具有质量轻、隔热、保温、隔声、防火、抗震性好、施工快等优点。标准板2440mm×1220mm×76mm，其他板规格可按设计要求加工。宜用于高层框架结构的填充墙，各类建筑的非承重内隔墙，建筑加层的墙体、屋面等。

④轻质大型墙板（SCH板）　SCH板是以高强硅酸钙玻璃纤维复合材料为面板，以膨胀珍珠岩为芯板，通过压制成型，经自然养护而成的复合墙板，

具有耐腐蚀、隔热、隔声等特点，可钉、可锯、可刨，墙体可直接装饰，适用于框架结构的内外非承重墙体等。

4）其他板材

①隔热保温压型板　隔热保温压型板是用专用胶粘剂将镀铝膜复合泡沫片牢固地粘结在金属压型板上，经碾压而成，具有轻质高强、隔热保温、防风抗震等优点，适用于非承重墙体、屋面等。

②铝塑复合板　铝塑复合板是在铝板表面涂上一层氟碳树脂，形成的色彩多样、光洁平整的复合材料。具有坚固耐用、隔声抗震、色彩均匀、易于保养、耐冲击、防腐蚀、耐盐雾、抗污染、施工安装方便等多项优点。因此，其广泛用于建筑物的内外墙装饰，也可用于顶棚等高级装潢。

③热反射镀镁幕墙玻璃　热反射镀镁幕墙玻璃是在优质的浮法玻璃上镀覆1~4层金属化合物薄膜而形成的一种彩色建筑玻璃。其具有良好的热反射性能，色彩鲜艳，能吸收和反射几乎所有紫外线，改善建筑物室内环境，节约能源，减缓物品老化，应用于建筑物玻璃幕墙及建筑外装饰。

1.3.5　钢材和其他金属材料

金属材料是指由一种或一种以上的金属元素或金属元素与某些非金属元素组成的合金的总称。金属材料一般分为黑色金属及有色金属两大类。黑色金属基本成分为铁及其合金，故亦称铁金属。有色金属是除铁以外的其他金属，如铝、铜、铅、锌、锡等及其合金。

在园林建筑工程中，应用最多的金属材料是铝合金、钢材及深加工材料、铜及铜合金装饰材料。

（1）建筑常用钢材

建筑用钢材包括各种型钢、钢板、钢管，以及钢筋混凝土用的钢筋和钢丝。它是园林建筑工程上应用最广、最重要的建筑材料之一。

1）钢材的标准

建筑工程上用钢的品种主要为碳素结构钢和低合金结构钢。

①碳素结构钢　按GB 700—88规定，碳素结构钢牌号由代表屈服点的字母“Q”、屈服点数值、质量等级、脱氧方法四部分按顺序组成。屈服点数值共分195、215、235、255和275N/mm^2五种；质量等级以硫、磷杂质含量由多到少，分别用A、B、C、D符号表示，脱氧方法以F表示沸腾钢、b表示半镇静钢、Z和Tz表示镇静钢和特殊镇静钢。Z和Tz在表示钢的牌号时可以省略。

②低合金结构钢　近年来我国以“多元少量”为特点，发展了硅钒系、硅钛系、硅锰系等低合金结构钢，共17个牌号。低合金结构钢的钢号是按下列规则编制的。现以$45Si_2MnV$为例：钢号首的数字表示平均含碳量的万分数，如“45”表示含碳量为0.45%。钢中化学元素符号代表所含的合金元素，如上例中硅（Si）、锰（Mn）、钒（V）。各合金元素的含量以角注表示，如上例中“Si_2”，

则表示含硅量在1.5%~2.49%。含量小于1.5%的合金元素，不作角注。

钢号尾部是“b”字的则表示为半镇静钢。上例是“空位”则表示为镇静钢。

通过钢号可以大致推知钢材的组成及其质量。

2）常用建筑钢材

建筑工程常用钢材主要有以下四个方面：

①钢结构用钢——有角钢、方钢、槽钢、工字钢、钢板及扁钢等。

②钢筋混凝土结构用钢——有光圆钢筋、带肋钢筋、钢丝和钢铰线等。

③钢管——有焊缝钢管和无缝钢管等。

④建筑装饰用钢材——不锈钢板、彩色涂层钢板、压型钢板、轻钢龙骨等。

（2）建筑装饰用钢材制品

在普通钢材基体中添加多种元素或在基体表面上进行艺术处理，可使普通钢材不失为一种金属感强、美观大方的装饰材料。以各种金属作为建筑装饰材料，有着源远流长的历史。北京颐和园中的铜亭，山东泰山顶上的铜殿，云南昆明的金殿等都是古代留下来使用金属材料的典范。在现代建筑中，金属材料更是以它独特的性能——耐腐、轻盈、高雅、光辉、质地、力度愈来愈受到关注。从高层建筑的金属铝门窗到围墙、栅栏、阳台、入口、柱面、楼梯扶手等，金属材料无处不在。目前，建筑装饰工程中常用的钢材制品，主要有不锈钢钢板与钢管、彩色不锈钢板、彩色涂层钢板、彩色压型钢板、镀锌钢卷帘门板及轻钢龙骨等。

1）建筑装饰用不锈钢及其制品

普通建筑钢材在一定介质的侵蚀下，很容易被锈蚀。试验结果证明，当钢中含有铬（78）元素时，铬首先与环境中的氧化合，生成一层与钢基体牢固结合的致密的氧化膜层（称为钝化膜），使合金钢大大提高了耐蚀性。不锈钢是以铬元素为主要元素的合金钢，钢中的铬含量越高，钢的抗腐蚀性越好。

不锈钢按其化学成分不同，可分为铬不锈钢、铬镍不锈钢和高锰低铬不锈钢等。常用的不锈钢有40多个品种，其中建筑装饰用的不锈钢，主要是$0Cr_{18}Ni_9$、$1Cr_{18}Ni_9Ti$、$0Cr_{13}$、$1Cr_{17}Ti$等几种。不锈钢牌号用一位数字表示平均含碳量，以千分之几计，小于千分之一的用“0”表示，后面是主要合金元素符号及其平均含量，如$2Cr_{13}Mn_9Ni_4$表示含碳量为0.2%，平均含铬、锰、镍依次为13%、9%、4%。建筑装饰所用的不锈钢制品主要是薄钢板，其中厚度小于2mm的薄钢板用得最多。

不锈钢膨胀系数大，约为碳钢的1.3~1.5倍，但导热系数只有碳钢的1/3，不锈钢韧性、延展性及表面光泽性均较好。不锈钢的耐蚀性随所加元素的不同表现出不同，当只加入单一的合金元素铬的不锈钢在氧化性介质（水蒸气、大气、海水、氧化性酸）中有较好的耐蚀性，而在非氧化性介质（盐酸、硫酸、碱溶液）中耐蚀性很低。而镍铝不锈钢由于加入了镍元素，而镍对非氧化性介质有很强的抗蚀力，因此镍铬不锈钢的耐蚀性更佳。

不锈钢在园林建筑装饰中常可用于柱面、栏杆、扶手的装饰等。由于不锈钢的高反射性及金属质地的强烈时代感，与周围环境中的各种色彩、景物交相辉映，对空间效应起到了强化、点缀和烘托的作用，成为现代高档建筑柱面装饰的流行材料之一。

不锈钢装饰制品除板材外，还有管材、型材，如各种弯头规格的不锈钢楼梯扶手，以它轻巧、精制、线条流畅展示了优美的空间造型，使周围环境得到了升华。不锈钢自动门、转门、拉手、五金与晶莹剔透的玻璃，使建筑达到了尽善尽美的境地。不锈钢龙骨是近几年才开始应用的，其刚度高于铝合金龙骨，具有更强的抗风压性和安全性，并且光洁、明亮。

2）彩色不锈钢板

彩色不锈钢板是在普通不锈钢板上进行技术性和艺术性的加工，使其表面成为具有各种绚丽色彩的不锈钢装饰板，其颜色有蓝、灰、紫、红、青、绿、橙、茶色、金黄等多种，能满足各种装饰的要求。

彩色不锈钢板具有很强的抗腐蚀性，较高的机械性能、彩色面层经久不褪色、色泽随光照角度不同会产生色调变幻等特点，而且色彩能耐 200℃ 的温度，耐烟雾腐蚀性能超过普通不锈钢，耐磨和耐刻划性能相当于箔层涂金的性能。其可加工性很好，当弯曲 90°时，彩色层不会损坏。

彩色不锈钢板的用途很广泛，可用于墙板、顶棚、电梯厢板、车厢板、建筑装潢、广告招牌等装饰之用，采用彩色不锈钢板装饰墙面，不仅坚固耐用，美观新颖，而且具有浓厚的时代气息。

3）彩色涂层钢板

为提高普通钢板的防腐和装饰性能，从 20 世纪 70 年代开始，国际上迅速发展新型带钢预涂产品——彩色涂层钢板。近年来，我国也相应发展这种产品，上海宝山钢铁厂兴建了我国第一条现代化彩色涂层钢板生产线。

彩色涂层钢板，可分为有机涂层、无机涂层和复合涂层三种，以有机涂层钢板发展最快。有机涂层可以配制各种不同色彩和花纹，具有优异的装饰性，涂层附着力强，可长期保持新颖的色泽，并且加工性能好，可进行切断、弯曲、钻孔、铆接、卷边等。彩色涂层钢板的结构比较复杂，如图 1-3所示。

彩色涂层钢板有一涂一烘、二涂二烘两种类型的产品。上表面涂料有聚酯硅改性树脂、聚偏二氟乙烯等，下表面涂料有环氧树脂、聚酯树脂、丙烯酸酯、透明清漆等。彩色涂层钢板主要具有耐污染性、耐高温性、耐低温性、耐沸水性等性能。

彩色涂层钢板不仅可用作建筑外墙板、屋面板、护壁板等，而且还可用作商业亭、候车亭的瓦楞板，另外也可用作防水汽渗透板、排气管道、通风管道、耐腐蚀管道、电气设备罩等。其中塑料复合钢板是一种多用装饰钢材，是在 Q235、Q255 钢板上，覆以厚 0.2～0.4mm 的软质或半软质聚氯乙烯膜而制成，被广泛用于交通运输或生活用品方面，如汽车外壳、家具等。

4）彩色压型钢板

彩色压型钢板是以镀锌钢板为基材，经过成型机的轧制，并涂敷各种耐腐蚀涂层与彩色烤漆而制成的轻型围护结构材料。这种钢板具有质量轻、抗震性好、耐久性强、色彩鲜艳、易于加工、施工方便等优点。适用于各类建筑的屋盖、墙板及墙壁装贴等。图1-4所示为压型钢板的形式。其中 W550 板型的涂层特征为上下涂聚丙烯树脂涂料，外表面深绿色、内表面淡绿色烤漆，用于屋面；V155N 板型常用于墙面。

图1-3 彩色涂层钢板的结构（左）
图1-4 压型钢板形式（右）

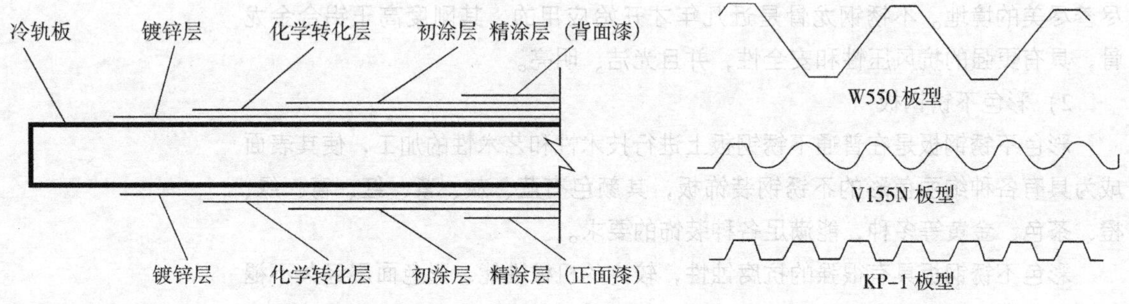

5）轻钢龙骨

轻钢龙骨是以镀锌钢带或薄钢板特制轧机以多道工艺轧制而成。它具有强度大、通用性强、耐火性好、安装简易等优点，可装配各种类型的纸面石膏板、钙塑泡沫装饰吸声板、矿棉吸声板等。

轻钢龙骨断面有 U 形、C 形、T 形及 L 形。吊顶龙骨代号 D，隔断龙骨代号 Q。吊顶龙骨分主龙骨（又叫大龙骨、承重龙骨），次龙骨（又叫覆面龙骨，包括中龙骨和小龙骨）。隔断龙骨则分竖龙骨、横龙骨和通贯龙骨等。

轻钢龙骨外形要平整，棱角清晰，切口不允许有影响使用的毛刺和变形。龙骨表面应镀锌防锈，不允许有起皮、脱落等现象。对于腐蚀、损伤、麻点等缺陷也需要按规定检测。

隔断龙骨主要规格有 Q50、Q75 和 Q100；吊顶龙骨主要规格有 D38、D45、D50 和 D60。

产品标记顺序为：产品名称、代号、断面宽度、高度、钢板厚度和标准号。

如断面形状为 C 形的吊顶龙骨，宽度 45mm，高度 12mm，钢板厚度 1.5mm 的吊顶承载龙骨，可标记为：建筑用轻钢龙骨 DC 45 × 12 × 1.5GB 11981。

（3）铝和铝合金

1）铝的特性

铝属于有色金属中的轻金属，外观呈银白色。铝的密度为 2.78g/cm^3，熔点为 660℃，铝的导电性和导热性均很好。

铝的化学性质很活泼，它和氧的亲和力很强，在空气中易生成一层氧化铝薄膜，从而起到了保护作用，具有一定的耐蚀性。但氧化铝薄膜的厚度仅

0.1μm 左右，因而与卤素元素（氯、溴、碘）、碱、强酸接触时，会发生化学反应而受到腐蚀。另外，使用铝制品时要避免与电极电位高的金属接触。

铝具有良好的可塑性（伸长率可达 50%），可加工成管材、板材、薄壁空腹型材，还可压延成极薄的铝箔（6～25）$\times 10^{-3}$mm，并具有极高的光、热反射比（87%～97%），但铝的强度和硬度较低（屈服强度 80～100MPa，HB = 200）。为提高铝的实用价值，常加入合金元素。因此，结构及装修工程常使用的是铝合金。

2）铝合金及其特性

通过在铝中添加镁、锰、铜、硅、锌等合金元素形成铝基合金以改变铝的某些性质，如同在碳素钢中添加一定量合金元素形成合金钢而改变碳素钢某些性质一样，往铝中加入适量合金元素则称为铝合金。

铝合金既保持了铝质量轻的特性，同时，机械性能明显提高（屈服强度可达 210～500MPa，抗拉强度可达 380～550MPa），因而大大提高了使用价值。不仅可用于建筑装修，还可用于结构方面。

铝合金的主要缺点是弹性模量小（约为钢的 1/3）、热膨胀系数大、耐热性低、焊接需采用惰性气体保护等焊接新技术。

3）铝合金的分类

①按合金元素分　铝合金按合金元素分为二元和三元铝合金。如 Al-Mn 合金、Al-Mg 合金、Al-Mg-Si 合金、Al-Cu-Mg 合金、Al-Zn-Mg 合金、Al-Zn-Mg-Cu 合金。掺入的合金元素不同，铝合金的性能也不同，包括机械性能、加工性能、耐蚀性能和焊接性能。

②按加工方法分　铝合金按加工方法分为铸造铝合金和变形铝合金。

铸造铝合金是用于铸造零件用的铝合金，其品种有铝硅、铝铜、铝镁、铝锌四个组，按照 YB 143 规定，铸造铝合金锭的牌号用汉字拼音字母"ZL"（铸铝）和三位数字组成，如 ZL101 称 101 号铸铝，三位数字中第一位数字（1—4）表示合金的组别，1 表示铝硅合金，2 代表铝铜合金，3 代表铝镁合金，4 代表铝锌合金，后面两位数字为顺序号，如 ZL101 为铝硅合金，ZL201 为铝铜合金。

变形铝合金是通过冲压、弯曲、辊轧等工艺使其组织、形状发生变化的铝合金。根据热处理对其强度的不同影响，又分为热处理非强化和热处理可强化两种。

热处理非强化型铝合金不能用热处理如淬火的方法提高强度，但可冷变形加工，利用加工硬化，提高铝合金的强度，常用的有铝镁合金和铝锰合金。

热处理强化型铝合金指可以通过热处理的方法提高强度的铝合金。这类铝合金的种类很多，常用的有硬铝合金（LY）、超硬铝合金（LC）、锻铝合金（LD）等。

（4）常用铝合金装饰制品

在现代的建筑工程中除大量使用铝合金门窗外，铝合金还被做成多种其他制品，如各种板材、楼梯栏杆及扶手、百叶窗、铝箔、铝合金搪瓷制品、铝合金装饰品等，广泛使用于外墙贴面、金属幕墙、顶棚龙骨及罩面板、地面、家具设备及各种内部装饰和配件以及城市大型隔声屏障、桥梁、花圃栅栏、建筑回廊、轻便小型房屋、亭阁等处。

1）铝合金门窗

铝合金门窗是将表面处理过的型材，经下料、打孔、铣槽、攻丝、制窗等加工工艺而制成门窗框料构件，再加连接件、密封件、开闭等五金件一起组合装配而成。门窗框料之间均采用直角榫头，使用不锈钢或铝合金螺钉接合。

①铝合金门窗的特点　铝合金门窗和其他种类门窗相比，具有明显的优点，主要具有质量轻、密封性能好、强度高、色泽美观、耐久性好、便于工业化生产等。

②铝合金门窗的类型、代号及标记　按开启方式分，铝合金门窗的类型有：推拉门（窗）、平开门（窗）、悬窗、转门、固定窗、弹簧门、百叶窗等。

铝合金窗中固定窗的代号为“GLC”；平开窗的代号为“PLC”；滑轴平开窗的代号为“HPLC”；上悬窗的代号为“SLC”；推拉窗的代号为“TLC”；纱扇的代号为“S”。铝合金门中平开门的代号为“PLM”；推拉门的代号为“TLM”；地弹簧门的代号为“LDHM”。

铝合金门窗的标记顺序是：代号、系列代号、基本窗编号、型别代号（普通型无代号）、纱扇代号（不带纱扇无代号）。

例如：标记“TLC70－32A－S”中“TLC”指铝合金推拉窗；“70”指70系列；“S”指带纱扇；“32”指第32号基本窗；“A”指A型（型别代号）。

③铝合金门窗的性能　铝合金门窗在出厂前需经过严格的性能试验，达到规定的性能指标后才能投入使用。铝合金门窗通常需考核以下主要性能：风压强度、气密性、水密性、隔声性、隔热性、开闭力、尼龙导向轮耐久性、开闭锁耐久性等。

2）铝合金装饰板

在建筑上，铝合金装饰制品使用最为广泛的是各种铝合金装饰板。铝合金装饰板是以纯铝或铝合金为原料，经辊压冷加工而成的饰面板材。

①铝合金花纹板　铝合金花纹板是采用防锈铝合金、纯铝或硬铝合金为坯料，用特制的花纹轧辊轧制而成，其花纹美观大方，筋高适中（0.9～1.2mm），不易磨损，防滑性好，防腐能力强，便于冲洗，通过表面处理可得到多种美丽的色泽。花纹板板材平整，裁剪尺寸精确，便于安装，广泛应用于现代建筑的墙面装饰及楼梯踏板等处。

铝合金花纹板的花纹图案一般分为方格形、扁豆形、五条形、三条形、指针形、菱形与四条形七种。

②铝合金浅花纹板　铝合金浅花纹板是我国特有的一种新型装饰材料。其筋高比花纹板低（0.05～0.25mm），它的花纹精巧别致，色泽美观大方，比普通铝板刚度大20%，抗污垢、抗划伤、抗擦伤能力均有所提高。对白光的反

射率达75%～95%，热反射率达85%～95%。对氨、硫、硫酸、磷酸、亚磷酸、浓醋酸等有良好的耐蚀性，其立体图案和美丽的色彩更能为建筑生辉。主要用于建筑物的墙面装饰。常见铝合金浅花纹板代号和名称为：1号—小橘皮，2号—大菱形，3号—小豆点，4号—小菱形，5号—蜂窝形，6号—月季花，7号—飞天图案。

③铝合金波纹板和压型板　铝合金波纹板和压型板都是将纯铝或铝合金平板经机械加工而成的断面异形的板材。由于其断面异形，故比平板增加了刚度，具有质轻、外形美观、色彩丰富、抗蚀性强、安装简便、施工速度快等优点，且银白色的板材对阳光有良好的反射作用，利于室内保温隔热。这两种板材耐用性好，在大气中可使用20年以上，可抵抗8～10级风力不损坏，主要用于屋面或墙面等。

④铝合金冲孔板　铝合金冲孔板采用各种铝合金平板经机械穿孔而成。孔形根据需要有圆孔、方孔、椭圆孔、长方孔、三角孔及大小孔组合等。

铝合金冲孔板材质量轻、耐高温、耐腐蚀、防火、防潮、防振、化学稳定性好，造型美观、色泽幽雅、立体感强，而主要的特点是有良好的消声效果及装饰效果，安装方便。

⑤镁铝曲板　镁铝曲板是用高级镁铝金箔板外加保护膜经高温烘烤后与酚醛纤维板、底层纸粘合，再以电动刻沟、自动化涂沟干燥而成，具有隔声、防潮、耐磨、耐热、耐雨、可弯、可卷、可刨、可钉、可剪，外观美观、不易积尘、永不褪色、易保养等优点。镁铝曲板的颜色有银白、银灰、橙黄、金红、金绿、古铜、瓷白、橄榄绿等色。其规格一般为2440mm×1220mm×(3.2～4.0)mm。

3）铝合金龙骨

铝合金吊顶龙骨是采用镀锌板或薄钢板、经剪裁、冷弯、辊轧、冲压而成，并作为顶棚吊顶的骨架支撑材料。其具有不锈、质轻、美观、防火、抗震、安装方便等特点。适用于室内吊顶装饰工程。龙骨上搁置轻质吊顶板（比如，石膏板、矿棉吸声板、玻璃棉吸声板等），龙骨可以外露，也可以半露。

4）铝箔及铝粉

铝箔是用纯铝或铝合金加工成0.0063～0.2mm的薄片制品，具有良好的防潮与隔热性能。常用的有铝箔牛皮纸、铝箔布、铝箔泡沫塑料板、铝箔波形板等。

在建筑工程中铝粉（俗称银粉）常用于制备各种装饰涂料和金属防锈涂料，也可用于土方工程中的发热剂和加气混凝土中的发气剂。

（5）铜与铜合金

铜是我国历史上使用较早，用途较广的一种有色金属。在古建筑装饰中，铜材是一种高档的装饰材料，多用于宫廷、寺庙、纪念性建筑以及商店招牌等。在现代建筑中，铜仍是高级装饰材料，可使建筑物显得光彩耀目、富丽堂皇。

1）铜的特性与应用

铜属于有色重金属，密度为8.92g/cm^3。纯铜由于表面氧化生成的氧化铜薄膜呈紫红色，故常称紫铜。纯铜具有较高的导电性、导热性、耐蚀性及良好的延展性、塑性，可辗压成极薄的板（紫铜片），拉成很细的丝（铜线材），它既是一种古老的建筑材料，又是一种良好的导电材料。

在现代建筑装饰中，铜材仍是一种集古朴和华贵于一身的高级装饰材料，可用于扶手、栏杆、防滑条等其他细部需要装饰点缀的部位。在寺庙建筑中，还可用铜包柱，使建筑物光彩照人、光亮耐久，并烘托出华丽、神秘的氛围。除此之外，园林景观的小品设计中，铜材也有着广泛的应用。

2）铜合金的特性与应用

纯铜由于强度不高，不宜制作结构材料，由于纯铜的价格贵，工程中更广泛使用的是铜合金（即在铜中掺入锌、锡等元素形成的铜合金）。铜合金既保持了铜的良好塑性和高抗蚀性，又改善了纯铜的强度、硬度等机械性能。常用的铜合金有黄铜（铜锌合金）、青铜（铜锡合金）等。

①黄铜　以铜、锌为主要合金元素的铜合金称为黄铜。黄铜分为普通黄铜和特殊黄铜，铜中只加入锌元素时，称为普通黄铜，普通黄铜不仅有良好的力学性能、耐腐蚀性能和工艺性能，而且价格也比纯铜便宜。为了进一步改善普通黄铜的力学性能和提高耐腐蚀性能，可再加入 Pb、Mn、Sn、Al 等合金元素而配成特殊黄铜。如加入铅可改善普通黄铜的切削加工性和提高耐磨性；加入铝可提高强度、硬度、耐腐蚀性能等。普通黄铜的牌号用“H”（黄字的汉语拼音字首）加数字来表示，数字代表平均含铜量，含锌量不标出，如 H62；特殊黄铜则在“H”之后标注主加元素的化学符号，并在其后表明铜及合金元素含量的百分数，如 HPb59～1；如果是铸造黄铜，牌号中还应加“Z”字，如 ZHAl67～2.5。

②青铜　以铜和锡作为主要成分的合金称为锡青铜。锡青铜具有良好的强度、硬度、耐蚀性和铸造性。青铜的牌号以字母“Q”（青字的汉语拼音字首）表示，后面第一个是主加元素符号，之后是除了铜以外的各元素的百分含量，如 QSn4～3。如果是铸造的青铜，牌号中还应加“Z”字，如 ZQAl9～4 等。

铜合金装饰制品的另一特点是其具有金色感，常替代稀有的、价值昂贵的金在建筑装饰中作为点缀使用。

铜合金的另一应用是铜粉（俗称“金粉”），是一种由铜合金制成的金色颜料。主要成分为铜及少量的锌、铝、锡等金属。常用于调制装饰涂料，可代替“贴金”。

1.3.6　木材

树木的躯干叫做木材，它是天然生长的有机高分子材料。

我国古建筑史上，将结构材料和装饰材料融为一体的木材，其建筑技术和建筑艺术神斧仙雕般的运用，让世人赞叹。

木材作为建筑结构材料与装饰材料具有很多优点：轻质高强；绝缘性能强，导热性能低；有较好的弹性与韧性，能承受冲击和振动；隔热保温性能较好；保养适当，可具有较好的耐久性；便于加工，能制成形状不一的产品；纹理美观，色调温和；无毒。

木材也有许多缺点：构造不均匀，呈各向异性；自然缺陷多，影响了材质和使用率；具有湿胀干缩的特点，使用不当容易产生干裂和翘曲；易腐朽、霉烂和虫蛀；耐火性差，易燃烧。

（1）木材的分类与构造

1）树木的分类

树木分针叶树与阔叶树两大类。

针叶树又叫裸子植物材、松柏材、无孔材。针叶树树叶细长，大都呈针状或鳞片状，树干通直高大，易得大材，其纹理顺直，材质均匀，木质较软而易于加工，故又称软木材。这种树木强度较高，表观密度和胀缩变形较小，耐腐性较强，是建筑工程中的主要用材，广泛用作承重构件、制作模板、门窗等。常用树种有松、杉、柏等。

阔叶树又叫被子植物材、有孔材。阔叶树树叶宽大，多数树种的树干通直部分较短，材质坚硬，较难加工，故又称硬木材。这种树木表观密度较大，自重较重，强度较高，但湿胀干缩和翘曲变形较针叶树显著，易开裂，在建筑中常用作尺寸较小的构件。常用的树种有水曲柳、榉木、柞木、榆木等。

2）木材的构造

木材的构造决定其性质，针叶树和阔叶树的构造不完全相同，其性质也有差异。

①木材的宏观构造　通常从树干的三个切面进行剖析，即横切面（垂直于树轴的面）、径切面（通过树轴的纵切面）和弦切面（平行于树轴的纵切面）。如图1-5所示，树木是由树皮、木质部和髓心三部分组成。一般树的树皮均无使用价值，髓心易于腐朽，一般也不用，建筑使用的木材都是树干的木质部。木质部的颜色也不均一，一般而言，接近树干中心者木色较深，称心材，靠近外围的部分颜色较浅，称边材，心材比边材的利用价值要大些。

②木材的微观结构　木材是由无数管状细胞紧密结合而成，它们绝大部分为纵向排列，少数横向排列（如木射线）。每个细胞又由细胞壁和细胞腔两部分组成，细胞壁是由细纤维组成，细纤维之间可以吸附和渗透水分，细胞腔是由细胞壁包裹而成的空腔。木材越厚，细胞腔越小，木材越密实，其密度与强度也越大，但胀缩变形也大。

图1-5　木材宏观结构

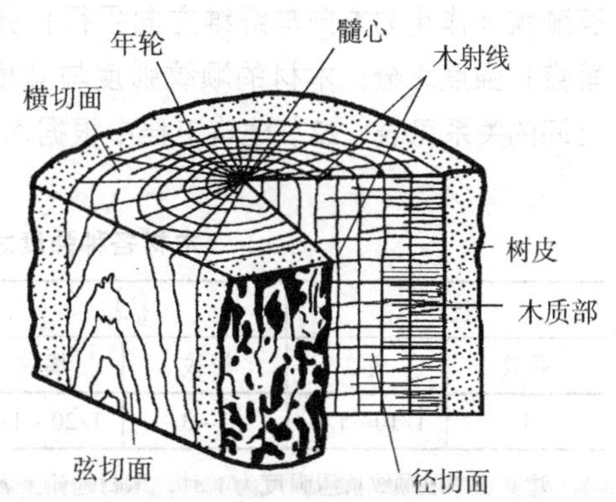

（2）木材的性能及应用

1）木材的性能

①木材的含水量　木材中主要有三种水，即自由水、吸附水和结合水。自由水是存在于木材细胞腔和细胞间隙中的水分，吸附水是被吸附在细胞壁内细纤维之间的水分。自由水的变化只与木材的密度、保存性、燃烧性、干燥性等有关，而吸附水的变化是影响木材强度

和胀缩变形的主要因素。结合水即为木材中的化合水，在常温下不变化，故其对木材性质无影响。

当木材中无自由水，而细胞壁内吸附水达到饱和时，这时的木材含水率称为纤维饱和点，木材的纤维饱和点一般为 25% ~ 35%。木材纤维饱和点是木材物理力学性质发生变化的转折点。

木材的含水量是以含水率表示，即指木材中所含水的质量占干燥木材质量的百分数。木材中所含的水分是随着环境的温度和湿度的变化而变化的。当木材长时间处于一定温度和湿度的环境中时，木材中的含水量最后会达到与周围环境湿度相平衡，这时木材的含水率称为平衡含水率。为了避免木材因含水率大幅度变化而引起变形及制品开裂，木材使用前，须干燥至使用环境常年平均平衡含水率。我国北方地区平衡含水率约 12%，南方地区约 15% ~20%。

一般新伐木材的含水率常在 35% 以上；潮湿木材的含水率为 20% ~35%；风干木材的含水率为 15% ~25%；室内干燥木材的含水率为 8% ~15%。

②木材的湿胀干缩与变形　木材具有很显著的湿胀干缩性。其规律为：当木材的含水率大于纤维饱和点时，随着含水率的增加，木材体积产生膨胀，随着含水率减小，木材体积收缩；而含水率小于纤维饱和点时，只是自由水的增减变化，木材的体积不发生变化。

因木材为非匀质构造，故其胀缩变形各向不相同，其中以弦向最大，径向次之，纵向（即顺纤维方向）最小。如木材干燥时，弦向干缩约为 6% ~12%，径向干缩约为 3% ~6%，纵向仅为 0.1% ~0.35%。木材的湿胀干缩变形还随树种不同而异，一般来说，密度大的、夏材含量多的木材，干缩变形就较大。

木材显著的湿胀干缩变形，对木材的实际应用带来严重影响，干缩会造成木结构拼缝不严、接榫松弛、翘曲开裂，而湿胀又会使木材产生突起变形。为了避免这种不利影响，最根本的措施是在木材加工制作前预先将木材进行干燥处理，使木材干燥至其含水率与将制成的木构件使用时所处的环境的湿度相适应的平衡含水率。

③木材的强度。

A. 木材的各项强度　木材的强度主要是指其抗拉、抗压、抗弯和抗剪强度。由于木材的构造各向不同，致使各方向强度有很大差异，因此木材的强度有顺纹（作用力方向与纤维方向平行）强度和横纹（作用力方向与纤维方向垂直）强度之分。木材的顺纹强度与其横纹强度有很大差别。木材各种强度之间的关系见表1-22。建筑工程中根据木材各项受力大小将其合理使用。

木材各种强度之间的关系　　表 1-22

抗压		抗拉		抗弯	抗剪	
顺纹	横纹	顺纹	横纹		顺纹	横纹
1	1/10 ~1/3	2 ~3	1/20 ~1/3	1.5 ~2	1/7 ~1/3	1/2 ~1

注：表中以顺纹抗压强度为 1 时，木材理论上各强度大小关系。

从表中看出，木材强度中以顺纹抗拉强度为最大，其次是抗弯和顺纹抗压强度。但在实际使用中是木材的顺纹抗压强度最高，这是由于木材是经数十年自然生长的建筑材料，在其生长期间或多或少会受到环境不利因素影响而造成一些缺陷，如木节、斜纹、夹皮、虫蛀、腐朽等，而这些缺陷对木材的抗拉强度影响最为显著，从而造成实际抗拉强度反而低于抗压强度。

B. 影响强度的因素　木材的含水率对其力学强度有显著的影响。木材含水率在纤维饱和点以下时，随着含水率的增加，可使纤维软化和膨胀而互相分离，导致强度降低。反之，随着木材中水分的蒸发，可使纤维发生干缩，密度增加，而导致强度提高。但当含水率超过纤维饱和点以后，含水率虽然继续增加，但强度并不降低。

温度对木材强度有直接影响。当温度升高，并在长期受热条件下，木材的强度要降低，同时脆性要增加。以含水率为 0，温度为 0℃时的强度为 100%，当温度由 25℃升高到 50℃时，其抗拉强度降低 12% ~15%，抗压强度降低 20% ~40%，抗剪强度降低 15% ~20%。

木材在长期荷载作用下的强度比短期荷载作用下强度要低得多，其原因在于木材在外力作用下产生等速蠕滑，经过长时间后，急剧产生连续变形的结果，同时其变形随时间的延长而增长。由于建筑结构部位都要经受长期荷载的作用，故木材在长期荷载作用下的强度是木结构的重要设计指标。

木材在生长过程或使用过程中产生的缺陷，是影响木材强度的重要因素。如木节、斜纹、裂缝和虫蛀等均影响了木材材质的均匀性，破坏了木材的构造，从而使木材的强度降低，其中对抗拉和抗弯强度影响最大。

除了上述影响因素外，树木的种类、生长环境、树龄以及树干的不同部位均对木材强度有影响。

2）木材及其制品的应用

①木材的种类　在园林建筑工程中直接使用的木材按用途和加工程度常有原条、原木、锯材和枕木四类。除直接使用木材外，还可制成各种人造板材。

原条——指除去皮、根、树梢的木料，但尚未按一定尺寸加工成规定直径和长度的材料。主要用于工程的脚手架、建筑用材、家具与景观装饰等。

原木——指已经除去皮、根、树梢的木材，并已按一定尺寸加工成规定直径和长度的材料。主要用于建筑构件与景观装饰等。

锯材——指已经加工锯解成材的木料，凡宽度为厚度的 3 倍或 3 倍以上的，称为板材，不足 3 倍的称为枋材。主要应用于建筑构件、桥梁、家具等。

枕木——指按枕木断面和长度加工而成的材料。主要用于铁路工程。

②常用木材及其制品的应用。

A. 橡木　橡木（亦称栎木、柞木）主产于东北各地，约有 300 多个品种，橡木属于壳斗科、麻栎属，市场上橡木大致分为红橡与白橡两大类。心、边材区别明显，边材淡黄色微带褐色，心材褐色至暗褐色，心材有时带黄色，年轮明显呈波浪状，环孔材，木射线有宽窄两种。材质坚硬，纹理直或斜，结构粗糙（但较麻栎致密），力学强度高，耐磨损，手感特别光滑，不易干燥，易开裂，易翘曲，耐腐蚀性好，涂饰性能好，胶结性能欠佳，加工困难，切削面光滑。主要用于建筑、木地板或家具、胶合板等。

B. 柚木　柚木是一种阔叶乔木，多生长于广东、广西、海南、云南及东南亚热带雨林中。心、边材区别略明显，边材窄，淡褐色，心材深黄褐色至暗褐色，木射线细，环孔材。材质坚硬致密，纹理直或斜，结构略粗，花纹美丽，干燥后不变形，性能优越，极耐腐，易加工，耐磨损，耐久性强，涂饰及胶接容易。柚木不需要用涂漆的方法来保护其免受各种气候条件的影响，无论是在严寒的冬季，还是在酷热的夏季，它都不会减弱坚挺不变的个性。因为，柚木含有极重的油质，这种油质会使之保持不变形，有一种特别的香味，能驱蛇、虫、鼠、蚁，防蛀。更神奇的是它的刨光面颜色经过光合作用氧化而成金黄色，且颜色随时间延长而更加美丽。柚木被广泛用于制作建筑门窗框、高级家具及室外铺地等。

C. 水曲柳　水曲柳主要分布于我国东北黑龙江的大兴安岭东部和小兴安岭、吉林的长白山等地，向西还分布到辽宁的千山、河北的燕山山脉，以及河南、山西、陕西和甘肃的局部地区。心、边材明显，边材窄，黄白色，心材褐色略黄，木射线细，年轮明显，环孔材。花纹极其美丽，能形成各种图案，材质光滑，略硬重，纹理直，结构中等，有弹性，韧性强，耐水湿，耐腐蚀，易加工，干燥性能一般，易弯曲，涂饰和胶接容易。主要用于高级家具、地板、胶合板、高级门窗、高级室内装修、雕刻等。

D. 榉木　榉木又叫血榉、大叶榉。产于淮河以南地区。心、边材区别明显，边材宽黄褐色微红，心材红褐色，故又叫血榉，年轮明显，木射线宽而明显，环孔材。材质坚硬，纹理直，结构细，干燥不变形，耐磨损，耐腐蚀性强，木材有光泽。用途广泛，为高级家具等良材。

E. 枫木　枫木又名枫香，以红叶著称，但红叶木不一定是枫木。枫木（Maple），属槭树科、槭树属，故亦称槭木，产于淮河流域至四川西部以南地区，在全世界有150多个品种，分布极广，北美洲、欧洲、非洲北部、亚洲东部与中部均有出产。枫木按照硬度分为两大类，一类是硬枫，亦称为白枫、黑槭，另一类是软枫，亦称红枫、银槭等。软枫的强度要比硬枫低25%左右。木材褐色至灰白色，心、边材区别不明显，木射线细，散孔材。材质轻柔致密，结构细，纹理呈倾斜或交错状，干燥时有翘曲，耐久性强，胶接和涂饰性能良好，加工容易，切削面光滑。为建筑、家具、胶合板等用材。

F. 柳桉　柳桉产于缅甸、印度、印度尼西亚、菲律宾。心、边材不太明显，边材淡灰色或红褐色，心材淡红色或暗红褐色，年轮不明显，木射线细，散孔材。材质坚硬，轻重中等，结构中等，纹理直斜交错，形成带状花纹，胶接与涂饰容易，加工容易。主要用于胶合板、家具、门窗、楼梯、室外铺地等。

G. 落叶松　落叶松是松科植物中耐腐性和力学性较强的木材，原产于中国东北大兴安岭、小兴安岭，俄罗斯也有分布。树干端直，节少，心材与边材区别显著，材质坚韧，结构略粗，纹理直，干燥较慢、易开裂，早晚材硬度及干缩差异较大，在干燥过程中容易轮裂，耐腐蚀性强。主要用于建筑、电杆、桥梁、枕木、家具等。

H. 杉木　杉木又名沙木、东湖木、西湖木。产于长江流域以南各省及台湾省，由于产地不同又有建杉、广杉、西杉、杭杉、徽杉之分。边材淡黄褐色，心材红褐色至暗红褐色，年轮极明显、均匀，髓斑显著，有显著的杉木气味。纹理直而均匀，结构中等或粗，易干燥，韧性强，不翘裂，耐久性强，易加工，切削面易起毛。主要用作门窗、屋架、地板、桥梁、枕木、家具等。

I. 黄菠萝　黄菠萝又名黄柏、黄柏栗。主要产于东北。心、边材区别明显，边材淡黄色，较窄，心材灰褐色微红，年轮明显，木射线细，环孔材。材质略软，结构略粗，纹理直，花纹美丽，易干燥，干缩性小，不易翘曲，耐腐蚀性强，涂饰、胶接性能好，有光泽，切削面光滑，弯曲性能也较好。主要用于建筑、家具、胶合板、雕刻等。

J. 樟木　樟木又名香樟、小叶樟、乌樟。产于长江流域以南。心、边材区别明显，边材宽，黄褐色至灰褐色，心材红褐色，常杂有红色或暗色条纹，年轮明显，木射线细，散孔材，具樟脑香气。木材轻重与软硬适中，纹理斜或交错，光滑美观，结构细致，胶接与涂饰容易，易加工，切削面光滑，耐腐蚀，防虫蛀。用途广泛，为建筑、高档家具、胶合板、雕刻等良材。

K. 楠木　楠木又叫雅楠、桢楠、小叶楠。产于湖北、湖南、四川、云南、贵州。心、边材区别明显，心材黄褐微红，边材淡黄褐微绿色，年轮明显均匀，有香气，木射线细，散孔材。材质致密，轻重与软硬中等，纹理常倾斜或交错，结构细致，易加工，切削面光滑，有光泽，耐腐蚀，耐久性强。用途广泛，为高级家具、建筑、雕刻、高级装修等良材。

③人造木材　人造木材就是将木材加工过程中的大量边角、碎料、刨花、木屑等，经过再加工处理，制成各种人造板材，可有效地利用木材利用率。常用的人造板材有：胶合板、纤维板、刨花板、木丝板、木屑板、细木工板、实木复合地板。

A. 胶合板　胶合板是用椴、桦、楸、水曲柳及进口原木等经蒸煮、旋切或刨切成薄片单板，再经烘干、整理、涂胶后，单板叠成奇数层，并每一层的木纹方向要求纵横交错、再经加热后制成的一种人造板材。胶合板板材面积大，可进行加工，纵横向的强度均匀，板面平整，收缩性小，木材不开裂、翘曲，木材利用率较高。主要用作顶棚面、墙面、墙裙、造型面，以及各种家具。另外，夹板面上还可油漆、粘贴墙布墙纸、粘贴塑料装饰板和进行涂料的喷涂等处理。

B. 纤维板　纤维板是将树皮、刨花、树枝等废料，经破碎浸泡、研制成木浆，加入胶结剂或利用木材自身的胶结物质，再经过热压成型、干燥处理而制成的人造板材。纤维板材质均匀，各向强度一致，弯曲强度大，不易胀缩和翘曲开裂，完全避免了木材的各种缺陷。硬质纤维板可代替木板用于室内壁板、门板、地板、家具和其他装饰等。软质纤维板表观密度小（小于$4g/cm^3$），孔隙率大，多用于绝热、吸声材料。

C. 刨花板、木丝板、木屑板　刨花板、木丝板、木屑板是利用木材加工中产生的大量刨花、木丝、木屑为原料，经干燥，与胶结料拌合，热压而成的板材。所用胶结剂有动植物胶（豆胶、血胶）、合成树脂胶（酚醛树脂、脲醛树脂等）、无机胶凝材料（水泥、菱苦土等）。这类板材表观密度小，强度较低，主要用作绝热和吸声材料。经过饰面处理后，还可用作吊顶板材、隔断板材等。

D. 细木工板　细木工板又称大芯板，是以原木为芯，两侧外贴面材加工而成的实心板材。细木工板的含水率为7%～13%，横向静曲强度：当板厚度为16mm时不低于15MPa，当板厚度小于15mm时不低于12MPa；胶层剪切强度不低于1MPa。细木工板具有吸声、绝热、质坚、易加工等特点，主要适用于家具、车厢和建筑室内装修等。

E. 实木复合地板　实木复合地板实质上是利用优质阔叶林或其他装饰性很强的合适材料作表层，以材质较软的速生材或以人造板为基层，经高温高压制成的多层结构复合地板。结构的改变，使其使用性能和抗变形性能有所提高，其共同的性能特点为：规格尺寸大，整体效果好，板面具有较高的尺寸稳定性，铺设工艺简捷方便。不足之处为：产品胶合质量把关不严或使用不当会发生开胶现象，产品质量不达标，甲醛含量超过标准，会对人体有害，设备投资大，成本较高，结构不对称性，使操作难度较大。常见的有三层实木复合地板与多层复合地板。

3）木材的防护与保管

①木材的腐朽与防腐　木材是天然有机材料，在受到真菌或昆虫侵害后，使其颜色和结构发生变化，变得松软、易碎，最后成为干的或湿的软块，此种状态就称为腐朽。真菌种类很多，木材中常见的真菌有腐朽菌、霉菌、变色菌等几种。真菌在木材中生存和繁殖除了需要养分外，还必须具备的三个必要条件为：水分、适宜的温度和空气中的氧。木材完全干燥和完全浸入水中都不易腐朽。

因此，防止木材腐朽的措施，可从这么几个方面入手，或将木材置于通风干燥环境中，或置于水中，或深埋于地下，或表面涂刷油漆，都可作为木材的防腐措施。另外，还可采用刷涂、喷淋或浸泡化学防腐剂，以抑制或杀死真菌和虫类，以达到防腐目的。

工程中常用的防腐剂可分为水溶性类、油溶性类和焦油类三类。水溶性防腐剂易渗入木材内部，但在使用时易被雨水冲失，适用于室内使用；油溶性防腐剂不溶于水，药效持久，但对防火不利；焦油类防腐剂的防腐能力最强，但处理后的木材表面不能油漆。

②木材的防虫　木材除受真菌侵蚀而腐朽外，还会遭受昆虫的蛀蚀。常见的蛀虫有白蚁、天牛等。木材虫蛀的防护方法，主要是采用化学药剂处理。木材防腐剂也能防止昆虫的危害。

③木材的防火　易燃是木材的最大缺点，常用的防火处理方法有两种，一种是表面处理法，即在木材表面刷涂涂料或覆盖难燃材料，二是采用防火剂浸渍木材。表面处理法是通过结构措施，用金属、水泥砂浆、石膏等不燃材料覆盖在木材表面，以避免直接与火焰接触；或在木材表面刷涂以硅酸钠、磷酸铵、硼酸铵等为基层的耐火涂料。防火剂浸渍法是通过将防火剂浸渍入木材的内部，常用的防火剂有硼砂、氯化铵、磷酸铵、乙酸钠等。

④木材的保管　木材应按树种、等级及规格分别一头齐码堆放。高垛应栽木桩，以避免滑动。板材应顺垛斜放；方材应密排留坡封顶。含水量较大的木材在堆放时应留有空隙，以便通风干燥。木材堆放场地应干燥通风，布局便于运输，并应长备消防设备，尽可能远离危险品仓库、锅炉、烟囱、厨房、民房等处，严禁烟火。

1.3.7 建筑塑料

(1) 塑料的基本组成

建筑上常用的塑料绝大多数都是以合成树脂为基本材料，再按一定的比例加入填充料、增塑剂、着色剂、稳定剂等材料，经混炼、塑化，并在一定压力和温度下制成的。但也有不加任何外加剂的塑料，如有机玻璃、聚乙烯等。

1) 合成树脂

合成树脂是用人工合成的高分子聚合物，是组成塑料的基本材料，在一般塑料中约占30%~60%，有的甚至更多。树脂在塑料中主要起胶结作用，通过胶结作用把填充料等胶结成坚实整体。因此，塑料性质主要取决于树脂的性质。合成树脂是主要由碳、氢和少量的氧、氮、硫等原子以某种化学键结合而成的有机化合物。

按分子的碳原子之间结合形式的不同，合成树脂分子结构的几何形状有线形、支链形和体形（或称为网状形）三种。

按生产时的合成方法不同，合成树脂又可分为加聚树脂和缩聚树脂两类。

按受热时状态不同，可分为热塑性和热固性树脂两类。

2) 外加剂

合成树脂中加入所需的外加剂后，可改善塑料的某些性质，改进加工和使用性能。不同塑料所加入的外加剂不同，常用的外加剂类型有：填充料、增塑剂、稳定剂与润滑剂。

填充料简称填料。其作用是提高塑料的强度和刚度；减少塑料在常温下的蠕动（又称冷流）现象及提高热稳定性，对降低塑料制品的成本、增加产量也有显著作用。在某些建筑塑料中，填充料还可以提高塑料制品的耐磨性、导热性、导电性及阻燃性，并可改善加工性能。常用的有机填充料有大豆粉、尼龙、木粉、纸屑等；无机填充料有矾土、滑石粉、硅藻土、云母、石灰石粉、玻璃纤维等。

塑料中掺加增塑剂的目的是增加塑料的可塑性和柔软性，减少脆性。增塑剂的缺点是会降低塑料制品的机械性能和耐热性等。常用的增塑剂有：邻苯二甲酸二丁酯（DBP）、邻苯二甲酸二辛酯（DOP）、樟脑等。

塑料在成型加工和使用中，加入稳定剂可提高其质量、延长使用寿命；加润滑剂便于脱模和使制品表面光洁。

此外，根据建筑塑料使用及成型加工中的需要，还可添加着色剂、硬化剂（固化剂）、发泡剂、抗静电剂、阻燃剂等。

（2）塑料的分类及主要性质

1）塑料的分类

塑料的品种很多，分类方法也很多，通常按树脂的合成方法分为聚合物塑料和缩合物塑料。按树脂在受热时所发生的变化不同分为热塑性塑料和热固性塑料；以热塑性树脂为基材，添加增强材料或助剂所得的塑料称为热塑性塑料；在热固性树脂中添加增强材料、填料及各种助剂所制得的塑料称为热固性塑料。

2）塑料的主要性质

①质量轻。塑料制品的密度通常在0.8~2.2g/cm^3之间，约为钢材的1/5、铝的1/2、混凝土的1/3，与木材相近。这既可降低施工的劳动强度，又减轻了建筑物的自重。

②比强度高。塑料按单位质量计算的强度已接近甚至超过钢材，是一种优良的轻质高强材料。

③保温绝热性好。热导率小［约为0.020~0.046W/(m·K)］，特别是泡沫塑料的导热性更小，是理想的保温绝热材料。

④加工性能好。塑料可以采用较简便的方法加工成多种形状的产品，有利于机械化大规模生产。

⑤富有装饰性。塑料制品不仅可以着色，而且色彩鲜艳耐久。通过照相制版印制，模仿天然材料的纹理，可以达到以假乱真的程度。

塑料虽具有以上许多优点，但目前存在的主要缺点是易老化、易燃、耐热性差、刚性差等。塑料的这些缺点在某种程度上可以采取措施加工改进，如在配方中加入适当的稳定剂和优质颜料，可以改善老化性能；在塑料制品中加入较多的无机矿物质填料，可明显改变其可燃性；在塑料中加入复合纤维增强材料，可大大提高其强度和刚度等。

（3）建筑塑料常用品种

1）聚乙烯塑料（PE）

聚乙烯塑料由乙烯单体聚合而成。所谓单体，是能起聚合反应而生成高分子化合物的简单化合物。按单体聚合方法，可分为高压法、中压法和低压法三种。随聚合方法不同，产品的结晶度和密度不同。高压聚乙烯的结晶度低，密度小；低压聚乙烯结晶度高，密度大。随结晶度和密度的增加，聚乙烯的硬度、软化点、强度等随之增加，而冲击韧性和伸长率则下降。

聚乙烯塑料具有较高的化学稳定性和耐水性，强度虽不高，但低温柔韧性大。掺加适量炭黑，可提高聚乙烯的抗老化性能。

2）聚氯乙烯塑料（PVC）

聚氯乙烯塑料由氯乙烯单体聚合而成，是建筑上常用的一种塑料。聚氯乙烯的化学稳定性高，抗老化性好，但耐热性差，在100℃以上时会引起分解、变质而破坏，通常使用温度应在60～80℃以下。根据增塑剂掺量的不同，可制得硬质或软质聚氯乙烯塑料。

3）聚苯乙烯塑料（PS）

聚苯乙烯塑料由苯乙烯单体聚合而成。聚苯乙烯塑料的透光性好，易于着色，化学稳定性高，耐水、耐光，成型加工方便，价格较低。但聚苯乙烯性脆，抗冲击韧性差，耐热性低，易燃，使其应用受到一定限制。

4）聚丙烯塑料（PP）

聚丙烯塑料由丙烯单体聚合而成。聚丙烯塑料的特点是质轻（密度$0.90g/cm^3$），耐热性高（100～120℃），刚性、延性和抗水性均匀。它的不足之处是低温脆性较显著，抗大气性差，故适用于室内。近年来，聚丙烯的生产发展较迅速，聚丙烯已与聚乙烯、聚氯乙烯等共同成为建筑塑料的主要品种。

5）聚甲基丙烯酸甲酯（PMMA）

由甲基丙烯酸甲酯加聚而成的热塑性树脂，俗称有机玻璃。它的透光性好，低温强度高，吸水性低，耐热性和抗老化性好，成型加工方便。缺点是耐磨性差，价格较贵。

6）聚酯树脂（PR）

聚酯树脂由二元或多元醇和二元或多元酸缩聚而成。聚酯树脂具有优良的胶结性能，弹性和着色性好，柔韧，耐热、耐水。

7）酚醛树脂（PF）

酚醛树脂由酚和醛在酸性或碱性催化剂作用下缩聚而成。酚醛树脂的粘结强度高，耐光、耐水、耐热、耐腐蚀，电绝缘性好，但性脆。在酚醛树脂中掺加填料、固化剂等可制成酚醛塑料制品。这种制品表面光洁，坚固耐用，成本低，是最常用的塑料品种之一。

8）有机硅树脂（Si）

有机硅树脂由一种或多种有机硅单体水解而成。有机硅树脂耐热、耐寒、耐水、耐化学腐蚀，但机械性能不佳，粘结力不高。用酚醛、环氧、聚酯等合成树脂或用玻璃纤维、石棉等增强，可提高其机械性能和粘结力。

建筑上常用塑料的主要性能见表1-23。

建筑上常用塑料的性能 **表 1-23**

<table>
<tr><td rowspan="2">性能</td><td colspan="5">热塑性塑料</td><td colspan="3">热固性塑料</td></tr>
<tr><td>聚氯乙烯（硬）</td><td>聚氯乙烯（软）</td><td>聚乙烯</td><td>聚苯乙烯</td><td>聚丙烯</td><td>聚酯树脂（硬）</td><td>酚醛树脂</td><td>有机硅树脂</td></tr>
<tr><td>密度（g/cm³）</td><td>1.35～1.45</td><td>1.3～1.7</td><td>0.92</td><td>1.04～1.07</td><td>0.9～0.91</td><td>1.10～1.45</td><td>1.25～1.36</td><td>1.65～2.00</td></tr>
<tr><td>抗压强度（MPa）</td><td>55～90</td><td>7～12.5</td><td>—</td><td>80～110</td><td>39～56</td><td>90～225</td><td>70～210</td><td>110～170</td></tr>
<tr><td>抗弯强度（MPa）</td><td>70～110</td><td>—</td><td>—</td><td>55～110</td><td>42～56</td><td>60～130</td><td>85～105</td><td>48～54</td></tr>
<tr><td>抗拉强度（MPa）</td><td>35～63</td><td>7～25</td><td>11～13</td><td>35～63</td><td>30～63</td><td>42～70</td><td>49～56</td><td>18～30</td></tr>
<tr><td>伸长率（%）</td><td>20～40</td><td>200～400</td><td>200～550</td><td>1～1.3</td><td>>200</td><td><5</td><td>1.0～1.5</td><td>—</td></tr>
<tr><td>弹性模量（MPa）</td><td>2500～4200</td><td>—</td><td>130～250</td><td>2800～4200</td><td>—</td><td>2100～4500</td><td>5300～7000</td><td>—</td></tr>
<tr><td>线膨胀系数（10⁻⁵）（℃⁻¹）</td><td>5.0～18.5</td><td>—</td><td>16～18</td><td>6～8</td><td>10.8～11.2</td><td>5.5～10</td><td>2.5～6</td><td>5.0～5.8</td></tr>
<tr><td>耐热（℃）</td><td>50～70</td><td>65～80</td><td>100</td><td>65～95</td><td>100～120</td><td>120</td><td>120</td><td><250</td></tr>
<tr><td>吸水率（24h）（%）</td><td>0.07～0.4</td><td>0.5～1</td><td><0.015</td><td>0.03～0.05</td><td>0.03～0.04</td><td>0.15～0.6</td><td>0.1～0.2</td><td>0.2～0.5</td></tr>
<tr><td>特性</td><td>耐腐蚀，电绝缘，常温强度良好，高温与低温强度不高</td><td>耐腐蚀，电绝缘性好，质地柔软，强度低</td><td>耐化学腐蚀，电绝缘，耐水，强度不高</td><td>耐化学腐蚀，电绝缘，透光，耐水，不耐热，性脆，易燃</td><td>刚性、延性、耐热性好，耐腐蚀，不耐磨，易燃</td><td>耐腐蚀，电绝缘，绝热，透光</td><td>电绝缘，耐水、耐光、耐热、耐霉腐，强度高</td><td>耐高温、耐寒、耐腐蚀，电绝缘，耐水性好</td></tr>
</table>

（4）建筑塑料制品的应用

1）塑料门窗

塑料门窗是由聚氯乙烯（PVC）树脂为胶结料，加入稳定剂、润滑剂、填料、颜料经混料、捏合、挤出、冷却定形成异形材后，再经焊接、拼装、修整成的门窗制品。

塑料门窗可分为全塑门窗、复合门窗和聚氨酯门窗。目前大量采用的是由硬聚氯乙烯（PVC）异形钢，内腔加衬“增强型钢”，经热焊接加工制成的门窗。

塑料门窗与其他门窗相比，具有耐水、耐蚀、阻燃，气密性、水密性、绝热性、隔声性、装饰性好及耐老化性较好等特点，而且不需粉刷油漆，维修保养方便，同时还显著节能，在国外已广泛应用。鉴于国外经验和我国实情，以塑料门窗代替或逐步取代木门窗、金属门窗是节约木材、钢材、铝材，节省能源的重要途径。

塑料门窗代号为：“GSC”表示固定窗；“PSC”表示平开窗；“TSC”表示推拉窗；“LSC”表示提拉窗；“YSC”表示异形窗；“PSM”表示平开门；

"TSM" 表示推拉门；"CSM" 表示门连窗；"PSMW" 表示无槛平开门；"S" 表示带纱；"A、B、C、D、E、F 等" 表示门窗式样。

例如窗编号 "TSC1512AS" 中 "TSC" ——塑料推拉窗；"15" ——窗洞口宽度；"12" ——窗洞口高度；"A" ——窗式样；"S" ——带纱。

又如门编号 "PSM0921B" 中 "PSM" ——塑料平开门；"09" ——门洞口宽度；"21" ——门洞口高度；"B" ——门式样。

2）塑料管材

塑料管材和金属管材相比，具有质轻、不生锈、不生苔、不易积垢、管壁光滑、对流体阻力小、安装加工方便、节能等特点。近年来，塑料管材的生产与应用已得到了较大的发展，它在建筑塑料制品中所占的比例较大。

塑料管材分为硬管和软管。按主要原料可分硬质聚氯乙烯（PVC）塑料管、聚乙烯（PE）塑料管、聚丙烯（PP）塑料管、耐酸酚醛（PF）树脂管、ABS 管、聚丁烯（PB）塑料管、玻璃钢（GRP）管等。塑料管材可应用于建筑排水管、雨水管、给水管、波纹管、电线穿线管、燃气管等。在众多的塑料管材中，PVC 塑料管具有质量轻、强度高、耐腐蚀、不易积垢、不生锈、成本低、安装维修方便等特点，因此其产量最大，使用最为普遍，约占整个塑料管材的 80%。

3）塑料壁纸

塑料壁纸是以一定材料为基材，表面进行涂塑后，再经过印花、压花或发泡处理等多种工艺而制成的一种墙面装饰材料。

塑料壁纸与传统的墙纸及织物饰面材料相比，具有装饰效果好、难燃、隔热、吸声、防霉、不易结露、适合大规模生产、粘贴方便、使用寿命长、易维修保养等特点。

塑料壁纸大致可分为三大类：普通壁纸、发泡壁纸和特种壁纸。每一种塑料壁纸又有 3～4 个品种，几十种乃至上百种花色。见表 1-24。

塑料壁纸的分类 **表 1-24**

塑料壁纸	普通壁纸	单色压花
		印花压花
		有光印花
		平光印花
	发泡壁纸	高发泡印花
		低发泡印花
		发泡印花压花
	特种壁纸	耐水壁纸
		防火壁纸
		颗粒壁纸
		防霉壁纸

①普通壁纸　也称为塑料面纸底壁纸，即在纸面上涂刷塑料层（如聚氯乙烯）而成。为了增加质感和装饰效果，常在纸面上印有图案或压出花纹，再涂上塑料层。这种壁纸耐水，可擦洗，比较耐用，价格也较便宜。

②发泡壁纸　在纸面上涂上掺有发泡剂的塑料面，称为发泡壁纸。此壁纸立体感强，能吸声，有较好的音响效果。为了增强粘结力，提高其强度，可用棉布、麻布、化纤布等作底来代替纸底，这类壁纸叫塑料壁布。将它粘贴在墙上，不易脱落，受到冲击、碰撞也不会破裂，因加工方便，价格不高，所以较受欢迎。

③特种壁纸　由于功能上的需要而生产的壁纸为特种壁纸，也称功能壁纸。如耐水壁纸是用玻璃纤维毡作基材，配以具有耐水性的胶结剂，以适应卫生间、浴室等墙面的装饰要求；防火壁纸是用石棉纸作基材，并在PVC涂塑材料中掺有阻燃剂，使墙纸具有一定的阻燃防火功能，适用于防火要求很高的建筑。塑料颗粒壁纸就是一种特种装饰效果的壁纸，是在基材上散布彩色砂粒，再涂胶粘剂，使表面呈砂粒毛面，塑料颗粒壁纸易粘贴，有一定的绝热、吸声效果，而且便于清洗，适用于门厅、柱头、走廊等局部装饰。

4）塑料地板

塑料地板与传统的地面材料相比，具有质轻、美观、耐磨、耐腐蚀、防潮、防火、吸声、绝热、有弹性、施工简便、易于清洗与保养等特点。近年来，已成为主要的地面装饰材料之一。塑料地板种类繁多，通常从以下几个方面来分。

①按所用树脂分　按所用树脂可分为聚氯乙烯塑料地板、氯乙烯—醋酸乙烯塑料地板、聚乙烯塑料地板、聚丙烯塑料地板。目前，绝大部分的塑料地板为聚氯乙烯塑料地板。

②按形状分　按形状可分为块状与卷状。其中块状塑料地板使用较多，块状塑料地板可拼成不同色彩和图案，装饰效果好，也便于局部修补。卷状塑料地板铺设速度快，施工效率高。

③按质地分　按质地可分为半硬质与软质。由于半硬质塑料地板具有成本低，尺寸稳定，耐热性、耐磨性、装饰性好，容易粘贴等特点，目前应用最广泛。软质塑料地板的弹性好，行走舒适，并有一定的绝热、吸声、隔潮等优点。

④按生产工艺分　按生产工艺可分为压延法、热压法与注射法。我国塑料地板的生产大部分采用压延法，采用热压法生产的较少，注射法则更少。

⑤按产品结构分　按产品结构可分为单层与多层复合。

此外，还有无缝塑料地板、石棉塑料地板、抗静电塑料地板等。

5）塑料装饰板

塑料装饰板是以树脂材料为浸渍材料或以树脂为基材，经一定工艺制成的具有装饰功能的板材。这类装饰材料有：塑料贴面装饰板、覆塑装饰板、聚氯乙烯塑料装饰板、聚氯乙烯塑料透明板及有机玻璃装饰板材等。

①塑料贴面装饰板　塑料贴面装饰板又称塑料贴面板。它是以酚醛树脂的纸质压层为胎基，表面用三聚氰胺树脂浸渍过的印花纸为面层，经热压制成并可覆盖于各种基材上的一种装饰贴面材料。有镜面型和柔光型两种。

塑料贴面板的图案、色调丰富多彩，耐湿、耐磨、耐烫、耐燃烧，耐一定酸、碱、油脂及酒精等溶剂的侵蚀，平滑光亮，极易清洗，粘贴在板材的表面，较木材耐久，装饰效果好，是节约优质木材的好材料。适用于各种建筑室内、车船、飞机及家具等表面装饰。

②覆塑装饰板　以塑料贴面板或以塑料薄膜为面层，以胶合板、纤维板、刨花板等板材为基层，采用胶合剂热压而成的一种装饰板材。用胶合板作基层叫覆塑胶合板，用中密度纤维板作基层的叫覆塑中密度纤维板，用刨花板为基层的叫覆塑刨花板。

覆塑装饰板既有基层板的厚度、刚度，又具有塑料贴面板和薄膜的光洁，质感强，美观、装饰效果好，并具有耐磨、耐烫、不变形、不开裂、易于清洗等优点。可用于汽车、火车、船舶、高级建筑的装修及家具、仪表、电器设备的外壳装修。

③聚氯乙烯（PVC）塑料装饰板　以聚氯乙烯（PVC）为基材，添加填料、稳定剂、色料等经捏和、混炼、拉片、切粒、挤出或压延而成的一种装饰板材。

特点是表面光滑、色泽鲜艳、防水、耐腐蚀、不变形、易清洗、可钉、可锯、可刨。可用于各种建筑物的室内装修，家具台面的铺设等。

④聚氯乙烯（PVC）透明塑料板　以聚氯乙烯（PVC）为基材，添加增塑剂、抗老化剂，经挤压成型的一种透明装饰板材。其特点是机械性能好，热稳定，耐候，耐化学腐蚀，耐潮湿，难燃，并可切、剪、锯加工等。可部分代替有机玻璃制作广告牌、灯箱、展览台、橱窗、透明屋顶、防震玻璃、室内装饰及浴室隔断等。

⑤有机玻璃板材　有机玻璃板材简称有机玻璃。它是一种具有极好透光率的热塑性塑料。是以甲基丙烯酸甲醇为主要基料，加入引发剂、增塑剂等聚合而成。类型有无色、有色透明有机玻璃和各色珠光有机玻璃等多种。

有机玻璃的透光性极好，可透过光线的99%，并能透过紫外线的73.5%；机械强度较高；耐热性、耐候性及抗寒性都较好；耐腐蚀性及绝缘性良好；在一定条件下，尺寸稳定、容易加工。有机玻璃的缺点是质地较脆，易溶于有机溶剂，表面硬度不大，易擦毛等。有机玻璃在建筑上，主要用作室内高级装饰材料及特殊的吸顶灯具，或室内隔断及透明防护材料等。

6）玻璃钢建筑制品

常见的玻璃钢建筑制品是用玻璃纤维及其织物为增强材料，以热固性不饱和聚酯（UP）树脂或环氧树脂（EP）等为胶粘料制成的一种复合材料。它的质量轻、强度接近钢材，因此人们常把它称为玻璃钢。

常见的玻璃钢建筑制品，除上面介绍过的耐酸玻璃钢管以外，还有玻璃钢波形瓦、玻璃钢采光罩、玻璃钢卫生洁具、玻璃钢盒子卫生间等。

①玻璃钢波形瓦　以无捻玻璃纤维布和不饱和树脂（UP）为原料，用手糊法或挤压工艺成型而成的一种轻型屋面材料。其特点是重量轻，强度高，耐冲击，耐腐蚀以及有较好的电绝缘性、透光性和光彩鲜艳，成型方便，施工安装方便等。玻璃钢波形瓦广泛用于临时商场、凉棚、货栈、摊篷和车篷、车站月台等一般不接触明火的建筑物屋面，如图1-6所示。

玻璃钢波形瓦的品种，按外形分为大波瓦、中波瓦、小波瓦和脊瓦；按选材分阻火型和透明型；按颜色分有本色和带色波瓦等。其产品规格表示以"PB75－1.2"为例，其中"PB"为玻璃钢波形瓦代号，"75"为波长75mm，"1.2"为瓦厚1.2mm。

②玻璃钢采光罩　以不饱和树脂（UP）为胶粘剂，玻璃纤维布（或毡）为增强材料，用手糊成型工艺制成的屋面采光用的拱形罩，如图1-7所示。

图1-6　玻璃钢波形瓦（左）

图1-7　玻璃钢采光罩（右）

玻璃钢采光罩具有重量轻、耐冲击、透光好、无眩光，而且安装方便，耐腐蚀等特点，适用于各类屋面结构的采光用。

用于建筑的塑料制品很多，几乎遍及建筑物的各个部位。除了上述介绍的一些外，塑料还可以用作楼梯扶手、挂镜线、踢脚线、装饰嵌线、盖条、百叶窗、防滑条等。

1.3.8　防水材料

防水材料是指具有防止房屋建筑遭受雨水、地下水、生活用水侵蚀的材料。

防水材料按状态可分为防水卷材（如SBS改性沥青防水卷材、APP改性沥青防水卷材、EPDM防水卷材、PVC防水卷材等）、防水涂料（如高聚物改性沥青涂料、合成高分子涂料等）、密封材料（如沥青嵌缝油膏、丙烯酸密封膏、聚氨酯密封膏、聚硫密封膏、硅酮密封膏等）以及刚性防水材料四大系列；防水材料按其组成可分为沥青材料、沥青基制品防水材料、改性沥青防水材料和合成高分子防水材料等。

（1）沥青及沥青防水材料

沥青是一种憎水性的有机胶凝材料，在常温下呈黑色或黑褐色的黏稠状液体、半固体或固体。沥青具有良好的不透水性、粘结性、塑性、抗冲击性、耐化学腐蚀性及电绝缘性等。此外，还可用来制造防水卷材、防水涂料、防水油膏、胶粘剂及防锈防腐涂料等。

1）石油沥青

石油沥青是石油经蒸馏等工序提炼出各种轻质油（如汽油、煤油、柴油等）及润滑油后得到的渣油，或经再加工而得到的物质。

沥青的组分主要有油分、树脂和地沥青质。此外，石油沥青还有少量的沥青碳、似碳物和石蜡。油分是决定沥青流动性的组分，树脂是决定沥青塑性和粘结性的组分，地沥青质是决定沥青黏性和温度稳定性的组分，沥青碳和似碳物会降低沥青的粘结力，石蜡会降低沥青的黏性和塑性。

2）改性沥青

工程中使用的沥青应具备较好的综合性能，如在高温下要有足够的强度和热稳定性；在低温下应有良好的柔韧性；在加工和使用条件下具有抗“老化”能力；与各种矿物质材料具有良好的粘结性等。但沥青本身不能完全满足这些要求，使得沥青防水工程漏水严重，使用寿命短。为此，常用下述方法对沥青进行改性，以满足使用要求。

①矿物填充料改性　常用的矿物填充料有粉状和纤维状两类。粉状的有滑石粉、石灰石粉、白云石粉、磨细砂、粉煤灰和水泥等，粉状矿物填充料加入沥青中，将提高沥青的大气稳定性，降低温度敏感性。矿物填充料纤维状的有石棉粉等，纤维状的石棉粉加入沥青中，可提高沥青的抗拉强度和耐热性。一般矿物填充料的掺量为20%～40%。

②聚合物改性　用聚合物改性沥青，可以提高沥青的强度、塑性、耐热性、粘结性和抗老化性，主要用于生产防水卷材、密封材料和防水涂料。用于沥青改性的合成树脂主要有SBS、APP，有时也用PVC、PE、古马隆树脂等。

③其他改性　A. 再生橡胶改性沥青　再生橡胶改性沥青具有一定的弹性、塑性，良好的粘结力、气密性、低温柔韧性和抗老化等性能，而且价格低廉。它可用于防水卷材、片材、密封材料、胶粘剂和涂料等。此外，还可使用丁基橡胶、丁苯橡胶、氯丁橡胶等改性材料。B. 橡胶和树脂共混改性沥青　用橡胶和树脂两种改性材料同时改善沥青的性质，使其同时具有橡胶和树脂的特性。由于橡胶和树脂的混溶性较好，故改性效果良好。橡胶和树脂共混改性沥青的原料品种、配比、制作工艺不同，其性能也不相同。它可用于防水卷材、片材、密封材料和涂料等。

3）沥青防水涂料

沥青防水涂料是指以沥青为基料，矿物胶体为乳化剂，在机械强制搅拌下将沥青乳化制成的水性沥青基厚质防水涂料。常用的沥青基防水涂料有石灰乳化沥青、膨润土沥青乳液和水性石棉沥青防水涂料等。它们主要用于Ⅲ级和Ⅳ级防水等级的工业与民用建筑的屋面防水、地下混凝土的防水防潮以及卫生间的防水等。

水性沥青防水涂料为水性、单组分涂料，具有无毒、不燃、可在潮湿基层上施工等特点。

4）建筑防水沥青嵌缝油膏

建筑防水沥青嵌缝油膏是以石油沥青为基料，加入改性材料（废橡胶粉和硫化鱼油）、稀释剂（松焦油、松节重油和机油）及填充料（石棉绒和滑石粉）等混合制成的膏状材料。沥青嵌缝油膏具有较好的耐热性、粘结性、保油性和低温柔韧性，因此，广泛用于各种建筑构造的接缝处的防水密封，也可以用于混凝土跑道、道路、桥梁及各种构筑物的伸缩缝、施工缝等的嵌缝密封材料。建筑防水沥青油膏按耐热度和低温韧性分为701、702、703、801、802、803六个标号。

（2）防水卷材

防水卷材是可卷曲成卷状的柔性防水材料。它是目前我国使用量最大的防水材料。防水卷材主要包括普通沥青防水卷材、改性沥青防水卷材和合成高分子防水卷材三个系列。

1）沥青防水卷材

沥青防水卷材是在基胎上浸渍沥青后，再在其表面撒粉状或片状的隔离材料而制成的可卷曲的卷筒状防水卷材。按其浸渍材料上的胎基不同，可分为纸胎、玻璃布胎、玻璃纤维胎和铝箔面胎。

①石油沥青纸胎油毡　石油沥青纸胎油毡是以低软化点的石油沥青浸渍原纸，然后用高软化点的石油沥青涂盖油纸两面，再撒上粉状滑石粉和片状云母片所制成的一种纸胎防水材料。按《石油沥青纸胎油毡、油纸》GB 326—89的规定：油毡按物理性能分为合格品，一等品和优等品三个等级；按原纸$1m^2$的克数分为200、350、500三种标号。纸胎油毡成本较低，易腐蚀，耐久性差，抗拉强度低，消耗大量优质纸源。

②石油沥青玻璃布油毡　石油沥青玻璃布油毡是用玻璃纤维布为胎基涂抹石油沥青，并在两面撒布隔离材料所制。石油沥青玻璃布油毡的抗拉强度高，柔韧性好，耐腐蚀。适用于地下防水、防腐层、突出部位的防水层、金属管道（热管道除外）的防腐保护层。

③石油沥青玻璃纤维胎油毡　石油沥青玻璃纤维胎油毡是用玻璃纤维薄毡为胎基，浸渍石油沥青，在其表面涂撒矿物材料或覆盖聚乙烯膜等隔离材料所制成的一种防水卷材。这类油毡有良好的耐水性、耐腐蚀性、耐久性和柔韧性，适用于屋面、地下防水工程。

④铝箔面油毡　铝箔面油毡是采用玻璃纤维薄毡为胎基，表面浸涂氧化沥青，在其表面用压纹铝箔贴面，底面撒布细颗粒矿物材料或覆盖聚乙烯（PE）膜，所制成的一种具有热反射功能的防水卷材。铝箔油毡有很高的阻隔蒸汽渗透能力，防水功能好，具有一定的抗拉强度。铝箔油毡适用于单层和多层防水工程的面层。

2）高聚合物改性沥青防水卷材

以合成高分子聚合物改性沥青为涂盖层，纤维毡、纤维织物或塑料薄膜为胎体，粉状、粒状、片状或薄膜材料为覆面材料制成可卷曲的片状防水材料，称为高聚物改性沥青防水卷材。

①SBS 改性沥青防水卷材　SBS 改性沥青防水卷材是用沥青或 SBS 改性沥青（又称“弹性体沥青”）浸渍胎基，两面涂以 SBS 改性沥青涂盖层，上表面撒以细砂、矿物粒（片）料或覆盖聚乙烯膜，下表面撒以细砂或覆盖聚乙烯膜所制成的防水卷材。它是弹性体防水卷材的一种。SBS 改性沥青卷材按胎基分为聚酯胎（PY）和玻纤胎（G）两类。

SBS 改性沥青防水卷材适用于工业与民用建筑的屋面、地下及卫生间等的防水防潮，以及游泳池、隧道、蓄水池等的防水工程，尤其适用于寒冷地区和结构变形频繁的建筑物防水。

②APP 改性沥青防水卷材　APP 改性沥青防水卷材是用沥青或 APP 改性沥青（又称“塑性沥青”）浸渍胎基，两面涂以 APP 改性沥青涂盖层，上表面撒以细砂、矿物粒（片）料或覆盖聚乙烯膜，下表面以细砂或覆盖聚乙烯膜所制成的一种改性沥青防水卷材。它是塑性体沥青防水卷材的一种，比弹性体沥青防水卷材耐热性更好，但低温柔韧性较差。尤其适用于高温或有强烈太阳辐射地区的建筑物防水。

3）合成高分子防水卷材

①三元乙丙（EPDM）橡胶防水卷材　三元乙丙橡胶防水卷材是以三元乙丙橡胶为主体原料，掺入适量的硫化剂、促进剂、软化剂、填充剂等，经密炼、压延或挤出成型、硫化和分卷包装等工序而制成的高弹性防水卷材。

三元乙丙橡胶防水卷材具有优良的耐候性、耐臭氧性和耐热性，同时还具有抗老化性能好、质量轻、抗拉强度高、断裂伸长率大、低温柔韧性好以及耐酸碱腐蚀的优点，属于高档防水材料。三元乙丙橡胶防水卷材属非极性的难粘结材料，在接缝粘结时必须选用特种材料配制的专用胶粘剂，否则容易发生开胶而导致渗漏。

三元乙丙橡胶防水卷材适用于防水要求高、耐久年限长的工业与民用建筑的屋面、卫生间等防水工程，也可用于桥梁、隧道、地下室、蓄水池等工程的防水。

②聚氯乙烯（PVC）塑料防水卷材　PVC 防水卷材是以聚氯乙烯树脂为主要原料，掺入填充料和适量的改性剂、增塑剂及其他助剂，经混炼、压延或挤出成型、分卷包装等工序所制成的柔性防水卷材。

PVC 防水卷材按其基料与特性分为 P 型和 S 型两种，P 型是以增塑聚氯乙烯为基料的塑性卷材；S 型是以煤焦油与聚氯乙烯混溶料为基料的柔性卷材。

该种防水卷材抗拉强度高、断裂伸长率大、低温柔韧性好、使用寿命长，同时还具有尺寸稳定性、耐热性、耐腐蚀性和耐细菌性等均较好的特性。PVC 防水卷材主要用于建筑工程的屋面防水，也可用于水池、堤坝等防水工程。

③氯化聚乙烯—橡胶共混防水卷材　氯化聚乙烯—橡胶共混防水卷材是以氯化聚乙烯树脂和合成橡胶共混物为主体，加入适量的硫化剂、促进剂、稳定剂、软化剂和填充料等，经混炼、过滤、压延或挤出成型、硫化等工序制成的高弹性防水卷材。

氯化聚乙烯—橡胶共混防水卷材兼有塑料和橡胶的特点，具有强度高（抗拉强度在7.5MPa以上）、耐臭氧性能、耐水性、耐腐蚀性、抗老化性能好（使用寿命在20年以上）、断裂伸长率高（伸长率达450%以上）以及低温柔韧性好（脆性温度在-40℃以下）等特性，因此特别适用于寒冷地区或变形较大的建筑防水工程，也可用于有保护层的屋面、地下室、储水池等防水工程。

合成高分子防水卷材除以上三个品种外，还有氯丁橡胶、EPT/IIR、丁基橡胶、氧化聚乙烯（CPE）、聚乙烯（PE）、氯磺化聚乙烯、聚乙烯—三元乙丙橡胶共混等多种防水卷材。它们所用的基材不同，其性能差别较大。

（3）防水涂料

防水涂料是在常温下呈无定形液态，经涂布能在结构物表面固化形成具有相当厚度并有一定弹性的防水膜的物料总称。防水涂料广泛适用于工业与民用建筑的屋面防水工程、地下室防水工程和地面防潮、防渗等。按主要成膜物质可分为乳化沥青类防水涂料、改性沥青类防水涂料、合成高分子类防水涂料和水泥基防水涂料等。

1）沥青基防水涂料

沥青防水类涂料可分为：冷底子油、沥青胶及乳化沥青。

①冷底子油　冷底子油是将建筑石油沥青加入汽油、轻柴油溶合而配制成的沥青溶液，由于形成涂膜较薄，故一般不单独作防水材料用，往往仅作某些防水材料的配套材料使用，通常可用于混凝土、砂浆及金属表面。如在基层表面涂刷一层冷底子油，可增强卷材和基底的粘结力。

②沥青胶　沥青胶（又称玛瑞脂）是沥青材料加入粉状或纤维状填充材料混合而成，也可以两者同时加入。粉状材料为滑石粉、石灰石粉及白云石粉，纤维状材料为木纤维、石棉绒等。沥青胶的标号是以耐热度表示，分为S-60、S-65、S-70、S-75、S-80、S-85六个标号。沥青胶主要用于粘结防水卷材，防水涂层沥青砂浆防水层的底层及接口填缝材料。

③水乳型沥青防水涂料　水乳型沥青防水涂料是以乳化沥青为基料，在其中掺入各种改性材料而制成的防水涂料，也称为水性沥青基防水涂料。乳化沥青主要用于屋面防水、地下防水、防潮，可代替沥青胶粘结沥青防水卷材，可在潮湿的基础上使用。但是，乳化沥青防水材料的稳定性差，储存时间不宜超过半年。

2）高聚物改性沥青防水涂料

高聚物改性沥青防水涂料是以沥青为基料，用合成高分子聚合物进行改性，制成的水乳型或溶剂型防水涂料。品种有再生橡胶改性沥青防水涂料、水乳型氯丁橡胶沥青防水涂料和SBS橡胶沥青防水涂料三种。

这类涂料由于用橡胶进行改性，所以在柔韧性、抗裂性、拉伸强度、耐高低温性能、使用寿命等方面比沥青基涂料都有很大改善，具有成膜快、强度高、耐候性和抗裂性好、难燃、无毒等优点，适用于Ⅱ级及以下防水等级的屋面、地面、地下室和卫生间等部位的防水工程。

3）合成高分子防水涂料

合成高分子防水涂料是以合成橡胶或合成树脂为主要成膜物质制成的单组分或多组分的防水涂料。其品种有聚氨酯防水涂料、石油沥青聚氨酯防水涂料、硅橡胶防水涂料和丙烯酸酯防水涂料等。这类涂料比沥青基及改性沥青基防水涂料具有更好的弹性和塑性、耐久性以及耐高低温性能。

①聚氨酯防水涂料　聚氨酯防水涂料属双组分反应型涂料。甲组分是含有异氰酸基的预聚体，乙组分由含有多羟基的固化剂与增塑剂、填充料、稀释剂等组成。甲乙两组分混合后，经固化反应，即形成均匀、富有弹性的防水涂膜。

这类涂料易成厚膜，操作简便，弹性好、延伸率大，并具有优异的耐候、耐油、耐磨、耐臭氧、耐海水、不燃烧等性能。在中高级建筑的卫生间、厨厕、水池及地下室防水工程和有保护层的屋面防水工程中得到广泛应用。

②石油沥青聚氨酯防水涂料　石油沥青聚氨酯防水涂料是双组分化学反应固化型的高弹性、高延伸的防水材料，其中甲组分是以聚醚树脂和二异氰酸酯等原料，经过氢转移加聚合反应制成的含有端异氰酸酯基（－NCO）的氨基甲酸酯预聚物；乙组分是由硫化剂（或称交联固化剂）、催化剂（或称促进剂），经过调配的石油沥青以及助溶剂等材料，经真空脱水、混合搅拌和研磨分散等工序加工制成。

③硅橡胶防水涂料　硅橡胶防水涂料是以硅橡胶乳液为基本材料，辅以其他合成高分子乳液，掺入无机填料和各种助剂配制而成的乳液型防水涂料。

适用于地下工程、输水和储水构筑物的防水、防潮；各类房屋建筑的厨房、厕所、卫生间以及楼地面的防水，防水等级为Ⅲ、Ⅳ级的屋面防水，也可用作Ⅰ、Ⅱ级屋面多道防水设防中的一道防水层。

4）聚合物水泥防水涂料

聚合物水泥防水涂料（简称JS防水涂料）是以聚丙烯酸酯乳液、乙烯—醋酸乙烯共聚乳液和各种外加剂组成的有机液料与高铁高铝水泥、石英、砂及各种添加料组成的无机粉料按一定比例（双组分）复合制成的防水涂料。液料为均匀无结块的乳白色液体，粉料为均匀无杂质的灰色或白色粉末，成品为乳白色或浅灰色的混合液体，应均匀一致。聚合物水泥防水涂料无毒无害，可用于饮用水工程，施工安全、简单，工期短，涂层高弹性、高强度，还可按工程需要配制彩色涂层。

聚合物水泥防水涂料产品分为Ⅰ型和Ⅱ型两种。以聚合物为主的防水涂料属Ⅰ型，Ⅰ型产品主要用于非长期浸水环境下的建筑防水工程。以水泥为主的防水涂料属Ⅱ型，Ⅱ型产品适用于长期浸水环境下的建筑防水工程。

聚合物水泥防水涂料产品的标记顺序为：名称、类型、标准号。如Ⅰ型聚合物水泥防水涂料标记为：JS Ⅰ JC/T 894—2001。

(4) 密封材料

建筑密封材料是能承受位移以达到气密、水密目的而嵌入建筑接缝中的材料。建筑密封材料按性能分为弹性密封材料和塑性密封材料；按使用时的组分分为单组分密封材料和双组分密封材料；按组成的材料分为改性沥青密封材料和合成高分子密封材料；按形状分为定型（如密封条、密封带、密封垫等）和不定型（如黏稠状的密封膏或嵌缝膏）。

1) 聚硫密封膏

聚硫密封膏是以LP液态聚硫橡胶为基料，再加入硫化剂、增塑剂、填充料等拌制成的均匀的膏状体。

聚硫密封膏具有粘结力强、抗撕裂性强、耐气候、耐油、耐湿热、耐水和耐低温等性能，适应温度范围宽（−40～96℃），低温柔韧性好，抗紫外线曝晒以及抗冰雪和水浸能力强。

聚硫密封膏适用于各种建筑的防水密封，特别适用于长期浸泡在水中的工程（如水库、堤坝、游泳池等）、严寒地区的工程或冷库、受疲劳荷载作用的工程（如桥梁、公路与机场跑道等）。它是一种优质的密封材料，施工性良好，不使用溶剂（若使用时应避免与皮肤直接接触），无毒，使用安全。

2) 硅酮密封膏

硅酮密封膏，又称为有机硅密封膏，是以有机硅为基料配成的建筑用高弹性密封膏，分为单组分型和双组分型两种，目前大多为单组分型。单组分硅酮密封膏是由硅氧烷聚合物（主体）、硫化剂、硫化促进剂以及增强填料等组成。硅酮密封膏按组成分为醋酸型、醇型和酰胺型等。按用途分为建筑接缝用（F类）和镶装玻璃用（G类）两类。F类适用于预制混凝土墙板、水泥板、大理石板的外墙接缝，混凝土和金属框架的粘结，卫生间和公路接缝的防水密封等；G类主要适用于镶嵌玻璃和建筑门窗的密封。

硅酮密封膏具有优异的耐热性、耐寒性，使用温度为−50～250℃，并具有良好的耐候性，使用寿命为30年以上，与各种材料都有较好的粘结性能，耐拉伸—压缩疲劳性强，耐水性好。

3) 聚氨酯密封膏

聚氨酯密封膏分为双组分型和单组分型两种，每种类型中又分为非下垂型和自流平型，可根据不同用途选用。它具有模量低、延伸率大、弹性高、黏性好、耐低温、耐水、耐酸碱、抗疲劳、使用年限长等优点，而且在弹性建筑密封膏中价格较低。

聚氨酯密封膏与混凝土的粘结性很好，同时不必打底。故广泛用于建筑物沉降缝、伸缩缝的密封，阳台、窗框、卫生间等部位的防水密封，以及给水排水管道、蓄水池、游泳池、道路桥梁等工程的接缝密封与渗漏修补。

聚氨酯密封膏可掺入大量的稀释剂，如煤焦油、重油、沥青等，可以配制成防水涂料，涂刷于需防水的基层上，对新建和维修工程特别有用。

4）丙烯酸类树脂密封膏

丙烯酸类树脂密封膏是丙烯酸树脂掺入增塑剂、分散剂、碳酸钙、增量剂等配制而成的，有溶剂型和水乳型两种。

丙烯酸类树脂密封膏在一般建筑材料（如砖、砂浆、混凝土、大理石、花岗石等）上不产生污染。该种密封膏具有优良的抗紫外线性能，延伸率也很好，而且价格比橡胶类密封膏便宜，属于中等价格及性能的产品。

丙烯酸类树脂密封膏主要用于屋面、墙板、门、窗嵌缝，但它的耐水性不是很好，故不宜用于长期浸泡在水中的工程，如水池、污水厂、堤坝等水下接缝中；丙烯酸类树脂密封膏的抗疲劳性较差，不宜用于频繁受振动的工程，如广场、公路、桥面等交通工程的接缝中。

（5）刚性防水材料

刚性防水材料是指以水泥、砂、石为主要原料制成的防水砂浆或密实混凝土，一般多采用混凝土。一般可掺入防水剂或泡沫剂等材料，并通过调整配合比、抑制或减小孔隙率、改变孔隙特征、增加各原材料界面间的密实性等方法来提高混凝土的防水性能。

适用于防水等级为Ⅲ级的屋面防水，也可作为Ⅰ、Ⅱ级屋面多道防水设计中的一道防水层。不适用于设有松散材料保温层的屋面以及受较大振动或冲击荷载的建筑物屋面。

1.3.9 绝热与吸声材料

（1）绝热材料

在建筑中，习惯上把用于控制室内热量外流的材料叫做保温材料；把防止室外热量进入室内的材料叫做隔热材料。保温、隔热材料统称为绝热材料。

1）绝热材料的基本性能

在建筑工程中，合理选用绝热材料，能提高建筑物的使用效能。例如，房屋围护结构及屋面所用的建筑材料具有一定的绝热性能，能长年保持室内温度的稳定。在采暖、空调及冷藏等建筑物中采用必要的绝热材料，能减少热损失，节约能源消耗。通常选择绝热材料时，需根据材料的导热系数、表观密度、抗压强度。另外，还要根据工程的特点，考虑材料的吸湿性、温度稳定性、耐腐蚀性等性能。

①导热系数　导热系数是表示材料的导热能力指标，是指通过材料本身热量传导能力大小的量度，即在稳定传热条件下，当材料层单位厚度内的温差为1℃时，在1s内通过$1m^2$表面积的热量。材料导热系数越大，导热性能越好。工程上将导热系数$\lambda < 0.23W/(m \cdot K)$的材料称为绝热材料。影响

材料导热系数的因素有：材料本身物质构成、微观结构、孔隙率、孔隙特征、含水率。

物质构成是指金属材料导热系数最大，无机非金属材料次之，有机材料导热系数最小；分子结构简单的材料比结构复杂的材料有较大的导热性；表观密度小的材料其孔隙度大，孔隙率越大，导热系数越小；材料结冰和材料受潮，材料导热系数增大；对木材等纤维材料，当热流平行于纤维延伸方向时，热流受到阻力小，其导热系数值大，而热流垂直于纤维延伸方向时，受到的阻力大，其导热系数相对较小。

②温度稳定性　材料受热作用下保持其原有性能不变的能力，称为绝热材料的温度稳定性。通常用其不至丧失绝热性能的极限温度来表示。

③强度　绝热材料通常采用抗压强度和抗折强度，由于绝热材料含有大量的孔隙，故其强度一般均不大，因此不宜将绝热材料用于承受外界荷载部位。

2）常用的绝热材料

绝热材料按其成分可分为有机和无机两大类。无机绝热材料是用矿物质为原料制成的呈松散状、纤维状或多孔状材料，要制成板、管套或通过发泡工艺制成多孔制品。有机绝热材料是用有机原料制成，如树脂、木丝板、软木等。

①无机绝热材料。

A. 无机纤维状绝热材料　a. 玻璃棉及制品　玻璃棉是用碎玻璃经熔融后制成的连续纤维状材料，包括短棉和超细棉。最高使用温度400℃。短棉可以用来制作沥青玻璃棉毡、沥青玻璃棉毡板等。超细棉可以用来制作普通超细玻璃棉毡、板，也可以用来制作无碱超细玻璃棉毡、高氧硅超细玻璃棉毡等。适用于屋面和墙体的保温层及管道保温。b. 矿棉及矿棉制品　矿渣棉是以工业废料高炉矿渣为主要原料，经熔化，用喷吹法或离心法而制成的棉丝状的绝热材料。最高使用温度600℃。其具有质轻、热导率低、不燃、电绝缘、耐腐蚀等特点，可制成沥青矿渣棉板、矿渣防水棉毡及套管，可用作保温墙板填充料，墙壁、屋顶和顶棚等处的绝热和吸声材料。

B. 无机散粒状绝热材料　a. 膨胀蛭石及其制品　膨胀蛭石是由天然蛭石经高温煅烧而制成的一种松散颗粒状绝热材料。最高使用温度1100℃，具有不蛀、抗腐、吸水性大的特点。膨胀蛭石加水泥、水玻璃、硅藻土、膨胀土等，可制成多种品种、多规格、多用途的板材及管壳制品。其可用于填充材料，建筑围护结构、管道等的绝热和吸声材料。b. 膨胀珍珠岩石及其制品　膨胀珍珠岩是由天然珍珠岩煅烧而成的呈蜂窝泡沫状白色或白色颗粒的绝热材料。使用温度在－200～800℃之间。具有吸湿小、无毒、不燃、抗菌、耐腐、施工方便的特点。膨胀珍珠岩配合适量的水泥、水玻璃、沥青，经加工成型后可制成具有一定形状的板、砖、管壳制品。其可用于围护结构、低温及超低温保冷设备、热工设备、管道等处的保温绝热材料。

C. 无机多孔类绝热材料　多孔类材料是由固相和孔隙良好的分散的材料所组成。整个体积内含有大量均匀分布的气孔。主要有泡沫类和发气类产品。

a. 泡沫混凝土　泡沫混凝土是由水泥、水、松香泡沫剂混合后，经搅拌、成型、养护硬化而成的一种多孔轻质绝热材料。其表观密度为 300～500kg/m^3，强度 f_c≥0.4MPa，导热系数为 0.08～0.186W/(m·K)，适用于围护结构的绝热。b. 加气混凝土　加气混凝土是由水泥、石灰、粉煤灰和发气剂（铝粉）配制而成的一种轻质绝热材料。表观密度为 400～700kg/m^3，强度 f_c≥0.4MPa，导热系数 0.093～0.164W/(m·K)。另外，加气混凝土的耐火性能良好，适用于围护结构的绝热。c. 泡沫玻璃　泡沫玻璃由玻璃粉和发泡剂等配料，经煅烧而制成。其表观密度为 150～200kg/m^3，导热系数 0.042W/(m·K)，抗压强度为 0.55～1.6MPa。采用普通玻璃粉制成的泡沫玻璃最高使用温度为 300～400℃，若用无碱玻璃粉生产的，最高使用温度可达 800～1000℃。泡沫玻璃耐久性好，可用于砌筑墙体和冷藏库绝热。d. 微孔硅酸钙　微孔硅酸钙是以硅藻土或硅石与石灰为原料，经配料、拌合、成型及水热处理制成的绝热材料。其表观密度约为 250kg/m^3，导热系数为 0.041W/(m·K)，强度 f_c>0.5MPa，最高使用温度为 650℃。微孔硅酸钙的制品可用于围护结构和管道保温，其效果比水泥膨胀珍珠岩和水泥膨胀蛭石要好。

②有机绝热材料。

A. 泡沫塑料　泡沫塑料是以各种树脂为基料，加入一定量的发泡剂、催化剂、稳定剂等辅助材料，经过加热发泡制成的一种具有轻质、保温、绝热、吸声、防振性能的材料。常见的品种有聚氨酯泡沫塑料、聚苯乙烯泡沫塑料、聚氯乙烯泡沫塑料及脲醛泡沫塑料。

聚氨酯泡沫塑料表观密度为 30～40kg/m^3，导热系数为 0.037～0.055W/(m·K)，最高使用温度为 120℃，最低使用温度为 -60℃，用于屋面、墙体保温、冷藏库隔热。

聚苯乙烯泡沫塑料表观密度为 20～50kg/m^3，导热系数为 0.031～0.047W/(m·K)，最高使用温度为 120℃。常用于屋面和墙体保温隔热，也可以和其他材料制成夹芯板。

B. 植物纤维绝热材料　植物纤维绝热材料以植物纤维为原料，经轧碎，压型、加工而成板材，如芦苇板、木丝板、软木板、甘蔗板及蜂窝板等。一般用于表面较光洁的顶棚、隔墙板、护墙板的绝热。

C. 窗用绝热薄膜　窗用绝热薄膜又叫做新型防热片，厚度约 12～50μm，用于建筑物窗户的绝热，可以遮蔽阳光，防止室内陈设物褪色，降低冬季热能损失，节约能源，给人们带来舒适环境。使用时，将特制的防热片（薄膜）贴在玻璃上，其功能是将透过玻璃的大部分阳光反射出去，反射率高达 80%。防热片能减少紫外线的透过率，减轻紫外线对室内家具和织物的有害作用，减弱室内温度变化程度，克服建筑物外观的不一致性，并避免玻璃碎片飞出伤人。

绝热薄膜可应用于商业、工业、公共建筑、家庭寓所、宾馆等建筑物的窗户内外表面，也可用于博物馆内艺术品和绘画的紫外线防护等。

（2）吸声材料

声音起源于物体的振动，而把发出声音的发声体叫声源。声音发出后一部分在空气中随着距离的增大而扩散；另一部分因空气分子的吸收而减弱。当声波遇到建筑物构件时，一部分被反射；一部分穿透材料；相当一部分转化为热能而被吸收。被材料吸收的声能与原先传递给材料的全部声能之比，称为吸声系数，吸声系数是评定材料吸声好坏的指标。

1）吸声材料

吸声材料是指吸声系数大于0.2的材料。吸声材料的吸声性能除与材料本身的组成性质、厚度及表面的条件（有无空气层及空气层的厚度）有关外，还与声波的入射角和频率有关，同一材料对于高、中、低不同频率的吸声系数不同。

要确定一种材料的吸声效果，规定取同一种材料的高、中、低不同频率——125Hz、250Hz、500Hz、1000Hz、2000Hz、4000Hz 六个频率吸声系数的平均值，来衡量该种材料吸声的好坏。

一般在功能性教室、礼堂、剧院、播音室等内部的墙面、地面、顶棚等部位，适当采用吸声材料，这样可以改善声波在室内传播的质量，获得良好的音响效果。

常用的吸声材料及吸声系数见表1-25。

建筑上常用的吸声材料的参考吸声系数　　表1-25

分类及名称		厚度（cm）	表观密度（kg/m³）	各种频率下的吸声系数						装置情况
				125Hz	250Hz	500Hz	1000Hz	2000Hz	4000Hz	
无机材料	石膏板（有花纹）	—	350	0.03	0.05	0.06	0.09	0.04	0.06	贴实
	水泥蛭石板	4.0	—	—	0.14	0.46	0.78	0.50	0.60	
	砖（清水墙）	—	—	0.02	0.03	0.04	0.04	0.05	0.05	
	水泥膨胀珍珠岩板	5.0	—	0.16	0.46	0.64	0.48	0.56	0.56	
无机材料	水泥砂浆	1.7	—	0.21	0.16	0.25	0.40	0.42	0.48	墙面粉刷
	石膏砂浆（掺水泥、玻璃纤维）	2.2	—	0.24	0.12	0.09	0.30	0.32	0.83	
有机材料	软木板	2.5	260	0.05	0.11	0.25	0.63	0.70	0.70	贴实
	木丝板	3.0	—	0.10	0.36	0.62	0.53	0.71	0.90	钉在木龙骨上，后留10cm或5cm空气层
	三夹板	0.3	—	0.21	0.73	0.21	0.19	0.08	0.12	
	穿孔五夹板	0.5	—	0.01	0.25	0.55	0.30	0.16	0.19	
	刨花板	0.8	—	0.03	0.02	0.03	0.03	0.04	—	
	木质纤维板	1.1	—	0.06	0.15	0.28	0.30	0.33	0.31	

续表

分类及名称		厚度(cm)	表观密度(kg/m^3)	各种频率下的吸声系数						装置情况
				125Hz	250Hz	500Hz	1000Hz	2000Hz	4000Hz	
多孔材料	泡沫玻璃	4.4	1260	0.11	0.32	0.52	0.44	0.52	0.33	贴实
	脲醛泡沫塑料	5.0	20	0.22	0.29	0.40	0.68	0.95	0.94	
	吸声蜂窝板	—	—	0.27	0.12	0.42	0.86	0.48	0.30	
	泡沫塑料	1.0	—	0.03	0.06	0.12	0.41	0.85	0.67	
	泡沫水泥(外粉刷)	2.0	—	0.18	0.05	0.22	0.48	0.22	0.32	紧靠粉刷
纤维材料	工业毛毡	3.0	—	0.10	0.28	0.55	0.60	0.60	0.56	紧靠墙面
	矿棉板	3.13	210	0.10	0.21	0.60	0.95	0.85	0.72	贴实
	玻璃棉	5.0	80	0.06	0.08	0.18	0.44	0.72	0.82	
	脲醛玻璃纤维板	8.0	100	0.25	0.55	0.80	0.92	0.98	0.95	

2）隔声材料

隔声材料是指能够减弱声音传播的材料。隔声性能以隔声量来表示，隔声是指一种材料入射声能与透过声能相差的分贝数，值愈大，其隔声性能愈好。

人们要隔绝的声音按其传播途径可分为空气声（由于空气的振动）和固体声（由于固体撞击或振动）两种。对空气声，根据声学中的“质量定律”，墙或板传声的大小，主要取决于其单位面积质量，质量越大，越不易振动，则隔声效果愈好，因此应选择密实、沉重的材料（如黏土砖、钢筋混凝土、钢板等）作为隔声材料。对固体声隔绝最有效的措施是采用不连续的结构处理，即在墙壁和承重梁之间、房屋的框架和墙板之间加弹性衬垫，如毛毡、软木、橡皮等材料或在楼板上加弹性地毯。需注意吸声性能好的材料，一般为轻质、疏松、多孔的材料，不能简单把吸声材料作为隔声材料来使用。

1.3.10 装饰材料

（1）装饰材料的类型

装饰材料可分为墙柜体材料、地面材料、装饰线、顶部材料和紧固件、连接件及胶粘剂五大类别。

墙体材料及柜体材料常用的有壁纸、墙面砖、涂料、油漆、饰面板、密度板、防火板等。

地面材料有实木地板、复合木地板、天然石材、人造石材、地砖、地毯、竹地板、人造制品地板（塑料）等。

装饰线板包括木质顶棚角线、门边线、收边线、踢脚板等各种木线、装饰石膏角线。

顶部材料有铝扣板、纸面石膏板、复合PVC扣板、艺术玻璃等。

（2）常用的装饰材料

1）建筑陶瓷

凡是用于建筑工程的陶瓷制品，称建筑陶瓷。而陶瓷制品则是由黏土、长石、石英为基本原料，经配料、制坯、干燥、焙烧而制得的成品。建筑陶瓷具有强度高、性能稳定、耐腐蚀性好、耐磨、防水、防火、易清洗及装饰性好等优点。在建筑工程及装饰工程中应用较多的建筑陶瓷制品有釉面砖、外墙面砖与地面砖、陶瓷锦砖、琉璃制品、陶瓷壁画及卫生陶瓷等。

①釉面砖　釉是由石英、长石、高岭土等为主要原料，再配以其他成分，研制成浆体，喷涂于陶瓷坯体的表面，经高温焙烧后，在坯体表面形成的一层淡玻璃质层。对陶瓷施釉后，陶瓷表面平滑、光亮、不吸湿、不透气，并美化了坯体表面，改善坯体的表面性能并提高机械强度。釉面砖是由多孔坯体和表面釉层组成。表面釉层又有结晶釉、花釉、有光釉、斑点釉和浮雕釉等不同种类。釉面颜色可分为单色（含白色）、花色、彩色和图案色等。釉面砖的规格常用的有108mm×108mm×5mm、152mm×152mm×5mm等规格，其装饰特点为朴实大方，热稳定性好，防火，防湿，耐酸碱，表面光滑，易清洗。

釉面砖主要用于建筑物内部墙面，如厨房、卫生间、浴室、实验室、医院等室内墙面和台面的装饰。由于釉面砖吸水率大，其多孔坯体层和表层釉面的膨胀率相差较大，在室外受到日晒雨淋及温度变化时，易发生开裂或剥落，故不宜用于外墙装饰和地面材料使用。

②墙地砖　墙地砖包括外墙面砖和室内外地面铺贴用砖，是以优质陶土原料加入其他材料配成生料，经半干压成形后于1100℃左右焙烧而成，分有釉和无釉两种。有釉的称为彩色釉面陶瓷墙地砖，无釉的称为无釉墙地砖。

墙地砖的表面质感有多种多样，通过配料和改变制作工艺，可制成颜色不同，表面质感多样的多品种墙地砖制品，主要常用的有霹雳砖、彩胎砖与麻面砖等。

墙地砖主要用于建筑物外墙贴面和室内外地面装饰铺贴用砖。用于外墙面的常用规格为150mm×75mm、200mm×100mm等，用于地面的常用规格有300mm×300mm、400mm×400mm，其厚度在8～12mm之间。

③陶瓷锦砖　陶瓷锦砖俗称马赛克，它是以优质瓷土为主要原料，以半干法压制成型，经1250℃高温烧制成边长不大于40mm的方形、长方形或六角形等薄片状小块瓷砖后，再通过铺贴盒将其按设计图案反贴在牛皮纸上而成的。

陶瓷锦砖具有色泽明净、图案美观、质地坚实、抗压强度高、耐污染、耐腐蚀、耐磨、耐水、抗火、抗冻、不吸水、不滑、易清洗等特点，并且坚固耐用，造价低。

陶瓷锦砖除了可用于洁净车间、化验室、餐厅、厨房、浴室等室内地面铺装外，还可用作外墙饰面材料，它对建筑立面具有很好的装饰效果，并且可增加建筑物的耐久性。彩色陶瓷锦砖还可以拼成文字、花边以及形似天坛、长城、小鹿、熊猫等风景名胜和动物花鸟图案的壁画，形成一种别具风格的锦砖壁画艺术。

④琉璃制品　琉璃制品是我国陶瓷宝库中的古老珍品，它是以难熔黏土做原料，经配料、成型、干燥、素烧，表面涂以琉璃釉料后，再经烧制而成。

琉璃制品常见的颜色有：金、黄、蓝和青等。琉璃制品表面光滑、色彩绚丽、造型古朴、坚实耐用，富有民族特色。其主要产品有琉璃瓦、琉璃砖、琉璃兽、琉璃花窗、栏杆等装饰制件，还有琉璃桌、绣墩、鱼缸、花盆、花瓶等陈设用的建筑工艺晶。琉璃制品主要用于建筑屋面材料，如板瓦、筒瓦、滴水、勾头以及飞禽走兽等用作槽头和屋脊的装饰物，还可以用于建筑园林中的亭、台、楼阁，以增加园林的特色。

⑤陶瓷壁画　陶瓷壁画是大型画，它是以陶瓷面砖、陶板等建筑块材经镶拼制作的具有较高艺术价值的现代建筑装饰，属高档装饰。陶瓷壁画具有单块砖面积大、厚度薄、强度高、平整度好、吸水率小、抗陈、抗化学腐蚀、耐急冷急热等特点。陶瓷壁画施工方便，可具有绘画、书法、条幅等多种功能。陶板表面可制成平滑面、浮雕花纹图案等。

陶瓷壁画适用于大厦、宾馆、酒楼等高层建筑的镶嵌，也可镶贴于公共活动场所，如机场的候机室、车站的候车室、大型会议室、会客室、园林旅游区以及码头、地铁、隧道等公共设施的装饰，给人以美的享受。

⑥卫生陶瓷　卫生陶瓷是由瓷土烧制的细炻质制品，如洗面器、大小便器、水箱水槽等，主要用于浴室、盥洗室、厕所等处。

2）建筑玻璃

玻璃是一种透明的、经高温熔制的无定形硅酸盐固体物质。生产玻璃的主要原料是二氧化硅、纯碱、长石及石灰石等，如果是彩色玻璃，还需要加入一些相应颜色的金属氧化物着色剂。

玻璃是建筑物常用的一种建筑材料，玻璃除了具有透光性、耐腐蚀性、隔声和绝热外，还具有艺术装饰作用。现代建筑中，越来越多地采用玻璃门窗、玻璃外墙、玻璃制品及玻璃物件，以达到控光、控温，防辐射、防噪声以及美化环境的目的。玻璃品种很多，其中主要有平板玻璃、安全玻璃、绝热玻璃和玻璃制品。

①普通平板玻璃　普通平板玻璃指由浮法或引拉法熔制的、经热处理消除或减小其内部应力至允许值的钠钙玻璃类平板玻璃。普通平板玻璃是建筑玻璃中用量最大的一种玻璃。其厚度为 2～12mm（其中以 2～3mm 厚的使用量最大）。普通平板玻璃的产量用标准箱计算。它以厚度为 2mm 的平板玻璃 10mm 厚为标准箱。其他厚度的平板玻璃通过折算成标准箱。

普通平板玻璃具有良好的透光性能，有较高的化学稳定性和耐久性，广泛用于建筑物的门窗采光、采光屋面和商店橱窗。

②安全玻璃　安全玻璃包括钢化、夹丝和夹层玻璃。主要特性是力学强度高，抗冲击性能较好，韧性好，即便碎也不会飞溅伤人，并兼有防火功能和装饰效果。

A. 钢化玻璃　钢化玻璃又称强化玻璃，它是将平板玻璃经物理强化（淬火）或化学强化处理所制成的玻璃。经强化处理可使玻璃表面产生一个预压的应力，这个表面预压应力使玻璃的机械强度和抗击性能、热稳定性大幅提高。钢化玻璃主要用于高层建筑物的门、窗、幕墙、隔墙、屏蔽及商店橱窗、汽车的玻璃。

B. 夹丝玻璃　夹丝玻璃是把预先编织的钢丝网压入已软化红热状态的平板玻璃中制成。其抗折强度高、抗冲击韧性及弹性好，破碎时即使有许多裂缝，其大部分碎片仍能附着在钢丝网上，不致四处飞溅而伤人。适用于公共建筑的走廊、防火门、楼梯间、厂房天窗和各种采光屋顶。

C. 夹层玻璃　夹层玻璃是把透明塑料（聚乙烯酸缩丁醛）等薄衬片数片嵌夹于平板玻璃或其他玻璃之间，经热压黏合而制成。夹层玻璃抗冲击性和抗穿透性好，玻璃破碎时不会产生分离的碎块，只有辐射状的裂纹和少量玻璃碎屑，碎粒仍粘贴在膜片上，不致伤人。夹层玻璃主要用于飞机、汽车的挡风玻璃、防弹玻璃以及有特殊要求的建筑门窗。

③绝热玻璃　绝热玻璃包括吸热玻璃、热反射玻璃、光致变色玻璃及中空玻璃。绝热玻璃具有特殊的保温绝热功能，除用于一般门窗之外，常作为幕墙玻璃。

A. 吸热玻璃　吸热玻璃是把有吸热性能的金属氧化物着色剂加入到生产平板玻璃的原料中或喷涂在玻璃表面，使玻璃着色并具有吸收大量红外线辐射，又能保持良好的光透过率的平板玻璃。吸热玻璃可呈灰色、茶色、蓝色、绿色等颜色。其广泛应用于建筑工程的门窗或幕墙，还可以用车船的挡风玻璃等，起到采光、隔热、防眩作用。

B. 热反射玻璃　热反射玻璃又称镀膜玻璃或镜面玻璃，热反射玻璃是在玻璃表面用热解、蒸发、化学处理等方法喷涂金、银、铜、镍、铬、铁等金属或金属氧化物薄膜而成。其具有较高的热反射能力，又能保持良好透光性能，具有单向透视作用，即迎光面有镜子的效果，而背光有透视性。热反射玻璃适用于高层建筑的幕墙，但应注意使用时光污染给生活环境带来的负影响。

C. 光致变色玻璃　光致变色玻璃是在玻璃中加入卤化银或在玻璃与有机夹层中加入钼或钨的感光化合物而制成。该玻璃随着光线的增强而逐渐变暗，停止照射又能恢复原来颜色，并能自动调节室内光线和温度。其广泛应用于汽车、轮船及建筑物挡风玻璃，光学仪器透视材料和光致变色眼镜。

D. 中空玻璃　中空玻璃是由两片或多片平板玻璃构成的，中间用边框隔开，四周边缘部分用密封胶密封，玻璃层间充有干燥气体。具有保温隔声性能及节能效果，主要用于需要采暖、空调、防止噪声等的建筑。

④玻璃制品。

A. 异形玻璃　异形玻璃是用硅酸盐玻璃制成的形状各异的大型长条构件。一般采用压延法，浇注法和辊压法生产。有槽形、波形、箱形、肋形、三角形、Z 形和 V 形等品种。表面带花纹和不带花纹，夹丝和不夹丝等。其具有机械强度高、透光、隔热、隔声、使用安全，装饰效果好等特点，适用于建筑物围护结构、内隔墙、天窗、透光屋面走廊等。

B. 玻璃空心砖　玻璃空心砖是由两块压铸成凹形的玻璃经熔接或胶接成整块的空心砖，砖面可为光滑平面或花纹，砖内可充空气或填充玻璃棉。玻璃空心砖具有绝热、隔声、光线柔和等特点，可用于砌筑透光墙壁、隔断、门厅和通道等。

⑤其他玻璃。

A. 磨光玻璃　磨光玻璃又称镜面玻璃，是将普通平板玻璃的一面或双面，经过机械磨光、抛光制成表面光滑的透明玻璃。磨光玻璃有单面磨光玻璃与双面磨光玻璃。磨光后，消除了普通平板玻璃由于不平而引起的物像变形。一般磨光玻璃主要用于高级建筑物的门窗采光，商店橱窗及制镜。

B. 磨砂玻璃　磨砂玻璃是把普通平板玻璃经过人工研磨、机械喷砂或氢氟酸溶蚀等方法处理成表面均匀粗糙的平板玻璃，故又称毛玻璃。

由于毛玻璃表面粗糙，使透过光线产生漫射，造成透光不透视，使室内光线不眩目、光线柔和。一般用于建筑物的卫生间、浴室、办公室等的门窗及隔断处，也可用作黑板及灯罩。

C. 花纹玻璃　花纹玻璃按加工方法可分为压花玻璃和喷花玻璃两种。压花玻璃又称滚花玻璃，它是用带图案花纹的滚筒压制处于红热状态的玻璃料坯而制成的玻璃；喷花玻璃又称胶花玻璃，是在平板玻璃表面贴上花纹图案，并经喷砂处理而成。

D. 彩色玻璃　彩色玻璃又称有色玻璃，可分为透明和不透明两种，透明的彩色玻璃是在玻璃原料中加入一定的金属氧化物，按平板玻璃的生产工艺进行加工生产而成。不透明的彩色玻璃是在平板玻璃的一面喷上各种釉，经烘烤退火而制成。彩色玻璃主要用于建筑物的内外墙、门窗装饰及有特殊采光要求的部位。

3）建筑涂料

①概念　涂敷于物体表面能干结成膜，具有防护、装饰、防锈、防腐、防水、或其他特殊功能的物质称为涂料。涂料的用途范围很广，我们把用于建筑物表面涂敷，能起到防护、装饰及其他特殊功能的涂料，称为建筑涂料。

②分类　涂料的种类繁多，按所起的作用不同，可分为主要成膜物质（基料、胶粘剂和固着剂）、次要成膜物质（颜料和填料）、稀释剂和助剂四类。

按构成涂膜主要成膜物质的化学成分，可将建筑涂料分为有机涂料（溶剂型涂料、水溶性涂料、乳胶涂料）、无机涂料、无机和有机复合涂料三类。

按构成涂膜的主要成膜物质，可将涂料分为聚乙烯醇系建筑涂料，丙烯酸系建筑涂料，氯化橡胶外墙涂料，聚氨酯建筑涂料和水玻璃及硅溶胶建筑涂料等。

按建筑物的使用部位，可将建筑涂料分为外墙涂料，内墙涂料，顶棚涂料，地面涂料和屋面防水涂料。

按建筑涂料的功能将其分为装饰性涂料，防火涂料，保温涂料，防腐涂料，防水涂料。

按涂膜的状态将涂料分为薄质涂料，厚质涂料，砂壁涂料及变形凹凸花纹涂料等等。

③常用品种　常用的内墙涂料有聚乙烯醇水玻璃涂料、聚乙烯醇缩甲醛涂料、改性聚乙烯醇系内墙涂料、聚醋酸乙烯乳液内墙涂料、乙—丙有光乳胶漆、苯—丙乳胶漆内墙涂料、多彩内墙涂料、内墙粉末涂料等。

常用的外墙涂料有过氯乙烯外墙涂料、氯化橡胶外墙涂料、丙烯酸酯外墙涂料、聚氨酯系外墙涂料、水溶性氯磺化聚乙烯涂料、乙—丙乳液涂料、氯—醋—丙三元共聚乳液涂料、丙烯酸酯乳液涂料、彩砂涂料、JH80—1 无机外墙涂料、JH80—2 无机外墙涂料、KS—82 无机高分子外墙涂料、薄抹涂料等。

常用的地面涂料有过氯乙烯地面涂料、环氧树脂厚质地面涂料、聚氨酯地面涂料、塑料涂布地面等。

4）装饰织物

装饰织物在室内装饰中起着很重要的作用，合理地选用装饰织物，不仅给人们生活带来舒适感，又能使建筑室内增加豪华气派，对现代室内设计起到锦上添花的作用。建筑室内装饰用织物主要包括地毯、挂毯、墙布（或壁纸、皮革等其他织物）、浮挂、窗帘等。

■本章小结

1. 材料按化学成分有无机材料、有机材料和复合材料三大类；按用途分为结构材料与功能材料两大类。

2. 园林建筑材料的基本性质分为物理性质、力学性质与耐久性。

3. 天然石材分岩浆岩、沉积岩与变质岩三种；常用天然石材有花岗石、辉绿岩、大理石等；常用人造石材有树脂型人造石材、微晶玻璃装饰板、水磨石板、仿花岗岩水磨石砖、艺术石等。

4. 园林建筑材料中常用的水泥有硅酸盐水泥、掺混合材料的硅酸盐水泥及其他品种水泥。胶凝材料除水泥外，还有建筑石膏、石灰、菱苦土等。

5. 普通混凝土由水泥、水、砂子和石子组成，其主要技术性质分新拌混凝土的和易性、硬化后混凝土强度、耐久性及变形、普通混凝土的配合比；其他品种混凝土有轻混凝土、高强混凝土、防水混凝土、聚合物混凝土、抗冻混凝土、纤维混凝土等。建筑砂浆由胶凝材料、细骨料、掺加料和水组成，其主要技术性质有新拌砂浆的和易性、硬化砂浆的耐久性、强度和强度等级、砂浆的粘结力与变形性等；建筑砂浆按胶凝材料不同分为水泥砂浆、石灰砂浆、石膏砂浆、混合砂浆和聚合物水泥砂浆等；按用途分为砌筑砂浆、抹面砂浆、特种砂浆等。

6. 砖常见的有烧结普通砖（实心砖）、烧结多孔砖和空心砖、蒸压灰砂砖、蒸压粉煤灰砖等，砌块常见的有混凝土小型空心砌块、轻骨料混凝土小型空心砌块、蒸压加气混凝土砌块及其他砌块等，轻质墙板常见的有水泥类墙用板材、石膏类墙用板材、复合类墙板及其他板材等。

7. 建筑用钢材包括各种型钢、钢板、钢管，以及钢筋混凝土用的钢筋和钢丝等；常用建筑装饰用钢材制品、铝和铝合金装饰制品、铜与铜合金等。

8. 树木分针叶树与阔叶树两大类；木材的性能影响木材的应用；木材应注意的防护与保管。

9. 塑料由合成树脂加添加剂所组成；塑料有聚合物塑料与缩合物塑料，热塑性塑料与热固性塑料，建筑塑料常用品种有聚氯乙烯塑料（PVC）等；常见的建筑塑料制品有门窗、管材、壁纸、地板、装饰板及玻璃钢建筑制品。

10. 防水材料有沥青防水材料、防水卷材、防水涂料、密封材料、刚性防水材料等。

11. 保温、隔热材料统称为绝热材料，常用的绝热材料分无机绝热材料与有机绝热材料两大类；吸声材料是指吸声系数大于0.2的材料，一般为轻质、疏松、多孔的材料；隔声材料是指为了减弱声音传播的材料，一般为黏土砖、钢筋混凝土、钢板等密实、沉重的材料。

12. 建筑陶瓷、建筑玻璃、建筑涂料与装饰织物等常被用作装饰材料。

复习思考题

1. 材料按化学成分可分为哪三大类？

2. 材料的密度、表观密度、堆积密度定义分别是什么？并说明它们有什么不同。

3. 材料的吸水性用什么来表示？影响吸水性的因素有哪些？

4. 材料吸湿性、耐水性、抗渗性及抗冻性的定义和指标分别是什么？

5. 岩石一般可分哪几类？常用的天然石材有哪些？常用人造石材品种有哪些？

6. 水泥按其主要水硬性矿物名称分为哪几类？园林建筑工程中，常用的硅酸盐系水泥有哪些？

7. 常用水泥有哪些特性？如何选用？

8. 建筑石膏、石灰分别有哪些特性与用途？

9. 普通混凝土是由哪些材料组成的？除了普通混凝土外，还有哪些其他品种混凝土？

10. 影响新拌混凝土和易性、强度及耐久性的主要因素分别有哪些？

11. 什么是混凝土的干湿变形和徐变？

12. 建筑砂浆由哪些材料组成？按用途不同建筑砂浆主要分为哪几类？按所用的胶凝材料不同建筑砂浆有哪些？

13. 常用的砌墙砖、砌块、轻质墙板各有哪些？

14. 工程中常用的钢材制品有哪些？

15. 铝及铝合金有什么特性？常用铝合金装饰制品有哪些？

16. 木材按树种分为哪两类？

17. 什么是木材纤维饱和点、平衡含水率？木材含水率的变化对其性能有什么影响？

18. 影响木材强度的因素有哪些？

19. 建筑塑料常用的有哪些品种？建筑塑料制品常用的有哪些？

20. 沥青具有哪些性能？防水卷材主要包括哪些系列？每个系列常用的品种有哪些？

21. 常用的防水涂料及密封材料有哪些？

22. 什么是绝热材料？什么是吸声材料？

23. 常用的玻璃品种有哪些？

24. 常见的建筑陶瓷制品有哪些？

25. 常用的外墙涂料及地面涂料分别有哪些？

第2章 房屋建筑基本知识

2.1 房屋建筑概论

2.1.1 建筑的基本概念

建筑常表示建造房屋和从事土木工程活动的成果。这种成果就称为建筑物与构筑物。

建筑物是供人们从事工作、学习、生活、生产及进行各种社会活动的需要，如办公楼、教学楼、住宅楼、厂房、商店、医院、影剧院等，这些习惯上叫做房屋建筑。而建造建筑物的配套设施的某些工程，称之为构筑物。如水塔、水池、烟囱、围墙等。

2.1.2 房屋建筑的分类

（1）按建筑的使用性质分

1）民用建筑

提供人们生活、工作、学习、居住及进行各种社会活动等非生产性活动的建筑。它又可分为居住建筑和公用建筑。

①居住建筑——供人们生活起居的建筑物，包括住宅、公寓、宿舍等。

②公共建筑——供人们工作，学习及进行各种社会活动的建筑物，包括行政办公、科教、文体、商业、医疗、邮电、广播、交通、旅馆等建筑。

公共建筑的类型较多，功能和体量有较大的差异，有些大型公共建筑内部功能比较复杂，可能同时具备上述两个或两个以上的功能，一般称这类建筑为综合性建筑。

2）工业建筑

指供人们进行工业生产活动及为生产服务的建筑，即生产性建筑。一般包括生产用建筑及辅助生产、动力、运输、仓储用建筑，如机械加工车间、机修车间、锅炉房、车库、仓库等。它又可分为重工业建筑、轻工业建筑。

3）农业建筑

指供人们进行农牧业的种植、养殖、储存和加工等用途的建筑，如温室、猪舍、粮仓等。

（2）按建筑的规模和数量分

1）大量性建筑

指建造的量大面广，与人们生活密切相关的建筑，如住宅、学校、商店、医院等。这些建筑在大中小城市都是不可少的。建筑的量大，故称为大量性建筑。

2）大型性建筑

指规模宏大的建筑，如大型办公楼、大型体育馆、大型影剧院、大型火车站、大型博物馆等。这些建筑规模大，耗资大，与大量性建筑比起来，其建筑量是有限的。但这些建筑对城市的面貌影响较大。

(3) 按建筑高度和层数分

1) 按层数分

①低层建筑　一般指1~3层的建筑。

②多层建筑　一般指4~6层的建筑。

③中高层建筑　一般指7~9层的建筑。

④高层建筑　一般指10层及以上的建筑。

2) 按高度分

①普通建筑　指建筑高度不超过24m的民用建筑和建筑高度超过24m的单层民用建筑。建筑高度是指室外设计地坪至建筑主体檐口顶部的垂直高度。

②高层建筑　指建筑高度超过24m的公共建筑(不包括单层主体建筑)和10层及10层以上的住宅。

③超高层建筑　指建筑高度超过100m的民用建筑。

在国际上，将高层建筑又进行具体分类：第1类高层建筑24~50m(9~16层)；第2类高层建筑50~75m(17~25层)；第3类高层建筑75~100m(26~40层)；第4类高层建筑超过100m(40层以上)。

(4) 按组成建筑承重结构的材料分

1) 砖混结构

采用砖墙(柱)，钢筋混凝土楼板及屋面板作为主要承重构件的建筑，称为砖混结构或混合结构。

2) 钢筋混凝土结构

采用钢筋混凝土材料作为建筑的主要承重构件的建筑，称为钢筋混凝土结构。

3) 钢结构

采用钢材作为建筑的主要承重构件的建筑，称为钢结构。

4) 砖木结构

采用砖墙(柱)、木楼板、木屋架、木檩条作为主要承重结构的建筑，称为砖木结构。

(5) 按建筑结构的承重形式分

1) 墙体承重体系

由墙体承受建筑物的全部荷载，并把这些荷载均匀地传递给基础的承重体系。这种承重体系使用于内部空间较小，建筑高度较小的建筑。

2) 框架承重(骨架承重)体系

由钢筋混凝土或型钢组成的梁柱体系承受建筑的全部荷载，墙体只起围护和分隔作用的承重体系。这种承重体系运用于跨度大、荷载大、高度大的建筑。

3) 内框架承重(内骨架承重)体系

建筑的内部由梁柱体系承重，四周用外墙体承重。这种承重体系适用于局部设有较大空间的建筑。

4）空间结构承重体系

由钢筋混凝土或型钢组成空间结构承受建筑物的全部荷载，如网架、悬索、壳体等。这种承重体系适用于大空间的建筑。

2.1.3 房屋建筑的等级划分

房屋建筑的等级按建筑的耐久等级、建筑的耐火等级及建筑的工程等级三个方面进行划分。

（1）按建筑的耐久等级划分

建筑物的耐久等级的指标是指主体结构确定的耐久年限，耐久年限的长短是依据建筑物的性质决定的。一级建筑：耐久年限为100年以上，适用于主要性的具有历史性、纪念性、代表性的重要建筑和高层建筑。二级建筑：耐久年限为50~100年，适用于一般的公共建筑。三级建筑：耐久年限为25~50年，适用于次要建筑。四级建筑：耐久年限为15年以下，适用于简易和临时性建筑。

（2）按建筑的耐火等级划分

耐火等级取决于房屋的主要构件的耐火极限和燃烧性能。耐火极限指从受到火的作用起，到失去支持能力，或发生穿透性裂缝，或背火一面的温度升高到220℃时所延续的时间。燃烧性能是指建筑构件在明火或高温辐射的情况下，能否燃烧及燃烧的难易程度。建筑构件按照燃烧性能分为非燃烧体、难燃烧体和燃烧体。

建筑耐火等级高的建筑，其主要组成构件耐火极限的时间长。我国《高层民用建筑设计防火规范》GB 50045—95（2005年版）和《建筑设计防火规范》GB 50016—2006规定，高层民用建筑的耐火等级分为两级，多层建筑的耐火等级四级。一级的耐火性能最好，四级最差。性质重要的或规模宏大的或具有代表性的建筑，通常按一、二级耐火等级进行设计；大量性的或比较重要性的建筑按二、三级耐火等级设计；普通的或临时性的建筑按四级耐火等级设计。

（3）按建筑的工程等级划分

建筑的工程等级以其复杂程度为依据，共分为六级。特等工程：为国家重点项目，具有全国性历史意义的及30层以上的建筑。一级工程：高级大型公共建筑，具有地区历史意义及16层以上19层以下或超过50m高度的公共建筑。二级工程：中高级，大中型公共建筑，技术要求较高的中小型建筑及16层以上19层以下的住宅建筑。三级工程：中级，中型公共建筑及7层以上（含7层）15层以下有电梯的住宅或框架结构的建筑。四级工程：一般的中小型公共建筑，7层以下无电梯的住宅、宿舍及砖混结构建筑。五级工程：1~2层单功能，一般小跨度结构建筑。

2.2 力学与结构知识

2.2.1 力的基本知识

力是物体之间的相互作用，这种作用能引起物体的运动状态发生变化或物体产生变形。由实践可知，力的作用显示出力的三要素：力的大小、力的方向、力的作用点。力的大小是指物体间相互作用的强弱程度，力的大小的度量单位是牛顿（N）和千牛顿（kN）。力的方向是指力的作用方向，力的作用方向不同，对物体产生的作用效果也不同。力的作用点是力在物体上的作用位置，一般来说，力的作用位置是一块相应的面积，但当作用面积相对于整个物体很小时，可近似或抽象为理想中的一个点。如图 2-1 中，力 P 用箭线 OA 表示，作用于物体 A 点，与水平线的夹角为 45°，力的大小为 150N。

作用在一个物体的一群力叫做力系。物体在力系的作用下，一般会产生各种不同的运动方式。要使物体处于静止或匀速直线运动的状态，即平衡状态，那么这个力系必须要有平衡条件，即合力为零与合力矩为零。

力矩为某力学结构分析点到相应力之间的垂直距离与该力大小之积。合力矩是指该分析点对各力的力矩之和。A 力是指各力在分析坐标中投影之和。图 2-2为某物体上的力系作用示意图，$P_1 \sim P_4$ 组成一个力系，xOy 为分析坐标，O 点为分析点。

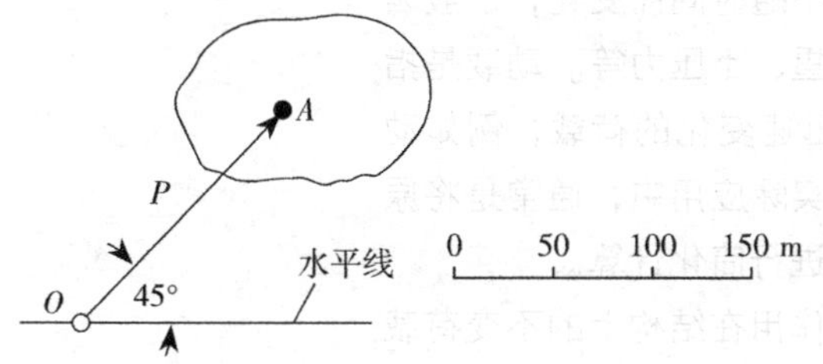

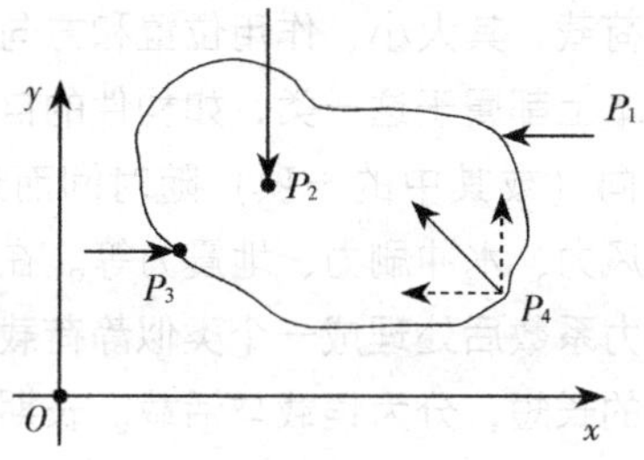

图 2-1 力的三要素（左）
图 2-2 力系（右）

2.2.2 约束与支座

那些阻碍物体运动的限制物，叫做约束，其限制力称为约束力。相应于被限制的物体，则产生了约束反力。与约束反力相对应，主动使物体运动或使物体有运动趋势的力叫做主动力，如重力、水压力、土压力、风力、各种负载等。在工程中，主动力一般可根据统计数据而获得，约束反力通过力学结构理论的计算才可获得。

在工程中，各类约束被抽象成相应的支座，并科学地简化为各类约束力或约束反力，即支座力或支座反力。图 2-3为各类支座与支座反力。

2.2.3 受力图与荷载

在工程中，将复杂的结构体系简化成某个抽象的模型，并用科学的简图表示，这个简图叫作受力图，作为结构与力学等方向的研究与分析之用。

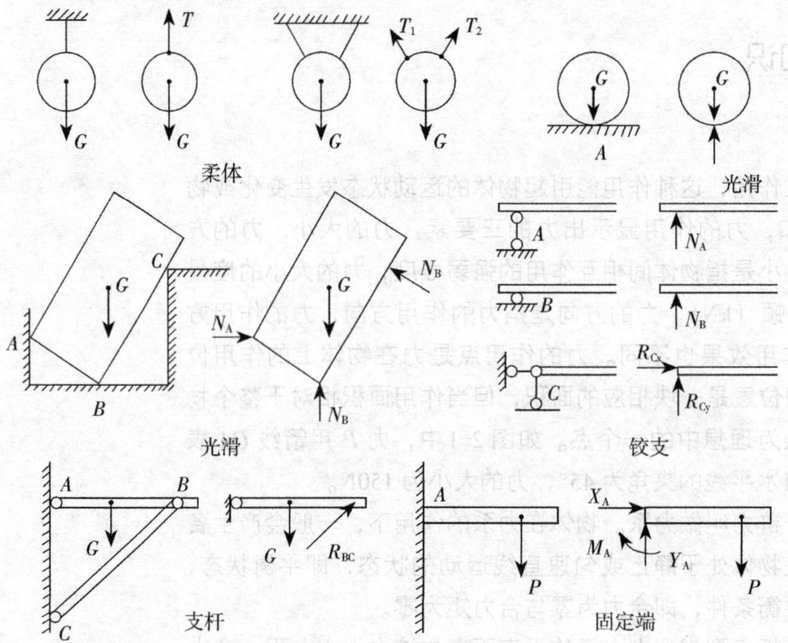

图 2-3　支座类别

受力图必须科学地简化结构或构件的外在形态，真实反映内在的力学关系，图 2-4为几种内力图的图式。

荷载按作用性质可分为静力荷载和动力荷载，简称静载和动载。静载是指缓慢地加到结构上的荷载，其大小、作用位置和方向不随时间而变化，一般园林工程所受的荷载基本上都属于这一类，如构件的自重、土压力等。动载是指大小、作用位置和方向（或其中的一项）随时间而迅速变化的荷载，例如动力机械产生的荷载、风力、水冲刷力、地震力等。在实际应用中，通常是将原荷载的值乘以一个动力系数后处理成一个类似静荷载进行简化计算。

荷载按作用时间的长短，分为恒载与活载。长期作用在结构上的不变荷载

图 2-4　受力图的图式

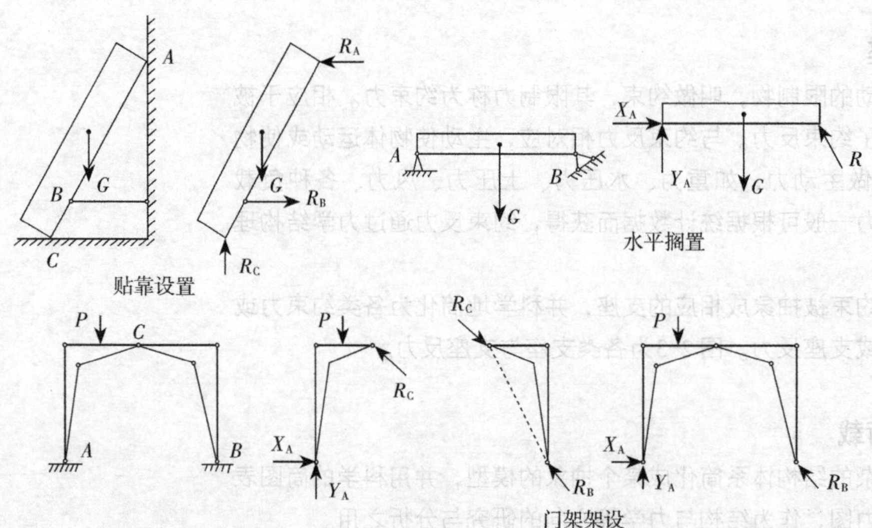

称为恒载，如构件的自重、土压力等。作用的荷载有时存在，有时不存在，作用位置可能是固定的或移动的，这种荷载叫做活载，例如人流、物流、车流的重量，家具与设备的安置等。

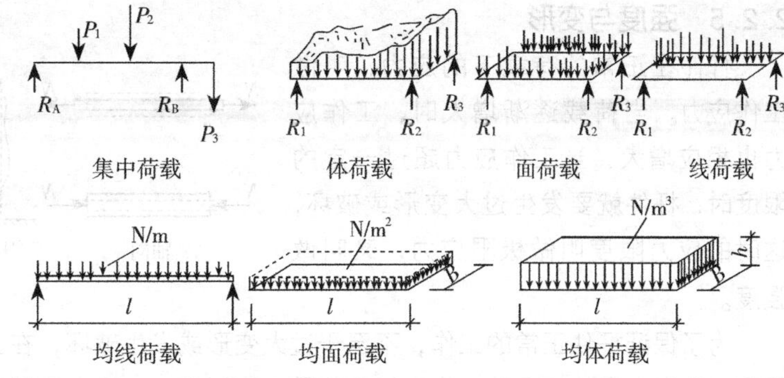

图 2–5　荷载受力图

荷载按作用的范围分为集中荷载和分布荷载。集中荷载作用在结构上的面积与结构体形的尺寸相比很小，例如梁对墙的压力。分布荷载连续作用于整个结构或结构的部分上。例如风荷载、雪荷载等。

如果荷载分布在物体的体积内，就叫做体荷载，如重力，其常用单位为牛顿/米³（N/m^3）或千牛顿/米³（kN/m^3）。分布在构件表面的荷载叫做面荷载，如楼板上的荷载，其常用单位为牛顿/米²（N/m^2）或千牛顿/米²（kN/m^2）。如果荷载在构件上呈线状分布，则叫做线负载，其常用单位为牛顿/米（N/m）或千牛顿/米（kN/m）。在工程中，可根据计算模型的需要，将体荷载、面荷载、线荷载、集中荷载进行演化换算。

当分布荷载在各处的大小不相同时，叫做非均布荷载；当分布荷载在各处的大小相同时，叫做均布荷载。相应的均布荷载分为均线布荷载、均面布荷载、均体布荷载。图 2–5为荷载受力简图。

2.2.4　内力基本知识

外部因素作用于杆件的力叫做外力。例如，荷载、支座反力等。由外力或外部因素引起杆件内各部分之间相互作用的力叫做内力。例如，手拉橡皮条就会拉长，橡皮条内部就存在被拉长的内力，手的拉力取消，则橡皮条内部各部分之间被拉长的内力就消失。杆件中的内力不可能随外力的增大而无限变大，最大时即为材料杆件被损坏、破坏时的外合力，因而内力的大小与杆件的强度和刚度有关。

为了能够进一步深入研究杆件的内力性能，以相应受力杆件的单位面上内力的大小作为基本单元，这个基本单元的内力情况被称为应力，以 N/mm^2 表示。

根据杆件中内力的性质不同，分为拉应力、压应力、剪应力三种。杆件内部单元部分被拉伸而产生的应力叫拉应力，杆件内部单元部分被压缩而产生的应力叫压应力，杆件内部单元部分受剪切而产生的应力叫剪应力。在杆件的同一截面，上述三种不同性质的应力随外力的作用方式、杆件自身的形状不同，可能一个、二个或三个单独与同时存在。图 2–6为杆件在外力作用时$m-m$截面的内力示意图。

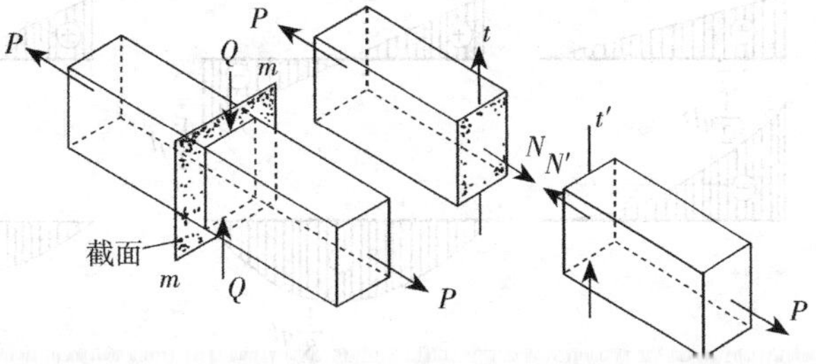

图 2–6　内力示意图

2.2.5 强度与变形

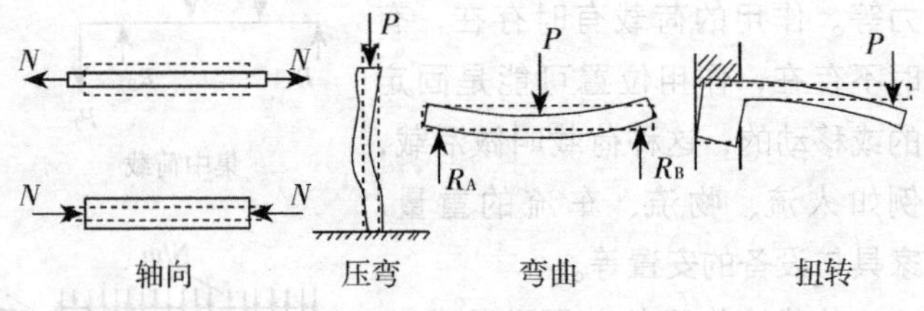

图 2-7 杆件的受力变形

杆件在正常的荷载下的应力，叫做工作应力。当荷载逐渐增大时，工作应力也相应增大，当工作应力超过一定的限度时，杆件就要发生过大变形或破坏，这时的应力限度叫做极限应力，又叫做强度。

为了保证杆件正常的工作，不至于过大变形或发生破坏，在工程中常将极限应力除以大于1的系数，作为杆件的最大控制应力，这个控制应力叫做许用应力，这个大于1的系数叫做安全系数。通过杆件的截面形状和许用应力的大小，可以计算和确定杆件的安全数据。

杆件在外力作用下会发生变形，例如柱在压力作用下会发生压缩变形、拉杆在拉力作用下会发生伸长变形、梁在垂直荷载作用下会发生弯曲变形、雨篷梁在雨篷板受荷载作用下会发生扭转变形。对于这些变形，工程上一般都应进行变形数值上的控制，一般通过荷载的大小、杆件的长度、杆件的截面形状等方面进行调整。图2-7为杆件在荷载作用下的变形示意图。

2.2.6 杆件的内力分布

在受力的一般情况下，杆件在轴线方向上，各个截面的内力值是不相同的，并且同一截面上各个点范围上的内力值也不尽相同。反映杆件轴线方向内

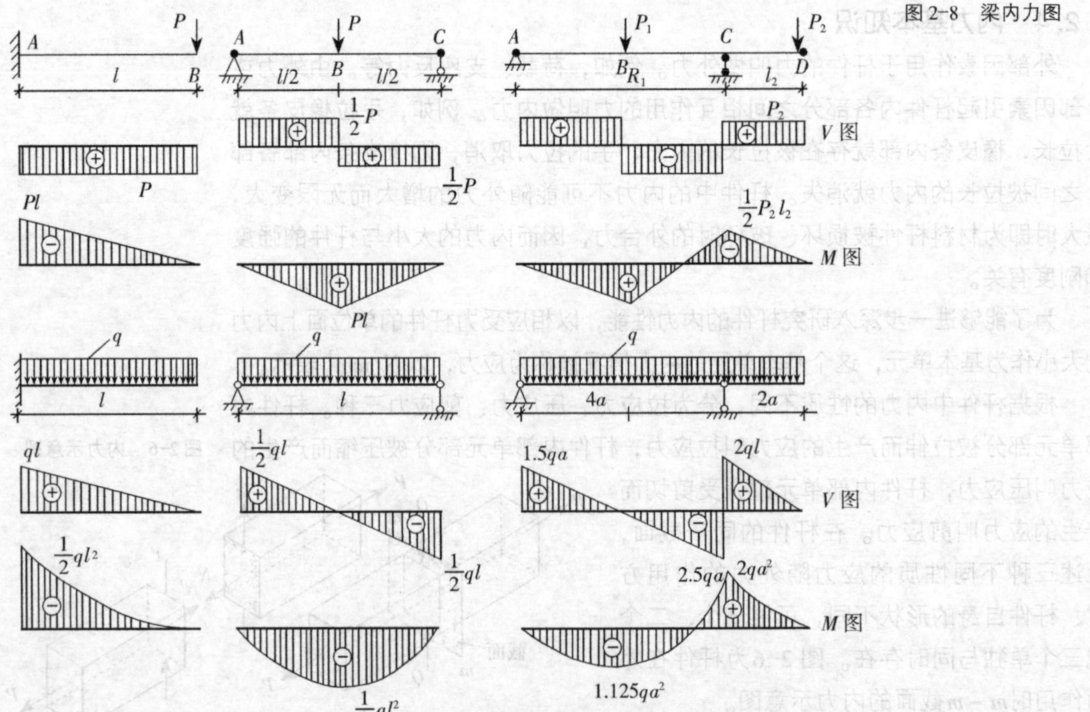

图 2-8 梁内力图

力分布的图，叫做内力图。一般有轴力图、剪力图、弯矩图三种，分别用 N 图、V 图与 M 图表示。从内力图上可以看出内力的种类、大小及分布情况，其数值通过相应的力学与结构计算而得出，图 2-8为杆件的内力示意图及相应的内力计算公式。

2.2.7 结构知识

园林建筑工程物中，支承荷载、传递荷载并起骨架作用的部分叫做结构。结构一般由各个受力受荷载不同情况的杆件所组成，形成一种综合的受力体系。例如在房屋建筑中，由基础、墙柱、梁板等构件组成的受力体系，才能设置满足各种使用功能要求的装饰部件等设施。不同的结构体系不同的几何组成规律，不同的受力特点。

(1) 结构简化

实际结构很复杂，在研究分析结构受力时，常将实际结构进行简化，略去不重要的细节抓住基本特点，用一个简化的图形来代替实际，这种图形叫做结构简图，又叫结构分析模型。结构简化主要内容为支座的简化、节点的简化和荷载的简化。

支座一般指不同受力性质构件之间的支撑方式。例如，梁搁置在柱上或墙上、楼板搁置在梁上、柱插入杯口基础中。支座的简化通常分为活动铰支座、固定铰支座、固定支座三种方式。图 2-9为三种支座的表示方式。

节点是指结构中两个或两个以上构件的连接处，实际工程结构中构件的连接形式很多，在结构力学分析中，一般简化为铰节点和刚节点两种方式。铰节点连接中各杆件可绕铰中心做相对的转动，这是一种理想的铰接方式。事实上此种节点中杆件只能做微小的转动。刚节点连接的各杆件不能绕节点自由转动或移动，这类节点在工程中容易实现。图 2-10 为节点简化的图类。

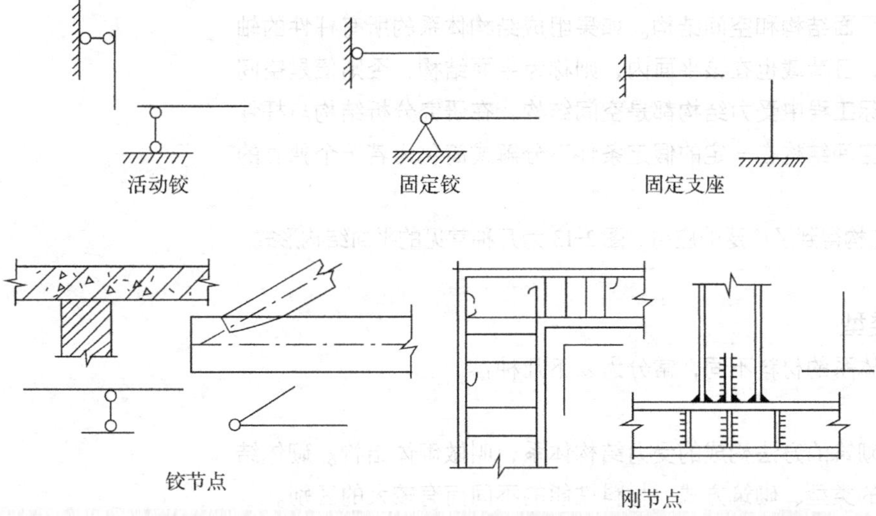

图 2-9　支座的表示方式（上）
图 2-10　节点的简化（下）

由于构件的轴线长度比构件的截面尺寸大得多，将构件简化为轴线形态，构件之间的连接用支座或节点来表示，构件长度用节点间的轴线长度尺寸表示。

在工程实际中，荷载的类别与作用方式是多种多样的，在结构简图中一般简化为集中荷载与均布或有规则分布荷载。

（2）平面结构的几何组成

建筑受力结构体系是由各种杆件按受力需要而组成的，并按几何结合原理组成。从几何组成的观点看，则有几何可变体系、几何不变体系两大类。

几何可变体系为，在荷载作用下，不考虑材料应变时，几何体系形态和位置可以变化，如图2-11所示。这种可变的体系又叫静不定结构，工程中一般不采用。

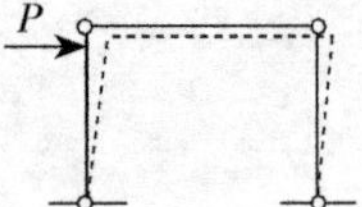

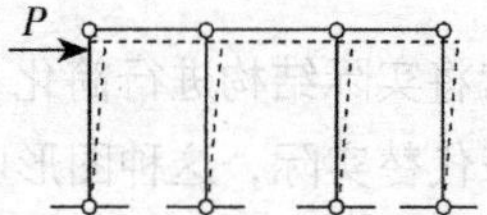

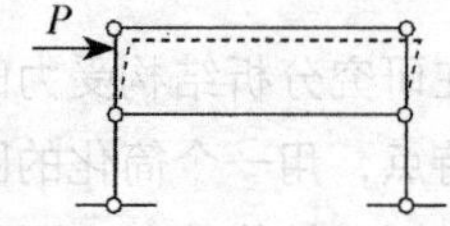

图2-11 几何可变体系

在荷载作用下，不考虑材料的应变时，体系的形状和位置不会改变的体系，叫做几何不变体系，如图2-12所示。使用中的不变几何体系有静定结构和超静定结构。几何体系去除一个杆件或支座成几何可变体系，叫做静定几何结构体系；去除一个、几个杆件或支座后，几何体不会发生变形、位置移动的叫做超静定几何结构体系。

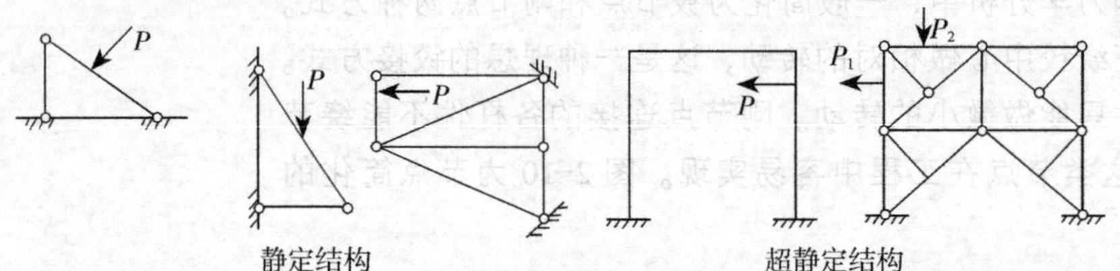

图2-12 几何不变体系

几何结构可分为平面结构和空间结构。如果组成结构体系的所有杆件的轴线都在同一个平面内，且荷载也在该平面内，则称为平面结构，否则便是空间结构。严格地说，实际工程中受力结构都是空间结构，在研究分析结构与杆件的受力情况下，可将空间结构在一定的假定条件下分解或简化为若干个独立的平面结构。

在工程中，静定结构得到了广泛的应用。图2-13为几种常见的平面结构形式。

2.2.8 材料结构类型

按构成结构受力体系的材料不同，常分为以下几种：

（1）砌体结构

以块体材料通过砌筑的方法构成的受力结构体系，叫做砌体结构。砌体结构的受力性能受构件的类型、砌筑方式、材料性能的不同而有较大的区别。

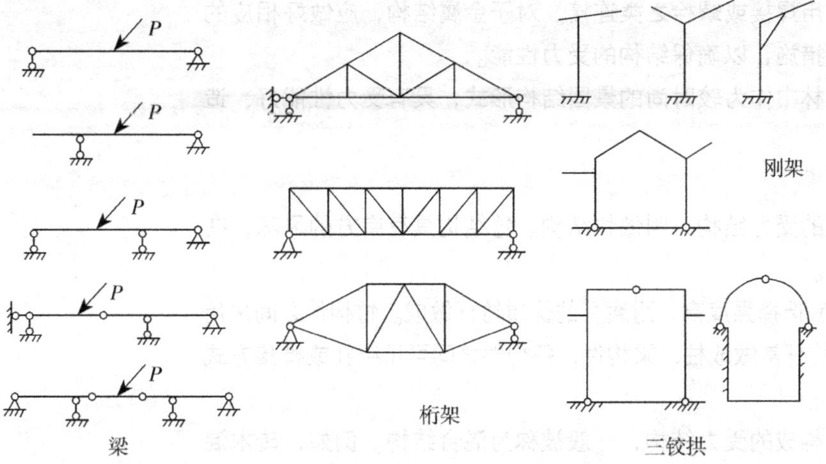

图 2-13 常用的结构形式

砌体结构常作为基础、墙、柱、拱形梁板的构成基体，具有较好的受压性能，取材比较方便，材料质感容易与园林整个格调融成一体。

砌体结构的砌块材料一般使用石材、砖块及各类硅酸盐类的块体材料，砌筑砂浆为水泥砂浆，一般应标明相应的块材、砂浆的强度等级值。

（2）混凝土结构

以混凝土材料经浇筑施工的方法构成的受力结构体系，叫做混凝土结构。混凝土各强度中抗压强度较好，常作为基础、拱形梁板构成基体。由于混凝土具有较好的可塑性，故得到广泛的使用。对于受力结构中的混凝土，必须标明相应的强度等级。

由于混凝土的抗剪、抗拉、抗弯性能较差，故混凝土和钢材结合在一起使用。

（3）钢筋混凝土结构

以钢筋和混凝土为材料，经钢筋的安装、混凝土的浇筑施工而形成的受力结构，叫做钢筋混凝土结构。

混凝土与钢筋之间能形成较好的亲和包裹力，钢筋与混凝土的温度膨胀系数相互接近，混凝土包裹钢筋后可使钢筋免受锈蚀，因此混凝土和钢筋可以共同承受负载，混凝土可以充分发挥自身承受压力的特点，钢筋可以充分发挥承受拉力的特点，可以组成多种类型的结构体系。

（4）木结构

以木材为材料，经工艺加工组成的受力体系叫做木结构。

木结构是一种传统的结构形式，在园林工程中，仍得到广泛的应用。

木结构中的树种，一般应具有容易加工、耐腐烂、受力良好等性能，常为杉木、松木等针叶树。

（5）金属结构

以金属型材为材料构成的受力结构，称为金属结构。

园林工程的金属结构多为普通碳素钢、不锈钢、铝合金或铜质等型材组成，各杆件之间一般采用焊接或螺栓之类连接。对于金属结构，应做好相应的防锈避酸防腐蚀等保护措施，以确保结构的受力性能。

金属结构一般在园林中作为较时尚的景园结构形式，具有受力性能好、造型类别多样等特点。

(6) 竹结构

以竹材为材料构成的受力结构，叫做竹结构。竹结构具有南方的风味，在园林中得到广泛的应用。

竹结构的竹材，一般选择强度高，耐腐朽的优质竹杆做成。竹构件之间采用绑扎、榫接方式连接。竹杆常做成柱、梁构件，各构件之间可用绑扎或榫接方式连接。

由两种及两种材料构成的受力结构，一般被称为混合结构。例如，砖木混合结构、钢木混合结构、砌体钢筋混凝土混合结构等。

2.2.9 几种构件的受力特点

受力结构是由各种构件所组成，各构件的受力情况也不相同，下面介绍工程中常见的几种构件的受力特点。

(1) 柱

园林工程中的柱，主要承受压力，故有时称为受压构件。承受压力的大小，主要由柱的构件材料、截面形状与大小、柱的高度、柱顶柱底的固定等因素所决定。

根据外力对柱的水平截面作用点不同，分为轴心受压、偏心受压等几种情况。

(2) 墙

受力结构中的墙叫承重墙，主要承受垂直压力，特殊情况下承受水平荷载，则被称为抗风墙、挡风墙、剪力墙等。

墙的承载能力由墙体的组成用料、墙身的高度与厚度、墙底墙顶的连接方式、墙的平面长度、荷载的作用方式而定。

(3) 梁

梁主要承受弯力，荷载能力的大小由梁的组成材料、截面形状与尺寸、支撑点之间的距离、荷载的作用方式而定。

(4) 板

板是直接承受各种使用荷载的水平或倾斜构件，板的承载能力大小由板的构成材料、板的构造方式、板的截面尺寸、板的支撑跨度及荷载作用方式而定。

板按受力设计的组织，分为简支板与连续板、单向板与双向板等几种情况。

(5) 框架

由梁柱或梁柱板构成的受力结构叫框架结构，中国古典的木结构，是一种传统的框架结构。

框架结构中的墙一般不承受外来荷载。框架中各构件的受力设计比较明确。

框架结构中各构件之间连接，应严格按照设计规定进行施工，做成铰支或刚性等规定的形式。

2.3 地基与基础

2.3.1 地基与基础的基本概念

（1）地基的分类

在建筑工程上，把建筑物与土层直接接触的部分称为基础。基础是建筑物的组成部分，它承受着建筑物的上部荷载，并将这些荷载传递给地基，如图2-14所示。

支承建筑物重量的土层叫地基，地基不是建筑物的组成部分。地基可分为天然地基和人工地基两类。凡天然土层本身具有足够的强度，能直接承受建筑荷载的地基称为天然地基。凡天然土层本身的承载能力弱，或建筑物上部荷载较大，须预先对土层进行人工加工或加固处理后才能承受建筑物荷载的地基称为人工地基。人工加固地基通常采用压实法、换土法、打桩法等。

（2）地基与基础的基本要求

1）地基应具有足够的承载能力和均匀程度

建筑物应尽量建造在地基承载力较高且均匀的土层上，如岩石、坚硬土层等。地基土质应均匀，否则会使建筑物发生不均匀沉降，引起墙体开裂，严重时还会影响建筑物的正常使用。

2）基础应具有足够的强度和耐久性

基础是建筑物的重要承重构件之一，它承受着建筑物上部结构的全部荷载，是建筑物安全使用的重要保证。因此，基础必须有足够的强度，才能保证建筑物荷载可靠的传递。因基础埋于地下，房屋建成后检查与维修困难，所以在选择基础材料与结构形式时，应考虑其耐久性。

3）经济技术要求

基础工程造价约占建筑工程总造价的20%～40%，降低基础工程造价是减少建设总投资的有效途径。这就要求设计时尽量选择土质好的地段、优先选用地方材料、采用合理的构造形式、先进的施工技术方案，以降低消耗，节约成本。

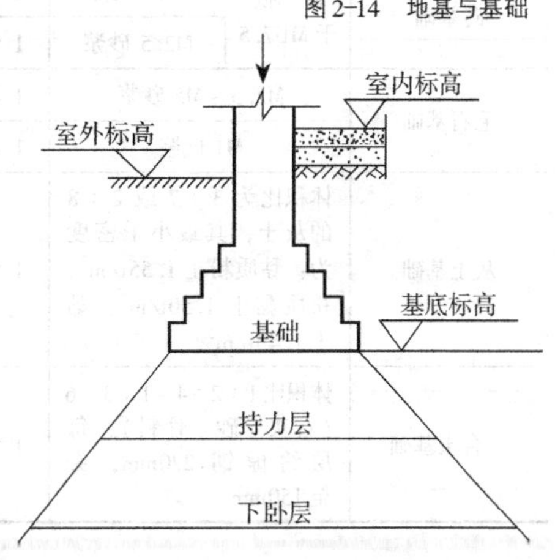

图2-14 地基与基础

2.3.2 基础

（1）基础的埋深

从设计室外地坪至基础底面的垂直距离称为基础的

埋置深度，简称基础的埋深，如图 2-14 所示。基础埋深不超过 5m 时称为浅基础，基础埋深不小于 5m 时称为深基础。从经济和施工的角度考虑，在保证结构稳定和安全使用的前提下，应优先选用浅基础，以降低工程造价，即将基础直接做在地表面上。但当基础埋深过小时，有可能在地基受压后会把地基四周的土挤出隆起，使基础产生滑移而失稳，导致基础破坏，因此，基础埋深在一般情况下应不小于 500mm。

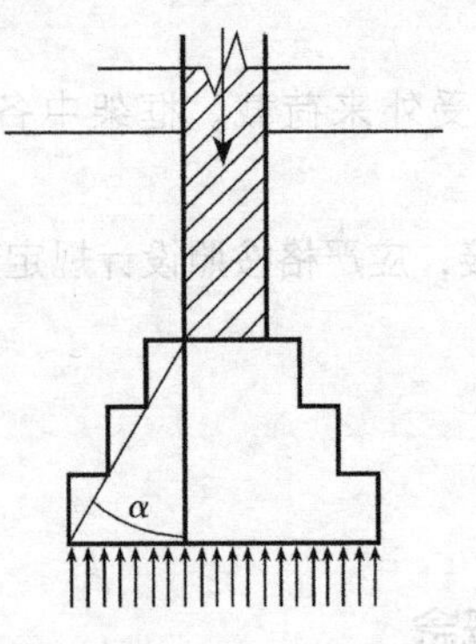

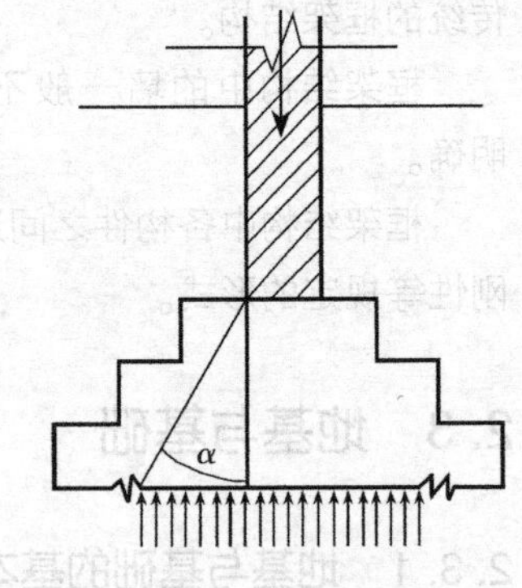

图 2-15　刚性基础

（2）基础的分类与构造

基础的类型很多，划分的方法也不尽相同。

1）按材料及受力特点分类

①刚性基础　由砖石、毛石、素混凝土、灰土等刚性材料制作的基础，这种基础抗压强度高而抗拉、抗剪强度低。其基础底面尺寸的放大应根据材料的刚性角来决定。刚性角是指基础放宽的引线与墙体垂直线之间的夹角，如图 2-15 中的 α 角。凡受刚性角限制的基础称为刚性基础。

刚性角可以用基础放阶的级宽与级高之比值来表示。不同材料和不同基底压力应选用不同的宽高比（表 2-1）。大放脚的做法一般采用每两皮砖挑出 1/4 砖长或每两皮砖挑出 1/4 与一皮砖挑出 1/4 砖长相间砌筑。

刚性基础台阶宽高比的允许值　　**表 2-1**

基础材料	质量要求		台阶宽高比的允许值		
			$P \leqslant 100kN$	$100kN < P \leqslant 200kN$	$200kN < P \leqslant 300kN$
混凝土基础	C10 混凝土		1：1.00	1：1.00	1：1.00
	C7.5 混凝土		1：1.00	1：1.25	1：1.50
毛石混凝土基础	C7.5～C10 混凝土		1：1.00	1：1.25	1：1.50
砖基础	砖不低于 MU7.5	M5 砂浆	1：1.50	1：1.50	1：1.50
		M2.5 砂浆	1：1.50	1：1.50	
毛石基础	M2.5～M5 砂浆		1：1.25	1：1.50	
	M1 砂浆		1：1.50		
灰土基础	体积比为 3：7 或 2：8 的灰土，其最小干密度为：黏质粉土 1.55t/m³；粉质黏土 1.50t/m³；黏土 1.45t/m³		1：1.25	1：1.50	
三合土基础	体积比 1：2：4～1：3：6（石灰：砂：骨料），每层约虚铺 220mm，夯至 150mm		1：1.50	1：2.00	

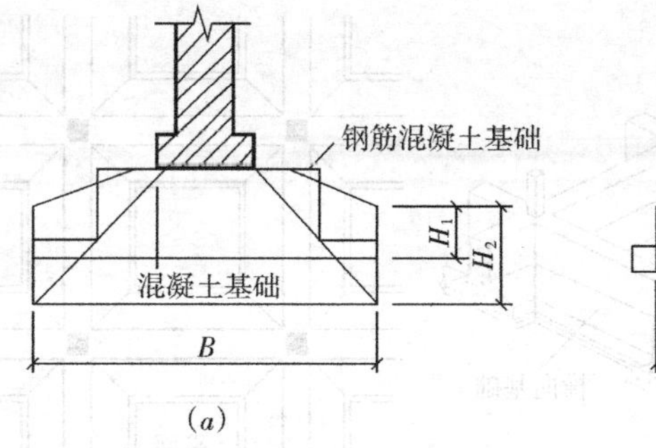

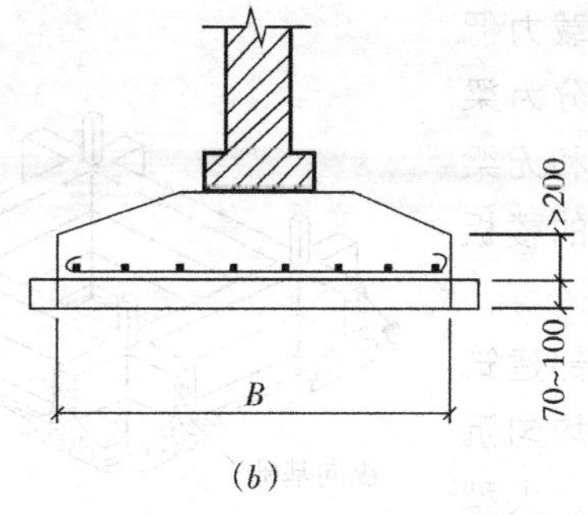

图 2-16　柔性基础
(a) 混凝土与钢筋混凝土基础比较；(b) 基础构造

②非刚性基础　用钢筋混凝土制作的基础，也叫柔性基础。钢筋混凝土的抗弯性能和抗剪性能良好，可在上部结构荷载较大、地基承载力不高以及水平力和力矩等荷载的情况下使用。为了节约材料可将基础做成锥形但基础最薄处不得小于 200mm 或做成阶梯形但每级步高为 300～500mm，故适宜在基础浅埋的场合下采用（图 2-16）。

2）按构造形式分类

①单独基础　是独立的块状形式，常用断面形式有踏步形、锥形、杯形。适用于多层框架结构或厂房排架柱下基础，地基承载力不低于 80kPa 时，其材料通常采用钢筋混凝土、素混凝土等。当柱为预制时，则将基础做成杯口形，然后将柱子插入并嵌固在杯口内，故称杯口基础，如图 2-17 所示。

②条形基础　是连续带形的，也称带形基础。A. 墙下条形基础　一般用于多层混合结构的墙下，低层或小型建筑常用砖、混凝土等刚性条形基础。如上部为钢筋混凝土墙，或地基较差、荷载较大时，可采用钢筋混凝土条形基础，如图 2-18 所示。B. 柱下条形基础　因为上部结构为框架结构或排架结构，荷载较大或荷载分布不均匀，地基承载力偏低，为增加基底面积或增强整体刚度，以减少柱子之间产生不均匀沉降，常将柱下钢筋混凝土条形基础沿纵横两个方向用基础梁相互连接成一体形成井格基础，故又称十字带形基础，如图 2-19 所示。

③片筏基础　建筑物的基础由整片的钢筋混凝土板组成，板直接作用于地基土。片筏基础的整体性好，可以跨越基础下的局部软弱土。片筏基础常用于地基软弱的多层砌体结构、框架结构、剪力墙结构的建筑，以及上部结构荷载

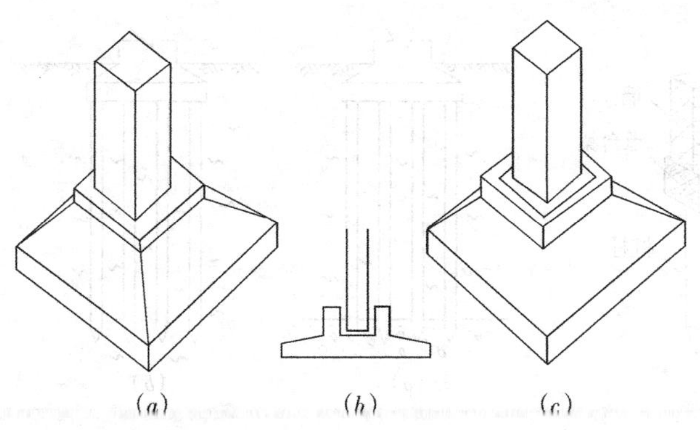

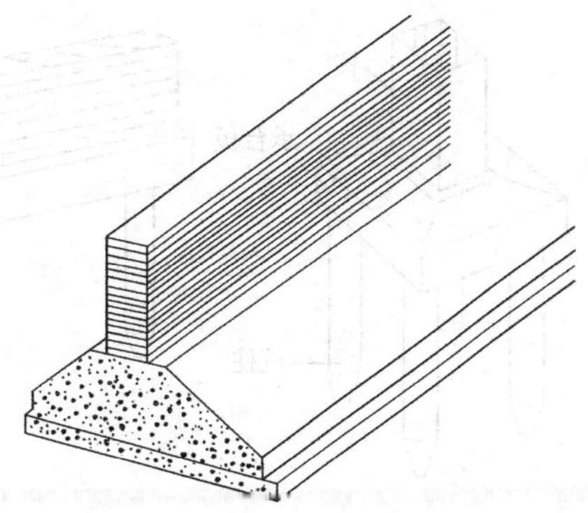

图 2-17　单独基础（左）
(a) 现浇柱基础；(b) 杯口基础；(c) 预制柱基础
图 2-18　条形基础（右）

较大且不均匀或地基承载力低的情况，按其结构布置分为梁板式（也叫满堂基础）和无梁式，其受力特点与倒置的楼板相似，如图2-20所示。

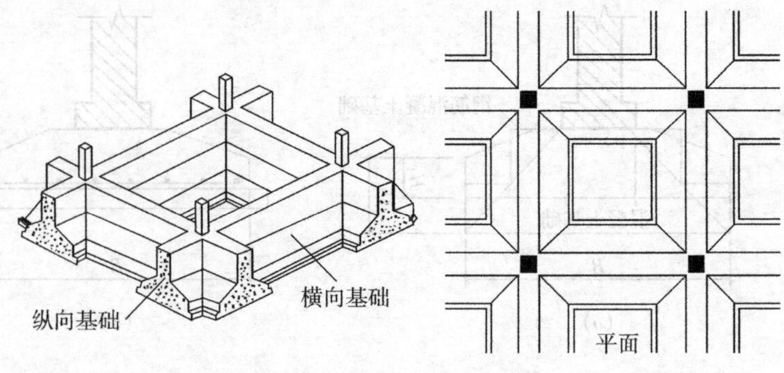

图2-19 井格基础

④箱形基础 当上部建筑物为荷载大、对地基不均匀沉降要求严格的高层建筑、大型建筑以及软弱土地基上多层建筑时，为增加基础刚度，将地下室的底板、顶板和墙整体浇成箱子状。箱形基础的刚度较大，且抗震性能好，有地下空间可以利用，可用于特大荷载且需设地下室的建筑，如图2-21所示。

⑤桩基础 当浅层地基土不能满足建筑物对地基承载力和变形的要求，而又不适宜采取地基处理措施时，就要考虑以下部坚实土层或岩层作为持力层的桩基础。桩基础一般由设置于土中的桩身和承接上部结构的承台组成，如图2-22所示。

桩基础的类型很多，按照桩的受力方式可分为端承桩（图2-23a）和摩擦桩（图2-23b），端承桩的桩顶荷载主要由桩端阻力承受，而摩擦桩的桩顶荷载由桩侧摩擦力和桩端阻力共同承担或主要由桩侧摩擦力承担；按照桩的施工特点分为打入桩、振入桩、压入桩和钻孔灌筑桩等；按照所使用的材料可分为钢筋混凝土桩和钢管桩。桩的断面形式有圆形、方形、六角形等多种形式。

图2-20 片筏基础（左上）

图2-21 箱形基础（右上）

图2-22 桩基组成示意图（左下）

图2-23 桩基础类型（右下）

(a) 端承桩；(b) 摩擦桩

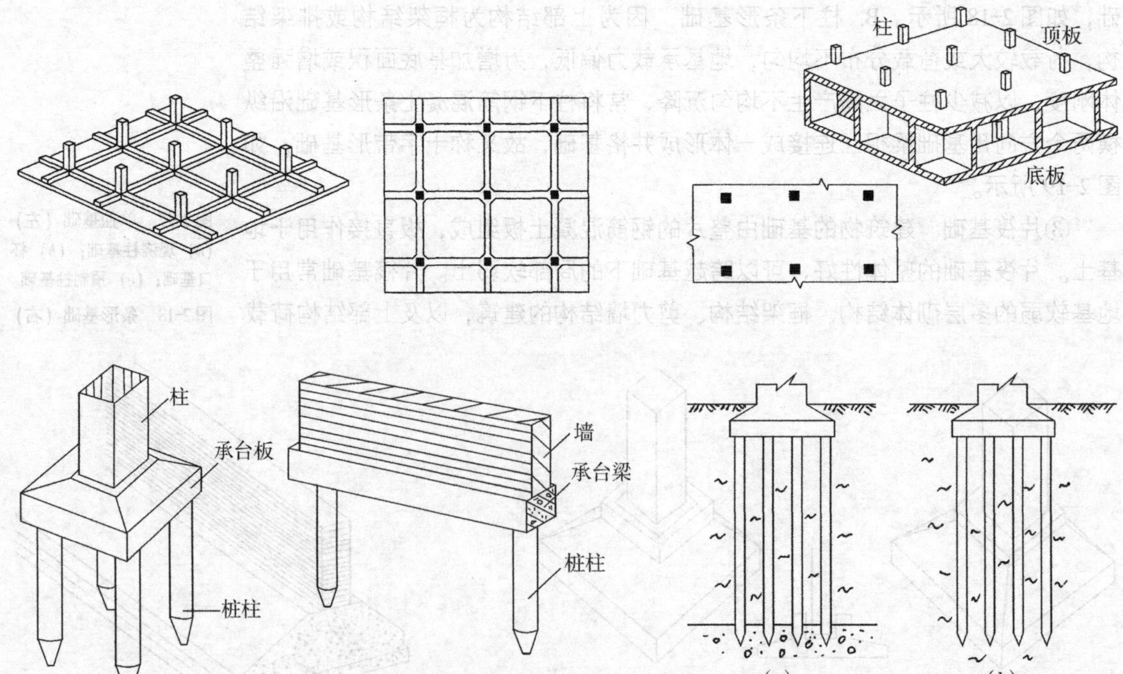

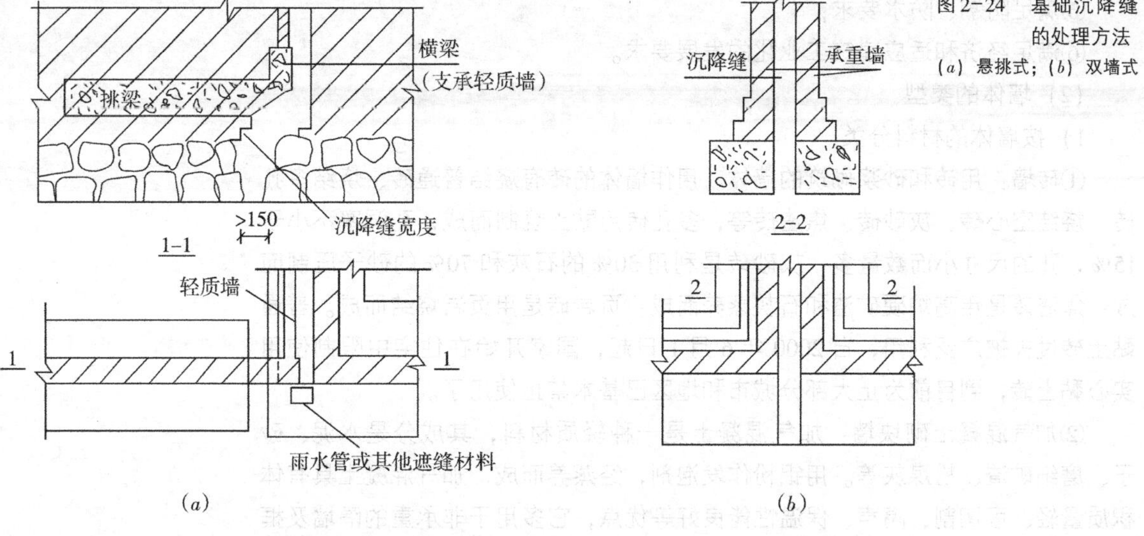

图 2-24　基础沉降缝的处理方法
(a) 悬挑式；(b) 双墙式

(3) 基础沉降缝构造

为了消除基础不均匀沉降，应按要求设置基础沉降缝。沉降缝的宽度与上部结构相同，基础由于埋在地下，缝内一般不填塞。条形基础的沉降缝通常采用双墙式和悬挑式做法（图 2-24）。

2.4　墙体

2.4.1　墙体的类型与要求

(1) 墙体的作用和要求

在一般砖混结构的房屋中，墙体是主要的承重构件。在其他类型结构的建筑中，墙体可能是承重构件，也可能是围护构件，它所占的造价比重也比较大。因此，在进行墙体构造设计时，合理地选择墙体材料、承重结构方案、构造做法以及应用新工艺新技术是十分重要的。

1) 墙体的作用

①承重：承受建筑物屋顶、楼层、人和设备的荷载，以及墙体自重、风荷载、地震作用等。

②围护：抵御风霜、雨、雪的侵袭，防止太阳辐射和噪声干扰等。

③分隔：墙体可以把房间分隔成若干个小空间或小房间。

④装饰：墙体还是建筑装修的重要部分，墙面装饰对整个建筑物的装饰效果影响很大。

2) 墙体的基本要求

①具有足够的强度和稳定性；

②满足热工方面（保温、隔热、防止产生凝结水）的要求；

③满足隔声的要求；

④满足防火要求；

⑤满足防潮、防水要求；

⑥满足经济和适应建筑工业化的发展要求。

（2）墙体的类型

1）按墙体的材料分类

①砖墙：用砖和砂浆砌筑的墙体。用作墙体的砖有烧结普通砖、烧结多孔砖、烧结空心砖、灰砂砖、焦渣砖等，多孔砖用黏土烧制而成，孔洞率不小于15%，孔的尺寸小而数量多；灰砂砖是利用30%的石灰和70%的砂子压制而成；焦渣砖是用高炉硬矿渣和石灰蒸养而成；页岩砖是用页岩烧结而成。普通黏土砖过去被广泛利用，自2000年6月1日起，国家开始在住宅中限制使用实心黏土砖，到目前为止大部分城市和地区已基本禁止使用了。

②加气混凝土砌块墙：加气混凝土是一种轻质材料，其成分是水泥、砂子、磨细矿渣、粉煤灰等。用铝粉作发泡剂，经蒸养而成，加气混凝土具有体积质量轻、可切割、隔声、保温性能良好等优点，它多用于非承重的隔墙及框架结构的填充墙。

③石材墙：石材是一种天然材料，主要用于山区或石材产区的低层建筑中。

④板材墙：以钢筋混凝土板材、加气混凝土板材和石膏板材为主，近几年兴起的玻璃幕墙也属此类。

⑤承重混凝土空心砌块墙：采用C20混凝土制作成混凝土空心砌块，一般适用于六层及以下住宅建筑。

2）按墙体在建筑平面上所处的位置分类

墙体按所处的位置一般分为外墙和内墙两大部分，每部分又各有纵、横两个方向。沿建筑物纵轴方向布置的墙称为纵墙，其中外纵墙又称为檐墙；沿建筑物横轴方向布置的墙称为横墙，其中外横墙又称山墙。屋顶上部的房屋四周的墙称为女儿墙。

3）按墙体的受力特点分类

①承重墙：直接承受楼板、屋顶等上部结构传来的垂直荷载和风力、地震作用等水平荷载及自重的墙，根据其所处的位置的不同又可分为承重内墙和承重外墙。

②非承重墙：不直接承受上述这些外来荷载作用的墙体。在非承重墙中，不承受外来荷载，仅承受自身重量并将其传至基础的墙称为自承重墙；仅起分隔空间作用，自身重量由楼板或梁来承担的墙称为隔墙；在框架结构中，填充在柱子之间的墙称为填充墙，它也是隔墙的一种；自身的重量由梁来承担并传递给柱子或基础，只起着防风、雨、雪的侵袭，以及保温、隔热、隔声、防水等作用的墙体称为围护墙，如悬挂在建筑物外部的幕墙（金属幕、玻璃幕等）。

4）按墙的构造形式分类

①实体墙：也叫实心墙，由烧结普通砖及其他实体砌块砌筑而成。

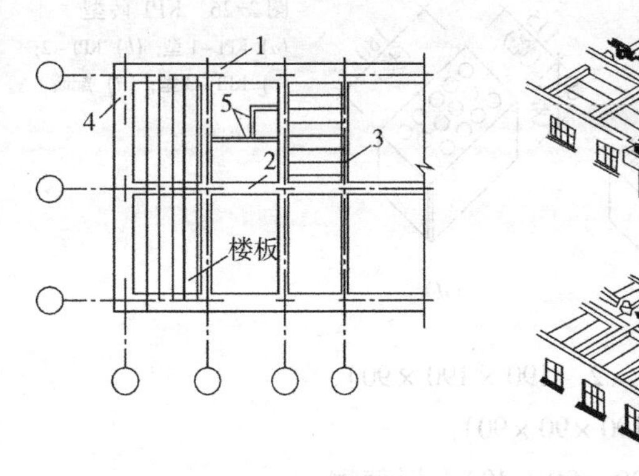

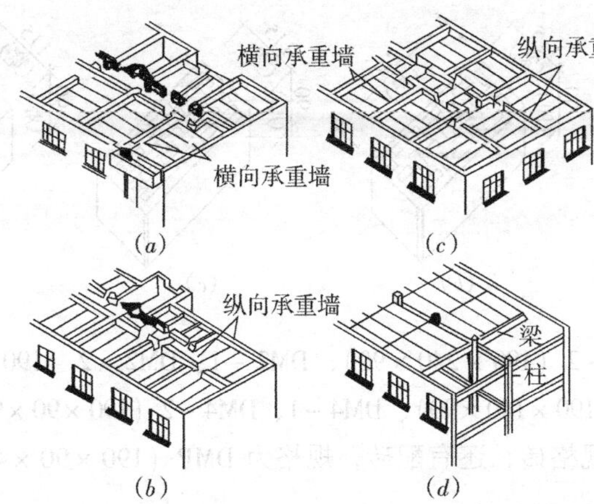

图 2-25　墙体的承重方式

(a) 横墙承重；(b) 纵墙承重；(c) 混合承重；(d) 内框架承重

1—纵向外墙；2—纵向内墙；3—横向内墙；4—横向外墙；5—隔墙

②空体墙：由多孔砖、空心砖或烧结普通砖砌筑而成，具有空腔，如多孔砖墙和空斗墙等。

③复合墙：由两种以上材料组合而成，如加气混凝土复合板材墙，其中混凝土起承重作用，加气混凝土起保温隔热作用。

5）按施工方法分类

①块材墙：用砂浆等胶结材料将砖、石、砌块等组砌而成，如实砌砖墙；

②板筑墙：在施工时，直接在墙体位置现场立模板，在模板内夯筑黏土或浇筑混凝土振捣密实而成，如现浇混凝土墙、夯土墙等；

③装配式板材墙：预先在工厂制成墙板，再运至施工现场进行安装、拼接而成，如预制混凝土大板墙。

（3）墙体承重方式

如图 2-25 所示，当楼板支承在横向墙上时，为横墙承重。这种做法建筑物的横向刚度较强、整体性好，多用于横墙较多的建筑中，如住宅、宿舍、办公楼等。当楼板支承在纵向墙体时，为纵墙承重。这种做法开间布置灵活，但横向刚度弱，而且承重纵墙上开设门窗洞口有时受到限制，多用于使用上要求有较大空间的建筑，如办公楼、商店、教学楼、阅览室等。当一部分楼板支承在纵向墙上，另一部分楼板支承在横向墙上时，为混合承重。这种做法多用于中间有走廊或一侧有走廊的办公楼、以及开间、进深变化较多的建筑，如幼儿园、医院等。房屋内部采用柱、梁组成的内框架承重，四周采用墙承重，由墙和柱共同承受水平承重构件传来的荷载，此种方案为内框架承重，适用室内需要大空间的建筑，如大型商店、餐厅等。

2.4.2 砖墙构造

砖墙是用砂浆将砖按一定技术要求砌筑成的砌体，其主要材料是砖和砂浆。

（1）烧结多孔砖的类型

1）模数型（M 型）系列

模数型系列共有四种类型：（代号为 DM，单位均为 mm）

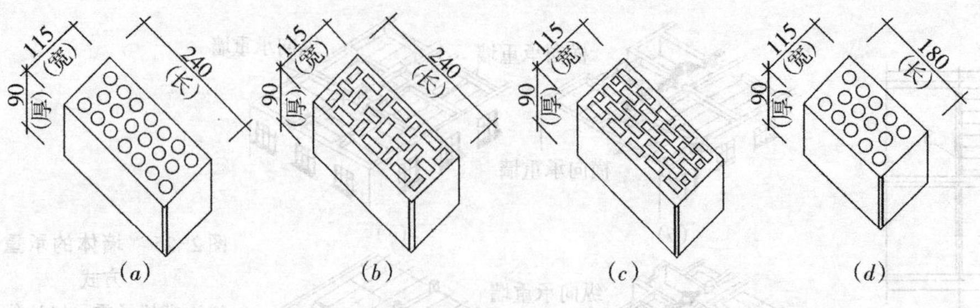

图 2-26　KP1 砖型
(a) KP1－1 型；(b) KP1－2；(c) KP1－3 型；(d) 配砖

DM1－1、DM1－2（190×240×90）、DM2－1、DM2－2（190×190×90）、DM3－1、DM3－2（190×140×90）、DM4－1、DM4－2（190×90×90）。

上述砖体为主规格砖，还有配砖，规格为 DMP（190×90×40），以使墙体符合模数的要求。

在代号中，"－1"为圆孔，"－2"为方孔。

2）KP1 型系列（图 2-26）

KP1 型多孔砖的代号为 KP1－1、KP1－2、KP1－3，尺寸为 240mm×115mm×90mm。其配砖代号为 KP1－P，尺寸为 180mm×115mm×90mm。

（2）砂浆的种类

砂浆按其成分有水泥砂浆、石灰砂浆和混合砂浆等。水泥砂浆属于水硬性材料，强度高，适合砌筑处于潮湿环境下的砌体，如基础部位。石灰砂浆属于气硬性材料，强度不高，多用于砌筑次要的建筑地面以上的砌体。混合砂浆强度较高、和易性和保水性较好，适于砌筑一般建筑地面以上的砌体。

砌筑砂浆强度分为六个等级，即 M2.5、M5、M7.5、M10、M15、M20，常用的砌筑砂浆是 M1～M5。

（3）多孔砖墙体的砌合方法

砖墙的砌合是指砖块在砌体中的排列组合方法。多孔砖墙在砌合时，应满足横平竖直、砂浆饱满、内外搭砌、上下错缝等基本要求，以保证墙体的强度和稳定性。

多孔砖墙体的砌合方式有：

①一顺一丁式：一层砌顺砖、一层砌丁砖，相间排列，重复组合。在转角部位要加设配砖（俗称七分砖），进行错缝。这种砌法的特点是搭接好，无通缝，整体性强，因而应用较广。

②全顺式：每皮均以顺砖组砌，上下皮左右搭接为半砖。适用于模数型多孔砖的砌合。

③顺丁相间式：由顺砖和丁砖相间铺砌而成。它整体性好，且墙面美观，亦称为梅花丁式砌法。

上述几种砌合方法如图 2-27 所示。

在砌合时砌体灰缝应横平竖直。水平灰缝厚度和竖向灰缝宽度宜为 10mm，但不应小于 8mm，也不应大于 12mm。砌体灰缝应饱满，水平灰缝的砂浆饱满度不得低于 80%，竖向灰缝宜采用加浆填灌的方法，使其灰缝饱满。

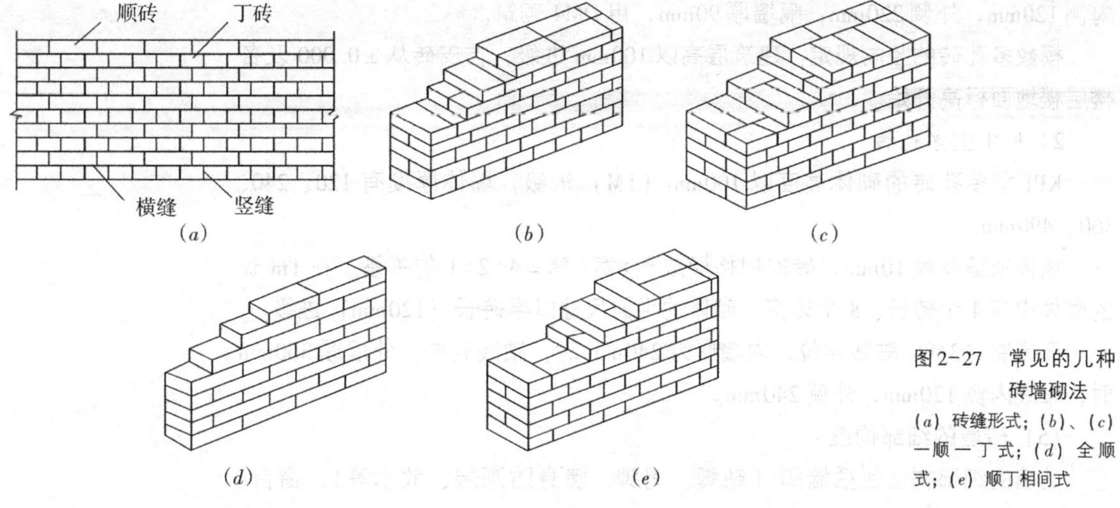

图2-27　常见的几种砖墙砌法
(a) 砖缝形式；(b)、(c) 一顺一丁式；(d) 全顺式；(e) 顺丁相间式

(4) 多孔砖的墙体尺度

1) 模数型多孔砖

模数多孔砖砌体用没型号规格的砖组合搭配砌筑，砌体高度以100mm (1M) 进级，墙体厚度和长度以50mm (1/2M) 进级，即90、140、190、240、290、340、390mm等。个别边角空缺不足整砖的部位用砍配砖或锯切口DM3、DM4填补。排砖的挑出长度不大于50mm。

模数多孔砖墙厚尺寸，见表2-2。

模数多孔砖墙体厚度（mm）　　　　表2-2

模数	1/2M	1M	1½M	2M	2½M	3M	3½M	4M	4½M	5M
砌体		90	140	190	240	290	340	390	440	490
中－中或墙垛	50	100	150	200	250	300	350	400	450	500
砌口	60	110	160	210	260	310	360	410	460	510

注：190mm厚的内墙亦可用DM1砌筑。

模数多孔砖砌体的平面尺寸进级，见表2-3。

模数多孔砖平面尺寸进级表（mm）　　　　表2-3

模数	1M	1½M	2M	2½M	3M	3½M	4M
墙厚	90	140	190	240	290	340	390
用砖类型	DM4	DM3	DM2	DM1 DM3 + DM4	DM2 + DM4	DM1 + DM4 DM2 + DM3	DM1 + DM3

模数多孔砖的平面规定：三模制 (3M) 轴线定位，6层住宅内墙厚240mm，用DM1砌筑，轴线居中；外墙厚340mm，用DM1 + DM4组砌，轴线

内侧 120mm，外侧 220mm；隔墙厚 90mm，用 DM4 砌筑。

模数多孔砖的竖向规定：建筑层高以 100mm 进级，首皮砖从 ±0.000 及各楼层楼地面标高开始。

2）KP1 型多孔砖

KP1 型多孔砖的砌体高度以 100mm（1M）进级，墙体厚度有 120、240、360、490mm。

墙体灰缝厚度 10mm，砖的规格形成长：宽：厚 = 4：2：1 的关系。在 1m 长的砌体中有 4 个砖长、8 个砖宽。砌体的平面尺寸以半砖长（120mm）进级。

三模制（3M）轴线定位，内墙厚为 240mm 时，轴线居中；外墙厚 360mm 时，轴线内侧 120mm，外侧 240mm。

（5）砖墙的细部构造

砖墙的细部构造包括墙脚（勒脚、踢脚、墙身防潮层、散水等）、窗台、门窗过梁、墙身加固措施等。

1）勒脚

勒脚是外墙身接近室外地面处的表面保护和饰面处理部分。其高度一般指位于室内地坪与室外地面的高差部分，也可根据立面的需要而提高勒脚的高度尺寸。勒脚的作用是加固墙身，防止外界机械作用力碰撞破坏；保护近地面处的墙体，防止地表水、雨雪、冰冻对墙脚的侵蚀；用不同的饰面材料处理墙面，增强建筑物立面美观。所以要求勒脚坚固耐久、防水防潮和饰面美观。通常在勒脚的外表面作水泥砂浆或其他强度较高且有一定防水能力的抹灰处理（图 2-28*a*），也可用石块砌筑（图 2-28*c*）或用天然石板、人造石板贴面（图 2-28*b*）。

2）墙身防潮层

在墙身中设置防潮层的目的是防止土层中的水分沿基础上升，使位于勒脚处的地面水渗入墙内而导致墙身受潮。其作用是提高建筑物的耐久性，保持室内干燥卫生。因此，必须在内、外墙脚部位连续设置防潮层。在构造形式上有水平防潮层和垂直防潮层两种形式。

①防潮层的位置。水平防潮层一般应在室内地面不透水垫层（如混凝土）范围以内，通常在 -0.060m 标高处设置，而且至少要高于室外地坪 150mm，

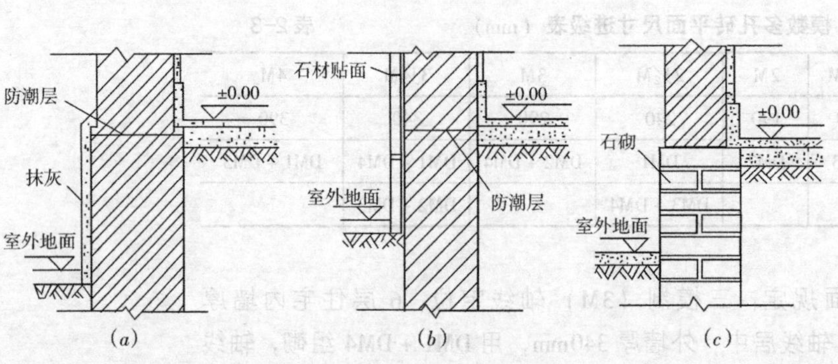

图 2-28 勒脚构造
（*a*）抹面；（*b*）贴面；（*c*）石砌

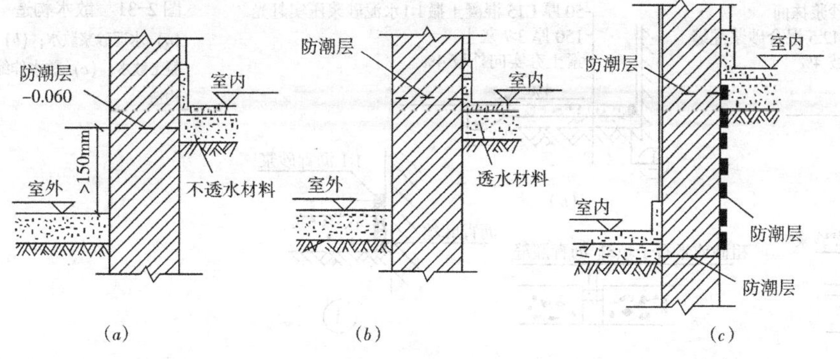

图 2-29　墙身防潮层的位置
(a) 地面垫层为密实材料；(b) 地面垫层为透水材料；(c) 室内地面有高差

以防雨水溅湿墙身；当地面垫层为透水材料（如碎石、炉渣等）时，水平防潮层的位置应平齐或高于室内地面一皮砖的地方，即在 +0.060m 处；当两相邻房间之间室内地面有高差时，应在墙身内设置高低两道水平防潮层，并在靠土层一侧设置垂直防潮层，将两道水平防潮层连接起来，以避免回填土中的潮气侵入墙身，如图 2-29 所示。

②水平防潮层的做法。油毡防潮层：在防潮层部位先抹 20mm 厚 M5 的水泥砂浆找平层，然后干铺油毡一层或用热沥青粘贴油毡一层，油毡的宽度应与墙厚一致或稍大一些，油毡沿墙的长度铺设，搭接长度大于 100mm，如图 2-30（a）所示。油毡防潮层具有一定的韧性、延伸性和良好的防潮性能。但油毡日久易老化失效，又由于油毡防潮层使基础墙与上部的墙体隔离，削弱了砖墙的整体性和抗震能力。目前采用这种方法的较少。

防水砂浆防潮层：在防潮层位置抹一层 20～25mm 厚掺 3%～5% 防水剂的 1：3水泥砂浆或用防水砂浆砌筑 4～6 皮砖，如图 2-30（b）所示。它适用于抗震地区、独立砖柱和振动较大的砖砌体中，其整体性较好，抗震能力强，但砂浆是脆性易开裂材料，在地基发生不均匀沉降而导致墙体开裂或因砂浆铺贴不饱满时会影响防潮效果，应引起注意。

细石混凝土防潮层：在防潮层位置铺设 60mm 厚 C20 细石混凝土，内配 3ϕ6或 3ϕ8 的纵向钢筋和ϕ4@250 的横向钢筋以提高其抗裂能力，如图 2-30（c）所示。由于混凝土密实性和抗裂性较好，所以它适用于整体刚度要求较高的建筑中，但应把防水要求和结构做法合并考虑较好。

③垂直防潮层的做法。在需设垂直防潮层的墙面（靠回填土一侧）先用 1：2的水泥砂浆抹面 15～20mm 厚，再刷冷底子油一道，刷热沥青两道；也可

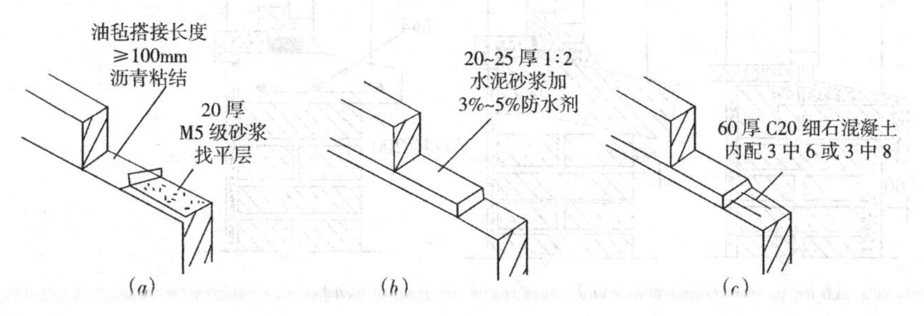

图 2-30　水平防潮层的做法
(a) 油毡防潮层；(b) 防水砂浆防潮层；(c) 细石混凝土防潮层

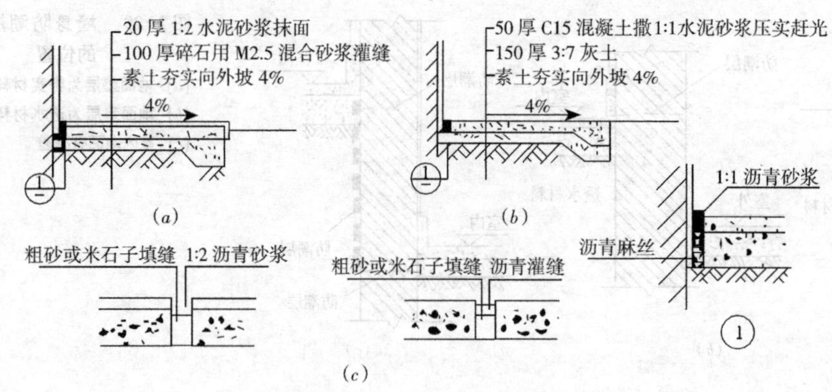

图 2-31　散水构造
(a) 水泥砂浆散水；(b) 混凝土散水；(c) 散水伸缩缝构造

以直接采用掺有 3% ~5% 防水剂的砂浆抹面 15 ~ 20 厚的做法。

3）踢脚

踢脚是外墙内侧或内墙两侧的下部与室内地坪交接处的构造。其目的是加固并保护内墙脚，遮盖墙面与楼地面的接缝，防止平时使用中污染墙面。踢脚的高度一般在 120 ~ 150mm，有时为了突出墙面效果或防潮，也可将其提高至 900 ~ 1800mm（这时即成为墙裙）。常用的面层材料是水泥砂浆、水磨石、木材、缸砖、油漆等，但设计施工时应尽量选用与地面材料相一致的面层材料。

4）散水

散水是靠近勒脚下部的排水坡。它的作用是为了迅速排除从屋檐下滴的雨水，防止因积水渗入地基而造成建筑物的下沉。散水的宽度一般为 600 ~ 1000mm，当屋面为自由落水时，其宽度应比屋檐挑出宽度大 200mm。坡度一般在 3% ~5% 左右，外缘高出室外地坪 20 ~ 50mm 较好。散水的做法很多，一般可用水泥砂浆、混凝土、砖块、石块等材料做面层。由于建筑物的沉降、勒脚与散水施工时间的差异，在勒脚与散水交接处应留有 20mm 左右的缝隙，在缝内填粗砂或米石子，上嵌沥青胶盖缝，以防渗水和保证沉降的需要，如图 2-31所示。

5）窗台

窗洞口下部设置的防水构造称为窗台。以窗框为界，位于室外一侧的称为外窗台，位于室内一侧的称为内窗台，如图 2-32 所示。

图 2-32　窗台构造
(a) 不悬挑窗台；(b) 滴水窗台；(c) 侧砌砖窗台；(d) 预制钢筋混凝土窗台

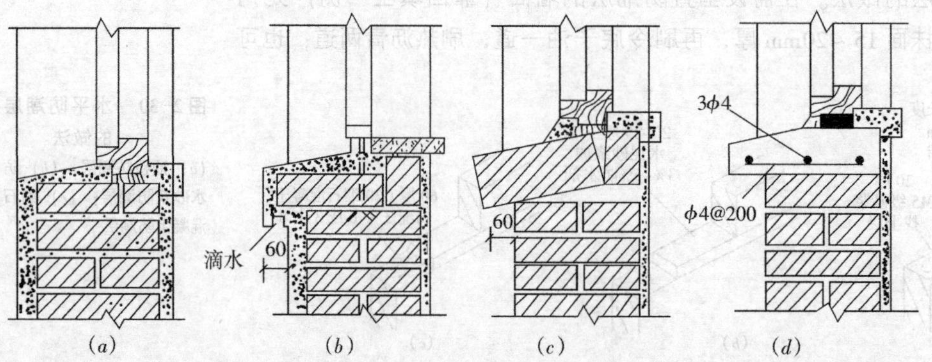

①外窗台构造　外窗台应设置排水构造。外窗台应有不透水的面层，并向外形成不小于20%的坡度，以利于排水。外窗台有悬挑窗台和不悬挑窗台两种。对处于阳台等处的窗因不受雨水冲刷，或外墙面为贴面砖时，可不必设悬挑窗台。悬挑窗台常采用丁砌一皮砖出挑60mm或将一砖侧砌并出挑60mm，也可采用钢筋混凝土窗台。悬挑窗台底部边缘处抹灰时应做宽度和深度均不小于10mm的滴水线或滴水槽或滴水斜面（俗称鹰嘴）。

为减少雨水对墙面的污染，现在在不少的建筑物中取消了悬挑窗台，代之以不悬挑的水泥砂浆或贴面窗台。

②内窗台构造　内窗台一般为水平放置，起着排除窗台内侧冷凝水，保护该处墙面以及搁物、装饰等作用。通常结合室内装修要求做成水泥砂浆抹灰、木板或贴面砖等多种饰面形式。使用木窗台板时，一般窗台板两端应伸出窗台线少许，并挑出墙面30～40mm，板厚约30mm。在寒冷地区，采暖房间的内窗台常与散热器罩结合在一起综合考虑，并在窗台下预留凹龛以便于安装散热器片。此时应采用预制水磨石板或预制混凝土窗台板形成内窗台。

6）过梁

过梁是设置在门窗洞口上方的用来支承门窗洞口上部砌体和楼板传来的荷载，并把这些荷载传给门窗洞口两侧墙体的水平承重构件。过梁一般采用钢筋混凝土材料，其断面尺寸或配筋截面面积，均根据上部荷载大小经计算确定。过梁的构造做法很多，常用的有三种：钢筋混凝土过梁、砖拱过梁和钢筋砖过梁。有时为了丰富建筑的立面，常结合过梁进行立面装饰处理。

①钢筋混凝土过梁　当门窗洞口较大或洞口上部有集中荷载时，常采用钢筋混凝土过梁，它承载力强，一般不受跨度的限制，预制装配施工速度快，是最常用的一种过梁，现浇的也可以。一般过梁宽度同墙厚，高度及配筋应由计算确定，但为了施工方便，梁高应与砖的皮数相适应，如120、180、240mm等。过梁在洞口两侧伸入墙内的长度应不小于240mm。对于外墙中的门窗过梁，为了防止飘落到墙面的雨水沿门窗过梁向外墙内侧流淌，在过梁底部抹灰时要注意做好滴水处理。

过梁的断面形式有矩形和L形，矩形多用于内墙和混水墙，L形多用于外墙和清水墙。在寒冷地区，为防止钢筋混凝土过梁产生冷桥问题，也可将外墙洞口的过梁断面做成L形或组合式过梁。

为配合立面装饰，简化构造、节约材料，常将过梁与圈梁、悬挑雨篷、窗楣板或遮阳板等结合起来设计。如在炎热多雨的南方地区，常从过梁上挑出300～500mm宽的窗楣板，既保护窗户不受雨淋，又可遮挡部分直射的太阳光。钢筋混凝土过梁形式如图2-33所示。

②砖拱过梁　是将立砖和侧砖相间砌筑而成的，它利用灰缝上大下小，使砖向两边倾斜，相互挤压形成拱的作用来承担荷载。有平拱和弧拱两种，如图2-34所示。砖砌平拱的高度多为一砖长，灰缝上部宽度不宜大于15mm，下部宽度不应小于5mm，中部起拱高度约为洞口跨度的1/50，受力后拱体下落时，

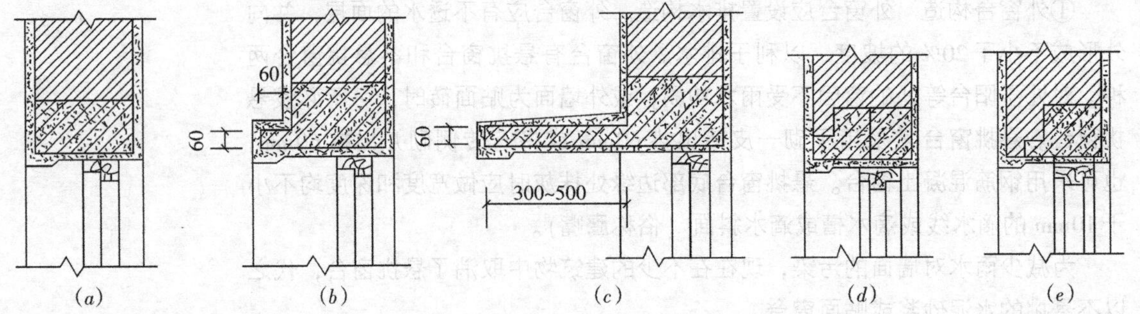

图 2-33 钢筋混凝土过梁形式

(a) 矩形过梁；(b) L 形过梁；(c) 过梁与窗楣板结合设计；(d) 组合式过梁；(e) L 形过梁

适成水平。适宜的宽度为 1.0～1.8m。弧拱高度不小于 120mm，其余同平拱做法，但跨度不宜大于 3m。砖拱过梁用砖的强度等级不低于 MU7.5，砂浆不低于 M10，才能保证过梁的强度和稳定性。

砖拱过梁不宜用于上部有集中荷载或有较大振动荷载，或可能产生不均匀沉降和有抗震设防要求的建筑中。

③钢筋砖过梁　是配置了钢筋的平砌砖过梁，砌筑形式与墙体一样，一般用一顺一丁或梅花丁。通常将间距小于 120mm 的 $\phi6$ 钢筋埋在梁底部 30 厚 1∶2.5的水泥砂浆层内，钢筋伸入洞口两侧墙内的长度不应小于 240mm，并设 90°直弯钩，埋在墙体的竖缝内。在洞口上部不小于 1/4 洞口跨度的高度范围内（且不应小于 5 皮砖），用不低于 M5.0 的水泥砂浆砌筑。钢筋砖过梁净跨宜≤1.5m，不应超过 2m。

钢筋砖过梁适用于跨度不大，上部无集中荷载的洞口上。

7）圈梁

圈梁是沿建筑物外墙四周及部分内墙的水平方向设置的连续闭合的梁，又称腰箍。其作用是增强楼层平面的空间刚度和整体性，减少因地基不均匀沉降而引起的墙身开裂，并与构造柱组合在一起形成骨架，提高抗震能力。

圈梁一般采用钢筋混凝土材料。其宽度同墙厚，在寒冷地区，为了防止“冷桥”现象其厚度可略小于墙厚，但不应小于 180mm，高度一般不小于 120mm。

钢筋混凝土圈梁在墙身上的位置应根据结构构造确定。当只设一道圈梁时，应设在屋面檐口下面。当设几道时，可分别设在屋面檐口下面、楼板底面或基础顶面。有时为了节约材料可以将门窗过梁与其合并处理。

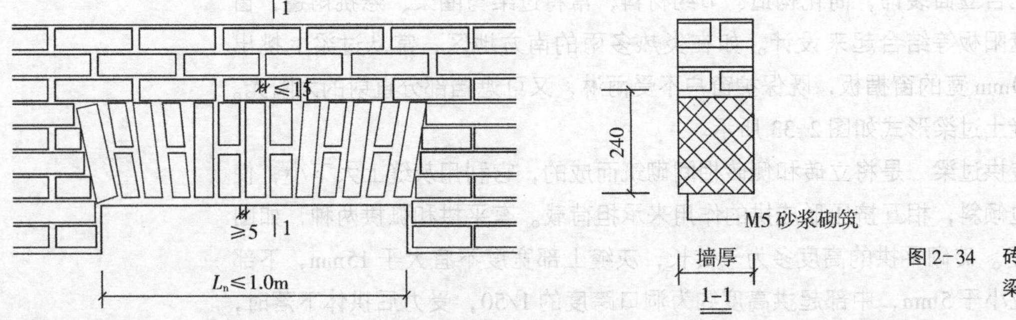

图 2-34 砖砌平拱过梁

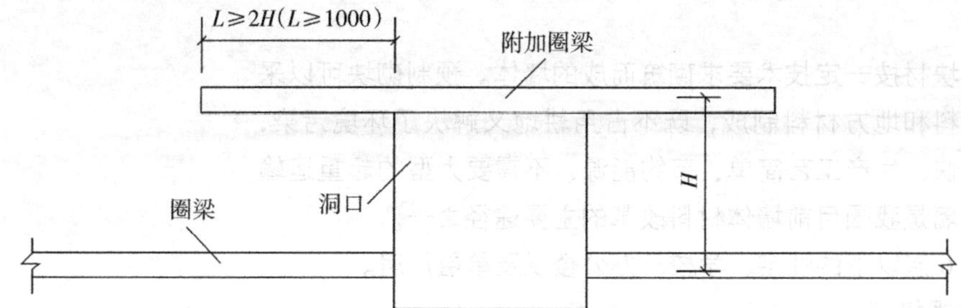

图 2-35 附加圈梁

钢筋混凝土圈梁在墙身上的数量应根据房屋的层高、层数、墙厚、地基条件、地震等因素来综合考虑。

按构造要求，圈梁必须是连续闭合的，但在特殊情况下，当遇有门窗洞口致使圈梁局部截断时，应在洞口上部增设相应截面的附加圈梁。附加圈梁与圈梁搭接长度不应小于其垂直间距的两倍，且不得小于1m，如图 2-35 所示。但对有抗震要求的建筑物，圈梁不宜被洞口截断。

8）构造柱

由于砖砌体系脆性材料，抗振能力差，因此在6度及以上的地震设防区，为增强建筑物的整体刚度和稳定性，必要时还要增设钢筋混凝土构造柱。

构造柱一般设在外墙转角、内外墙交接处、较大洞口两侧、较长墙段的中部及楼梯、电梯四角等。由于房屋的层数和地震烈度不同，构造柱的设置要求也有所不同。构造柱必须与圈梁紧密连接，形成空间骨架，以增强房屋的整体刚度，提高墙体抵抗变形的能力，使砖墙由脆性变为延性好的结构，做到使墙体在受震开裂后，也能裂而不倒。

构造柱的最小截面尺寸为240mm×180mm，当采用多孔砖时，最小构造柱的最小截面尺寸为240mm×240mm。最小配筋量为：纵向钢筋4Φ12，箍筋ϕ6@200～250。构造柱下端应锚固在钢筋混凝土基础或基础梁内，无基础梁时应伸入底层地坪下500mm处，上端应锚固在顶层圈梁或女儿墙压顶内，以增强其稳定性。

为加强构造柱与墙体的连接，构造柱处的墙体宜砌成“马牙槎”，并沿墙高每隔500mm设2ϕ6拉结钢筋，每边伸入墙内不少于1000mm。施工时，先放置构造柱钢筋骨架，后砌墙，并随着墙体的升高而逐段现浇混凝土构造柱身，以保证墙柱形成整体，如图 2-36 所示。

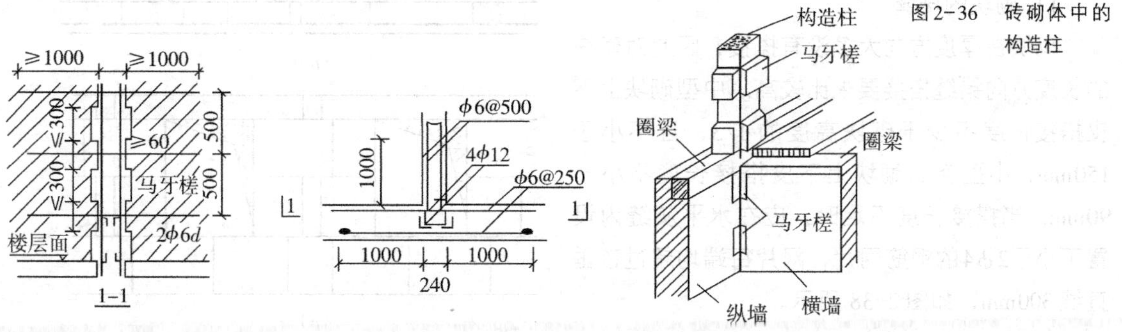

图 2-36 砖砌体中的构造柱

2.4.3 砌块墙构造

砌块墙是采用预制块材按一定技术要求砌筑而成的墙体。预制砌块可以采用混凝土或利用工业废料和地方材料制成，既不占用耕地又解决了环境污染，具有生产投资少、见效快、生产工艺简单、节约能源、不需要大型的起重运输设备等优点。采用砌块墙是我国目前墙体材料改革的主要途径之一。

砌块墙一般适用于6层以下的住宅、学校、办公楼以及单层厂房。

(1) 砌块的类型与规格

1) 砌块的类型

砌块的类型较多，按单块重量和幅面大小可分为小型砌块、中型砌块和大型砌块；按砌块材料分有普通混凝土砌块、加气混凝土砌块、轻骨料混凝土砌块；按砌块的构造分有空心砌块和实心砌块，空心砌块的孔有方孔、圆孔、扁孔等几种。

2) 砌块的规格

小型砌块高度为115~380mm，单块重量不超过20kg，便于人工砌筑；中型砌块高度为380~980mm，单块重量在20~350kg之间；大型砌块高度大于980mm，单块重量大于350kg。中小型砌块是我国目前采用较多的砌块。

(2) 砌块墙的排列与组合

砌块的尺寸比较大，砌筑不够灵活。因此，在设计时应考虑砌块的排列，并给出砌块排列组合图，并注明每一砌块的型号和编号，以便施工时按图进料和安装。砌块排列组合图一般有各层平面、内外墙立面的分块图，如图2-37所示。在进行砌块的排列组合时，应按墙面尺寸和门窗布置，对墙面进行合理的分块，正确选择砌块的规格尺寸，尽量减少砌块的规格类型。同时应做好大面积墙面的错缝搭接，内外墙及转角墙处的交接咬砌，并使其排列有致，以避免出现垂直通缝。还应做到空心砌块的孔对孔、肋对肋，以保证其有足够的承压面积。此外，应优先采用大规格的砌块做主要砌块，尽量提高主要砌块的使用率，减少局部补填砖的数量。

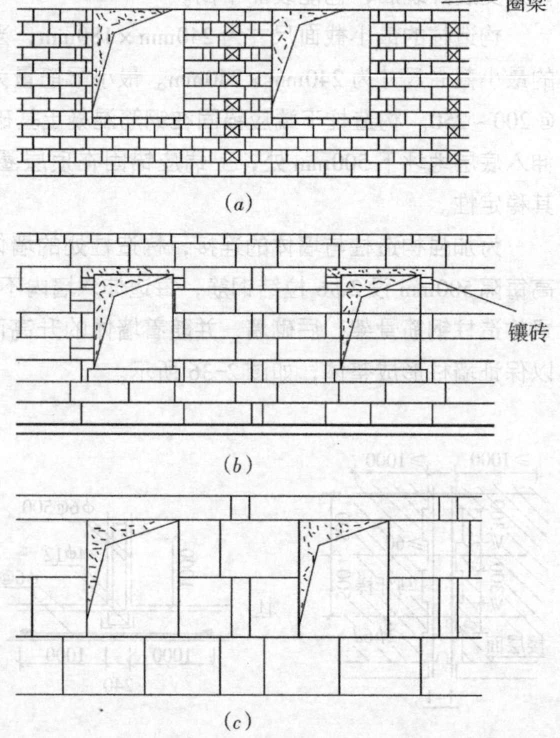

图2-37 砌块的排列组合图

(a) 小型砌块排列；(b) 中型砌块排列；(c) 大型砌块排列

(3) 砌块墙构造

1) 砌块的接缝

砌块在厚度方向大多没有搭接，因此对砌块的长度方向错缝搭接要求比较高。中型砌块上下皮搭接长度不少于砌块高度的1/3，且不小于150mm，小型空心砌块上下皮搭接长度不小于90mm。当搭接长度不足时，应在水平灰缝内设置不小于2ϕ4的钢筋网片，网片每端均超过该垂直缝300mm，如图2-38所示。

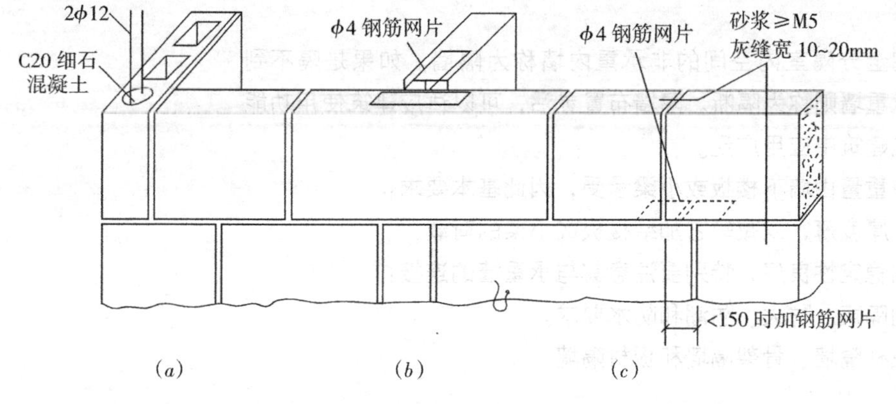

图 2-38 砌缝的构造处理

(a) 转角配筋（以空心砌块为例）；(b) 丁字墙配筋（以实心砌块为例）；(c) 错缝配筋

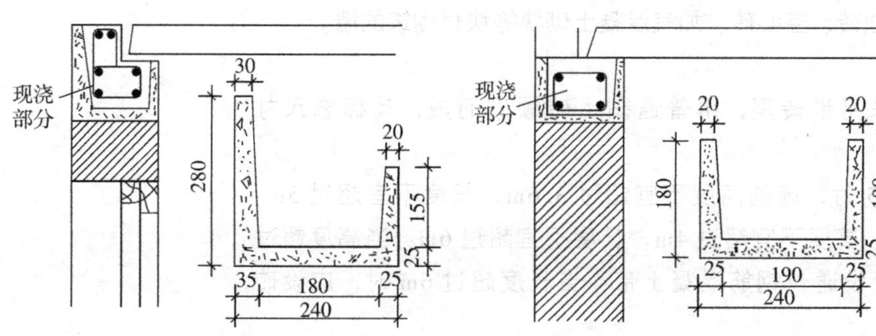

图 2-39 砌块预制圈梁

砌筑砌块一般采用强度不低于 M5 的水泥砂浆。竖直灰缝的宽度主要根据砌块材料和规格大小确定。一般情况下，小型砌块为 10～15mm，中型砌块为 15～20mm。当竖直灰缝宽大于 30mm 时，须用 C20 细石混凝土灌缝密实。

2）设置过梁、圈梁和构造柱

过梁是砌块墙中的重要构件，它既起着承受门窗洞口上部荷载的作用又是一种可调节的砌块。当出现层高与砌块高的差异时，可通过调节过梁的高度来协调。

砌块建筑应在适当的位置设置圈梁，以加强砌块墙的整体性。当圈梁与过梁位置接近时，可以将过梁与圈梁合并考虑设计施工。圈梁分现浇和预制两种。现浇圈梁整体性好，对墙身加固有利，但现场施工复杂。预制圈梁一般采用 U 形预制块代替模板，然后在凹槽内配筋，再浇筑混凝土，如图 2-39 所示。

砌块墙的竖向加强措施是在外墙转角以及内外墙交接处增设构造柱，将砌块在垂直方向连成整体。构造柱多利用空心砌块上下孔洞对齐，并在孔中用 2 Φ 12 的钢筋分层插入，再用 C20 细石混凝土分层灌实。构造柱与砌块墙连接处的拉结钢筋网片，每边伸入墙内不少于 1m。混凝土小型砌块房屋可采用 ϕ6 点焊钢筋网片，沿墙高每隔 600mm 设置，中型砌块可采用 ϕ6 钢筋网片，并隔皮设置，如图 2-40 所示。

图 2-40 砌块墙构造柱

(a) 内外墙交接处构造柱；(b) 外墙转角处构造柱

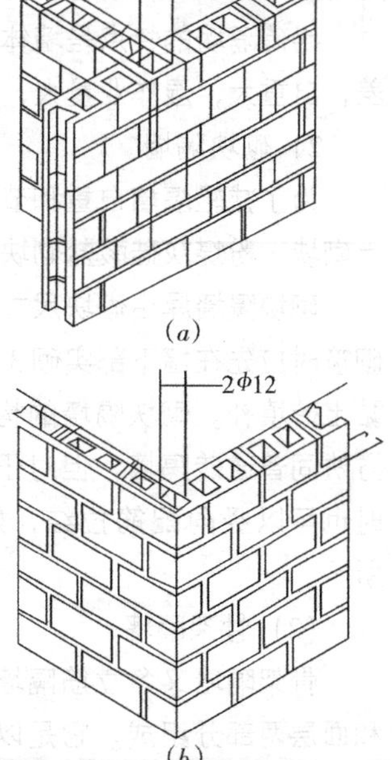

2.4.4 隔墙构造

在建筑中用于完全分隔室内空间的非承重内墙称为隔墙。如果是隔不到顶，只有半截的非承重墙则称为隔断。隔墙布置灵活，可以适应建筑使用功能的变化，因此在现代建筑中应用广泛。

隔墙由于其自身重量由墙下楼板或小梁承受，因此基本要求：

①隔墙重量轻、厚度薄，以减轻它加给楼板或小梁的荷载；

②要保证隔墙的稳定性良好，特别要注意其与承重墙的连接；

③要满足一定的隔声、防火、防潮和防水要求。

常见的隔墙有块材隔墙、骨架隔墙和板材隔墙。

(1) 块材隔墙

块材隔墙是指用普通砖、空心砖、加气混凝土砌块等块材砌筑的墙。

1) 普通砖隔墙

普通砖隔墙一般采用半砖隔，用普通黏土砖顺砌而成，其标志尺寸为120mm。

当砌筑砂浆为M2.5时，墙的高度不宜超过3.6m，长度不宜超过5m；当采用M5砂浆砌筑时，高度不宜超过4m，长度不宜超过6m；当高度超过4m时，应在门窗过梁处设通长钢筋混凝土带；当长度超过6m时，应设砖壁柱。

半砖隔墙构造上要求隔墙与承重墙或柱之间连接牢固，一般沿高度每隔500mm砌入2ϕ4的通长钢筋，还应沿隔墙高度每隔1200mm设一道30mm厚水泥砂浆层，内放2ϕ6拉结钢筋。为了保证隔墙不承重，在隔墙顶部与楼板相接处，应将砖斜砌一皮，或留出约30mm的空隙，用塞木楔并打紧，然后用砂浆填缝，以预防上部结构变形时对隔墙产生挤压破坏。隔墙上有门时，需预埋防腐木砖、铁件，或将带有木楔的混凝土预制块砌入隔墙中，以便固定门框。

半砖隔墙的特点是墙体坚固耐久、隔声性能较好，布置灵活，但稳定性较差，自重大，湿作业量大，不易拆装。

2) 砌块隔墙

为了减轻隔墙自重和节约用砖，可采用轻质砌块。目前，常采用加气混凝土砌块、粉煤灰硅酸盐砌块，以及水泥炉渣空心砖等砌筑隔墙。

砌块隔墙厚由砌块尺寸决定，一般为90~120mm。砌块墙吸水性强，故在砌筑时应先在墙下部实砌3~5皮黏土砖再砌砌块。砌块不够整块时宜用普通黏土砖填补。砌块隔墙的构造处理的方法同普通砖隔墙，但对于空心砖有时也可以竖向配筋拉结，如图2-41所示。

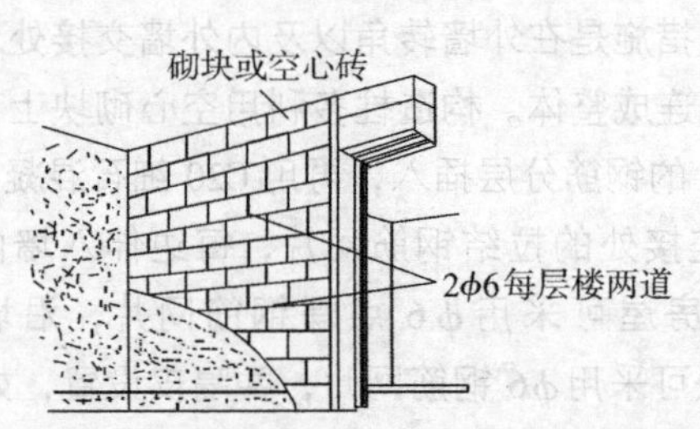

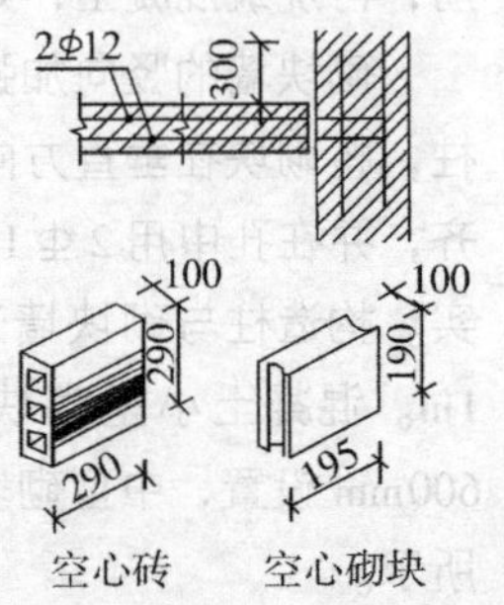

图2-41 砌块隔墙构造

(2) 骨架隔墙

骨架隔墙又名立筋隔墙，由骨架和面层两部分组成。它是以骨架为依托，把面层钉结、涂抹或粘贴在骨架上形成的隔墙。

1）骨架

骨架有木骨架、轻钢骨架、石膏骨架、石棉水泥骨架和铝合金骨架等。

骨架由上槛、下槛、墙筋、斜撑及横撑等组成。墙筋的间距取决于面板的尺寸，一般为400~600mm。骨架的安装过程是先用射钉将上、下槛固定在楼板上，然后安装龙骨（墙筋和横撑）。

2）面层

骨架隔墙的面层有人造板面层和抹灰面层。根据不同的面板和骨架材料可分别采用钉子、自攻螺钉、膨胀铆钉或金属夹子等，将面板固定在立筋骨架上。隔墙的名称是依据不同的面层材料而定的，如板条抹灰隔墙和人造板面层隔墙等。

（3）板材隔墙

板材隔墙是指单块轻质板材的高度相当于房间净高的隔墙，它不依赖骨架，可直接装配而成。由于板材隔墙是用轻质材料制成的大型板材，施工中直接拼装而不依赖骨架，因此它具有自重轻、安装方便、施工速度快、工业化程度高的特点。目前多采用条板，如加气混凝土条板、石膏条板、碳化石灰板、石膏珍珠岩板以及各种复合板（如泰柏板）。条板厚度大多为60~100mm，宽度为600~1000mm，长度略小于房间净高。安装时，条板下部先用一对对口木楔顶紧，然后用细石混凝土堵严，板缝用粘结砂浆或胶粘剂进行粘结，并用胶泥刮缝，平整后再做表面装修。

2.4.5 变形缝

为减少对建筑物的损坏，预先在建筑物变形敏感的部位将建筑结构断开，以保证建筑物有足够的变形宽度，使其免遭破坏而事先预留的垂直分割的人工缝隙称之为变形缝，它包括伸缩缝、沉降缝和防震缝。

（1）伸缩缝

伸缩缝是为防止建筑物受温度变化而引起变形、产生裂缝而设置的，又叫温度缝。伸缩缝要求建筑物的墙体、楼板层、屋顶等地面以上构件全部断开，以保证伸缩缝两侧的建筑构件能在水平方向自由伸缩。基础埋于地下，受温度变化影响较小，可不分开。

伸缩缝的间距与结构类型和房屋的屋盖类型以及有无保温层和隔热层有关，建筑结构设计规范中明确规定了伸缩缝的最大间距。见表2-4、表2-5。

钢筋混凝土结构伸缩缝最大间距（m） **表2-4**

结构类别		室内或土中	露天
排架结构	装配式	100	70
框架结构	装配式	75	50
	现浇式	55	35

续表

结构类别		室内或土中	露天
剪力墙结构	装配式	65	40
	现浇式	45	30
挡土墙、地下室墙等类结构	装配式	40	30
	现浇式	30	20

砌体建筑伸缩缝的最大间距　　表 2-5

砌体类型	屋顶或楼层结构类别		间距（m）
各种砌体	整体式或装配整体式钢筋混凝土结构	有保温层或隔热层的屋顶、楼层	50
		无保温层或隔热层的屋顶	40
	装配式无檩体系钢筋混凝土结构	有保温层或隔热层的屋顶、楼层	60
		无保温层或隔热层的屋顶	50
	装配式有檩体系钢筋混凝土结构	有保温层或隔热层的屋顶楼层	75
		无保温层或隔热层的屋顶	60
黏土砖、空心砖砌体	黏土瓦或石棉水泥瓦屋顶、木屋顶或楼层、砖石屋顶或楼层		100
石砌体			80
硅酸盐块砌体和混凝土块砌体			75

伸缩缝的宽度，一般为 20～30mm。因墙厚不同，墙身变形缝可做成平缝、错缝或企口缝等形式。为防止雨雪等对室内的渗透，外墙缝内应填塞可以防水、防腐蚀的弹性材料，如沥青麻丝、塑料条、橡胶条、金属调节片等。对内墙和外墙内侧的伸缩缝，从室内美观的角度考虑，通常以装饰性木板或金属调节板遮盖，木盖板一边固定在墙上，另一边悬空，以便适应伸缩变形的需要。伸缩缝处理，如图2-42所示。

（2）沉降缝

当建筑物由于各部位可能因地基不均匀沉降而引起结构变形破坏时，应考虑设置沉降缝，将建筑物划分成若干个可以自由沉降的独立单元。

下列情况应设置沉降缝：

①平面形状复杂的建筑物转角处（图 2-43*a*）；

②过长建筑物的适当部位；

③地基不均匀，难以保证建筑物各部分沉降量一致；

④同一建筑物相邻部分高度或荷载相差很大，或结构形式不同（图 2-43*b*）；

⑤建筑物的基础类型不同，以及分期建造房屋的毗连处（图 2-43*c*）。

设置沉降缝是为了适应建筑物各部分不均匀沉降在竖直方向上的自由变形，因此建筑物从基础到屋顶都要断开，沉降缝两侧应各有基础和墙体，以满足沉降和伸缩的双重需要。沉降缝的宽度与地基性质及建筑物的高度有关，最

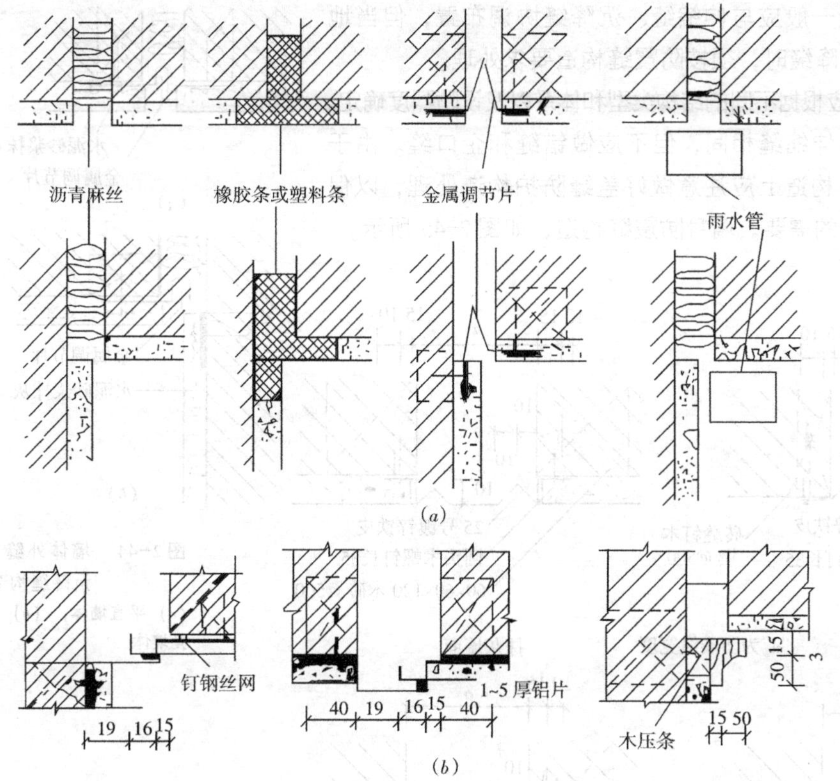

图 2-42 墙体伸缩缝构造
(a) 外墙伸缩缝；(b) 内墙伸缩缝

小为 30~70mm，在软弱地基上的建筑物，其缝宽应适当增大，沉降缝的盖缝处理如图 2-44 所示。

(3) 防震缝

在抗震设防烈度 7~9 度的地区，当建筑物体形复杂，结构刚度、高度相差较大时，应在变形敏感部位设置防震缝，将建筑物分成若干个体形简单、结构刚度较均匀的独立单元。

下列情况应设置防震缝：

①建筑物平面体形复杂，凹角长度过大或突出部分较多，应用防震缝将其分开，使其形成几个简单规整的独立单元；

②建筑物立面高差在 6m 以上，在高差变化处应设防震缝；

③建筑物毗连部分的结构刚度或荷载相差悬殊；

④建筑物有错层，且楼板错开距离较大，须在变化处设防震缝。

防震缝应沿建筑物全高设置，一般基础可不断开，但平面较复杂或结构需

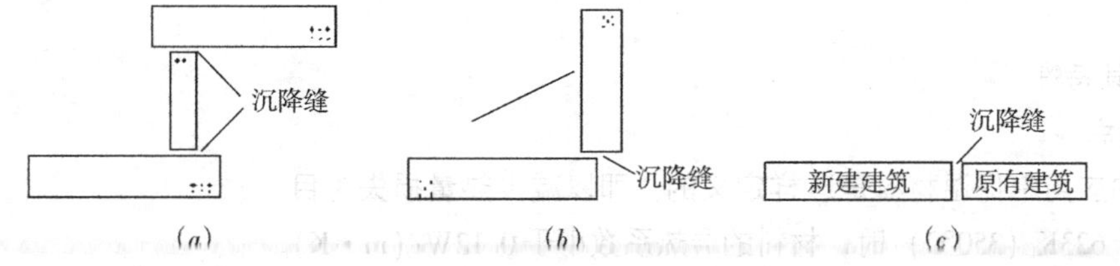

图 2-43 沉降缝设置部位举例
(a) 建筑物转角处；(b) 建筑物部分高差及荷载较大处；(c) 新旧建筑物毗连处

要时也可断开。防震缝一般应与伸缩缝、沉降缝协调布置，但当地震区需设置伸缩缝和沉降缝时，须按防震缝构造要求处理。

防震缝的最小宽度应根据不同的结构类型和体系以及设防烈度确定。

防震缝封盖做法与伸缩缝相同，但不应做错缝和企口缝。由于防震缝的宽度比较大，构造上应注意做好盖缝防护构造处理，以保证其牢固性和适应变形的需要。墙身防震缝构造，如图 2-45 所示。

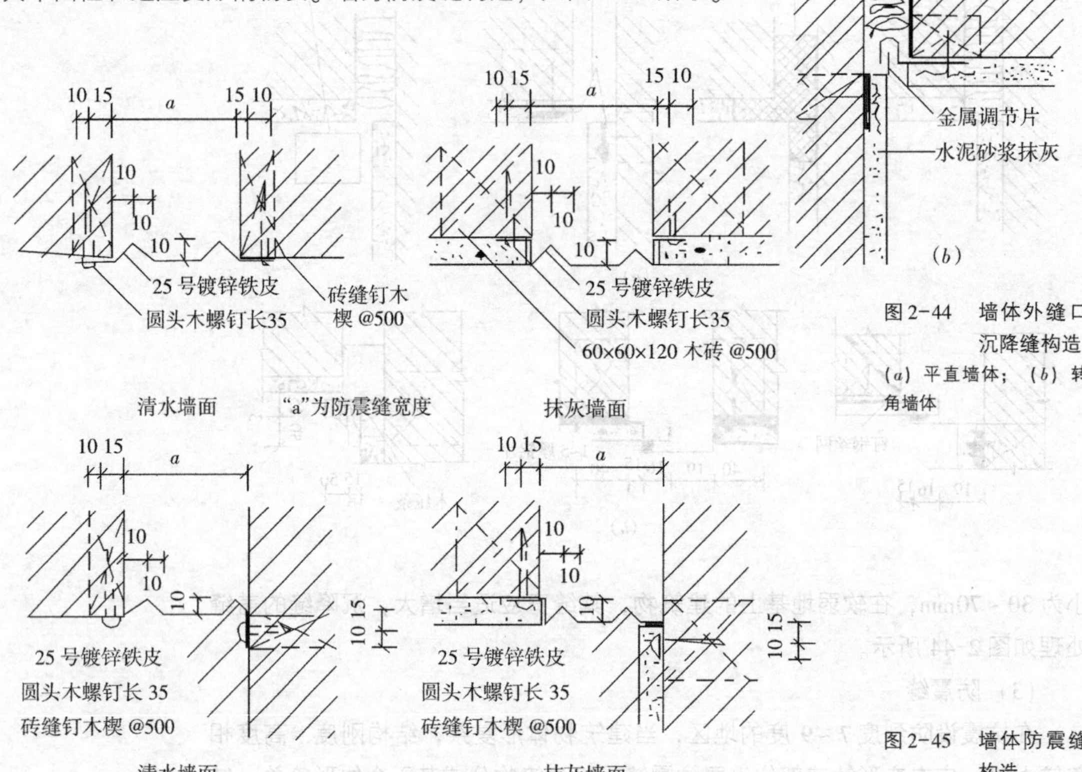

图 2-44　墙体外缝口沉降缝构造

(a) 平直墙体；(b) 转角墙体

图 2-45　墙体防震缝构造

2.4.6 保温构造

在科学技术迅猛发展的新经济时代，要保护人类的生存环境，改善大气污染状况，就应该大力推广应用新型的建筑节能材料，大力节约能源。尤其是住宅的采暖和空调能耗，它虽然能给人们带来较舒适的室内热环境，但它牺牲的是大量的资源和环境。国务院于 1999 年颁布了《关于推进住宅产业现代化，提高住宅质量的若干意见》，已将建筑节能与可持续发展作为我国现代化建设的重大战略来逐步实施。而保温材料就是建筑节能与可持续发展中不可缺少的重要物质基础。因此，合理地用好保温材料，设计好保温构造，具有十分重要的现实和经济意义。

(1) 保温材料及其特性

1) 保温材料的特点

在我国热力工程的应用中保温材料是这样定义的：即以减少热量损失为目的，在平均温度不大于 623K（350℃）时，材料的导热系数小于 0.12W/(m·K)

的材料称为保温材料。在一般的建筑保温中，人们把在常温（20℃）下，导热系数小于0.233 W/(m·K) 的材料称为保温材料。

保温材料是建筑材料的一个分支，它具有单位质量体积小、导热系数小的特点，其中导热系数小是最主要的特点。

2）保温材料的品种与选用

①保温材料的品种　我国的保温材料品种多，产量大，应用范围广。主要有岩棉、矿渣棉、玻璃棉、硅酸铝纤维、聚苯乙烯泡沫塑料（EPS）、挤塑聚苯乙烯泡沫塑料（XPS）、酚醛泡沫塑料、橡塑泡沫塑料、泡沫玻璃、膨胀珍珠岩、膨胀蛭石、硅藻土、稻草板、木屑板、加气混凝土、复合硅酸盐保温涂料、复合硅酸盐保温粉以及各种各样的制品和深加工的各类产品系列，还有绝热纸、绝热铝箔等。

②保温材料的选用要求　A. 保温材料的使用温度范围：根据工程实际，使所选用的保温材料在正常使用条件下，不会有较大的变形损坏，以保证保温效果和使用寿命。B. 保温材料的导热系数：在相同保温效果的前提下，导热系数小的材料其保温层厚度和保温结构所占的空间就更小。但在高温状态下，不要选用密度太小的保温材料，因为此时这种保温材料的导热系数可能会很大。C. 保温材料要有良好的化学稳定性：有强腐蚀性介质的环境中，要求保温材料不会与这些腐蚀性介质发生化学反应。D. 保温材料的机械强度要与使用环境相适应。E. 保温材料的寿命要与被保温主体的正常维修期基本相适应。F. 保温材料应选择吸水率小的。G. 按照防火的要求，保温材料应选用不燃或难燃的保温材料。H. 保温材料应有合适的单位体积价格和良好的施工性能。

（2）建筑热工分区

目前我国《民用建筑热工设计规范》GB 50176—93 将全国划分为五个建筑热工设计分区。

①严寒地区：累年最低月平均温度不高于 -10℃的地区，如黑龙江、内蒙古的大部分地区，这些地区应加强建筑物的防寒措施，不考虑夏季防热。

②寒冷地区：累年最低月平均温度高于 -10℃、不高于0℃的地区，如东北地区的吉林、辽宁，华北地区的山西、河北、北京、天津以及内蒙古的部分地区。这些地区应以满足冬季保温设计为主，适当兼顾夏季防热。

③夏热冬冷地区：最冷月平均温度为 0 ~ 10℃，最热月平均温度为 25 ~ 30℃，如陕西、安徽、江苏南部，广西、广东、福建北部地区。这些地区必须满足夏季防热要求，适当兼顾冬季保温。

④夏热冬暖地区：最冷月平均温度高于 10℃，最热月平均温度为 25 ~ 29℃，如广西、广东、福建南部地区和海南省。这些地区必须充分满足夏季防热要求，一般不考虑冬季保温。

⑤温和地区：最冷月平均温度为 0 ~ 13℃，最热月平均温度为 18 ~ 23℃。如云南、四川、贵州的部分地区。这些地区的部分地区应考虑冬季保温，一般不考虑夏季防热。

（3）建筑保温要求

①建筑物宜设在避风、向阳地段，尽量争取主要房间有较好日照。

②建筑物的体形系数（外表面积与包围的体积之比）应尽可能地小。体形上不能出现过多的凹凸面。

③严寒地区居住建筑不应设外廊和开敞式楼梯间，公共建筑的主要出入口应设置转门、热风幕等避风设施。寒冷地区居住建筑和公共建筑应设门斗。

④严寒和寒冷地区北向窗户的面积应予以控制，其他朝向的窗户面积也不宜过大。并尽量减少窗户的缝隙长度，以保证窗户的密闭性。

⑤严寒和寒冷地区的外墙和屋顶应进行保温验算，并保证不低于所在地区要求的总热阻值。

⑥对室温要求相近的房间宜集中布置。对热桥部分（主要传热渠道）应通过保温验算，并做适当的保温处理。

（4）墙体保温构造

1）保温层的设置原则与方式

①设置原则：在节能住宅的外墙设计中，一般都是用高效保温材料与结构材料、饰面材料复合以形成复合的节能外墙，使结构材料承重，让轻质材料保温、饰面材料装饰，实现各用所长，共同工作。这样，不仅墙厚小，还可以增加房屋的使用面积，而且保温性能好，更有利于墙体节能。

②设置方式：保温层设置在外墙室内一侧，称为内保温；保温层设置在外墙的室外一侧，称为外保温；保温层设置在外墙的中间部位，称为夹芯保温。在外墙的中间夹层保温中，当保温层是在外墙的柱、梁等外侧通过，即梁柱都被保了温，则称之为夹芯外保温。

2）墙体的保温措施

①增加墙体厚度：墙体的热阻与其厚度成正比，故严寒地区外墙厚度的确定，往往以保温设计为主，其厚度往往超过结构的需要。这种做法能满足热工要求，但却很不经济，又增加结构自重。

②选择导热系数小的墙体材料：由于大部分保温材料自身强度较低、承载能力差，因此，常采用轻质高效保温材料与砖、混凝土或钢筋混凝土组成复合保温墙体，并将保温材料放在靠低温一侧以利保温。这种复合墙既能承重又可保温，但构造比较复杂。有时在墙体中部设置封闭的空气间层或带有铝箔的空气间层以获墙的保温效果，如图 2-46 所示。

③采取隔汽措施：冬季，由于外墙两侧存在温度差，室内高温一侧的水蒸气会向室外低温一侧渗透，这种现象称为蒸汽渗透。在蒸汽渗透过程中，遇到露点温度时蒸汽会凝结成水，称凝结水或结露。如果凝结水发生在外墙内表面，会使室内装修变质损坏；如果凝结水发生在墙体内部，会使保温材料内孔隙中充满水分，从而降低材料的保温性能，缩短使用寿命。为防止墙体产生内部凝结，常在墙体的保温层靠高温的一侧，即蒸汽渗入的一侧设置隔汽层，如图 2-47 所示。隔汽层一般采用沥青、卷材、隔汽涂料等。

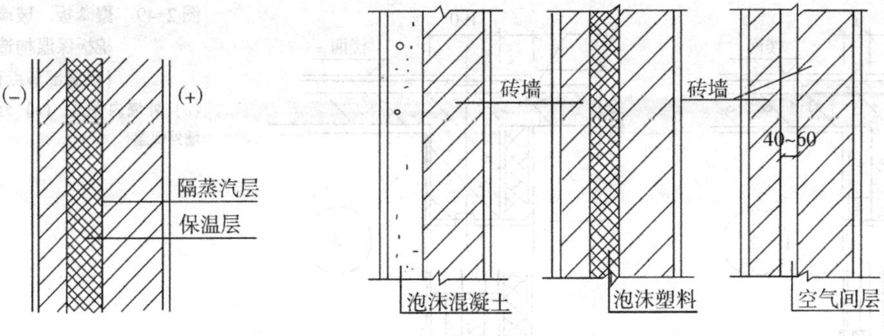

图 2-46 墙体保温构造（左）
图 2-47 隔蒸汽措施（右）

3）围护结构保温构造

为了满足墙体的保温要求，在寒冷地区外墙的厚度与做法应由热工计算来确定。采用单一材料的墙体，其厚度应由计算确定，并按模数统一尺寸。为减轻墙体自重，还可以采用夹芯墙、空气间层墙及外贴保温材料的做法。图 2-48、图 2-49 表示的为聚苯板、玻璃棉板外墙内保温、外保温、夹芯保温构造。

（5）节能保温材料在建筑墙体中的应用

大力推广应用节能保温技术有利于环保，有利于促进保温材料工业的发展，有利于促进墙体材料的革新，有利于促进建筑业的发展。反过来它又促进

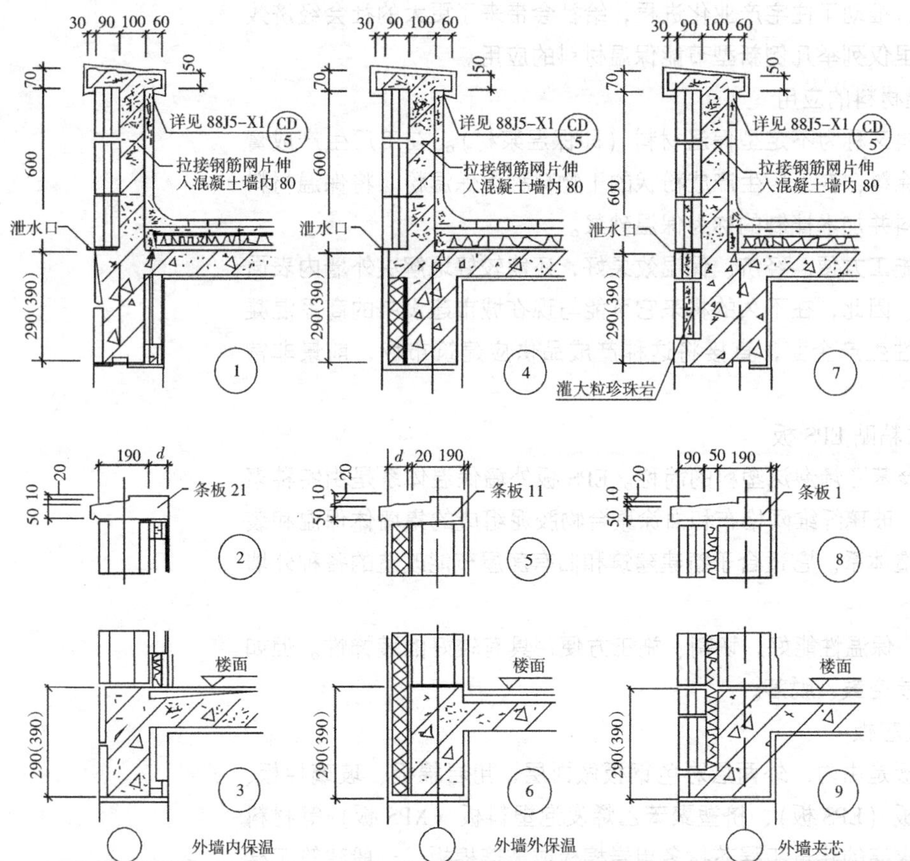

图 2-48 聚苯板、玻璃棉板保温构造（中部、檐口节点）

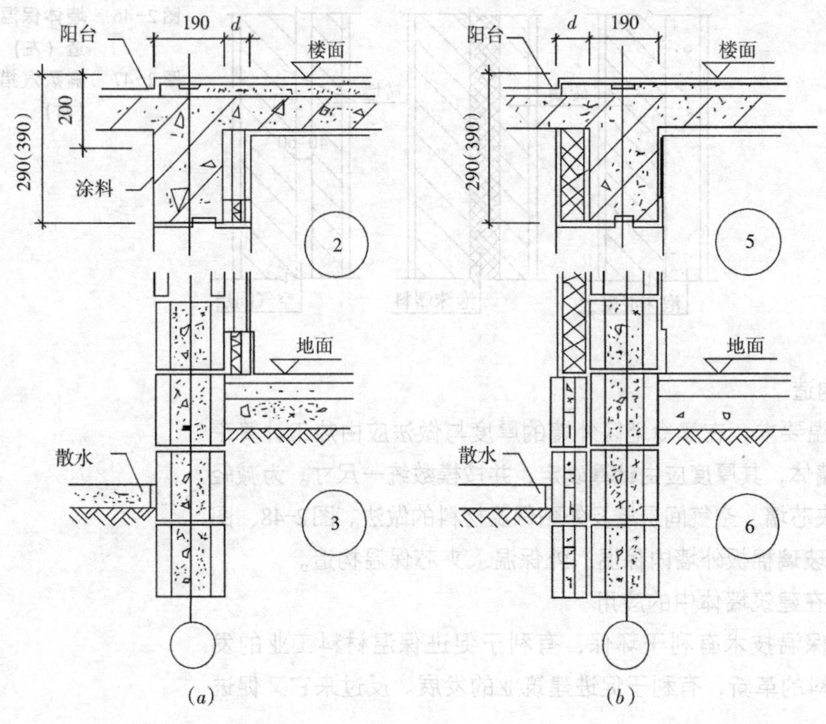

图 2-49　聚苯板、玻璃棉板保温构造（墙脚部节点）
(a) 外墙内保温；(b) 外墙外保温

了建筑技术的进步，推动了住宅产业化进程，给社会带来了更大的社会经济效益和环保效益。这里仅列举几例新型节能保温材料的应用。

1）涂抹型保温材料的应用

涂抹型保温材料又称为不定型保温材料（即保温浆材）。在工厂生产成膏状的产品称为保温涂料；在工厂生产成粉状的干物料称为保温粉。将保温材料及胶粘剂在现场配料并加水拌制的称为保温砂浆。

这种保温材料施工方便、经济、保温效果好，还能较好地解决外墙内表面在冬季结露的问题，因此，在不久的将来它可能与现在城市建设中的商品混凝土一样，形成规模性生产企业，直接将这种产成品供应建筑市场，前景非常广阔。

2）外墙外表面粘贴 EPS 板

EPS 板是膨胀聚苯乙烯泡沫塑料的简称。EPS 板外墙保温体系是由特种聚合物胶泥、EPS 板、玻璃纤维网格布和面涂聚合物胶泥组成的集墙体保温和装饰于一体的新型构造体系。它适合于新建建筑和旧有房屋节能改造的各种外墙的外保温。

EPS 板质量轻、保温性能好，切割、施工方便，具有较好的装饰性。但如果粘贴不牢或受潮易空鼓、脱落。

3）彩板保温夹芯板

彩板保温夹芯板是由内、外两层彩色钢板做面层，用岩棉板、玻璃棉板、聚苯乙烯泡沫塑料板（EPS 板）、挤塑聚苯乙烯发泡塑料板（XPS 板）等材料做芯材。对防火要求高的建筑工程芯材多用岩棉板或玻璃棉板。一般建筑工程芯材多用聚苯乙烯发泡塑料板。

彩板保温夹芯板是通过自动化连续成型机，将彩色钢板压型后，用高强胶粘剂把表层彩色钢板与保温芯板粘结并加热压制成的夹芯板。

彩板保温夹芯板是一种多功能的新型高效建筑板材。具有防寒、保温、质轻、防水、装饰等功能，主要用于公共建筑、工业厂房的墙面和屋面、建筑装修等，还可以用于组合式冷库以及钢结构的其他建筑工程的围护墙、轻质隔墙、活动房等。

彩板保温夹芯板集外形美观、形式多样、结构新颖、轻质高强、组合灵活、重复使用、施工高速快捷、使用寿命长于一身，是当代国际推行的新型轻质建筑板材，很受建筑业的欢迎。

2.5 楼地面构造

2.5.1 楼板层的基本构成及其分类

(1) 楼地面的基本构成

楼板层是用来分隔建筑空间的水平承重构件，它在竖向将建筑物分成许多个楼层。楼板层可将使用荷载连同其自重有效地传递给其他的支撑构件，即墙或柱，再由墙或柱传递给基础。楼板层要求具有足够的强度和刚度；它还具有一定的隔声、防火、热工等功能。

地面层是分隔建筑物最底层房间与下部土层的水平构件，它承受着作用在上面的各种荷载，并将这些荷载安全地传给地基。

楼板层一般由面层、结构层和顶棚层等几个基本层次组成，地面层由素土夯实层、垫层和面层等基本层次组成，如图 2-50 所示。

1) 面层

面层又称楼面或地面，是楼板上表面的构造层，也是室内空间下部的装修层。面层对结构层起着保护作用，使结构层免受损坏，同时，也起装饰室内的作用。根据各房间的功能要求不同，面层有多种不同的做法。

2) 结构层

结构层位于面层和顶棚层之间，是楼板层的承重部分，包括板、梁等构件。结构层承受整个楼板层的全部荷载，并对楼板层的隔声、防火等起主要作用。地面层的结构层为垫层，垫层将所承受的荷载及自重均匀地传给夯实的地基。

图 2-50 楼板层及地面层的组成
(*a*) 预制楼板层；(*b*) 现浇楼板层；(*c*) 地面层

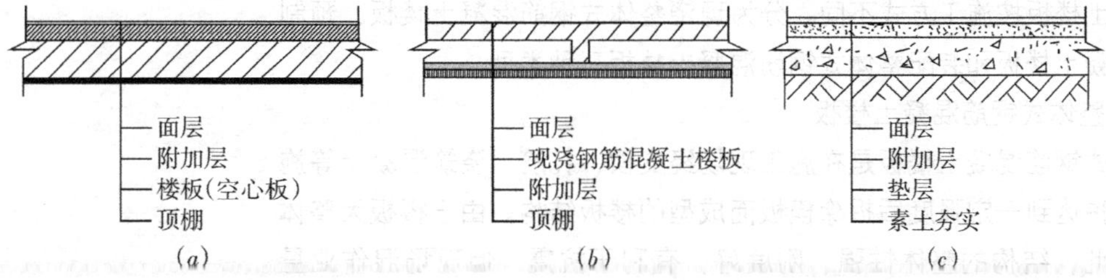

3）附加层

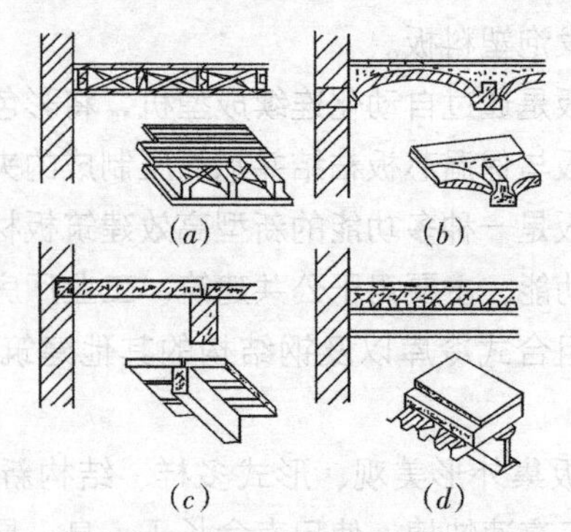

图 2-51 楼板的类型
(a) 木楼板；(b) 砖拱楼板；(c) 钢筋混凝土楼板；(d) 压型钢板组合楼板

附加层通常设置在面层和结构层之间，有时也布置在结构层和顶棚之间，主要有管线敷设层、隔声层、防水层、保温或隔热层等。管线敷设层是用来敷设水平设备暗管线的构造层；隔声层是为隔绝撞击声而设的构造层；防水层是用来防止水渗透的构造层；保温或隔热层是改善热工性能的构造层。

4）顶棚层

顶棚层是楼板层下表面的构造层，也是室内空间上部的装修层。顶棚的主要功能是保护楼板、安装灯具、装饰室内空间以及满足室内的特殊使用要求。

(2) 楼板的类型

根据楼板结构层所使用的材料不同，可分为以下几种类型，如图 2-51 所示。

1）木楼板

木楼板是我国传统做法，采用木梁承重，上做木地板，下做板条抹灰顶棚。具有自重轻、构造简单等优点，但其耐火性、耐久性、隔声能力较差。为节约木材，目前已很少采用。

2）砖拱楼板

砖拱楼板可以节约钢材、水泥，但自重较大，抗震性能差，而且楼板层厚度较大，施工复杂，目前已经很少使用。

3）钢筋混凝土楼板

钢筋混凝土楼板强度高，刚度好，有较强的耐久性和防火性能，具有良好的可塑性，便于工业化生产和机械化施工，是目前我国房屋建筑中广泛采用的一种楼板形式。

4）压型钢板组合楼板

压型钢板组合楼板是在钢筋混凝土基础上发展起来的，这种组合体系是利用凹凸相间的压型薄钢板作衬板与现浇混凝土浇筑在一起而形成的钢衬板组合楼板，既提高了楼板的强度和刚度，又加快了施工进度。近年来主要用于大空间、高层民用建筑和大跨度工业厂房中。

2.5.2 钢筋混凝土楼板

钢筋混凝土楼板按施工方式不同，分为现浇整体式钢筋混凝土楼板、预制装配式钢筋混凝土楼板和装配整体式钢筋混凝土楼板三种类型。

(1) 现浇整体式钢筋混凝土楼板

现浇整体式钢筋混凝土楼板是在施工现场经支模、扎筋、浇筑混凝土等施工工序，再养护达到一定强度后拆除模板而成型的楼板结构。由于楼板为整体浇筑成型，因此，结构的整体性强、刚度好，有利于抗震，但现场湿作业量大，施工速度较慢，施工工期较长，主要适用于平面布置不规则，尺寸不符合模数要求或管道穿越较多的楼面，以及对整体刚度要求较高的高层建筑。随着高层建筑的日益增多，施工技术的不断革新和组合式钢模板的发展，现浇钢筋混凝土楼板的应用逐渐增多。

现浇钢筋混凝土楼板按其结构类型不同，可分为板式楼板、梁板式楼板、井式楼板、无梁楼板。此外，还有压型钢板混凝土组合楼板。

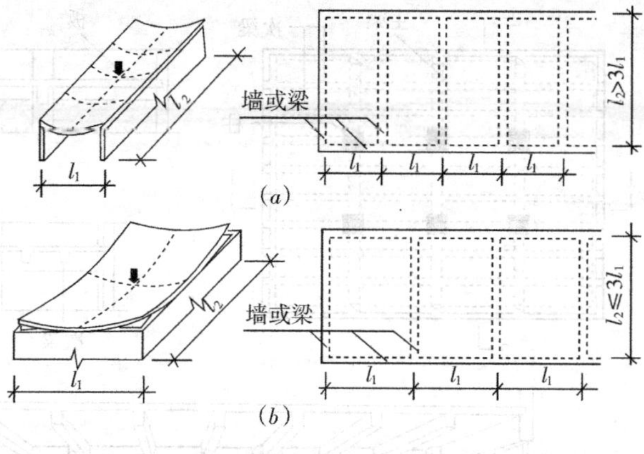

图 2-52　楼板的传力方式
(a) 单向板；(b) 双向板

1）板式楼板

将楼板现浇成一块平板，并直接支承在墙上，这种楼板称为板式楼板。板式楼板底面平整，便于支模施工，是最简单的一种形式，适用于平面尺寸较小的房间（如住宅中的厨房、卫生间等）以及公共建筑的走廊。

楼板按其支撑情况和受力特点分为单向板和双向板。当板的长边尺寸 l_2 与短边尺寸 l_1 之比 l_2/l_1 大于 3 时，在荷载作用下，楼板基本上只在 l_1 方向上挠曲变形，而在 l_2 方向上的挠曲很小，这表明荷载基本沿 l_1 方向传递，称为单向板，如图2-52（a）所示。当 l_2/l_1 不大于 3 时，楼板在两个方向都挠曲，即荷载沿两个方向传递，称为双向板，如图 2-52（b）所示。

2）梁板式楼板

当房间的跨度较大时，若仍采用板式楼板，会因板跨较大而增加板厚。这不仅使材料用量增多，板的自重加大，而且使板的自重在楼板荷载中所占的比重增加。为了使楼板结构的受力和传力更为合理，应采取措施控制板的跨度，通常可在板下设梁来增加板的支点，从而减小板跨。这时，楼板上的荷载先由板传给梁，再由梁传给墙或柱。这种由板和梁组成的楼板称为梁板式楼板，如图 2-53 所示。

梁板式楼板通常在纵横两个方向都设置梁，有主梁和次梁之分。主梁和次梁的布置应整齐有规律，并应考虑建筑物的使用要求、房间的大小形状及荷载作用情况等。一般主梁沿房间短跨方向布置，次梁则垂直于主梁布置。对短向跨度不大的房间，也可以只沿房间短跨方向布置一种梁。除了考虑承重要求之外，梁的布置还应考虑经济合理性。一般主梁的经济跨度为 5～8m，主梁的高度为跨度的 1/14～1/8，主梁的宽度为高度的 1/3～1/2。主梁的间距即为次梁的跨度，次梁的跨度一般为 4～6m，次梁的高度为跨度的 1/18～1/12，次梁的宽度为高度的 1/3～1/2。次梁的间距即为板的跨度，一般为 1.7～2.7m，板的厚度一般为 80～100mm。

3）井式楼板

对平面尺寸较大且平面形状为方形或近于方形的房间或门厅，可将两个方

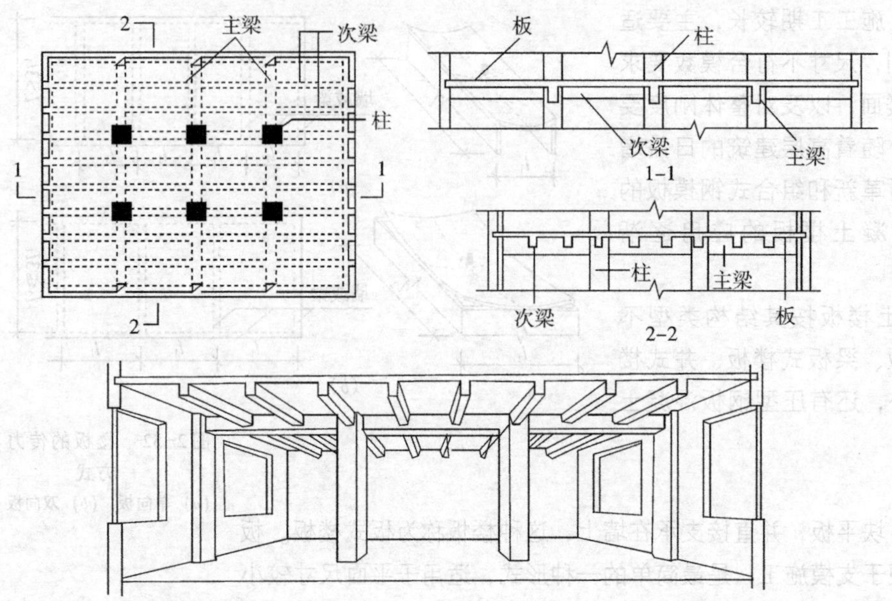

图 2-53 梁板式楼板

向的梁等间距布置，并采用相同的梁高，形成井字形梁，称为井字梁式楼板或井式楼板，如图 2-54 所示。它是梁式楼板的一种特殊布置形式，井式楼板无主梁、次梁之分。井式楼板的梁通常采用正交正放或正交斜放的布置方式，由于布置规整，故具有较好的装饰性。一般多用于公共建筑的门厅或大厅。

4）无梁楼板

对于平面尺寸较大的房间或门厅，有时楼板层也可以不设梁，直接将板支承于柱上，这种楼板称为无梁楼板，如图 2-55 所示。无梁楼板分无柱帽和有柱帽两种类型。当荷载较大时，为避免楼板太厚，应采用有柱帽无梁楼板，以增加板在柱上的支承面积。当楼面荷载较小时，可采用无柱帽楼板。无梁楼板的柱网应尽量按方形网格布置，跨度在 6m 左右较为经济，板的最小厚度通常为 150mm，且不小于板跨的 1/35 ~ 1/32。这种楼板多用于楼面荷载较大的展览馆、商店、仓库等建筑。

5）压型钢板混凝土组合楼板

压型钢板混凝土组合楼板是利用凹凸相间的压型薄钢板作衬板与现浇混凝土浇筑在一起支承在钢梁上构成整体型楼板，又称钢衬板组合楼板。

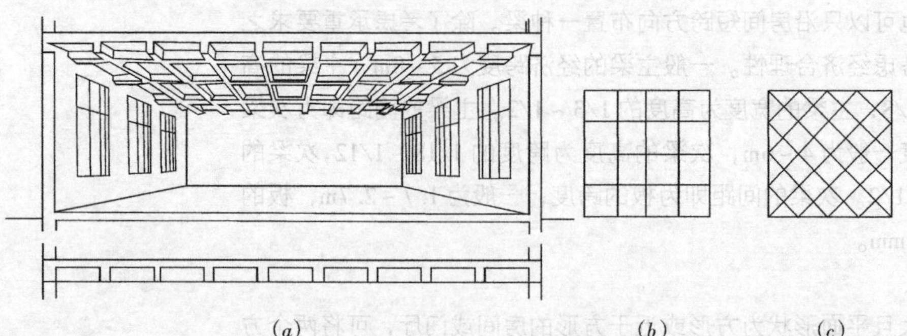

图 2-54 井式楼板
(*a*) 示意；(*b*) 正交正放梁格；(*c*) 正交斜放梁格

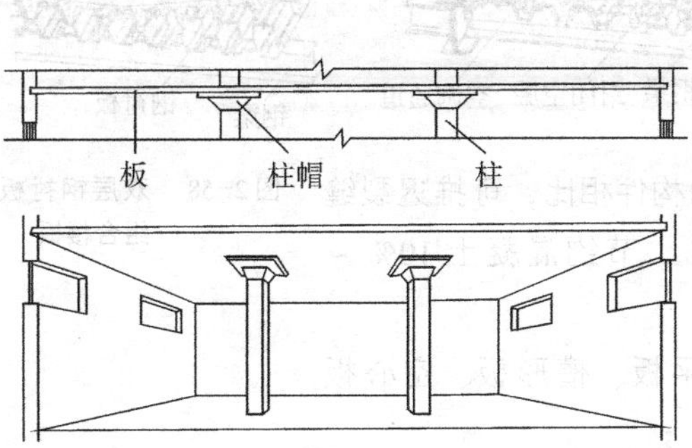

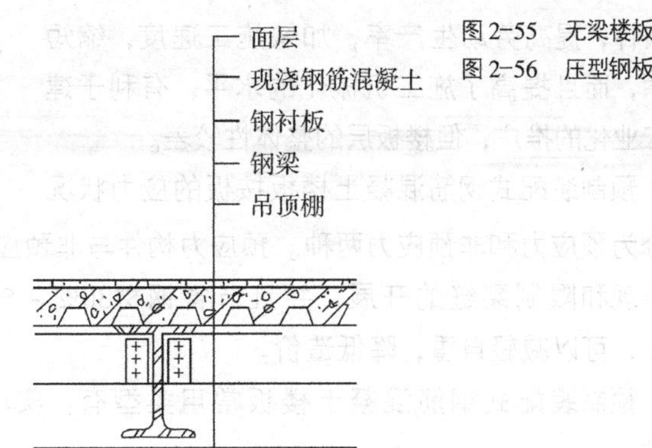

图 2-55　无梁楼板(左)
图 2-56　压型钢板(右)

压型钢板混凝土组合楼板主要由楼面层、组合板和钢梁三部分组成。组合板包括混凝土和钢衬板。此外，还可根据需要吊顶棚，如图 2-56 所示。组合楼板的经济跨度在 2 ~3m 之间。

压型钢板混凝土组合楼板，以压型钢板作衬板来现浇混凝土，使压型钢板和混凝土浇筑在一起共同作用。压型钢板用来承受楼板下部的拉应力，同时也是浇筑混凝土的永久性模板。此外，还可利用压型钢板的空隙敷设管线。这种楼板不仅具有钢筋混凝土楼板强度高、刚度大和耐久性好等优点，而且具有比钢筋混凝土楼板自重轻，施工速度快，承载能力更好等特点。适用于大空间建筑和高层建筑，在国际上已普遍采用。但其耐火性和耐锈蚀的性能不如钢筋混凝土楼板，且用钢量大，造价较高，在国内采用较少。

压型钢板混凝土组合楼板构造形式较多，根据压型钢板形式的不同有单层钢衬板组合楼板和双层钢衬板组合楼板之分。单层钢衬板组合楼板的构造比较简单，只设单层钢衬板，如图 2-57 所示。双层钢衬板组合楼板通常是由两层截面相同的压型钢板组合而成，也可由一层压型钢板和一层平钢板组成。双层压型钢板楼板的承载能力更好，两层钢板之间形成的空腔便于设备管线敷设，如图 2-58 所示。

（2）预制装配式钢筋混凝土楼板

预制装配式钢筋混凝土楼板是指在预制构件加工厂或施工现场外预先制作，然后再运到施工现场装配而成的钢筋混凝土楼板。这种楼板可节省模板，改善劳

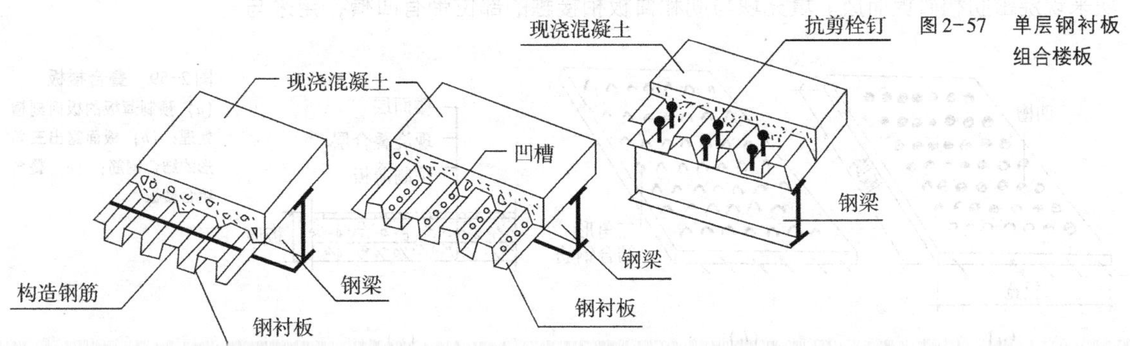

图 2-57　单层钢衬板组合楼板

动条件，提高劳动生产率，加快施工速度，缩短工期，而且提高了施工机械化的水平，有利于建筑工业化的推广，但楼板层的整体性较差。

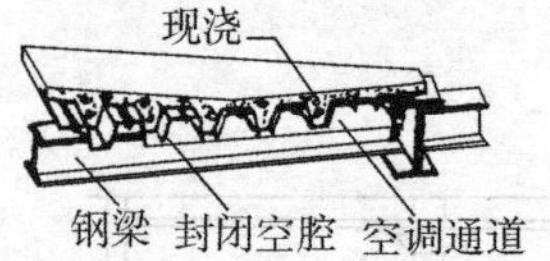

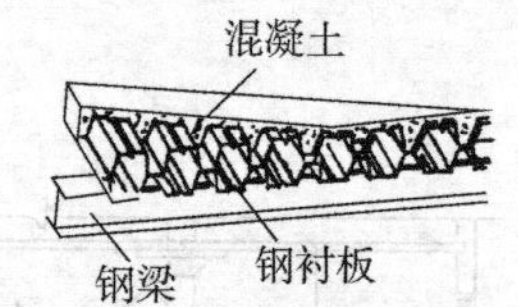

图 2-58 双层钢衬板组合楼板

预制装配式钢筋混凝土楼板按板的应力状况可分为预应力和非预应力两种。预应力构件与非预应力构件相比，可推迟裂缝的出现和限制裂缝的开展，并且节省钢材30%～50%，节约混凝土10%～30%，可以减轻自重，降低造价。

预制装配式钢筋混凝土楼板常用类型有：实心平板、槽形板、空心板三种。

由于目前预制装配式楼板较少使用，所以对其构造不做详述。

(3) 装配整体式钢筋混凝土楼板

装配整体式钢筋混凝土楼板是先将楼板中的部分构件预制，现场安装后，再浇筑混凝土面层而形成的整体楼板。这种楼板的整体性较好，又可节省模板，施工速度也较快，集中了现浇和预制混凝土楼板的优点。

1) 叠合楼板

叠合楼板是由预制板和现浇钢筋混凝土层叠合而成的装配整体式楼板。预制板既是楼板结构的组成部分之一，又是现浇钢筋混凝土叠合层的永久性模板，现浇叠合层内可敷设水平设备管线。叠合楼板整体性好，刚度大，可节省模板，而且板的上下表面平整，便于饰面层装修，适用于对整体刚度要求较高的高层建筑和大开间建筑。

叠合楼板的预制板部分，通常采用预应力或非预应力薄板，板的跨度一般为4～6m，预应力薄板最大可达9m，板的宽度一般为1.1～1.8m，板厚通常为50～70mm。叠合楼板的总厚度一般为150～250mm。为使预制薄板与现浇叠合层牢固地结合在一起，可将预制薄板的板面做适当处理，如板面刻槽、板面露出结合钢筋等，如图2-59所示。

2) 密肋填充块楼板

密肋填充块楼板是采用间距较小的密助小梁做承重构件，小梁之间用轻质砌块填充，并在上面整浇面层而形成的楼板。密肋小梁有现浇和预制两种。

现浇密肋填充块楼板是以陶土空心砖、矿渣混凝土空心块等作为肋间填充块来现浇密肋和面板而成。填充块与肋和面板相接触的部位带有凹槽，用来与

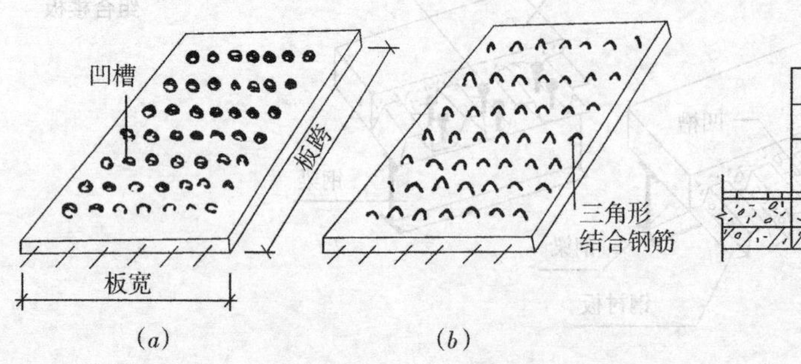

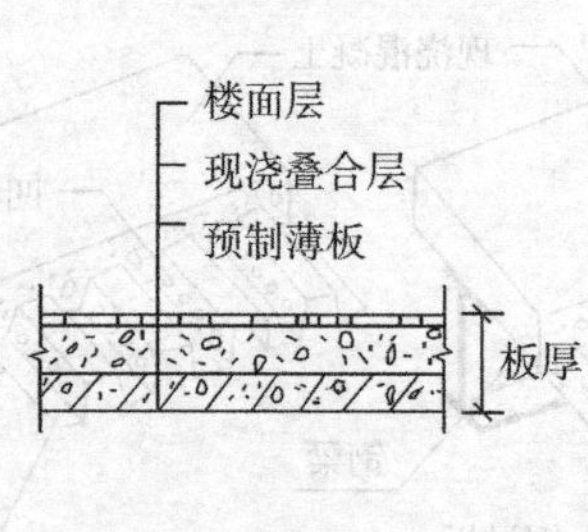

图 2-59 叠合楼板
(a) 预制薄板的板面刻槽处理；(b) 板面露出三角形的结合钢筋；(c) 叠合组合楼板

现浇的肋、板咬接，加强楼板的整体性。肋的间距一般为 300 ~ 600mm，面板的厚度一般为 40 ~ 50mm，楼板的适用跨度 4 ~ 10m。

2.5.3 楼地层的防潮、防水、保温、隔声及变形缝构造

（1）地层防潮和保温

地层与土层直接接触，土层中的水分因毛细现象作用上升引起地面受潮，严重影响室内卫生和使用。当室内空气相对湿度较大时，由于地表温度较低会在地面产生结露现象，引起地面受潮。为有效防止室内受潮，避免地面结构层受潮而破坏，需对地层做必要的防潮处理如图 2-60 所示。

1）吸湿地面

一般采用黏土砖、大阶砖、陶土防潮砖做地面的面层。由于这些材料中存在大量孔隙，当返潮时，面层会暂时吸收少量冷凝水，待空气湿度较小时，水分又能自动蒸发掉，因此地面不会感到有明显的潮湿现象。

2）防潮地面

在地面垫层和面层之间加设防潮层的做法称为防潮地面。其一般构造为：先刷冷底子油一道，再铺设热沥青、油毡等防水材料，阻止潮气上升；也可在垫层下均匀铺设卵石、碎石或粗砂等，切断毛细管的通路。

3）架空式地坪

将底层地坪架空，使地坪不接触土层，形成通风间层，以改变地面的温度状况，同时带走地下潮气。

（2）楼地层防水

建筑物内的厕所、盥洗室、淋浴间等房间由于使用功能的要求，往往容易积水，处理不当容易发生渗水漏水现象。为不影响房间的正常使用，应做好这些房间楼地层的排水和防水构造。

1）楼地面排水

为使楼地面排水畅通，需将楼地面设置一定的坡度，一般为 1% ~ 1.5%，并在最低处设置地漏。为防止积水外溢，用水房间的地面应比相邻房间或走道的地面低 20 ~ 30mm，或在门口做 20 ~ 30mm 高的挡水门槛，如图 2-61（*a*）、（*b*）所示。

图 2-60 地面防潮和保温
（*a*）吸湿地面；（*b*）保温地面；（*c*）设防潮层；（*d*）架空式地面

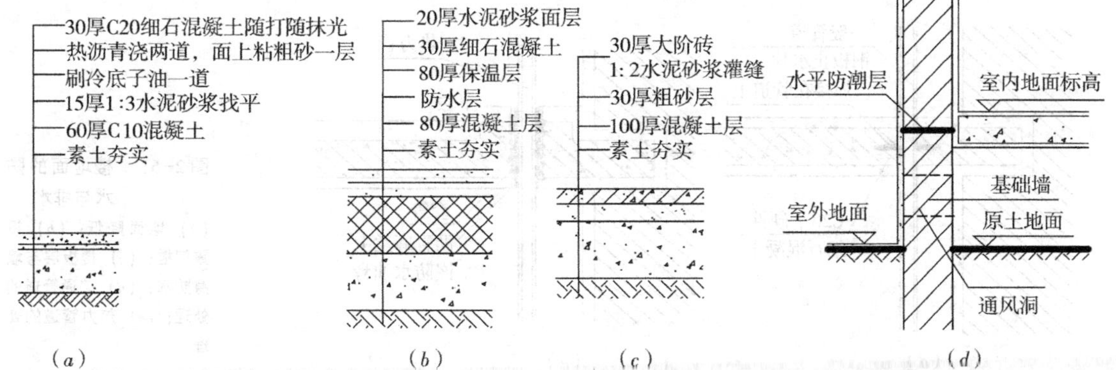

2）楼面防水

在楼面防水的众多方案之中，现浇楼板是楼面防水的最佳选择，有用水要求的房间四周用现浇混凝土做 150～200mm 的防水处理，面层也应选择防水性能较好的材料。对防水要求较高的房间，还需在结构层与面层之间增设一道防水层。常用材料有防水砂浆、防水涂料、防水卷材等。同时，将防水层沿四周墙身上升 150～200mm，如图 2-61（*c*）所示。

当有竖向设备管道穿越楼板层时，应在管线周围做好防水密封处理。一般在管道周围用 C20 干硬性细石混凝土密实填充，再用二布二油橡胶酸性沥青防水涂料做密封处理。热力管道穿越楼板时，应在穿越处埋设套管（管径比热力管道稍大），套管高出地面约 30mm，如图 2-61（*d*）、（*e*）所示。

（3）楼层隔声

为避免上下楼层之间的相互干扰，楼层应满足一定的隔声要求。噪声的传播主要有两种途径：一是固体传声，如楼上人的行走、家具的拖动、撞击楼板等声音；二是空气传声。楼层隔声的重点是隔绝固体传声，减弱固体的撞击能量，可采取以下几项措施：

1）采用弹性面层材料

在楼层地面上铺设弹性材料，如铺设木板、地毯等，以降低楼板的振动，从而减弱固体传声。这种方法效果明显，是目前最常用的构造措施。

2）采用弹性垫层材料

在楼板结构层与面层之间铺设片状、条状、块状的弹性垫层材料，如木丝板、甘蔗板、软木板、矿棉毡等，使面层与结构层分开，形成浮筑楼板，以减弱楼板的振动，进一步达到隔声的目的。

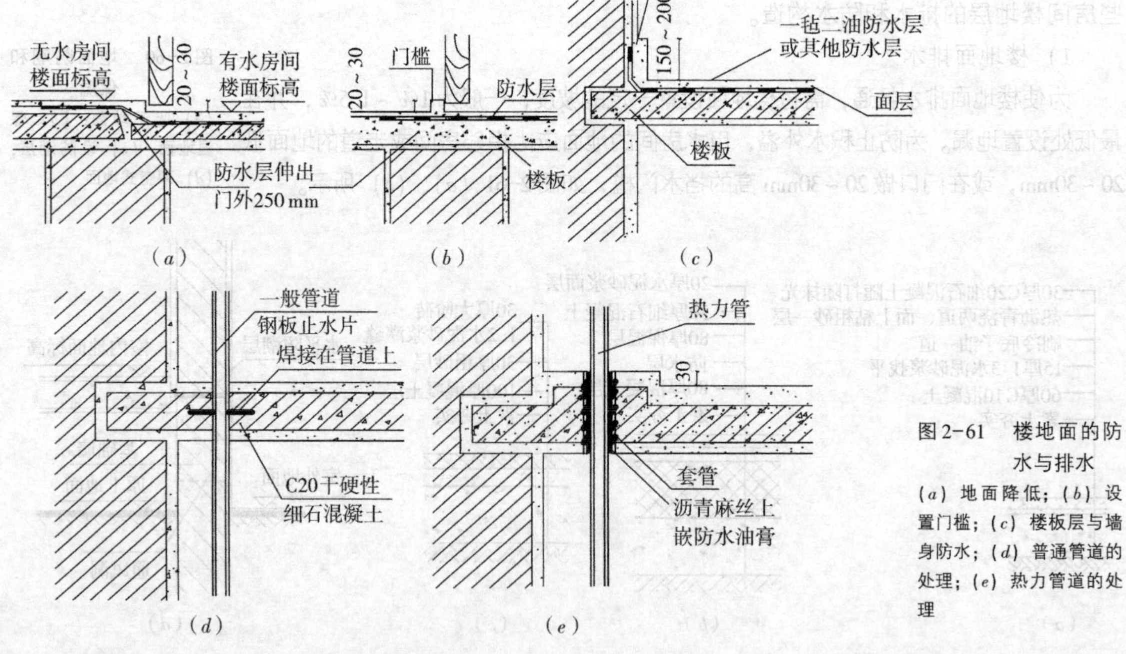

图 2-61　楼地面的防水与排水
（*a*）地面降低；（*b*）设置门槛；（*c*）楼板层与墙身防水；（*d*）普通管道的处理；（*e*）热力管道的处理

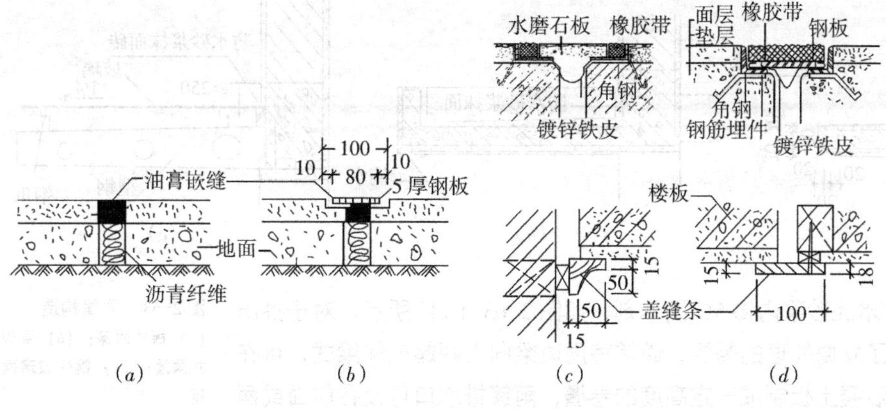

图 2-62　楼地面、顶棚伸缩缝构造

(a) 地面油膏嵌缝；(b) 地面钢板盖缝；(c) 楼板靠墙处变形缝；(d) 楼板变形缝

3）增设吊顶

在楼层下做吊顶，利用隔绝空气声的措施来阻止声音的传播，也是一种有效的隔声措施，其隔声效果取决于吊顶的面层材料，应尽量选用密实、吸声、整体性好的材料。吊顶的挂钩宜选用弹性连接。

(4) 保温地面

楼地面还应满足一定的热工要求。对于有一定温、湿度要求的房间，常在楼层中设置保温层，使楼面的温度与室内温度一致，减少通过楼板的冷热损失。保温材料可以用保温砂浆或保温板材料形式。

就底层地面而言，对地下水位低，地基土层干燥的地区，可在水泥地坪以下铺设一层 150mm 厚 1∶3 水泥焦渣保温层，以降低地坪温度差，如图 2-60 (b) 所示。在地下水位较高地区，可将保温层设在面层与混凝土结构层之间，并在保温层下铺防水层，上铺 30mm 厚细石混凝土层，最后做面层。

(5) 楼地面变形缝

楼地面变形缝的位置与缝宽与墙体变形缝一致，地面变形缝设置位置与楼板层变形缝位置一致，构造比较简单。

变形缝内常以具有弹性的油膏、沥青、麻丝、金属或塑料调节片等材料做填缝或盖缝处理，上铺与地面材料相同的活动盖板、钢板或橡胶条等以防灰尘下落。卫生间等有水房间中的变形缝尚应做好防水处理。顶棚的缝隙盖板一般为木质或金属，木盖板一般固定在一侧以保证两侧结构的自由伸缩和沉降（图 2-62）。

2.5.4 雨篷与阳台

(1) 雨篷

雨篷位于建筑物出入口上方，用于遮挡雨水，保护外门不受侵害，并具有一定的装饰作用。雨篷多为现浇钢筋混凝土和钢结构悬挑构件，有板式和梁板式两种形式，其悬挑长度一般为 1～1.5m（图 2-63）。有些雨篷由于建筑造型或使用功能的要求，其悬挑尺寸较大。

雨篷所受的荷载较小，因此雨篷板的厚度较薄，可做成变截面形式，雨篷挑出长度较小时，构造处理较简单，可采用无组织排水，在板底周边设滴水，雨篷

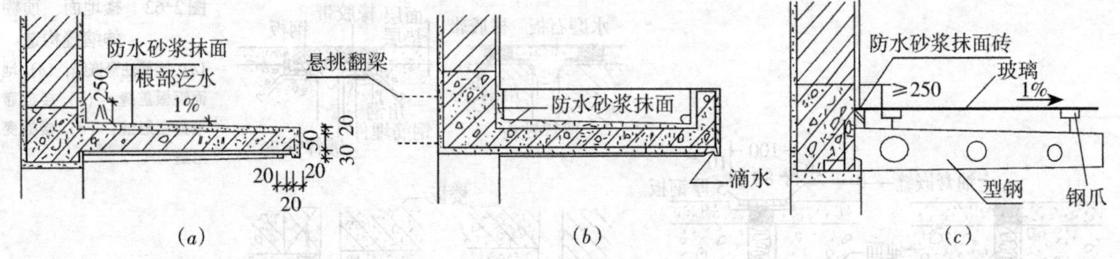

图 2-63 雨篷构造
(a) 板式雨篷；(b) 梁板式雨篷；(c) 钢化玻璃雨篷

顶面抹 15mm 厚 1∶2 水泥砂浆内掺 5% 防水剂，如图 2-63 (a) 所示。对于挑出长度较大的雨篷，为了立面处理的需要，通常将周边梁向上翻起成侧梁式，可在雨篷外沿用砖或钢筋混凝土板制成一定高度的卷檐，雨篷排水口可设在前面或两侧，为防止上部积水，出现渗漏，雨篷顶部及四侧常做防水砂浆抹面形成泛水，如图 2-63 (b) 所示。雨篷由型钢和钢化玻璃制成，如图 2-63 (c) 所示。

雨篷的造型有多种，具体可参考图 2-64 所示。

(2) 阳台

阳台是多层和高层建筑中人们接触室外的平台，可供使用者在上面休息、眺望、晾晒衣物或从事其他活动。同时，良好的阳台造型设计还可以增加建筑物的外观美感。

1) 阳台的形式

按阳台与外墙的相对位置不同，可分为凸阳台、凹阳台、半凸半凹阳台及转角阳台，如图 2-65 所示；按施工方法不同，还可分为预制阳台和现浇阳台；

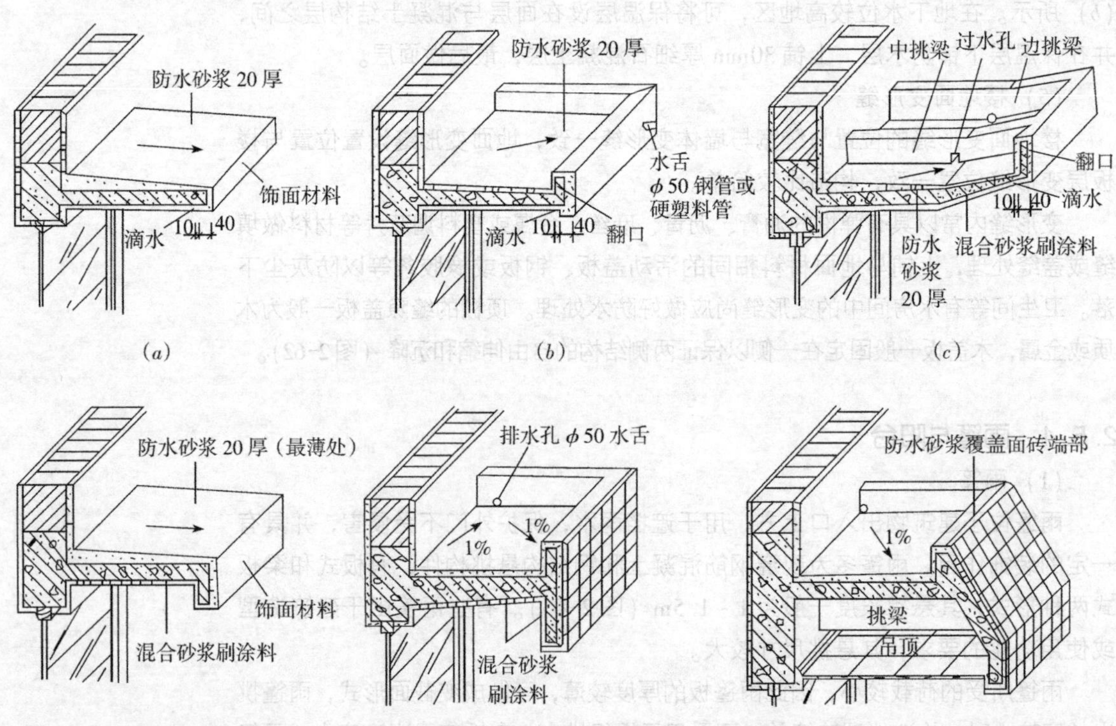

图 2-64 雨篷的造型
(a) 自由落水雨篷；(b) 有翻口有组织排水雨篷；(c) 折挑倒梁有组织排水雨篷；(d) 下翻口自由落水雨篷；(e) 上下翻口有组织排水雨篷；(f) 下挑梁有组织排水带吊顶雨篷

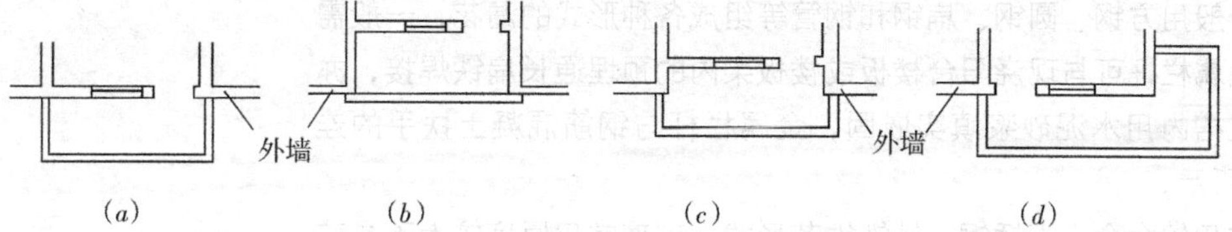

图 2-65　阳台的类型
(*a*) 挑阳台；(*b*) 凹阳台；(*c*) 半凸半凹阳台；(*d*) 转角阳台

住宅建筑根据使用功能的不同，又可以分为生活阳台和服务阳台。

①凸阳台　阳台的结构形式、布置方式及材料应与建筑物的楼板结构布置统一考虑。目前，采用最多的是现浇钢筋混凝土结构或预制装配式钢筋混凝土结构。阳台的平面尺寸宜与相连的房间开间或进深尺寸进行统一布置，以利于室内和阳台的使用及结构布置。阳台挑出长度根据使用要求确定，一般为 1～1.5m。凸阳台的承重结构一般为悬挑式结构，按悬挑方式不同，有挑梁式和挑板式两种。

A. 挑梁式。即在阳台两端设置挑梁，挑梁上现浇钢筋混凝土板或搁板（图2-66*a*、图 2-66*b*）。此种方式构造简单、施工方便，阳台板与楼板规格一致，是较常采用的一种方式。

B. 挑板式。即阳台的承重构造是由楼板挑出的阳台板构成（图 2-66*c*）。此种方式阳台底面平整，造型简洁，阳台长度可以根据计算进行调整。

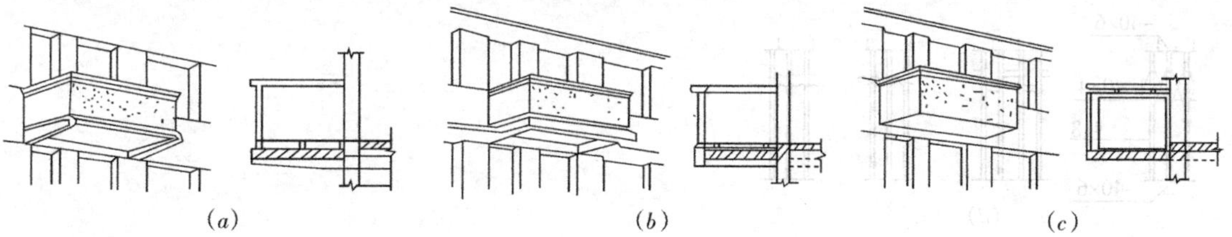

(*a*)　(*b*)　(*c*)

图 2-66　挑梁搭板
(*a*) 挑梁外露；(*b*) 设置边梁；(*c*) 挑板式

②凹阳台　凹阳台一般采用墙承式结构，将阳台板直接搁置在墙体上，阳台板的跨度和板型一般与房间楼板相同。这种阳台支承结构简单，施工方便。

③半凸半凹阳台　这种阳台的承重结构，可参照凸阳台的各种做法处理。

2）阳台的细部构造

①阳台的栏杆和栏板　栏杆和栏板是阳台的围护结构，它还承担使用者对阳台侧壁的水平推力，因此必须具有足够的强度和适当的高度，以保证使用安全。低层、多层住宅阳台栏杆（板）净高不低于 1.05m，中高层住宅阳台栏杆（板）净高不低于 1.1m，阳台栏杆设计应防止儿童攀登，栏杆的垂直杆件间距不大于 0.11m。放置花盆处必须采取防坠落措施。公共建筑阳台的护栏净高应小于 1.20m，栏杆（板）同时也是很好的装饰构件，不仅对阳台自身，乃至对整个建筑都起着重要的装饰作用。栏杆（板）的形式按外形分为实体式和空花式，如图 2-67 所示。

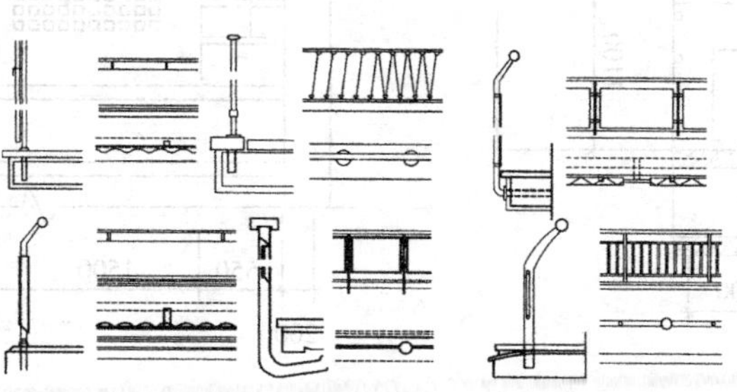

图 2-67　阳台栏杆（板）形式

金属栏杆一般用方钢、圆钢、扁钢和钢管等组成各种形式的漏花，一般需做防锈处理。金属栏杆可与现浇阳台楼板或楼板梁内的预埋通长扁铁焊接，亦可插入预留插孔槽内用水泥砂浆填实嵌固，金属栏杆与钢筋混凝土扶手的连接，如图 2-68 所示。

金属栏杆常用铝合金、不锈钢、铸铁铁花形式。玻璃常用厚度较大不易碎裂或碎裂后不会脱落的玻璃，如有机玻璃、钢化玻璃等。金属栏杆构造，如图 2-69 所示；玻璃栏杆构造，如图 2-70 所示。

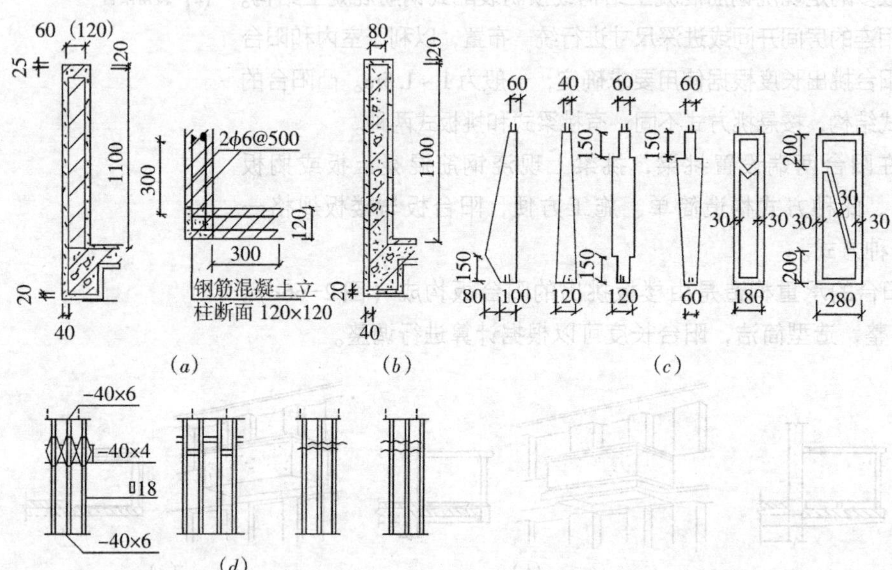

图 2-68 栏杆构造
(*a*) 砖砌栏板；(*b*) 钢筋混凝土栏板；(*c*) 钢筋混凝土栏板；(*d*) 金属栏杆

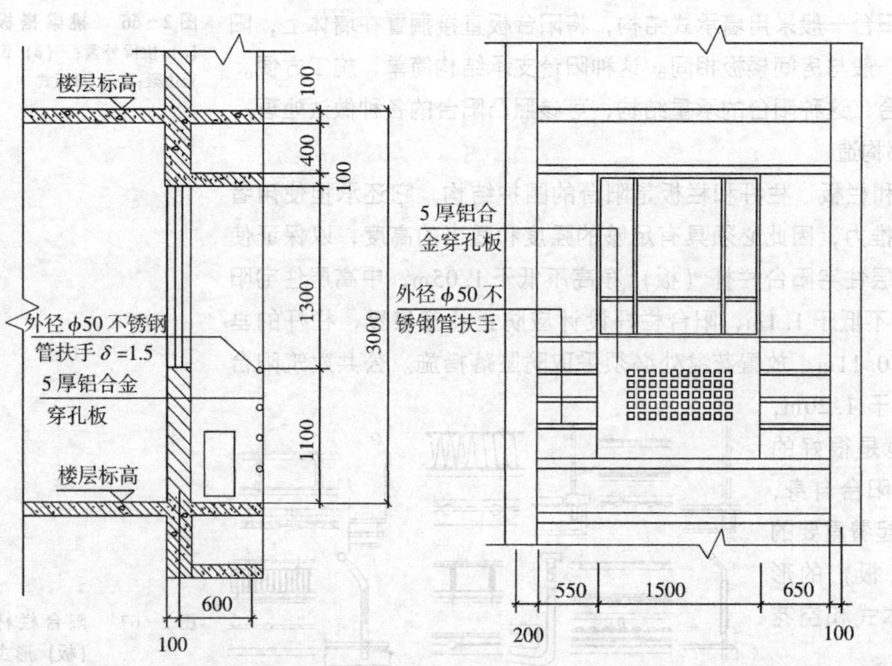

图 2-69 金属栏杆（mm）

图 2-70　玻璃栏杆（mm）

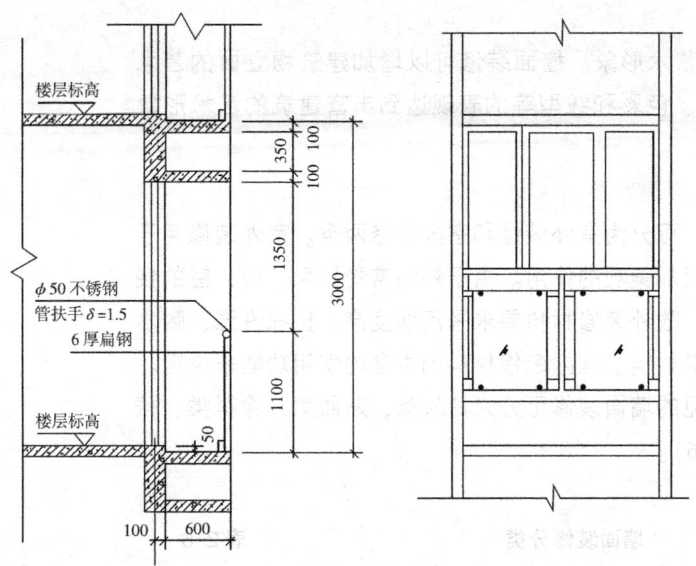

②阳台的排水处理　为防止阳台上的雨水等流入室内，阳台的地面应较室内地面低 20～50mm，阳台的排水分为外排水和内排水。外排水适用于低层或多层建筑，此时，阳台地面向两侧做出 5‰的坡度，在阳台的外侧栏板设 ϕ50 的镀锌钢管或硬质塑料管，并伸出阳台栏板外面不少于 80mm，以防落水溅到下面的阳台上。内排水适用于高层建筑或某些有特殊要求的建筑，一般是在阳台内侧设置地漏和排水立管，将积水引入地下管网，如图 2-71 所示。

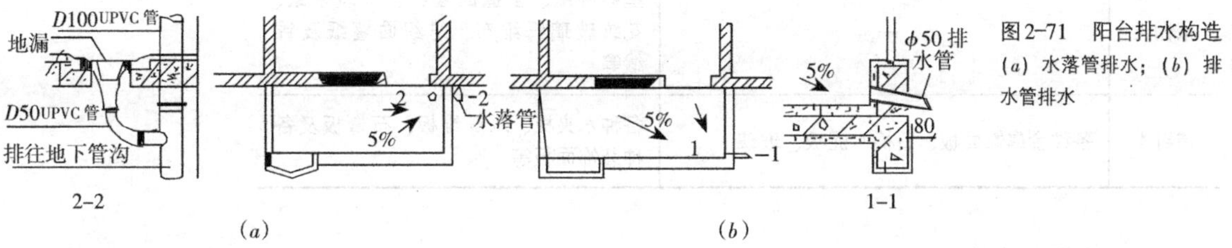

图 2-71　阳台排水构造
(a) 水落管排水；(b) 排水管排水

2.6　饰面装修

2.6.1　墙面装修构造

（1）墙面装修的作用

①保护墙体　使墙体不直接受到风、霜、雨、雪的侵蚀，提高墙体防潮、防风化能力，增强墙体的的坚固性、耐久性，延长墙体的使用年限。

②改善墙体的使用功能　对墙面进行装修处理，增加墙厚，用装修材料堵塞孔隙，可改善墙体的热工性能，提高墙体的保温、隔热和隔声能力；平整、光滑、色浅的内墙装修，可增加光线的反射，提高室内照度和采光均匀度，改善室内卫生条件；利用不同材料的室内装修，会产生对声音的吸收或反射作

用，改善室内音质效果。

③美化环境，丰富建筑艺术形象　墙面装修可以增加建筑物立面的艺术效果，往往通过材料的质感、色彩和线型等的表现达到丰富建筑的艺术形象的目的。

（2）墙面装修的分类

①按装修所处部位不同，可分为室外装修和室内装修两类。室外装修用于外墙表面，兼有保护墙体和增加美观的作用。由于外墙常受到风、雨、雪的侵蚀和大气中腐蚀气体的影响，故外装修材料要求采用强度高、抗冻性强、耐水性好以及具有抗腐蚀性的建筑材料。室内装修材料则由室内使用功能来决定。

②按施工方式不同，常见的墙面装修可分为抹灰类、贴面类、涂料类、裱糊类和铺钉类等五类（表 2–6）。

墙面装修分类　　　　**表 2–6**

类 别	室外装修	室内装修
抹灰类	水泥砂浆、混合砂浆、聚合物水泥砂浆、拉毛、水刷石、干粘石、斩假石拉假石、假面砖、喷涂、滚涂等	纸筋灰、麻刀灰粉面、石膏粉面、膨胀珍珠岩灰浆、混合砂浆、拉毛、拉条等
贴面类	外墙面砖、陶瓷锦砖、玻璃锦砖、人造水磨石板、天然石板等	釉面砖、人造石板、天然石板等
涂料类	石灰浆、水泥浆、溶剂型涂料、乳液涂料、彩色胶砂涂料、彩色弹涂等	大白浆、石灰浆、油漆、乳胶漆、水溶性涂料、弹涂等
裱糊类	—	塑料墙纸、全毽面墙缍、太垃壁纸、花纹玻璃纤维布、纺织面墙纸及锦缎等
铺钉类	各种金属饰面板、石棉水泥板、玻璃	各种木夹板、木纤维板、石膏板及各种装饰面板等

（3）墙面装修构造

1）抹灰类墙面

抹灰分为一般抹灰和装饰抹灰两类。一般抹灰有石灰砂浆、混合砂浆、水泥砂浆等；装饰抹灰有水刷石、干粘石、斩假石、水泥拉毛等。

这类抹灰均系现场湿作业施工。为保证抹灰牢固、平整、颜色均匀和面层不开裂脱落，施工时须分层操作，且每层不宜抹得太厚，外墙抹灰一般在 20～25mm，内墙抹灰在 15～20mm。抹灰按质量要求有两种标准，即：

普通抹灰：一层底灰，一层面灰。

高级抹灰：一层底灰，数层中灰，一层面灰。

普通标准的装修，抹灰由底层和面层组成。采用分层构造可使裂缝减少，表面平整光滑。底层厚 10～15mm，主要起粘结和初步找平作用，施工上称刮糙；

中层厚5~12mm，主要起进一步找平作用；面层抹灰又称罩面，厚3~5mm，主要作用是使建筑表面平整、光洁、美观，以取得良好的装饰效果（图2-72）。

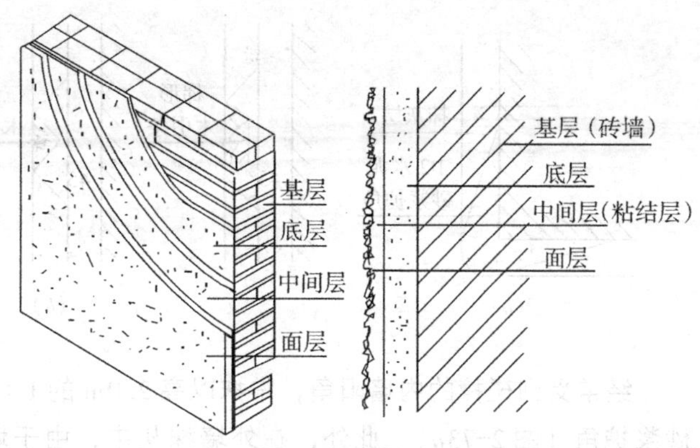

图2-72 墙面抹灰的分层构造

一般民用建筑中，多采用普通抹灰。常用抹灰做法，各地均有标准图集可供选用（表2-7）。如果有保温要求，宜在底层抹灰时采用保温砂浆形式。

在内墙抹灰中，门厅、走廊、楼梯间、厨房、卫生间等处因常受到碰撞、摩擦、潮湿的影响而变质，常对这些部位采取适当保护措施，称为墙裙或台度，墙裙高度一般为1.2~1.8m。有水泥砂浆饰面、水磨石饰面、瓷砖饰面、大理石饰面等。

常用抹灰做法举例 **表2-7**

抹灰名称	构造及材料配合比	适用范围
纸筋（麻刀）灰	12~17mm厚1:2~1:2.5石灰砂浆（加草筋）打底 2m121~3m抽厚纸筋（麻刀）灰粉面	普通内墙抹灰
混合砂浆	12~15mm厚1:1:6水泥、石灰膏、砂、混合砂浆打底 5~10mm厚1:1:6水泥、石灰膏、砂、混合砂浆粉面	外墙、内墙均可
水泥砂浆	15mm厚1:3水泥砂浆 10mm厚1:2~1:2.5水泥砂浆粉面	多用于外墙或内墙受潮侵蚀部位
水刷石	15mm厚1:3水泥砂浆打底 10mm厚1:1.2~1.4水泥石渣抹面后水刷	用于外墙
干粘石	10~12mm厚1:3水泥砂浆打底 7~8mm厚1:0.5:2外加5%108胶的混合砂浆粘结层，3~5mm厚彩色石渣面层（用喷或甩方式进行）	用于外墙
斩假石	15mm厚1:3水泥砂浆打底刷素水泥浆一道 8~10mm厚水泥石渣粉面，用剁斧斩去表面层水泥浆或石尖部分，使其显出凿纹	用于外墙或局部内墙
水磨石	15mm厚1:3水泥砂浆打底 10mm厚1:1.5水泥石渣粉面，磨光、打蜡	多用于室内潮湿部位
膨胀珍珠岩	12mm厚1:3水泥砂浆打底 9mm厚1:16膨胀珍珠岩灰浆粉面（面层分2~3次操作）	多用于室内有保温或吸声要求的房间

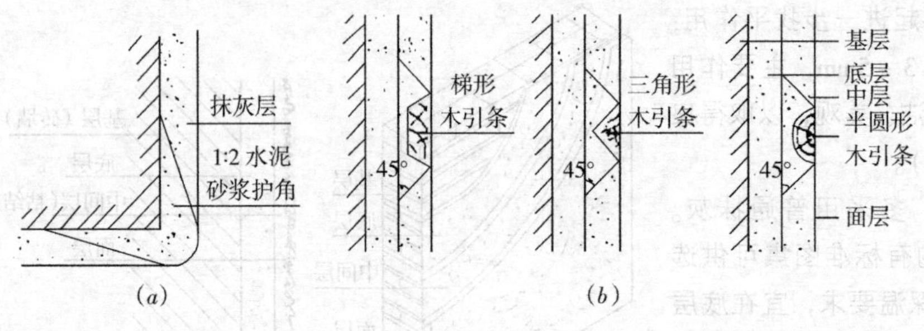

图2-73　护角和引条线
(a) 内墙阳角护角构造；
(b) 外墙抹灰面层引条线做法

经常受到碰撞的内墙阳角，常抹以高2.0m的1∶2水泥砂浆，俗称水泥砂浆护角（图2-73*a*）。此外，在外墙抹灰中，由于墙面抹灰面积较大，为防止面层开裂，方便操作和立面设计的需要，常在抹灰面层做分格，称为引条线。引条线的做法是在底灰上埋设梯形、三角形或半圆形的木引条，面层抹灰完成后，即可取出木引条，再用水泥砂浆勾缝，以提高其抗渗能力（图2-73*b*）。

装饰抹灰一般是指采用水泥、石灰砂浆等抹灰的基本材料，除对墙面做一般抹灰之外，利用不同的施工操作方法将其直接做成饰面层。它除了具有与一般抹灰相同的功能外，还因其本身装饰工艺的特殊性而显示出鲜明的艺术特色和强烈的装饰效果。具有喷涂、弹涂、刷涂、拉毛、扫毛、斩假石等几种类型。

2）贴面类墙面

贴面类装修指在内外墙面上粘贴各种天然石板、人造石板、陶瓷面砖等。

①天然石板墙面　我国目前常采用的石板的厚度为20mm。目前，国际上采用的薄板的厚度仅为7～10mm，使石材的铺贴面积增加了2～3倍，而且成本降低了许多。当然，由于板材的减薄，也带来了连接方法的变化。天然石材的安装必须牢固，防止脱落，常见的方法有以下两种。

A. 拴挂法：这种做法的特点是在铺贴基层时，应拴挂钢筋网，然后用铜丝绑扎板材，并在板材与墙体的夹缝内灌以水泥砂浆（图2-74）。

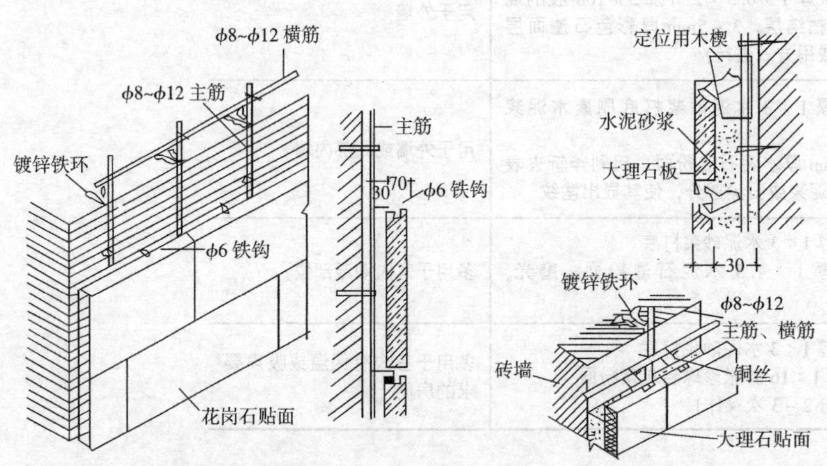

图2-74　天然石板贴面

拴挂法的构造要求是：a. 在墙柱表面拴挂钢筋网前，应先将基层剁毛，并用电钻打直径6mm左右、深度6mm左右的孔，插入$\phi 6$钢筋，外露50mm以上并弯钩，穿入竖向钢筋后，在同一标高上插上水平钢筋，并绑扎固定。b. 将背面打好眼的板材用双股16号钢丝或不易生锈的金属丝拴结在钢筋网上。c. 灌筑砂浆一般采用1：2.5的水泥砂浆，砂浆层厚30mm左右。每次灌浆高度不宜超过150～200mm，且不得大于板高的1/3。待下层砂浆凝固后，再灌筑上一层，使其连接成整体。d. 最后将表面挤出的水泥浆擦净，并用与石材同颜色的水泥浆勾缝，然后清洗表面。

B. 饰面石材干挂法：在一些高级建筑外墙石材饰面中广泛采用干挂法安装固定饰面板，这种方法克服了各种饰面贴挂构造中粘结层需要逐层浇筑，工效低，且湿砂浆能透过石材析出“白碱”影响美观的缺点，使工效和装饰质量均取得了明显的效果。干挂法是用不锈钢或镀锌型材及连接件将板块支托并锚固在墙面上，连接件用膨胀螺栓固定在墙面上，上下两层之间的间距等于板块的高度。板块上的凹槽应在板厚中心线上，且应和连接件的位置相吻合，不得有误。干挂法构造做法，如图2-75所示。

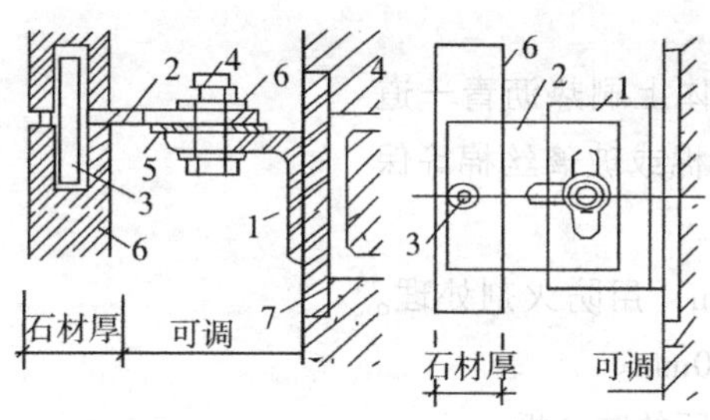

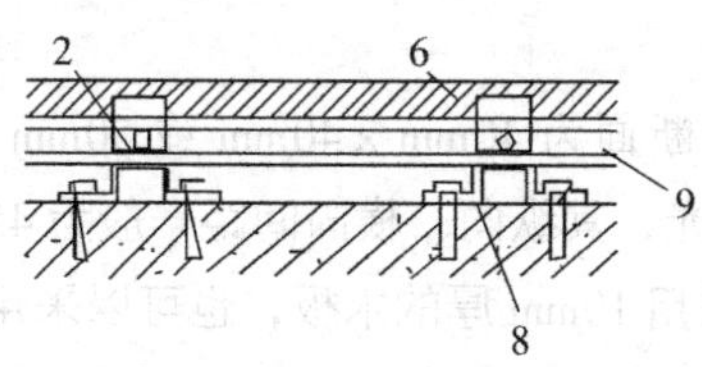

图2-75　干挂法
1—托板；2—舌板；3—销钉；4—螺栓；5—垫片；6—石材；7—预埋件；8—主龙骨；9—次龙骨

②人造石材墙面　人造石材墙面包括水磨石、合成石材等。人造石材墙面可与天然石材媲美，但造价要低于天然石材墙面。人造石材板料的厚度为8～20mm，它经常应用于室内墙面、柱面门套等部位的装修。人造石材墙面的安装方法与天然石材墙面基本相同。一般可根据板材的厚度而分别采用拴挂法和粘贴法。

③釉面砖墙面　A. 釉面砖的规格。釉面砖有粉红、蓝、绿、金砂釉、黄白、白等颜色。此外，还有表面带立体图案的釉面砖。釉面砖的规格较多，如200mm×200mm×12mm、150mm×75mm×12mm、75mm×75mm×8mm等。B. 釉面砖的构造层次。粘贴釉面砖的一般构造做法为：用1：3水泥砂浆做底层抹灰，粘结砂浆用1：0.3：3的水泥石灰膏混合砂浆，厚度为10～15mm。粘结砂浆也可用掺5%～7%的108胶的水泥素浆，厚度为2～3mm。为便于清洗和防水，要求安装紧密，一般不留灰缝，细缝用白水泥擦平，如图2-76所示。

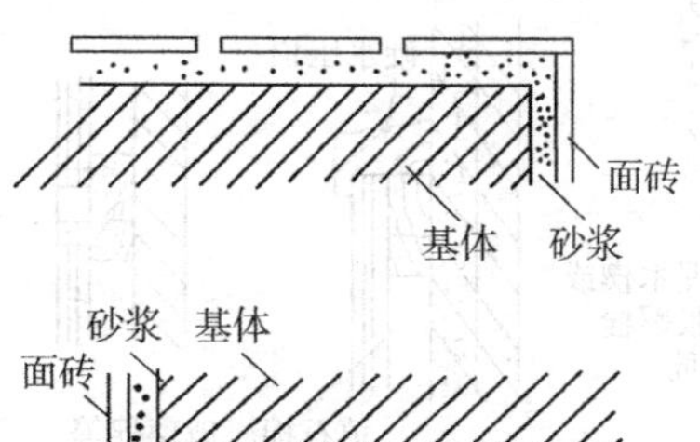

图2-76　釉面砖阳角做法

④碎拼石材饰面　碎拼石材饰面是利用石材的边角废料，不成规则的板材，颜色有多种，厚薄也不一致。薄板有10～12mm，厚板有15～30mm，粘贴层砂浆厚度为12～20mm，粘贴顺序是由下而上，每贴500mm高度应间歇1～2h，待水泥砂浆结硬后再继续粘贴，粘贴时要注意构图和色彩搭配，避免呆板。板缝之间的填缝砂浆要饱满，拼缝可以做平缝，也可以做凹缝，缝宽可以不规则，但收边要整齐。

3）板材墙面

板材墙面属于高级装修。板材的种类很多，常见的有木制板、金属板、石膏板、塑料板、铝合金板及其他非金属板材等。它不同于传统的抹灰装修及贴面装修，它是干作业法，其最大的特点是不污染墙面和地面。

①木板墙面　木板墙面由木骨架和板材两部分组成。

A. 木骨架　板材墙面不论是大面积墙面、柱面或门窗洞边的筒子板，都应以设计要求为准。用来固定墙筋（龙骨）的防腐木楔中距一般为500～1000mm。钉防腐木楔时一般先用电钻钻孔，孔径不应小于20mm，深度不应小于60mm，然后将木楔打入。也可以采用直径为6mm的膨胀螺栓、螺纹射钉等固定，如图2-77所示。

为防止板材变形（特别是受潮变形），一般应先在墙体上刷热沥青一道（或刷改性沥青一道），再干铺石油沥青油毡一层，内填石棉或玻璃丝棉等保温吸声材料。

墙筋（龙骨）的断面为40mm×40mm或50mm×50mm，用防火剂处理。与板材的接触面应刨光，其纵向、横向间距一般为450～600mm。

B. 木板　一般采用10mm厚的木板，也可以采用5mm厚的胶合板。

②装饰板材墙面　这种板材的骨架可以采用木骨架，也可以采用钢骨架。常见的板材有以下几种：

A. 装饰微薄木贴面板　这种板材选用珍贵树种，通过精密刨切制成厚度为0.2～0.5mm的微薄木板，再用胶粘剂贴在胶合板上，其表面具有木纹式样。它多采用钉装法固定在木骨架上。

B. 聚氯乙烯塑料装饰板　这种板材有质轻、防潮、隔热、不易燃、不吸

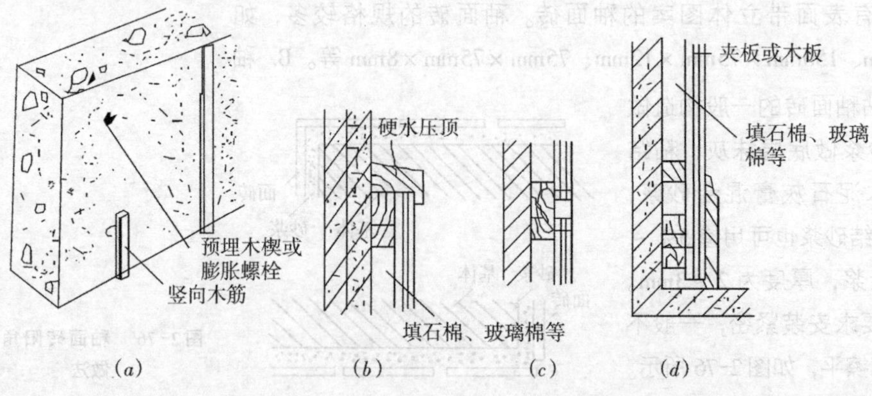

图2-77　板材墙面构造
(*a*) 布置方式；(*b*) 压顶；(*c*) 接缝；(*d*) 踢脚板

尘、可涂饰等优点。可以采用粘贴法或钉固法与基层固定。

C. 纸面石膏板材　这种板材是以熟石膏为主要原料，掺入适量外加剂与纤维作板芯，用牛皮纸为护面层的一种板材。石膏板的厚度为：9、12、15、18、25，板长有 2400、2500、2600、2700、3000、3300mm，板宽有 900、1200mm 两种。具有可刨、可锯、可钉、可粘等优点。

纸面石膏板可以采用粘贴法或钉固法固定于骨架上。

4）裱糊墙面

裱糊墙面多用于内墙饰面，亦可用于顶棚饰面。

①裱糊用的材料。

A. 纸面纸基壁纸　这种壁纸又称糊墙纸，虽然价格便宜，但不耐水，不能擦洗，故很少采用。

B. 塑料壁纸　这是一种新型的装饰材料。它以纸基、布基、石棉纤维等为底层，以聚氯乙烯和聚乙烯为面层，经过复合、印花、压花等工序制成。塑料壁纸的品种很多，从表面装饰效果看，有仿锦缎、静电植绒、印花、压花、仿木、仿石等类型。塑料壁纸具有一定的伸缩性和耐裂性，表面可以擦洗，装饰效果好。塑料壁纸有普通型、发泡型和特种型三种。特种壁纸是指防火、防水壁纸。

C. 玻璃纤维贴墙布　玻璃纤维贴墙布是以玻璃纤维布为基材，表面涂布树脂、印花而成的新型饰面材料。这种壁纸花样繁多，色泽鲜艳，且不褪色，不老化，防火、防潮性能良好。

D. 无纺贴墙布　无纺贴墙布是采用棉、麻等天然纤维或涤、腈等合成纤维，经过无纺成型、上树脂、印制彩色花纹而成的一种新型较高级的饰面材料。无纺贴墙布富有弹性，并有不易折断、表面光洁、不褪色、可擦洗等特点。

E. 锦缎　锦缎是丝织物的一种。在三色以上纬丝织成的缎纹底上，织出绚丽多采、典雅精致的花纹织物。这种材料柔软易变形，价格较贵，只适用于室内高级饰面裱糊用。

②裱糊用的胶粘剂。

A. 塑料壁纸、纸基壁纸所用的胶粘剂有如下几种：a. 自制浆糊；b. 墙纸胶粉：水 =1∶20，每 kg 可裱糊 $5m^2$ 墙面。

B. 玻璃纤维布一般采用聚醋酸乙烯酯乳液：羧甲基纤维素（2.5% 水溶液）=6∶4。

2.6.2　楼地面装饰构造

（1）楼地面饰面的作用

1）保护楼板或地坪

保护楼板或地坪是楼地面饰面应满足的基本要求。建筑结构的使用寿命与使用条件及使用环境有很大的关系，楼地面的饰面层在一定程度上缓解了外力对结构构件的直接作用，它可以起到耐磨、防碰撞破坏，以及防止水渗透而引起楼板内钢筋锈蚀等保护作用。

2）满足正常使用要求

楼地面除应满足上述的基本要求外，人们使用房屋的楼面和地面，因房间的不同而有不同的要求，一般要求坚固、耐磨、平整、不易起灰和易于清洁等。对于厨房和卫生间等房间，则要求耐火和耐水等。有时还必须根据建筑的功能考虑隔声要求、吸声要求、保温要求、弹性要求等使用要求。

3）满足装饰方面的要求

楼地面的装饰是整个工程的重要组成部分，对整个室内的装饰效果有很大影响。

处理好楼地面的装饰效果及与功能之间的关系，是多方面的因素共同促成的。因此，必须考虑到诸如空间的形态、整体的色彩协调、装饰图案、质感的效果、家具饰品的配套、人的活动状况及心理感受等因素。

（2）楼地面构造组成与分类

1）楼地面的构造组成

建筑物的地坪层、楼板层主要由承受荷载的结构层和满足使用要求的饰面层两个主要部分组成。此外，为满足找平、结合、防水、防潮、隔声、弹性、保温、隔热、管线敷设等功能上的要求，往往还要在基层（结构层）与面层之间增加若干层的中间层。图2-78为楼地面的主要构造层示意图。

2）楼地面的分类

楼地面根据饰面材料的不同可以分为水泥砂浆楼地面、水磨石楼地面、大理石楼地面、地砖楼地面、木板楼地面等，这种分类方法虽比较直观，但由于材料品种繁多，因而显得过细过多，缺乏归纳性。因此，楼地面常根据构造方法和施工工艺的不同，将其分为整体式楼地面、块材式楼地面、竹木类楼地面、卷材类楼地面、涂料类楼地面等类型。

（3）常用地面构造

1）整体式地面

①水泥砂浆地面　水泥砂浆地面构造简单，坚固耐磨，防潮防水，造价低

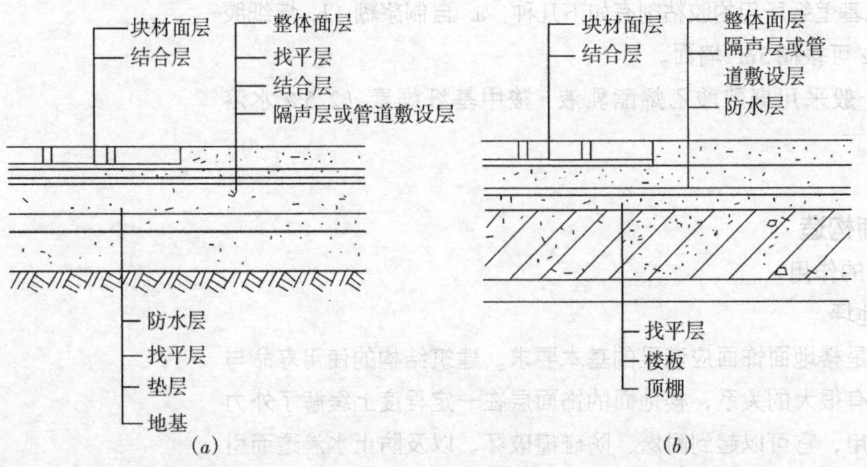

图2-78　楼地面构造层示意图

(a) 地面各构造层；(b) 楼面各构造层

廉，缺点是导热系数大，吸水性差，易结露，易起灰，不易清洁。水泥砂浆地面做法为15～20mm厚1:3水泥砂浆找平，5～10mm厚1:2水泥砂浆抹面或者用20～30mm厚1:2水泥砂浆抹平压光。当基层为预制楼板时取较厚的找平层和面层。

②细石混凝土地面　细石混凝土地面刚性好，强度高，整体性好，不易起灰。做法为30～40mm厚C20细石混凝土随打随抹光。如在内配置纵横向钢筋$\phi4@200$，则可提高预制楼板层的的整体性，满足抗震要求。在细石混凝土内掺入一定量的三氯化铁，则可以提高其抗渗性，成为耐油混凝土地面。

③水磨石地面　水磨石地面是将天然石料（大理石、方解石）的石屑做成水泥石屑面层，经磨光打蜡制成。具有很好的耐磨性、耐久性、耐油耐碱、防火防水，通常用于较高要求建筑的地面。

水磨石地面为分层构造，底层为1:3水泥砂浆18mm厚找平，面层为1:1.5～1:2水泥石屑12mm厚，石屑粒径为8～10mm。具体操作时先将找平层做好，然后在找平层上按设计的图案嵌固玻璃分格条（或铜条、铝条），分格条一般高10mm，用1:1水泥砂浆固定，将拌合好的水泥石屑铺入压实，经浇水养护后磨光，一般需粗磨、中磨、精磨，用草酸水溶液洗净，最后打蜡抛光（图2-79）。普通水磨石地面采用普通水泥掺白石子，玻璃条分格；美术水磨石可用白水泥加各种颜料和各色石子，用铜条分格，可形成各种优美的图案（图2-79）。

2）块材式地面

凡利用各种人造的和天然的预制块材、板材镶铺在基层上的地面称块材地面。常用块材有墙地砖、陶瓷锦砖、水泥花砖、大理石板、花岗石板等，常用铺砌或胶结材料有水泥砂浆和各种聚合物改性胶粘剂等。

①铺砖地面　铺砖地面有黏土砖地面、水泥大阶砖地面、预制混凝土块地面等。铺设方式有两种：干铺和湿铺。干铺是在基层上铺一层20～40mm厚砂子，将砖块等直接铺设在砂上。湿铺是在基层上铺1:3水泥砂浆19～20mm厚，将砖块铺平压实，然后用1:1水泥砂浆灌缝。

②缸砖、地面砖及陶瓷锦砖地面　缸砖是陶土加矿物颜料烧制而成的，砖块有红棕色和深米黄色两种，形状有正方形、矩形、菱形和六角形、八角形等，尺寸为100mm×100mm，150mm×150mm，厚度10～19mm。做法为20mm厚1:3水泥砂浆找平，3～4mm厚水泥胶（水泥:108胶:水=1:0.1:0.2）粘贴缸砖，校正找平后用素水泥浆擦缝（图2-80*a*）。

地面砖的各项性能都优于缸砖，且色彩图案丰富，造价也较高，多用于装修标准较高的建筑物地面上，其施工方法同缸砖。

陶瓷锦砖做法为15～20mm厚1:3水

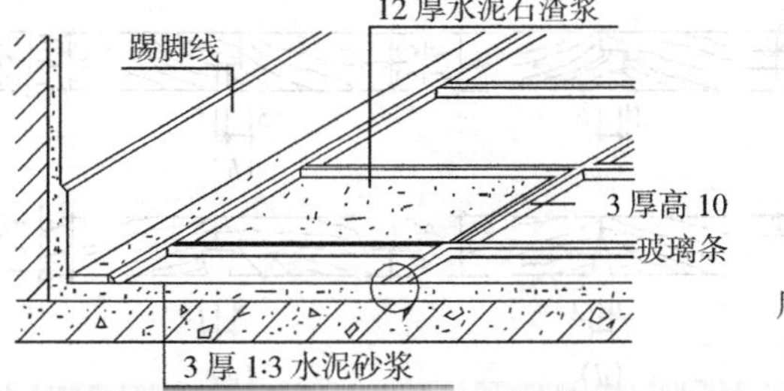

图2-79　水磨石地面

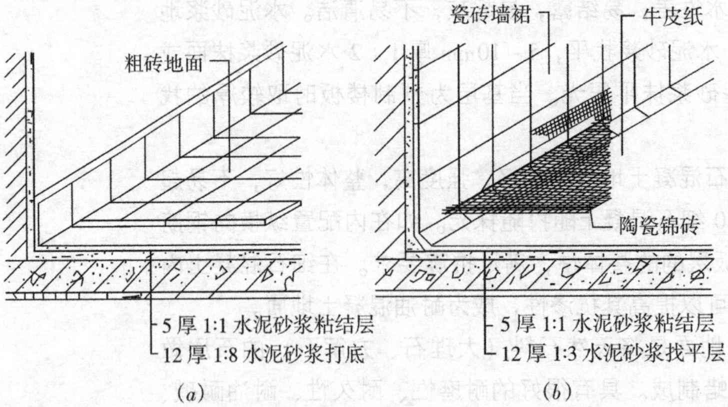

粗砖地面

5厚1:1水泥砂浆粘结层

12厚1:8水泥砂浆打底

(*a*)

瓷砖墙裙

牛皮纸

陶瓷锦砖

5厚1:1水泥砂浆粘结层

12厚1:3水泥砂浆找平层

(*b*)

图2-80 预制块材地面

(*a*) 缸砖地面；(*b*) 陶瓷锦砖地面

泥胶粘贴陶瓷锦砖（纸皮砖）用辊筒压平，使水泥胶挤入缝隙，用水洗去牛皮纸，用白水泥浆擦缝（图2-80*b*）。

③天然石板地面　常用的天然石板指大理石和花岗石板，由于它们质地坚硬，色泽丰富艳丽，属高档地面装修材料。粗琢面的花岗石板可用在纪念性建筑、公共建筑的室外台阶、踏步上，既耐磨又防滑。天然石板的施工做法为在基层上刷素水泥浆一道，30mm 厚 1∶3 干硬性水泥砂浆找平，面上撒 2mm 厚素水泥（洒适量清水），粘贴 20mm 厚大理石板（花岗石板），素水泥浆擦缝。

3）木地板地面

木地面按其用材规格分为普通木地面、硬木条地面和拼花木地面三种。按其构造方式有空铺、实铺和强化木地面三种。普通木地板常用木材为松木、杉木；硬木条地板及拼花木地板常用柞木、桦木、水曲柳等。木地板拼缝形式，如图2-81所示。

①实铺木地面　实铺木地面可用于底层，也可以用于楼层，木板面层可采用双层面层和单层面层铺设。

双层面层的铺设方法为：在地面垫层或楼板层上，通过预埋镀锌钢丝或 U 形铁件，将做过防腐处理的木格栅绑扎。木格栅间距 400mm，格栅之间应加钉剪力撑或横撑，与墙之间宜留出 30mm 的缝隙。对于没有预埋件的楼地面，通常采用水泥钉和木螺钉固定木格栅。格栅上铺钉毛木板，背面刷防腐剂，毛板呈 45°斜铺，上铺油毡一层，以防止使用中产生声响和潮气侵蚀，毛木板上钉实木地板，表面刷清漆并打蜡。木板面层与墙之间应留 10～20mm 的缝隙，并

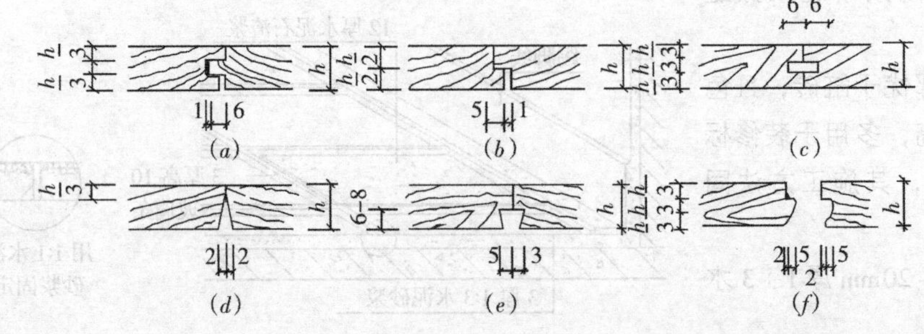

图2-81　木地面拼缝形式

(*a*) 企口(最常用)；(*b*) 错口；(*c*) 销板；(*d*) 平口；(*e*) 截口（仅用于粘贴式）；(*f*) 企口（仅用于粘贴式）

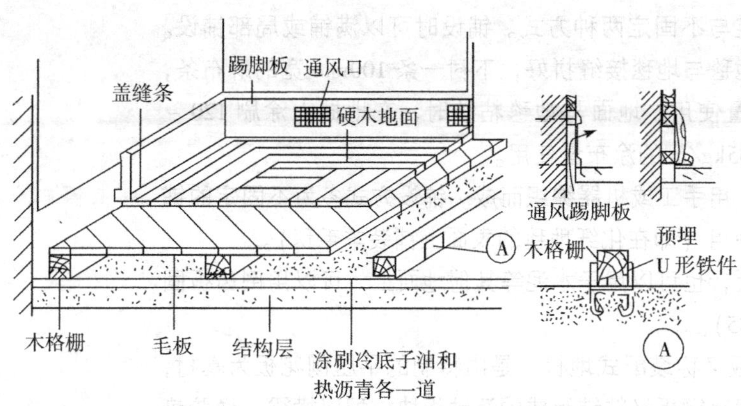

图 2-82　实铺木地板构造（双层面层）

用木踢脚板封盖。为了减少人在地板上行走时所产生的空鼓声，改善保温隔热效果，通常还在格栅与格栅之间的空腔内填充一些轻质材料，如干焦渣、蛭石、矿棉毡、石灰炉渣等，如图 2-82 所示。

单层面层即将实木地板直接与木格栅固定，每块长条木板应钉牢在每根格栅上，钉长应为板厚的 2～2.5 倍，并从侧面斜向钉入板中。其他做法与双层面层相同。如图 2-83 所示。

②强化木地面　强化木地面由面层、基层、防潮层组成。面层具有很高的强度和优异的耐磨性能，基层为高密度板，长期使用不会变形。其防潮底层更能确保地板不变形。强化木地板常用规格为 1290mm×195mm×6～8mm，为企口型条板。强化木地面做法简单、快捷，采用悬浮法安装。即在楼地面先铺设一层衬垫材料，如聚乙烯泡沫薄膜、波纹纸等，起防潮、减振、隔声作用，并改善脚感。其上接铺贴强化木地板，木地板不与地面基层及泡沫底垫粘贴，只是地板块之间用胶粘剂结成整体。地板与墙面相接处应留出 8～10mm 缝隙，并用踢脚板盖缝。强化木地板构造做法，如图 2-84 所示。③空铺木地面由于占用空间多，费材料，因而采用很少。

4）其他类型楼地面

①地毯地面　地毯按其材质来分，主要有化纤地毯和羊毛地毯等。化纤地毯是我国近年来广泛采用的一种新型地毯。它以丙纶、腈纶纤维为原料，采用簇绒法和机织法制作面层，再与麻布背衬加工而成。化纤地毯地面具有吸声、隔声、弹性好、保温好、脚感舒适、美观大方等优点。

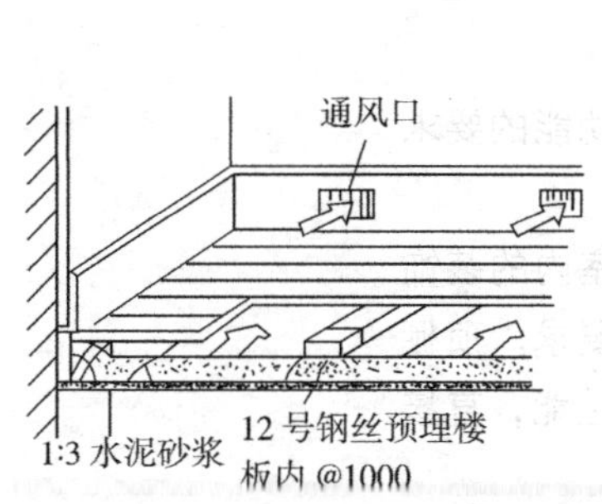

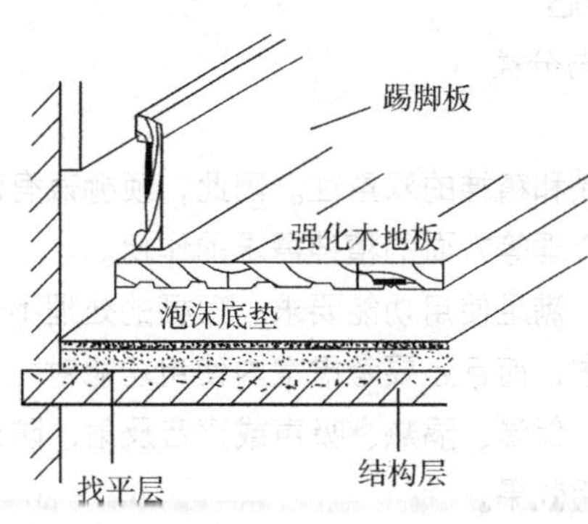

图 2-83　实铺木地面（左）
图 2-84　强化木地面（右）

化纤地毯的铺设分固定与不固定两种方式。铺设时可以满铺或局部铺设。采用固定铺贴时，应先将地毯与地毯接缝拼好，下衬一条100mm宽的麻布条，胶粘剂按0.8kg/m的涂布量使用。地面与地毯粘结时，在地面上涂刷120～150mm宽的胶粘剂，按0.05kg/m的涂布量使用。

纯毛地毯采用纯羊毛，用手工或机器编织而成。铺设方式多为不固定的铺设方法，一般作为毯上毯使用（即在化纤地毯的表面上铺装羊毛毯）。

地毯可以铺在木地面上，也可以用于水泥等其他地面上。可以用倒齿板固定，也可以不固定（图2-85）。

②活动地板　活动地板又称装配式地板，是由特制的平压刨花板为基材，表面饰以装饰板和底层用镀锌钢板经粘结组成的活动板块，配以横梁、橡胶垫和可供调节高度的金属支架组装的架空地板在水泥类基层上铺设而成。广泛应用于计算机房、变电所控制室、程控交换机房、通信中心、电化教室、剧场舞台等要求防尘、防静电、防火的房间。

活动地板的板块典型尺寸为457mm×457mm、600mm×600mm、762 mm×762mm。其构造做法为：先在平整、光洁的混凝土基层上安装支架，调整支架顶面标高使其逐步抄平，然后在支架上安装格栅状横梁龙骨，最后在横梁上铺贴活动板块，如图2-86所示。

图2-85　地毯的安装详图(mm)（左）
图2-86　活动地板详图（右）

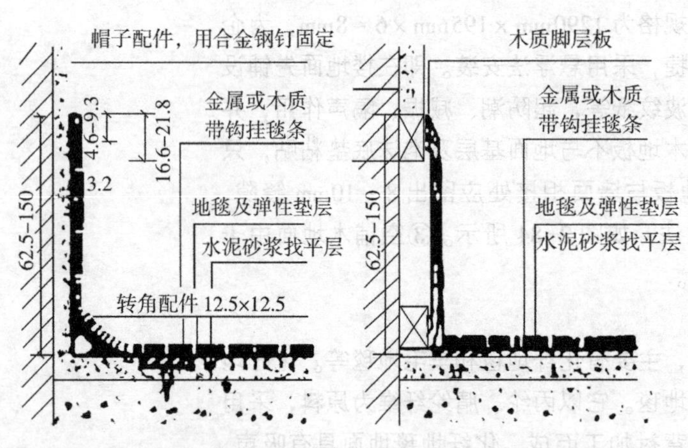

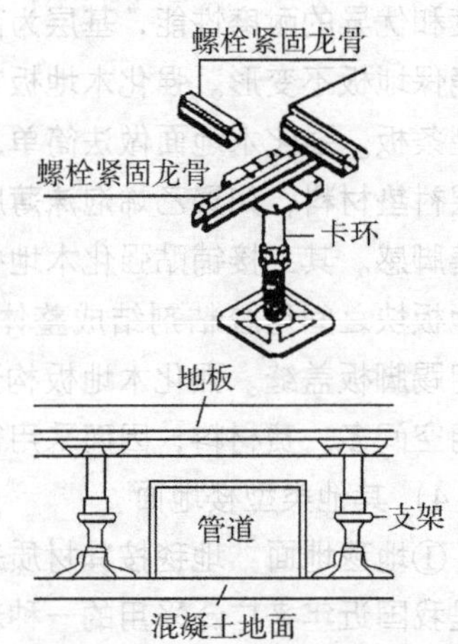

2.6.3　顶棚装饰构造

（1）顶棚的作用与分类

1）顶棚的作用

由于建筑具有物质和精神的双重性。因此，顶棚兼有满足使用功能的要求和满足人们在生理、心理等方面的精神需求的作用。

①改善室内环境，满足使用功能要求　顶棚的处理不仅要考虑室内的装饰效果、艺术风格的要求，而且还要考虑室内使用功能对建筑技术的要求。顶棚所具有的照明、通风、保温、隔热、吸声或声音反射、防火等技术性能，直接影响室内的环境与使用效果。

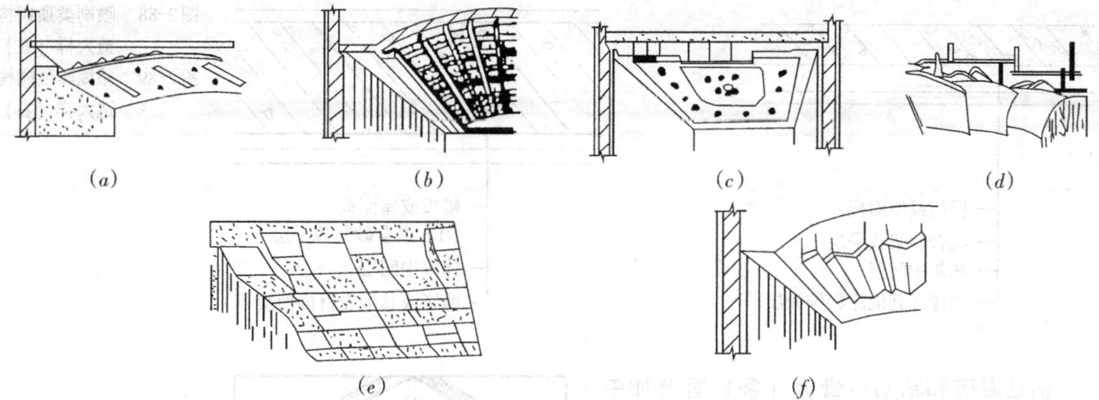

图 2-87　顶棚形式
(a) 平滑式；(b) 井格式；(c)、(d) 分层式；(e)、(f) 悬浮式

②装饰室内空间　顶棚是室内装饰的一个重要组成部分，它是除墙面、地面之外，用以围合成室内空间的另一个大面。它从空间、光影、材质等诸多方面，渲染环境，烘托气氛。

因此，顶棚的装饰处理对室内景观的完整统一及装饰效果有很大影响。

2）顶棚的分类

①按顶棚外观分类　按顶棚外观的不同，顶棚可分为平滑式顶棚、井格式顶棚、悬浮式顶棚、分层式顶棚等，如图 2-87 所示。

平滑式顶棚的特点是将整个顶棚呈现平直或弯曲的连续体。

井格式顶棚是根据或模仿结构上主、次梁或井字梁交叉布置的规律，将顶棚划分为格子状。

悬浮式顶棚的特点是把杆件、板材、薄片或各种形状的预制块体（如船形、锥形、箱形等）悬挂在结构层或平滑式顶棚下，形成格栅状、井格状、自由状或有韵律感、节奏感的悬浮式顶棚。

分层式顶棚的特点是在同一室内空间，根据使用要求，将局部顶棚降低或升高，构成不同形状、不同层次的小空间。

②按施工方法分类　顶棚按施工方法的不同，可分为抹灰刷浆类顶棚、裱糊类顶棚、贴面类顶棚、装配式板材顶棚等。

（2）直接式顶棚的基本构造

直接式顶棚是在屋面板或楼板的底面直接进行喷浆、抹灰、粘贴壁纸、粘贴面砖、粘贴或钉接石膏板条与其他板材等饰面材料而形成饰面的顶棚。

1）直接抹灰、喷刷、裱糊类顶棚

这类直接式顶棚的首要构造问题是基层处理，基层处理的目的是为了保证饰面的平整和增加抹灰层与基层的粘结力。具体做法为：先在顶棚的基层上刷一遍纯水泥浆，然后用混合砂浆打底找平。

这类直接式顶棚的中间层、面层的做法和构造与墙面装饰做法类似。

图 2-88 为喷刷类顶棚构造大样，图 2-89 为裱糊类顶棚构造大样。

2）直接贴面类顶棚

这类直接式顶棚有粘贴面砖等块材和粘贴石膏板（条）等，基层处理的要求和方法与直接抹灰、喷刷、裱糊类顶棚相同。

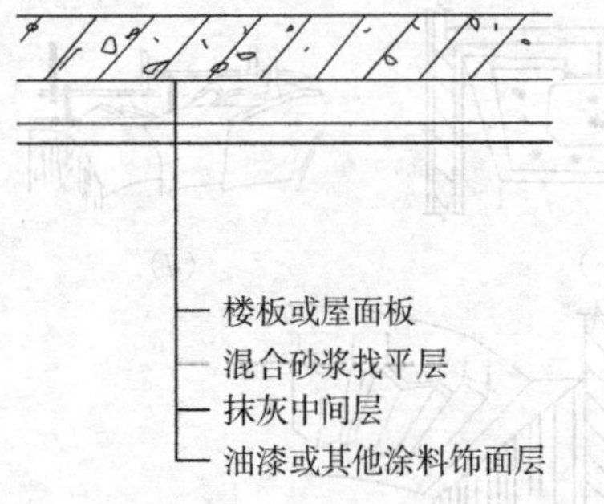

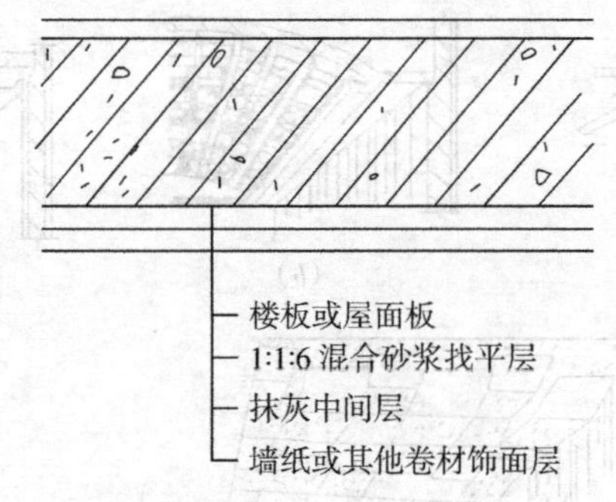

图2-88　喷刷类顶棚构造大样（左）

图2-89　裱糊类顶棚构造大样（右）

粘贴面砖和粘贴石膏板（条）宜增加中间层，以保证必要的平整度，做法是在基层上做 5 ~ 8mm 厚 1：0.5：2.5 水泥石灰砂浆。

粘贴面砖做法与墙面装修相同。粘贴固定石膏板（条）时，宜采用粘贴与钉接相配合的方法。图 2-90 为粘贴固定石膏板条顶棚典型装饰造型示意图。

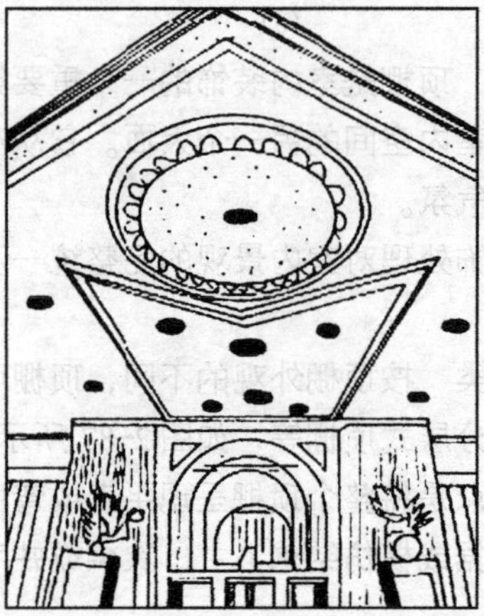

图2-90　粘贴固定石膏板条顶棚示意图

（3）悬吊式吊顶的构造

1）吊顶的组成

①基层　基层承受吊顶棚的荷载，并通过吊筋传给屋盖或楼板承重结构。基层构件由吊筋、主龙骨（主格栅）和次龙骨（次格栅）组成。上人吊顶的检修走道应铺放在主龙骨上。

②面层　吊顶面层材料很多，大体可以分为传统做法与现代做法两大类。传统做法包括板条抹灰、苇箔抹灰、钢板网抹灰、木丝板、纤维板等。现代做法包括纸面石膏板、穿孔石膏吸声板、水泥石膏板（穿孔或不穿孔）、钙塑板、矿棉板、铝合金条板等。吊顶的基本构造关系，如图 2-91 所示。

2）吊顶基层

吊顶基层通常有木基层和金属基层两大类做法。

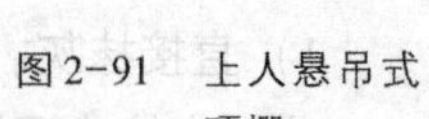

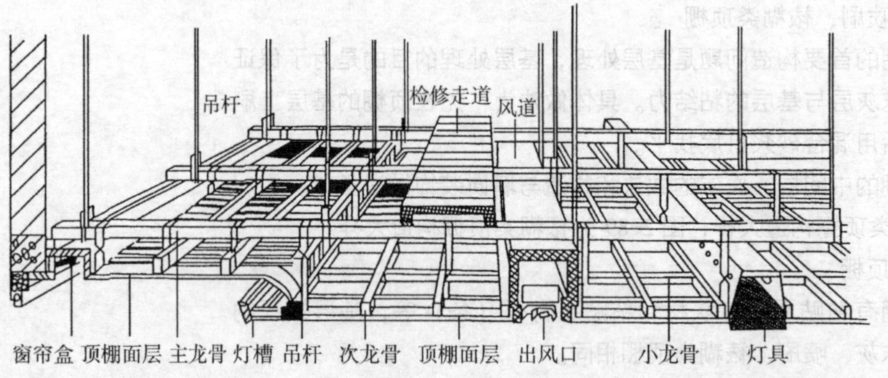

图2-91　上人悬吊式顶棚

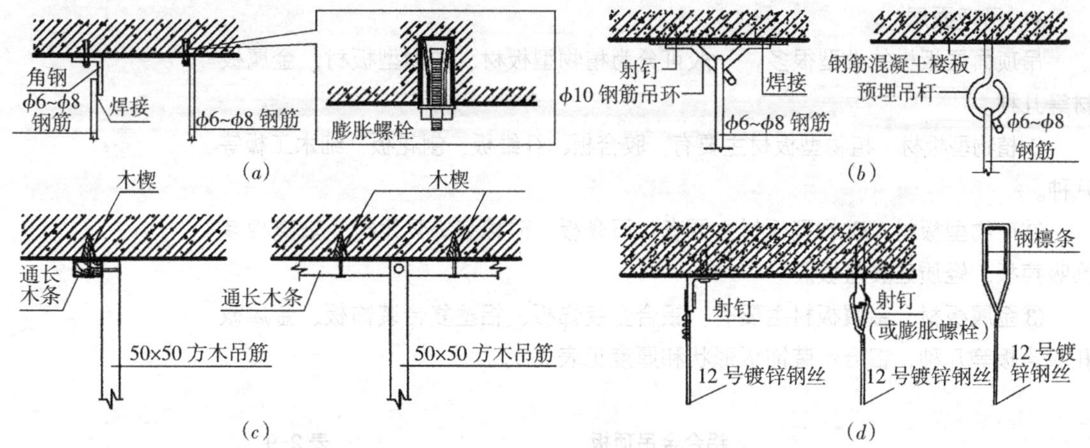

图 2-92　吊筋的连接方式
(a) 膨胀螺栓连接；(b) 预埋件连接；(c) 方木吊筋连接；(d) 不上人吊顶吊筋连接

①吊筋　A. 吊筋的材料　常用的吊筋材料有：50mm × 50mm 的方木条，用于木基层吊顶；$\phi 6 \sim \phi 8$ 的钢筋，可用于木基层或金属基层吊顶；铜丝、钢丝或镀锌钢丝，用于不上人的轻质吊顶。B. 吊筋的连接方式　吊筋与楼板或屋面结构层的连接方式有预埋件连接和膨胀螺栓（或射钉）连接两类。现代建筑大多采用二次装修做法，在土建过程中很难确定预埋件位置，所以，后者较为常用。吊筋与楼板的连接方式，如图 2-92 所示。

②龙骨　龙骨分为主龙骨（主格栅）和次龙骨（次格栅）。主龙骨为吊顶的主要承重结构，其间距视吊顶的重量或上人与否而定，通常为 1000 mm 左右。次龙骨用于固定面板，其间距视面层材料规格而定，间距不宜太大，一般为 300 ~ 500mm，刚度大的面层不易翘曲变形，可允许扩大至 600mm。

龙骨可用木材、轻钢、铝合金等材料制作，其断面大小视其材料品种、是否上人（吊顶承受人的荷载）和面层构造做法等因素而定。上人吊顶的检修走道应铺放在主龙骨上。常用龙骨的材料、规格及间距详见表 2-8。

常用的龙骨规格尺寸（mm）　　**表 2-8**

	主龙骨			次龙骨		
	尺寸	截面	间距	尺寸	截面	间距
木龙骨	50 × 70 70 × 100		1000 左右	50 × 50		300 ~ 600 根据板材尺寸定
轻钢龙骨	38 系列 50 系列 75 系列		900 ~ 1200	38 系列 50 系列 75 系列		400 ~ 600
铝合金龙骨	38 系列 50 系列 75 系列		900 ~ 1200	38 系列 50 系列 75 系列		400 ~ 600

3）吊顶面层

吊顶面层板材的类型很多，一般可分为植物型板材、矿物型板材、金属板材等几种。

①植物型板材　植物型板材主要有：胶合板、纤维板、刨花板、细木工板等几种。

②矿物型板材　矿物型板材主要有：石膏板、矿棉装饰吸声板、玻璃棉装饰吸声板、轻质硅酸盐板。

③金属板材　金属板材主要有：铝合金装饰板、铝塑复合装饰板、金属微孔吸声板等几种，铝合金装饰板形状和厚度见表 2–9。

铝合金吊顶板　　**表 2–9**

板型	截面型式	厚度（mm）
开放型		0.5～0.8
开放型		0.8～1.0
封闭型		0.5～0.8
封闭型		0.5～0.8
封闭型	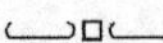	0.5～0.8
方板		0.8～1.0
方板		0.8～1.0
矩形	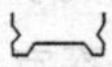	1.0

4）悬式吊顶的构造做法

①木基层吊顶构造　当龙骨的断面尺寸 50mm × 70mm ～ 700mm × 100mm，要通过吊筋进行固定，吊筋间距为 900～1200mm。采用钢筋作吊筋，则吊筋前端应套丝，安装龙骨后用螺母固定；采用方木条作吊筋，则用铁钉与主龙骨固定。沿墙的主龙骨应与墙固定：可通过墙中的预埋木砖进行钉结固定或在墙上打木楔钉结固定。木砖尺寸为 120mm × 120mm × 60mm，间距为 1000mm 左右。次龙骨断面尺寸为 50mm × 50mm，间距为 300～600mm 之间。次龙骨找平后，用 50mm × 50mm 方木吊筋挂钉在主龙骨上或用 $\phi 6$ 螺栓与主龙骨栓固。设置方木吊筋是为了便于调节次龙骨的悬吊高度，以使次龙骨在同一水平面上，从而保证吊顶面的水平。木基层吊顶构造做法，如图 2–93 所示。

当吊顶面积较小且重量较轻（不上人且不承受设备及灯具重量）时，可省略主龙骨，用吊筋直接吊挂次龙骨及面层，做法如图 2–94 所示。

②金属基层吊顶构造。

A. 轻钢龙骨石膏板吊顶构造　轻钢龙骨是用薄壁镀锌钢带经机械压制而成。轻钢龙骨断面有 U 形和 T 形两大系列。现以 U 形系列为例作介绍。U 形系列由主龙骨、次龙骨、横撑龙骨、吊挂件、接插件、挂插件等零配件装配而

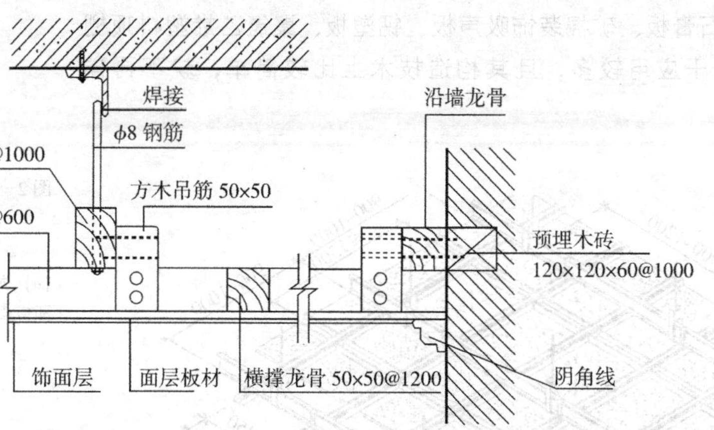

图 2-93 木基层吊植物板材吊顶构造（mm）

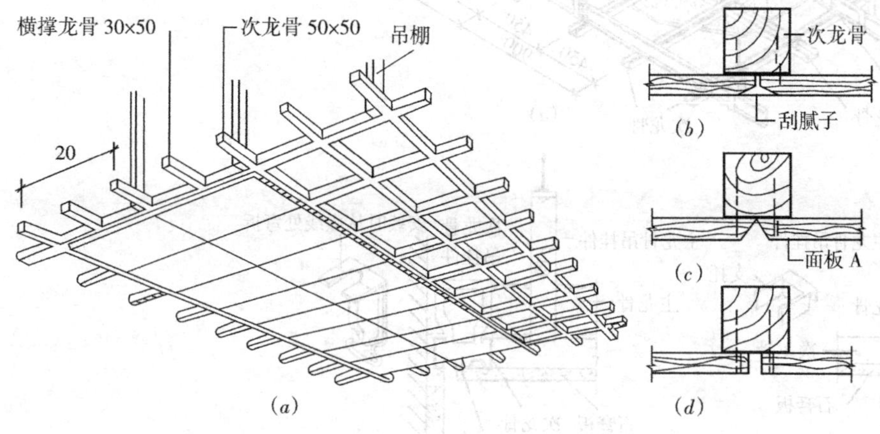

图 2-94 无主龙骨的木基层吊顶（mm）

(a) 仰视图；(b) 密缝；(c) 斜槽缝；(d) 立缝

成。主龙骨又按吊顶上人、吊顶不上人以及吊点距离的不同分为 38 系列（主龙骨断面高度为 38mm）、50 系列、60 系列三种。轻钢龙骨石膏板的吊顶构造做法，如图 2-95 所示。

B. 铝合金龙骨矿棉板吊顶构造　这种吊顶的基层由主龙骨、次龙骨、横撑龙骨、吊钩、连接件等组成。铝合金龙骨的断面有 L 形和 T 形两种，中部的龙骨为倒 T 形，边上的龙骨为 L 形，因此又称为 LT 体系。

面层板材通常为 450mm × 450 ~ 600mm 的矿棉板，矿棉板搁置在倒 T 形或 L 形龙骨上，可随时拆卸或替换。按面板的安装方式不同，可以分为龙骨外露与龙骨不外露两种方式，如图 2-96 所示。

C. 金属板材吊顶构造　常见的有压型薄壁钢板和铝合金型材两大类。两者都有打孔或不打孔的条形、矩形、方形以及各种形式的格栅式等型材。

条形板多为槽形向上平铺，由龙骨扣住，如图 2-97 所示。也有一种折边条板，由专用扣件竖向悬挂，如图 2-98 所示。

③异形龙骨　吊顶板材的类型很多，一般可以分为植物型板材、矿物型板材、铝合金等金属板材等类型。常见的植物型板材有胶合板、纤维板等。

常见的矿物型板材有石膏板、矿棉装饰吸声板、钙塑板、聚氯乙烯塑料顶棚等品种。这些板材由于应用较多，且其构造技术上比较简单，就不再详述了。

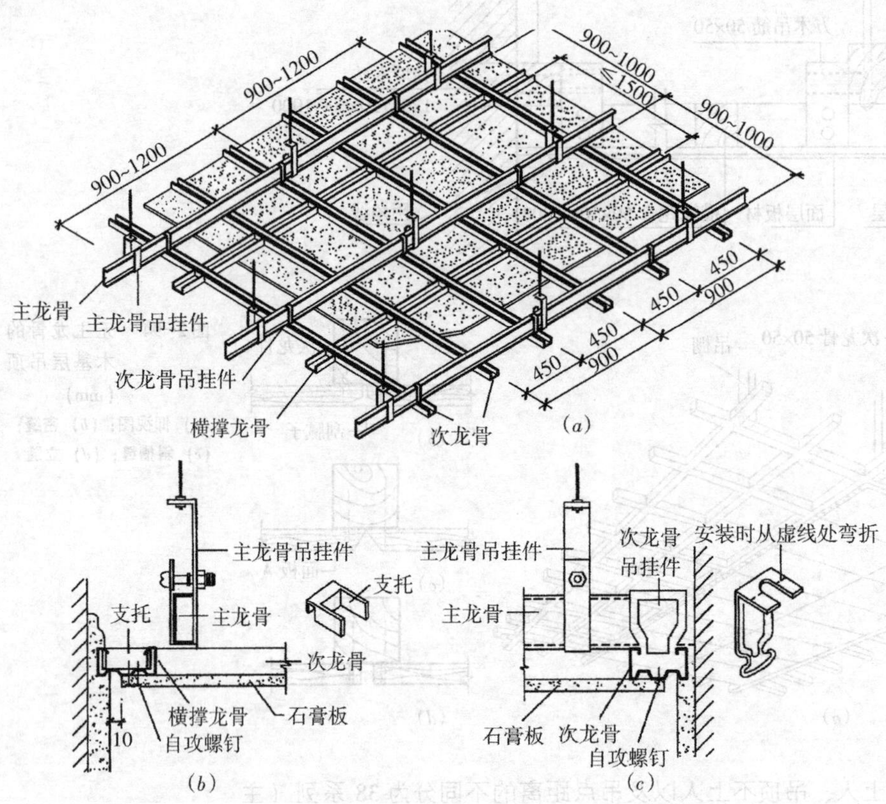

图 2-95 轻钢龙骨石膏板吊顶构造（mm）

(a) 龙骨布置；(b) 细部构造；(c) 细部构造

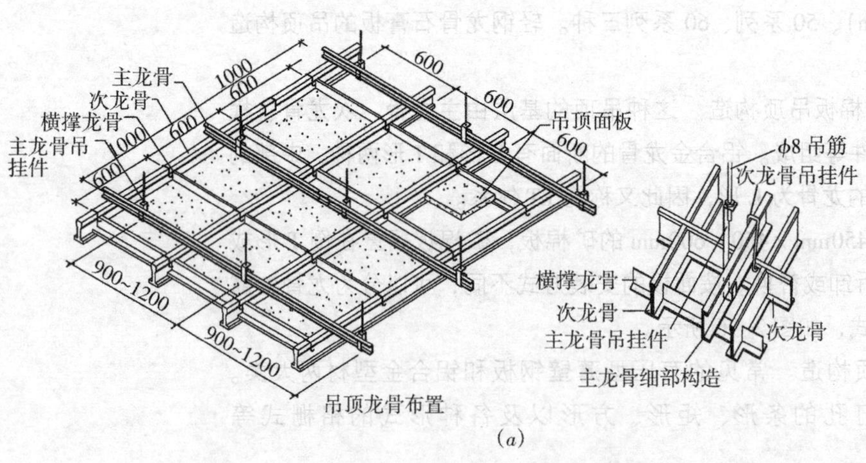

图 2-96 铝合金龙骨矿棉板吊顶构造（mm）

(a) 龙骨外露的布置方式；(b) 吊顶板材与T形铝合金龙骨的连接

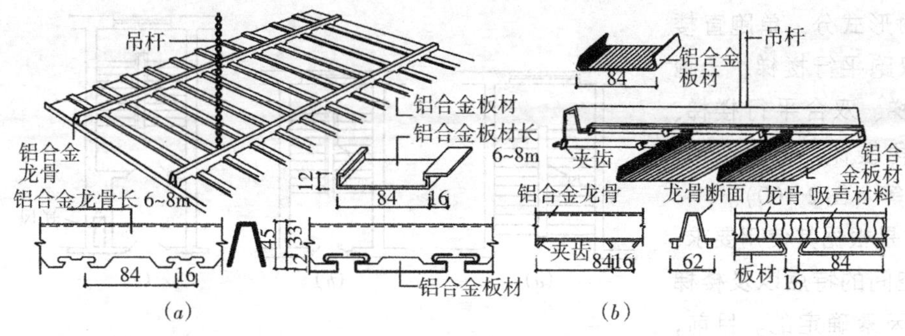

图2-97　铝合金条形板吊顶（mm）

(a) 封闭式的铝合金条板吊顶；(b) 开敞式的铝合金条板吊顶

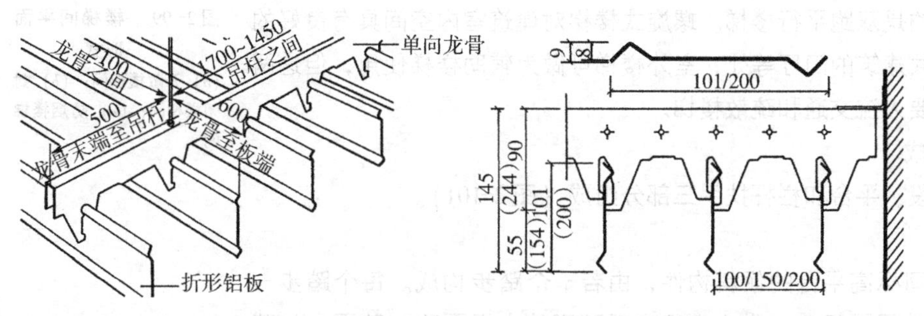

图2-98　折形铝板吊顶

2.7　楼梯

2.7.1　楼梯的类型、组成和尺度

（1）楼梯的一般要求

建筑空间的竖向组合联系，主要依靠楼梯、电梯、自动扶梯、台阶、坡道以及爬梯等竖向交通设施，其中以楼梯的使用最为广泛。楼梯的主要功能是满足人和物的正常运行和紧急疏散。其数量、位置、形式应符合有关规范和标准的规定，必须具有足够的通行能力、强度和刚度，并满足防火、防烟、防滑、采光和通风等要求。部分楼梯对建筑具有装饰作用，因此应考虑楼梯对建筑整体空间效果的影响。

在部分多层建筑和高层建筑中，电梯是解决垂直交通的主要设备，但楼梯作为安全疏散通道必须设置。

在楼梯中，布置楼梯的房间称为楼梯间。楼梯间的门应朝向人流疏散方向，底层应有直接对外的出口。北方地区当楼梯间兼作建筑物出入口时，要注意防寒，一般可设置门斗或双层门。

（2）楼梯的类型

建筑中楼梯的形式较多，楼梯的分类一般可按以下原则进行：

①按楼梯的材料分：钢筋混凝土楼梯、钢楼梯、木楼梯等。

②按楼梯的位置分：室内楼梯和室外楼梯。

③按楼梯的使用性质分：主要楼梯、辅助楼梯、疏散楼梯及消防楼梯。根据消防要求又有开敞楼梯间、封闭楼梯间和防烟楼梯间之分（图2-99）。

④按楼梯的平面形式分：单跑直楼梯、双跑直楼梯、双跑平行楼梯、三跑楼梯、双分平行楼梯、双合平行楼梯、转角楼梯、双分转角楼梯、交叉楼梯、剪刀楼梯、螺旋楼梯等（图2-100）。

楼梯的平面形式是根据其使用要求、建筑功能、平面和空间的特点以及楼梯在建筑中的位置等因素确定的。目前，在建筑中应用较多的是双跑平行楼梯。螺旋式楼梯对建筑室内空间具有良好的装饰性，适用于公共建筑的门厅等处，室外楼梯可做为辅助楼梯使用，但这两种楼梯不能作为主要人流交通和疏散楼梯。

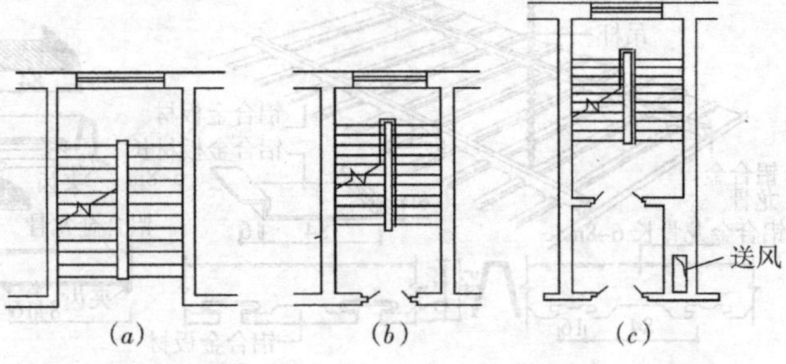

图2-99 楼梯间平面形式
(a) 开敞楼梯间；(b) 封闭楼梯间；(c) 防烟楼梯间

(3) 楼梯的组成

楼梯一般由梯段、平台和栏杆扶手三部分组成（图2-101）。

1) 楼梯梯段

是联系两个不同标高平台的倾斜构件，由若干个踏步构成。每个踏步一般由两个相互垂直的平面组成，供人们行走时踏脚的水平面称为踏面，与踏面垂直的平面称为踢面。踏面和踢面之间的尺寸关系决定了楼梯的坡度。为使人们上下楼梯时不致过度疲劳及适应人行的习惯，每个梯段的踏步数量最多不超过18级，最少不少于3级。两平行梯段之间的空隙称为楼梯井，公共建筑楼梯井净宽大于200mm，住宅楼梯井净宽大于110mm时，必须采取安全措施。

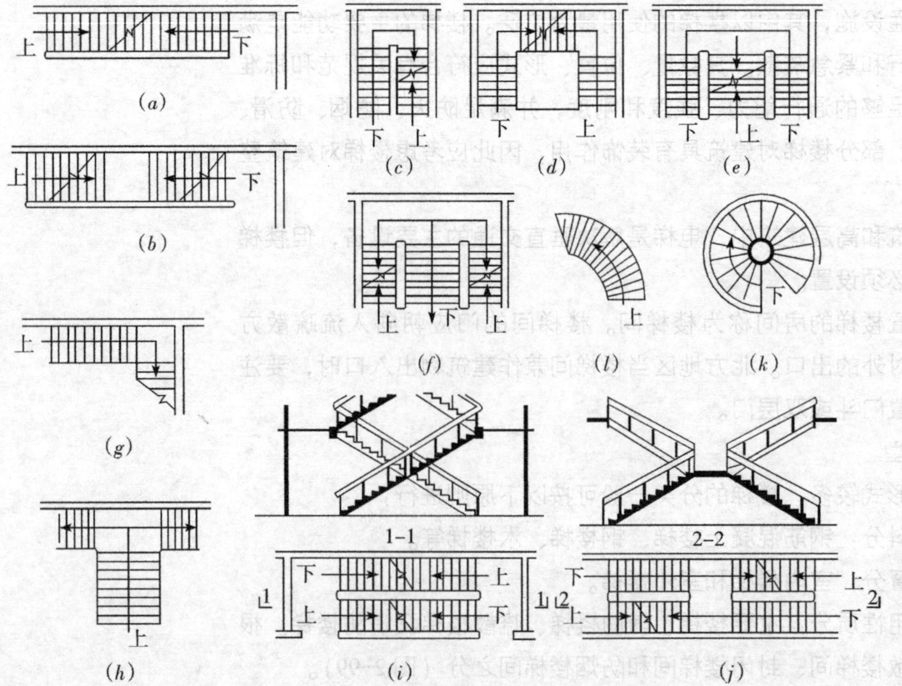

图2-100 楼梯的平面形式
(a) 单跑直楼梯；(b) 双跑直楼梯；(c) 双跑平行楼梯；(d) 三跑楼梯；(e) 双分平行楼梯；(f) 双合平行楼梯；(g) 转角楼梯；(h) 双分转角楼梯；(i) 交叉楼梯；(j) 剪刀楼梯；(k) 螺旋楼梯；(l) 弧线楼梯

2）楼梯平台

是联系两个楼梯段的水平构件，主要是为了解决楼梯段的转折和与楼层连接，同时也使人在上下楼时能在此处稍做休息。平台一般分成两种，与楼层标高一致的平台通常称为楼层平台，位于两个楼层之间的平台称为中间平台。

3）栏杆和扶手

为了确保使用安全，应在楼梯段的临空边缘设置栏杆或栏板。栏杆、栏板上部供人们用手扶持的连续斜向配件，称为扶手。

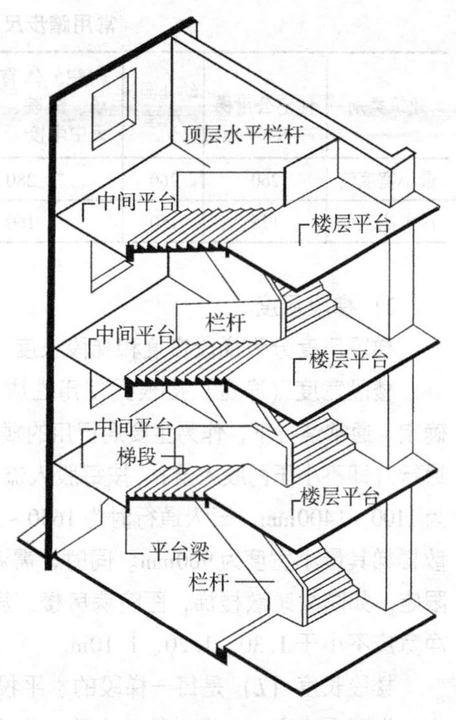

图 2-101 楼梯的组成

（4）楼梯的尺度

1）楼梯的坡度及踏步尺寸

在竖向交通设施中，楼梯、爬梯、台阶及坡道的主要区别在于坡度不同，它们的坡度范围如图 2-102 所示。楼梯坡度范围在 25°～45°之间，普通楼梯的坡度不宜超过 38°，30°是楼梯的适宜坡度。

楼梯的坡度决定了踏步的高宽比，而踏步的高度和宽度之和与人的步距有关，踏面宽度与人的脚长有关。在设计中常使用如下经验公式：

$$2h+b=600\sim620$$

式中 h——踏步高度（mm）；

b——踏步宽度（mm）；

600～620——人的平均步距（mm）。

踏步尺寸一般根据建筑的使用功能、使用者的特征及楼梯的通行量综合确定，规范要求：踏步的宽度可取 220mm、240mm、260mm、280mm、300mm、320mm，必要时可取 250mm；踏步高度不宜大于 210mm，且各级高度均应相同。具体可参见表 2-10 之规定。为适应人们上下楼，常将踏面适当加宽，而又不增加梯段的实际长度，可将踏面适当挑出，或将踢面前倾（图 2-103）。

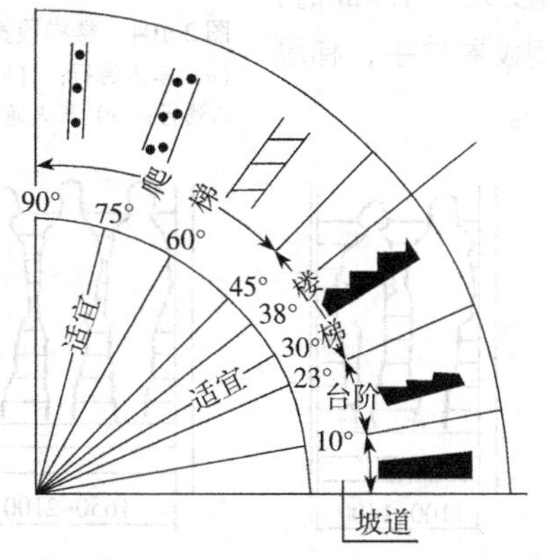

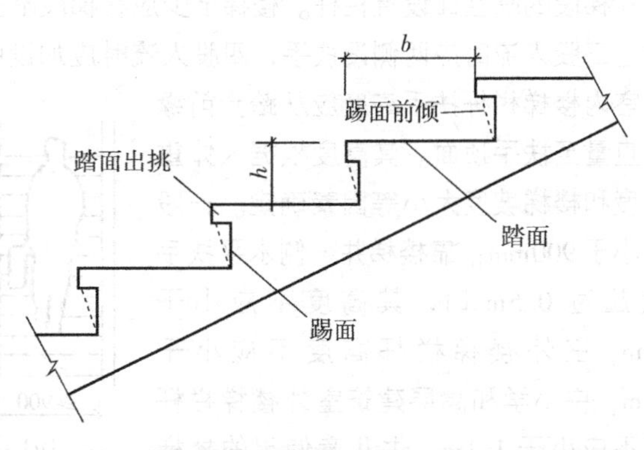

图 2-102 坡度范围（左）
图 2-103 踏面与踢面（右）

常用踏步尺寸（mm）　　表 2-10

建筑类别	住宅公用梯	幼儿园、小学	剧院、体育馆、商场、医院、旅馆和大中学校	其他建筑	专用疏散梯	服务楼梯、住宅套内楼梯
最小宽度值	260	260	280	260	250	220
最大高度值	175	150	160	170	180	200

2）梯段尺度

梯段尺度分为梯段宽度和梯段长度。

楼段宽度（净宽）应根据使用性质、使用人数（人流股数）和防火规范确定。通常情况下，作为主要通行用的楼梯，其梯段宽度应至少满足两个人相对通行（即不小于两股人流）。按每股人流 0.55 + (0 ~ 0.15) m 考虑，双人通行时为 1100 ~ 1400mm，三人通行时为 1650 ~ 2100mm，余类推（图 2-104）。室外疏散楼梯其最小宽度为 900mm。同时，需满足各类建筑设计规范中对梯段宽度的限定。如防火疏散楼梯，医院病房楼、居住建筑及其他建筑，楼梯梯段的最小净宽应不小于 1.30、1.20、1.10m。

楼段长度（L）是每一梯段的水平投影长度，其值为 $L = b \times (N-1)$，其中 b 为踏面步宽，N 为梯段踏步数，此处需注意踏步数为踢面步高数。

3）平台宽度

平台宽度分为中间平台宽度和楼层平台宽度。

对于平行和折行多跑等类型楼梯，其转向后中间平台宽度应不小于梯段宽度，并且不小于 1.1m。以保证通行顺畅和搬运家具设备的方便。对于不改变行进方向的平台，其宽度可不受此限。医院建筑还应保证担架在平台处能转向通行，其中间平台宽度不小于 1800mm。

楼层平台宽度，应比中间平台宽度更宽松一些，以利于人流分配和停留。对于开敞式楼梯间，楼层平台同走廊连在一起，一般可使梯段的起步点自走廊边线后退一段距离（≥500mm）即可。

4）栏杆扶手尺度

楼梯栏杆是梯段的安全设施。一般要求当梯段的垂直高度大于 1.0m 时，就应在梯段的临空面设置栏杆。楼梯至少应在梯段临空面一侧设置扶手，梯段净宽达三股人流时应两侧设扶手，四股人流时应加设中间扶手。

室内楼梯栏杆扶手高度应从踏步前缘线垂直量至扶手顶面。其高度根据人体重心高度和楼梯坡度大小等因素确定。一般不宜小于 900mm；靠楼梯井一侧水平扶手长度超过 0.5m 时，其高度不应小于 1.05m；室外楼梯栏杆高度不应小于 1.05m；中小学和高层建筑室外楼梯栏杆高度不应小于 1.1m；供儿童使用的楼梯

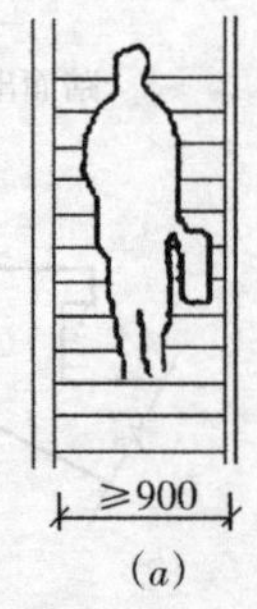

(a)

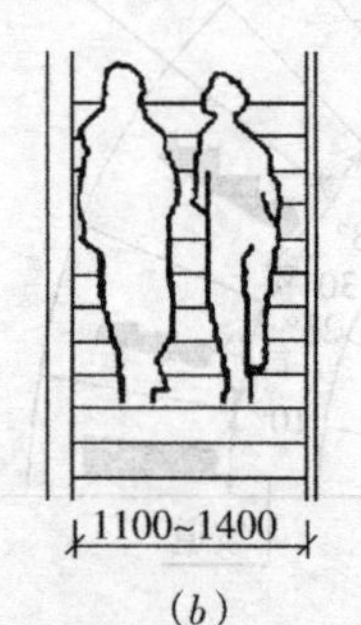

(b)

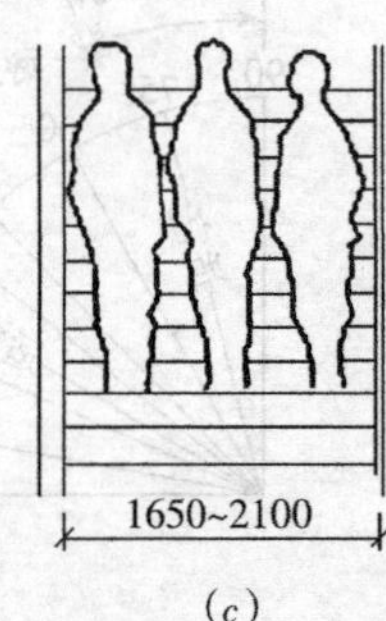

(c)

图 2-104　楼梯段宽度
(a) 单人通行；(b) 双人通行；(c) 三人通行

应在500～600mm高度增设扶手。

5）楼梯净空高度

梯段的净空高度一般指自踏步前缘（包括最低和最高一级踏步前缘线以外0.30m范围内）量至上方突出物下缘间的垂直高度。在确定净高时，应充分考虑人行或搬运物品对空间的实际需要。我国规定，民用建筑楼梯平台上部及下部过道处的净高应不小于2m，楼梯段净高不宜小于2.2m，如图2-105所示。

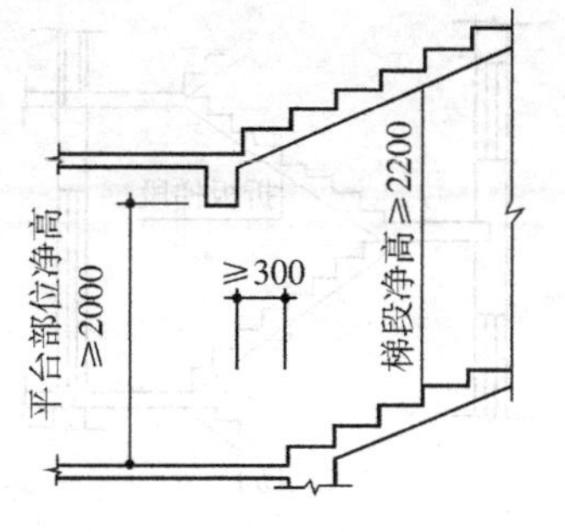

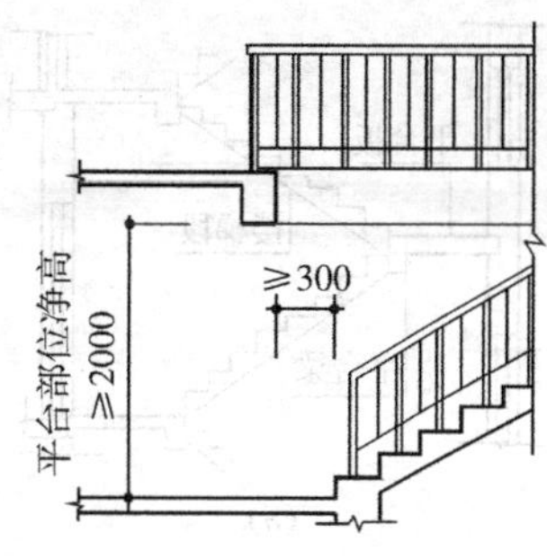

图2-105 楼梯净空高度

2.7.2 钢筋混凝土楼梯的构造

钢筋混凝土具有防火性能好、坚固耐久等优点，目前被广泛采用。

钢筋混凝土楼梯按施工方式可分为现浇整体式和预制装配式两类。

现浇钢筋混凝土楼梯的梯段和平台整体浇筑在一起，其整体性好、刚度大、抗震性好，不需要大型起重设备，但施工进度慢、耗费模板多、施工程序较复杂。预制装配式钢筋混凝土楼梯施工进度快，受气候影响小，构件由工厂生产，质量易保证，但施工时需要配套的起重设备、投资较多。由于建筑的层高、楼梯间的开间、进深及建筑的功能均对楼梯的尺寸有直接的影响，而且楼梯的平面形式多样，因而目前建筑中较多采用现浇整体式钢筋混凝土楼梯。

（1）现浇整体式钢筋混凝土楼梯构造

现浇钢筋混凝土楼梯可以根据楼梯段的传力与结构形式的不同，分成板式和梁板式楼梯两种。

1）板式楼梯

板式楼梯的梯段分别与两端的平台梁整浇在一起，由平台梁支承。楼段相当于是一块斜放的现浇板，平台梁是支座（图2-106*a*）。从力学和结构角度要求，梯段板的跨度大或梯段上使用荷载大，都将导致梯段板的截面高度加大。所以，板式楼梯适用于荷载较小、建筑层高较小（建筑层高对梯段长度有直接影响）的情况，如住宅、宿舍建筑。梯段的水平投影长度一般不大于3m。板式楼梯梯段的底面平整、美观，也便于装饰。

为保证平台过道处的净空高度，可在板式楼梯的局部位置取消平台梁，形成折板式楼梯（图2-106*b*）。

近年在公共建筑和庭园建筑的外部楼梯出现了一种造型新颖，具有空间感的悬臂板式楼梯（图2-107），其特点是楼梯段和平台均无支承，完全靠上下梯段和平台组成的空间结构与上下层楼板共同受力。

2）梁板式楼梯

梁板式楼梯由踏步板、楼梯斜梁、平台梁和平台板组成。踏步板由斜梁支承，斜梁由两端的平台梁支承。踏步板的跨度就是梯段的宽度，平台梁的间距

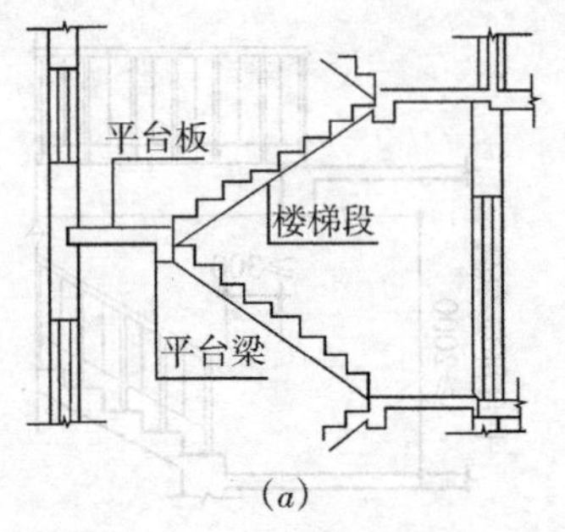

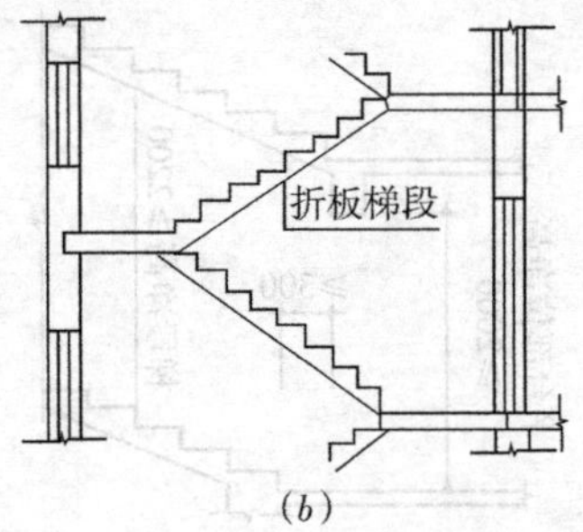

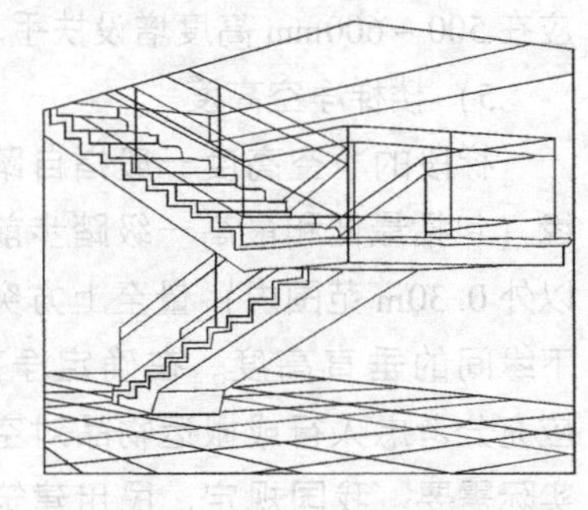

图 2-106　现浇钢筋混凝土板式楼梯（左）
(a) 板式；(b) 折板式

图 2-107　钢筋混凝土悬臂板式楼梯（右）

即为斜梁的跨度。斜梁一般为两根，布置在踏步的两端（图 2-108a）。但楼梯间的承重墙有时取代靠墙的斜梁，成为单斜梁楼梯（图 2-108b）。实际做时，一种是梁在踏步板下，踏步露明，通称明步（图 2-109a）；还有一种是梁在踏步板上面，下面平整，踏步包在梁内，通称暗步（图 2-109b）。暗步楼梯弥补了明步楼梯梯段下部易积灰、侧面易污染的缺陷，但斜梁宽度要满足结构的要求，从而使梯段的净宽变小。

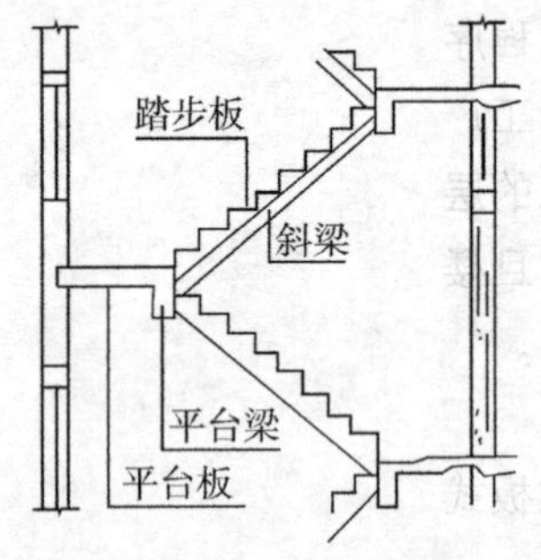

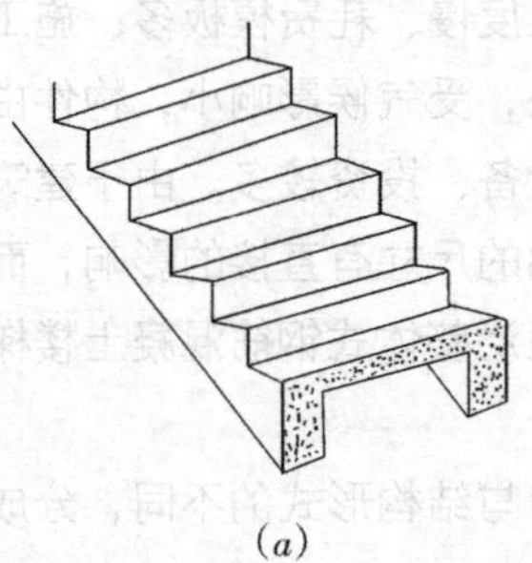

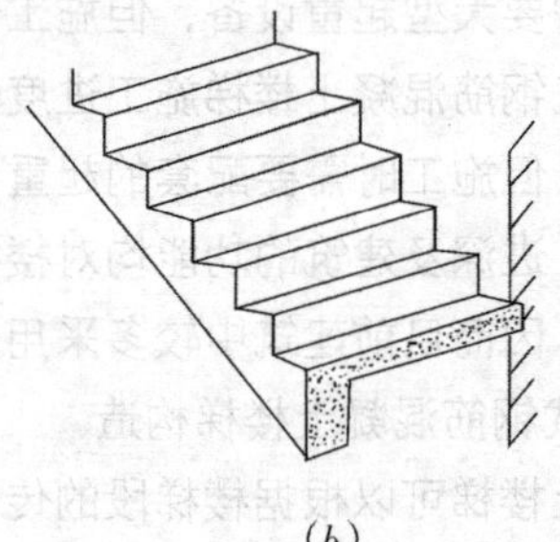

图 2-108　梁板式楼梯
(a) 梯段两侧设斜梁；(b) 梯段一侧设斜梁

（2）预制装配式钢筋混凝土楼梯构造

预制装配式钢筋凝土楼梯的构造形式较多。根据组成楼梯的构件尺寸及装配的程度，可分为小型构件装配式和中、大型构件装配式两类。

小型构件装配式楼梯的构件尺寸小、重量轻、数量多，一般把踏步板作为基本构件。具有构件生产、运输、安装方便的优点，同时也存在着施工较复杂、施工进度慢、往往需要现场湿作业配合的不足。小型构件装配式楼梯主要有梁承式、悬挑式和墙承式三种构造形式。

中、大型构件装配式楼梯一般把楼梯段和平台板作为基本构件，构件的体量大，规格和数量少，装配容易、施工速度快，适于成片建设的大量性建筑。

由于预制装配式钢筋混凝土楼梯目前的使用较少，对其构造不作详述。

（3）楼梯的细部构造

1）踏步面层及防滑措施

踏步面层的做法一般与楼地面相同。

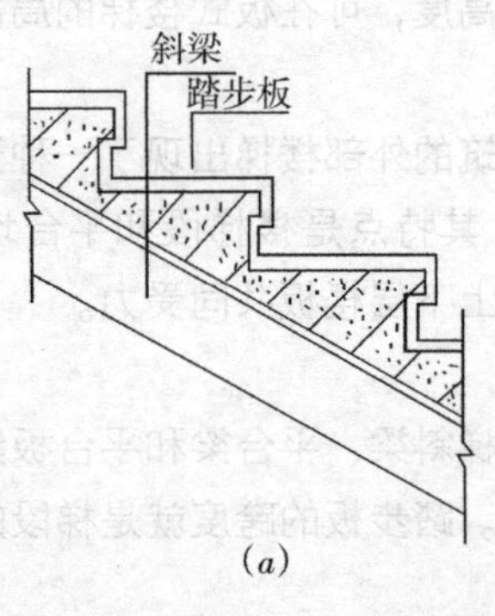

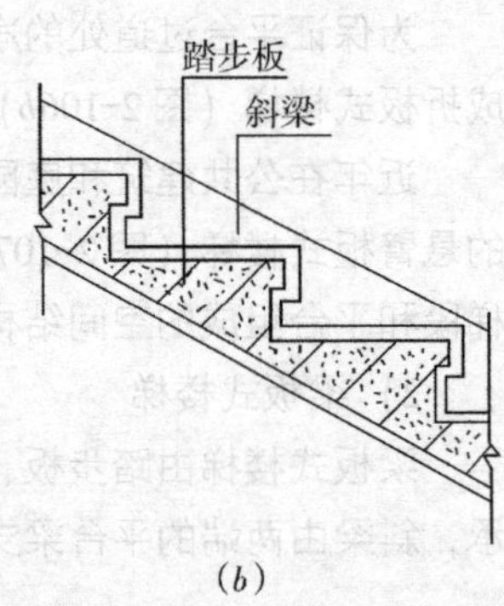

图 2-109　明步楼梯与暗步楼梯
(a) 明步；(b) 暗步

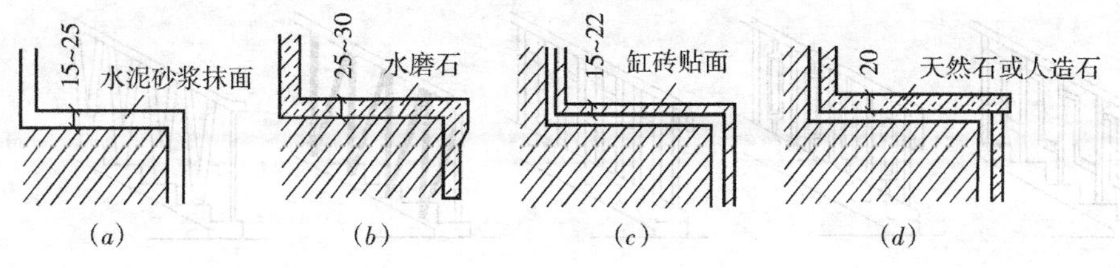

图 2-110　踏步面层构造
(a) 水泥砂浆面层；(b) 水磨石面层；(c) 缸砖面层；(d) 天然石材或人造石面层

对面层的要求是耐磨、防滑、便于清洗和美观。常见的踏步面层有水泥砂浆、水磨石、地面砖、各种天然石材等（图 2-110）。人流集中的楼梯，踏步表面应采取防滑和耐磨措施，通常是在踏步口做防滑条。防滑条长度一般按踏步长度每边减去 150mm。防滑材料可采用铁屑水泥、金刚砂、塑料条、金属条、橡胶条、陶瓷锦砖等（图 2-111）。

2）栏杆、栏板和扶手

栏杆和扶手是梯段上所设的安全措施，应做到坚固耐久、构造简单、造型美观。

①栏杆、扶手的形式和材料　栏杆按其构造做法的不同有空花栏杆、栏板式栏杆和组合式栏杆三种。

A. 空花栏杆　一般多采用金属材料制作，如钢材、铝材、铸铁花饰等。用相同或不同规格的金属型材拼接、组合成不同的图案，使之在确定安全的同时，又能起到装饰作用（图 2-112）。其垂直杆件间净距不应大于 110mm。经常有儿童活动的建筑，栏杆的分格应设计成儿童不易攀登的形式，以确保安全。

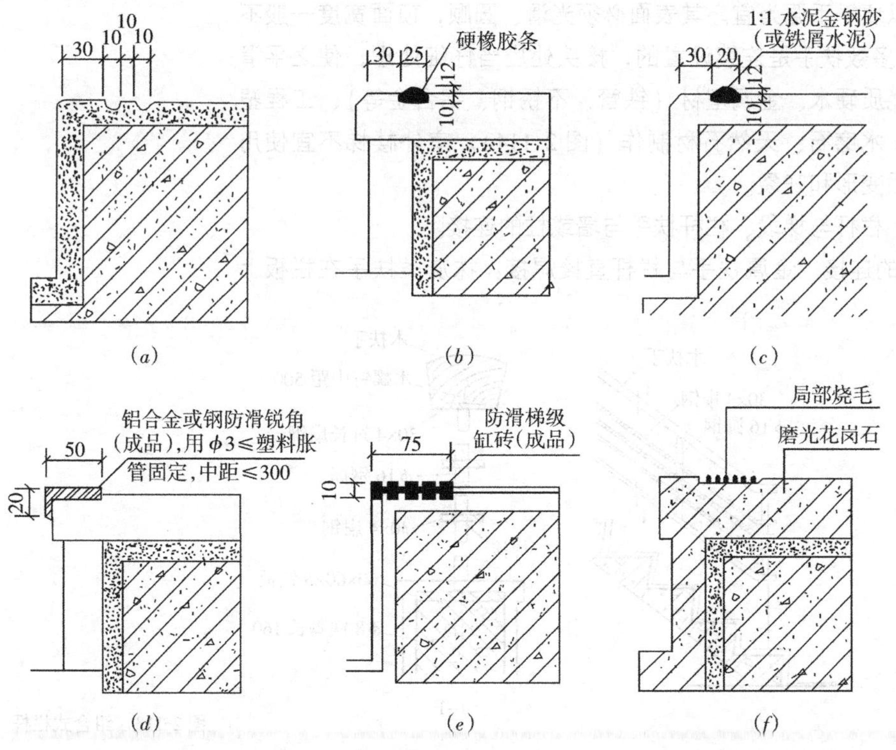

图 2-111　踏步防滑措施
(a) 水泥砂浆踏步面防滑槽；(b) 橡胶防滑条；(c) 水泥金刚砂防滑条；(d) 铝合金或钢筋滑包角；(e) 缸砖面踏步防滑砖；(f) 花岗岩踏步烧毛贴面条

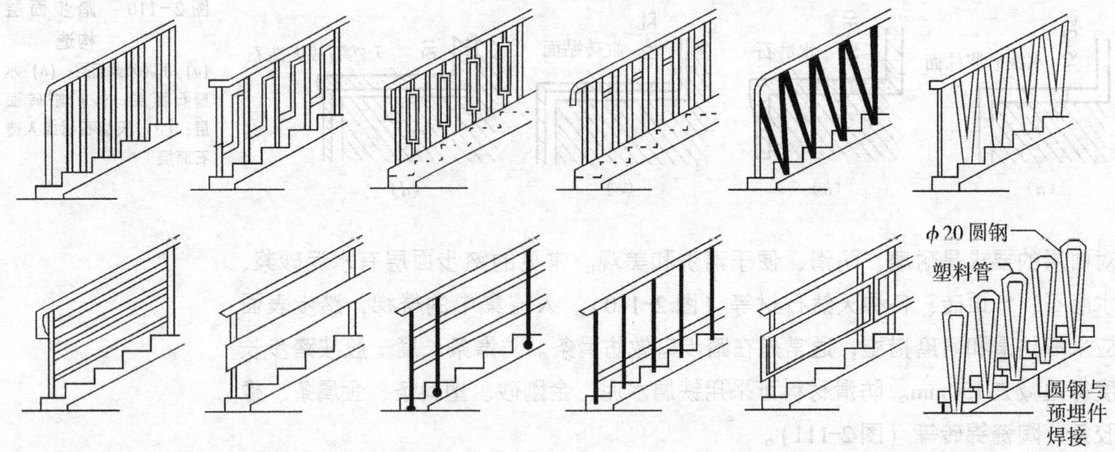

图 2-112　空花栏杆

B. 栏板式栏杆　栏板是用实体材料制作而成。常用材料有钢筋混凝土、加设钢筋网的砖砌体、木材、有机玻璃、钢化玻璃等，栏板的表面应光滑平整、便于清洗。栏板可直接与梯段相连，也可安装在垂直构件上。砖砌栏板常用做法是立砖砌筑，多结合暗步楼梯斜梁砌成。为加强稳定性，须和现浇钢筋混凝土扶手连成整体，并在栏板内每隔 1000 ~ 1200mm 加钢筋或设混凝土构造柱，增强其刚度。

C. 组合式栏杆　将空花栏杆与栏板组合在一起构成的栏杆形式。空花部分一般用金属材料，栏板部分的材料与栏板式相同（图 2-113）。

扶手位于栏杆顶面，供人们上下楼梯时依扶之用。扶手的尺寸和形状除考虑造型要求外，应以便于手握为宜。其表面必须光滑、圆顺，顶面宽度一般不宜大于 90mm。绝大多数扶手是连续设置的，接头处应当仔细处理，使之平滑过渡。扶手可以用优质硬木、金属型材（铁管、不锈钢、铝合金等）、工程塑料及水泥砂浆抹灰、水磨石、天然石材制作（图 2-114）。室外楼梯不宜使用木扶手，以免淋雨后变形和开裂。

②栏杆与扶手、栏杆与梯段、栏杆扶手与墙或柱的连接。

A. 栏杆与扶手的连接　金属扶手与栏杆直接焊接；抹灰类扶手在栏板上

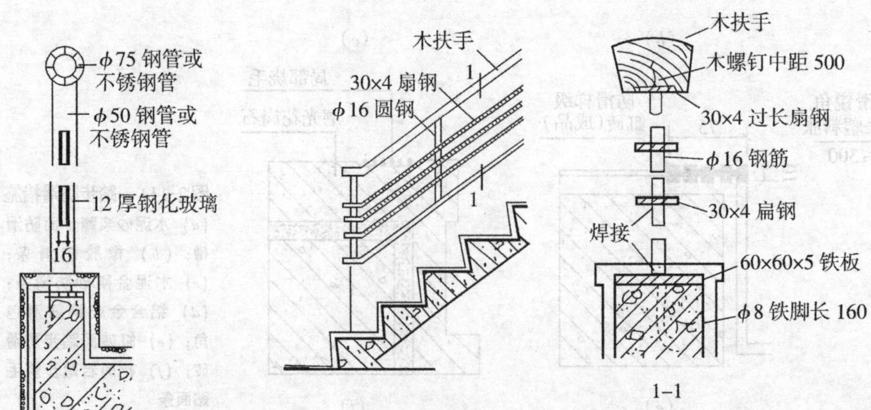

图 2-113　组合式栏杆

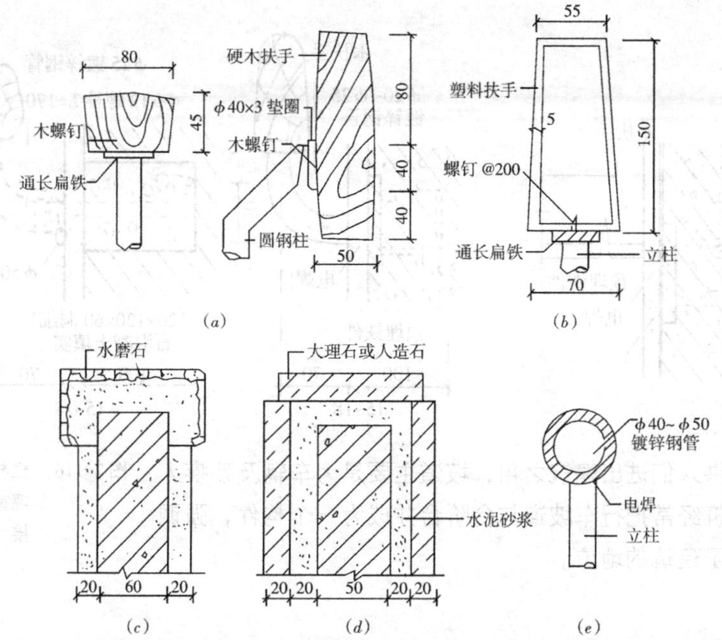

图 2-114　扶手的形式及扶手与栏杆的连接构造

(a) 硬木扶手；(b) 塑料扶手；(c) 水泥砂浆或水磨石扶手；(d) 大理石或人造大理石扶手；(e) 钢管扶手

端直接饰面；木及塑料扶手在安装前应事先在栏杆顶部设置通长的扁铁，扁铁上预留安装钉孔，把扶手放在扁铁上，用螺栓固定（图 2-114）。

B. 栏杆与梯段的连接　栏杆与梯段的连接方式常见有两种：一种是在梯段内预埋铁件与栏杆焊接；另一种是在梯段上预留孔洞，用细石混凝土、水泥砂浆或螺栓固定。工程上具体做法可以参考图 2-115。

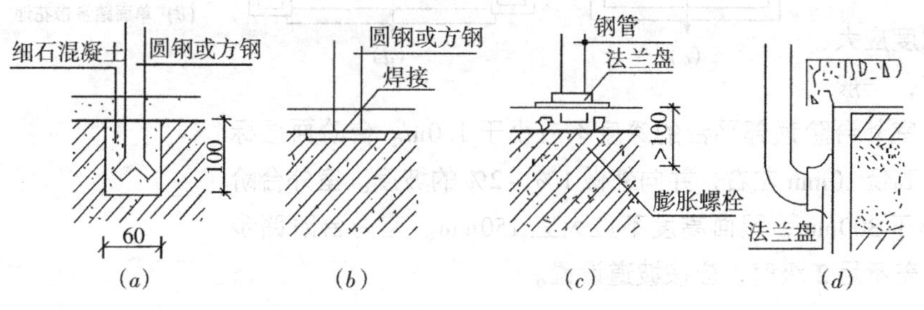

图 2-115　栏杆与梯段的连接

(a) 埋入预留孔洞；(b) 与预埋钢板焊接；(c) 立杆焊在底板上用膨胀螺栓；(d) 立杆进入踏板侧面预留孔内

C. 栏杆扶手与墙或柱的连接　当需在靠墙侧设置栏杆与扶手时，其与墙或柱的连接做法常见有两种：一种是在墙上预留孔洞，将栏杆铁件插入洞内，再用细石混凝土或水泥砂浆填实；另一种是在钢筋混凝土墙或柱的相应位置上预埋铁件与栏杆扶手的铁件焊接，也可用膨胀螺栓连接。具体做法可参考图2-116。

2.7.3　台阶与坡道构造

由于建筑室内外地坪存在高差，需要在入口处设置台阶和坡道作为建筑室

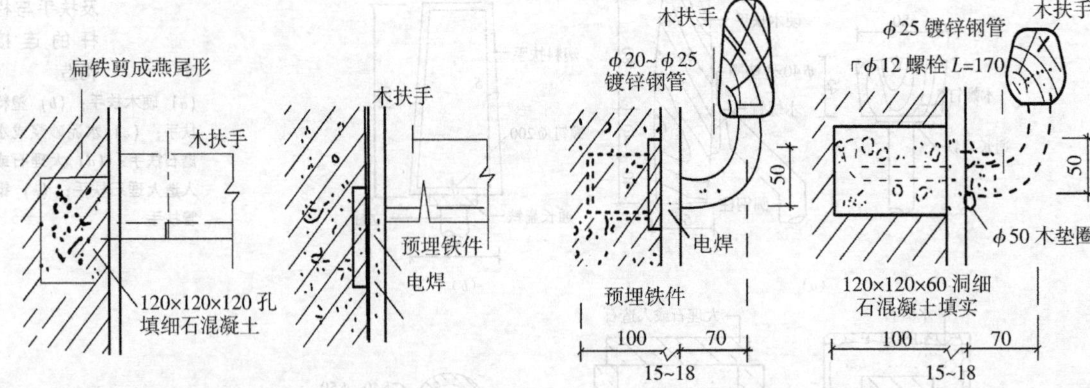

图 2-116　栏杆扶手与墙或柱的连接

内外的过渡。其中，台阶是供人们进出建筑之用，坡道主要是为车辆及残疾人而设置的。部分大型公共建筑经常把行车坡道与台阶合并成为一个构件，强调了建筑入口的重要性，提高了建筑的地位。

（1）台阶

1）台阶的形式和尺寸

台阶的平面形式多种多样，应当与建筑的级别、功能及周围的环境相适应。较常见的台阶形式有：单面踏步、两面踏步、三面踏步以及单面踏步带花池（花台）等（图 2-117）。

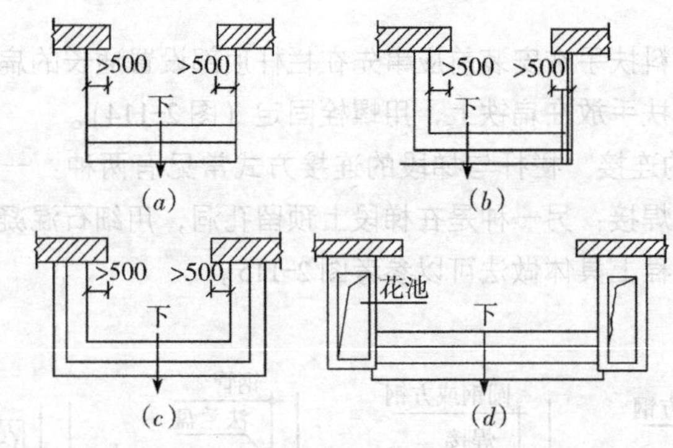

图 2-117　台阶的形式
（a）单面踏步；（b）两面踏步；（c）三面踏步；（d）单面踏步带花池

台阶顶部平台的宽度应大于所连通的门洞口宽度，一般每边至少宽出 500mm，室外台阶顶部平台的深度不应小于 1.0m。台阶面层标高应比首层室内地面标高低 10mm 左右，并向外做 1% ~2% 的坡度。室外台阶踏步的踏面宽度不宜小于 300mm，踢面高度不应大宜 150mm。室内台阶踏步数不应小于 2 级，当高差不足 2 级时，应按坡道设置。

2）台阶的构造

台阶的地基由于在主体施工时，多数已被破坏，一般是做在回填土上，为避免沉陷和寒冷地区的土层冻胀影响，有以下几种处理方式：

①架空式台阶：将台阶支承在梁上或地垄墙上（图 2-118a）。

②分离式台阶：台阶单独设置，如支承在独立的地垄墙上。寒冷地区，如台阶下为冻胀土，应当用砂类、砾石类土换去冻胀土，然后再做台阶。单独设立的台阶必须与主体分离，中间设沉降缝，以保证相互间的自由沉降（图 2-118b、c）。

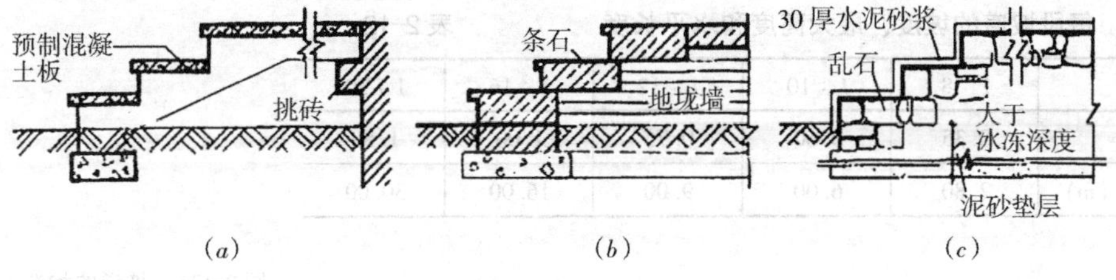

图 2-118　台阶构造
(a) 预制钢筋混凝土架空台阶；(b) 支承在地垄墙上的架空台阶；(c) 地基换土台阶

(2) 坡道

1) 坡道的形式和尺寸

坡道按用途的不同，可以分为行车坡道和轮椅坡道两类。

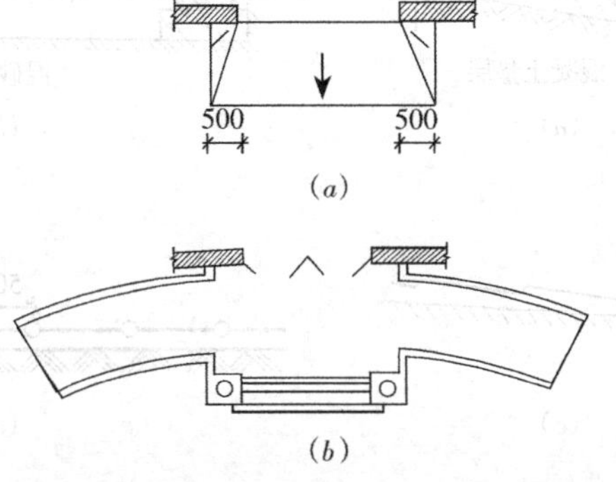

图 2-119　行车坡道
(a) 普通行车坡道；(b) 回车坡道

行车坡道分为普通行车坡道（图 2-119a）与回车坡道（图 2-119b）两种。行车坡道布置在有车辆进出的建筑入口处，如车库等。回车坡道与台阶踏步组合在一起，布置在某些大型公共建筑的入口处，如办公楼、医院等。轮椅坡道是专供残疾人使用的。

普通行车坡道的宽度应大于所连通的门洞宽度，一般每边至少≥500mm。坡道的坡度与建筑的室内外高差和坡道的面层处理方法有关。

回车坡道的宽度与坡道半径及车辆规格有关，不同位置的坡道坡度和宽度应符合表 2-11 的规定。室内坡道的坡度应不大于 1：8；室外坡道的坡度应不大于1：10；供残疾人使用的轮椅坡道的坡度不宜大于 1：12，宽度不应小于 0.9m；每段坡道的坡度、允许最大高度和水平长度应符合表 2-12 的规定；当坡道的高度和长度超过表 2-12 的规定时，应在坡道中部设休息平台，其深度不小于 1.2m；坡道在转弯处应设休息平台，其深度不小于 1.5m；

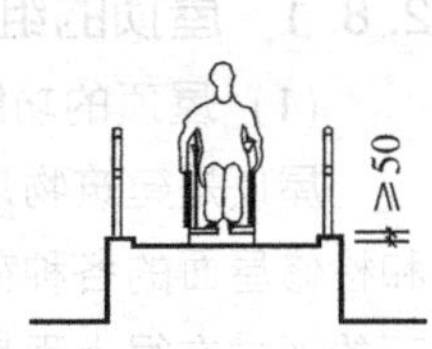

图 2-120　坡道扶手和安全挡台

无障碍坡道，在坡道的起点和终点，应留有深度不小于 1.50m 的轮椅缓冲地带。坡道两侧应设置扶手，且与休息平台的扶手保持连贯。坡道侧面凌空时，在栏杆扶手下端宜设高不小于 50mm 的坡道安全挡台（图 2-120）。

不同位置的坡道坡度和宽度　　表 2-11

坡道位置	最大坡度	最小宽度（m）
有台阶的建筑入口	1：12	1.20
只设坡道的建筑入口	1：20	1.50
室内走道	1：12	1.00
室外通路	1：20	1.50
困难地段	1：10～1：8	1.20

每段坡道的坡度、最大高度和水平长度　　表 2-12

坡道坡度（高/长）	1∶8	1∶10	1∶12	1∶16	1∶20
每段坡道允许高度（m）	0.35	0.60	0.75	1.00	1.50
每段坡道允许水平长度（m）	2.80	6.00	9.00	16.00	30.00

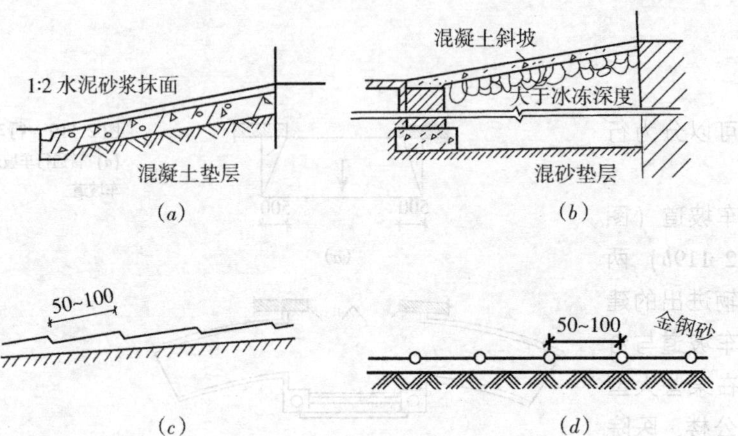

图 2-121　坡道的构造
(a) 混凝土坡道；(b) 地基换土坡道；(c) 锯齿形防滑坡面；(d) 防滑条坡面

2）坡道的构造

坡道的构造与台阶基本相同，一般采用实铺，垫层的强度和厚度应根据坡道的长度及上部荷载大小进行选择。严寒地区垫层下部设置砂垫层（图 2-121）。

2.8　屋顶

2.8.1　屋顶的组成、类型与设计要求

（1）屋顶的功能与组成

屋顶是建筑物最上层的覆盖部分，它承受屋顶的自重、风雪荷载以及施工和检修屋面的各种荷载，并抵抗风、雨、雪的侵袭和太阳辐射的影响，同时屋顶的形式在很大程度上影响到建筑造型。因此屋顶主要的功能是承重、围护（即排水、防水和保温隔热）和美观。屋顶主要由屋面层、承重结构、保温或隔热层和顶棚四部分组成。

（2）屋顶的类型

屋顶按采用的材料和结构类型的不同可做成不同的形式，一般分为平屋顶、坡屋顶和其他形式的屋顶三大类。

1）平屋顶

平屋顶通常是指屋面坡度小于 5% 的屋顶，常用坡度为 2% ~3%。这种屋顶是目前应用最广泛的一种屋顶形式，主要原因是采用平屋顶可以节省材料，扩大建筑空间，提高预制安装程度。同时，屋顶上面可以作为固定的活动场所，如做成露台、屋顶花园、屋顶养鱼池等。图 2-122 为平屋顶常见的几种形式。

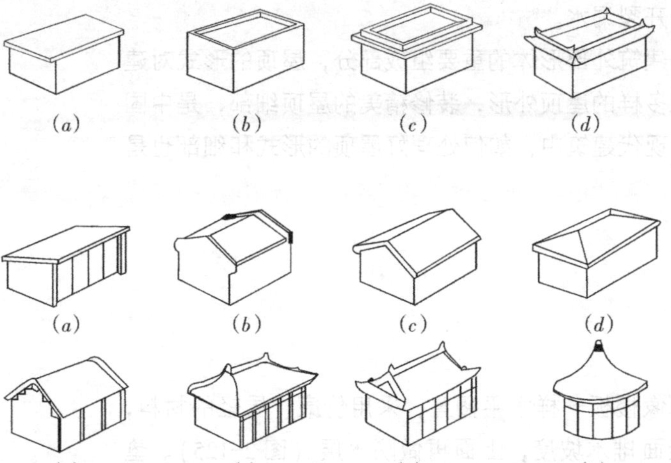

图2-122　平屋顶的形式
(a) 挑檐；(b) 女儿墙；(c) 挑梁女儿墙；(d) 盝顶

图2-123　坡屋顶的形式
(a) 单坡顶；(b) 硬山两坡顶；(c) 悬山两坡顶；(d) 四坡顶；(e) 卷棚顶；(f) 庑殿顶；(g) 歇山顶；(h) 圆攒尖顶

2）坡屋顶

坡屋顶通常是指屋面坡度较陡的屋顶，其坡度一般大于10%。坡屋顶是我国传统的建筑屋顶形式，在民用建筑中应用非常广泛，城市建设中某些建筑为满足经济或建筑风格的要求也常采用。坡屋顶常见的几种形式，如图2-123所示。

3）其他形式的屋顶

随着科学技术的发展，出现许多新型的屋顶结构形式，如拱屋盖、薄壳屋盖、折板屋盖、悬索屋盖、网架屋盖等（图2-124）。这类屋顶多用于较大跨度的公共建筑。

（3）屋顶的一般要求

屋顶是建筑物的重要组成部分之一，屋顶一般应满足以下几方面的要求：

①防水要求　屋顶防水是屋顶构造设计最基本的功能要求。常见做法是采用不透水的防水材料以及合理的构造处理来达到防水的目的。

图2-124　其他形式的屋顶
(a) 拱屋盖；(b) 薄壳屋盖；(c) 悬索屋盖；(d) 折板屋盖

②保温隔热要求　屋顶作为外围护结构，应具有良好的保温隔热性能。在寒冷地区冬季，室内一般都需采暖，为保持室内正常的温度，减少能源消耗，避免产生顶棚表面结露或内部受潮等一系列问题，屋顶应采取保温措施。对于南方炎热的夏季，为避免强烈的太阳辐射高温对室内的影响，通常在屋顶应采取隔热措施。

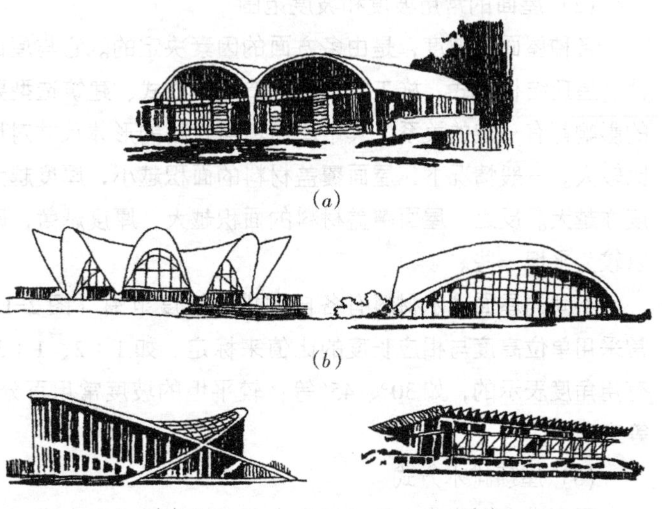

③结构要求　屋顶是房屋的围护结构，同时又是房屋的承重结构，用以承受作用于上的全部荷载。因此要求屋顶结构应有足够的强度和刚度，

并防止因结构变形引起防水层开裂漏水。

④建筑艺术要求　屋顶是建筑外部形体的重要组成部分，屋顶的形式对建筑的特征有很大的影响。变化多样的屋顶外形，装修精美的屋顶细部，是中国传统建筑的重要特征之一。在现代建筑中，如何处理好屋顶的形式和细部也是设计中不可忽视的重要问题。

2.8.2　屋顶排水方式

（1）排水坡度的形成

1）材料找坡

亦称填坡，屋顶结构层可像楼板一样水平搁置，采用价廉、质轻的材料，如炉渣加水泥或石灰来垫置屋面排水坡度，上面再做防水层（图2-125）。垫置坡度不宜过大，避免徒增材料和荷载。需设保温层的地区，也可用保温材料来形成坡度。材料找坡适用于跨度不大的平屋盖。

2）结构找坡

亦称撑坡，屋顶的结构层根据屋面排水坡度搁置成倾斜（图2-126），再铺设防水层等。这种做法不需另加找坡层，荷载轻、施工简便，造价低，但不另设吊顶时，顶面稍有倾斜。房屋平面凹凸变化时应另加局部垫坡。结构找坡一般适用于屋面进深较大的建筑。

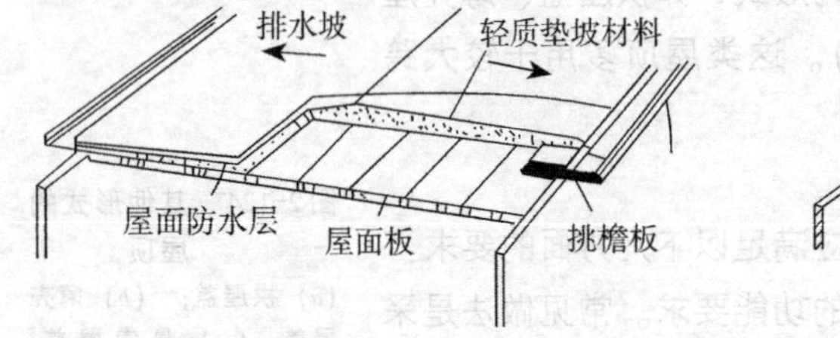

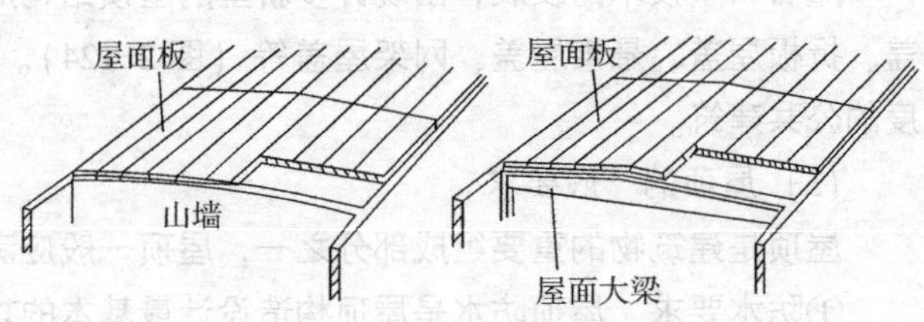

图2-125　材料找坡(左)

图2-126　结构找坡(右)

（2）屋面的常用坡度和坡度范围

各种屋面的坡度，是由多方面的因素决定的。它与屋面材料、地理气候条件、屋顶结构形式、施工方法、构造组合方式、建筑造型要求以及经济等方面的影响都有一定的关系。其中屋面覆盖材料的形体尺寸对屋面坡度形成的关系比较大。一般情况下，屋面覆盖材料的面积越小，厚度越大，它的屋面排水坡度亦越大。反之，屋面覆盖材料的面积越大，厚度越薄，则屋面排水坡度就可以较为平坦一些。

不同的屋面防水材料有各自的排水坡度范围（图2-127）。屋面的坡度通常采用单位高度与相应长度的比值来标定。如1：2、1：3等；较大的坡度也有用角度表示的，如30°、45°等；较平坦的坡度常用百分比，如用2%或5%等来表示。

（3）屋顶排水方式

屋顶排水方式分为无组织排水和有组织排水两大类。

1）无组织排水

无组织排水又称自由落水，是指屋面雨水直接从檐口落至室外地面的一种排水方式。这种做法具有构造简单、造价低廉的优点，但屋面雨水自由落下会溅湿墙面，外墙墙脚常被飞溅的雨水侵蚀，影响到外墙的坚固耐久性，并可能影响人行道的交通。无组织排水方式主要适用于少雨地区或一般低层建筑，不宜用于临街建筑和高度较高的建筑。

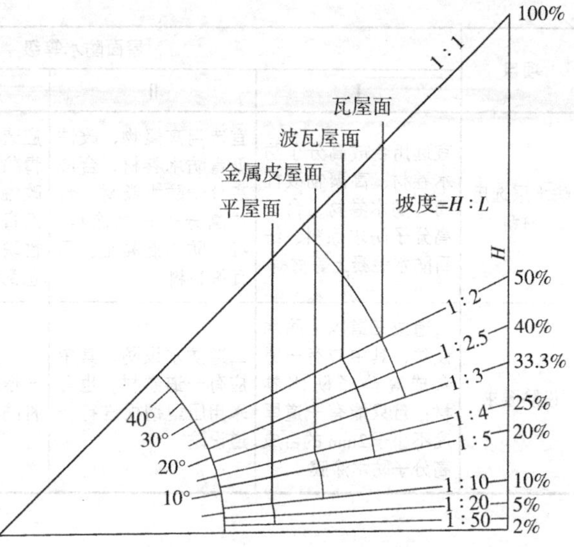

图2-127 常用屋面坡度范围

2）有组织排水

有组织排水是指屋面雨水通过排水系统，有组织地排至室外地面或地下管沟的一种排水方式。这种排水方式具有不妨碍人行交通、不易溅湿墙面的优点，因而在建筑工程中应用非常广泛。但与无组织排水相比，其构造较复杂，造价相对较高。

有组织排水方案可分为外排水和内排水两种基本形式，常用外排水方式有女儿墙外排水、檐沟外排水、女儿墙檐沟外排水三种（图2-128）。在一般情况下应尽量采用外排水方案，因为有组织排水构造较复杂，极易造成渗漏。但对于多跨房屋的中间跨为简化构造，以及考虑高层建筑的外立面美观和寒冷地区防止水落管冰冻堵塞等情况时，可采用内排水方式。在一般民用建筑中，最常用的排水方式有女儿墙外排水和檐沟外排水两种。

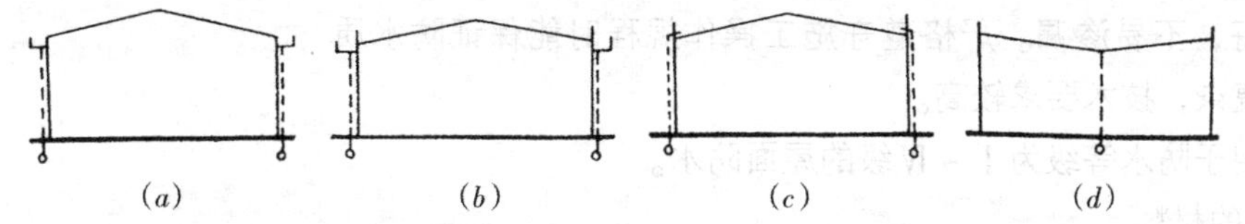

图2-128 有组织排水方案举例

(a) 女儿墙外排水；(b) 挑檐沟外排水；(c) 女儿墙檐沟外排水；(d) 内排水

(4) 屋面防水等级

根据建筑物的性质、重要程度、使用功能要求、防水层耐用年限、防水层选用材料和设防要求，将屋面防水分为四个等级，见表2-13。

屋面防水等级和设防要求 **表2-13**

项目	屋面防水等级			
	Ⅰ	Ⅱ	Ⅲ	Ⅳ
建筑物类别	特别重要的民用建筑和对防水有特殊要求的工业建筑	重要的工业与民用建筑、高层建筑	一般的工业与民用建筑	非永久性的建筑
防水层耐用年限	25年	15年	10年	5年

续表

项目	屋面防水等级			
	Ⅰ	Ⅱ	Ⅲ	Ⅳ
防水层选用材料	宜选用合成高分子防水卷材、高聚物改性沥青防水卷材、合成高分子防水涂料、细石防水混凝土等材料	宜选用高聚物，改性沥青防水卷材，合成高分子防水卷材，合成高分子防水涂料、细石防水混凝土、平瓦等材料	应选用高聚物改性沥青防水卷材，高聚物改性沥青防水涂料，沥青基防水涂料、刚性防水层，平瓦，油毡瓦等	可选用二毡三油沥青防水卷材、高聚物改性沥青防水涂料、波形瓦等材料
设防要求	三道或三道以上防水设防，其中应有一道合成高分子防水卷材；且只能有一道厚度不小于2mm的合成高分子防水涂膜	二道防水设防，其中应有一道卷材。也可采用压型钢板进行一道设防	一道防水设防，或两种防水材料复合使用	一道防水设防

2.8.3 平屋顶构造

平屋顶按屋面防水层的不同有柔性防水、刚性防水、涂料防水等多种做法。

（1）柔性防水屋面

柔性防水屋面是用防水卷材与胶粘剂结合在一起的，形成连续致密的构造层，从而达到防水的目的。按卷材的常见类型有沥青卷材防水屋面，高聚物改性沥青类防水卷材屋面，高分子类卷材防水屋面。由于卷材防水层具有一定的延伸性和适应变形的能力，故而被称为柔性防水屋面。

柔性防水屋面较能适应温度、振动、不均匀沉降因素的变化作用，能承受一定的水压，整体性好，不易渗漏。严格遵守施工操作规程时能保证防水质量，但施工操作较为复杂，技术要求较高。

卷材防水屋面适用于防水等级为Ⅰ～Ⅳ级的屋面防水。

1）卷材防水屋面的材料

①卷材　A. 高聚物改性沥青类防水卷材　高聚物改性沥青防水卷材是以高分子聚合物改性沥青为涂盖层，纤维织物或纤维毡为胎体，粉状、粒状、片状或薄膜材料为覆面材料制成的可卷曲的片状防水材料。如SBS改性沥青油毡、再生胶改性沥青聚酯油毡、铝箔塑胶聚酯油毡、丁苯橡胶改性沥青油毡等。B. 高分子类卷材　凡以各种合成橡胶或合成树脂或二者的混合物为主要原材料，加入适量化学助剂和填充料加工制成的弹性或弹塑性卷材，均称为高分子防水卷材。常见的有三元乙丙橡胶防水卷材、氯化聚乙烯防水卷材、聚氯乙烯防水卷材、氯丁橡胶防水卷材、再生胶防水卷材、聚乙烯橡胶防水卷材、丙烯酸树脂卷材等。高分子防水卷材具有重量轻（$2kg/m^2$），使用温度范围宽（$-20\sim80$℃），耐候性能好，抗拉强度高（$2\sim18.2$MPa），延伸率大（>450%）等特点，近年来已逐渐在国内的各种防水工程中得到推广应用。

②卷材胶粘剂　用于高聚物改性沥青防水卷材和高分子防水卷材的胶粘剂主要为各种与卷材配套使用的溶剂型胶粘剂。如适用于改性沥青类卷材的 RA—86 型氯丁胶胶粘剂，SBS 改性沥青胶粘剂等；三元乙丙橡胶卷材防水屋面的基层处理剂有聚氯酯底胶，胶粘剂有氯丁橡胶为主体的 CX—404 胶；氯化聚乙烯橡胶卷材的胶粘剂有 LYX—603，CX—404 胶等。

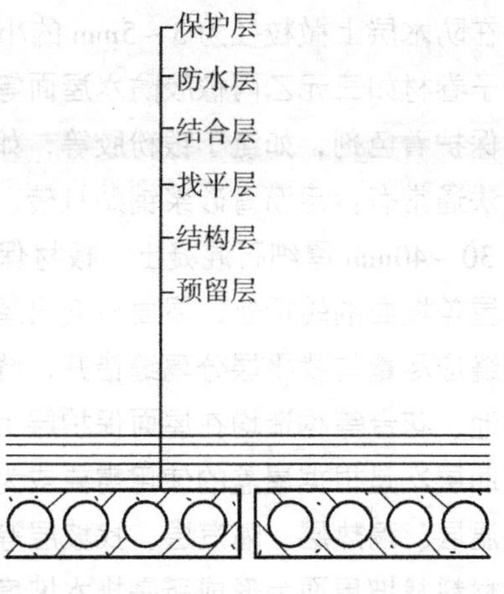

图 2–129　卷材防水屋面的构造组成

2）卷材防水屋面构造组成

①基本层次　卷材防水屋面由多层材料叠合而成，按各层的作用分别为：结构层、找平层、结合层、防水层、保护层，如图 2–129 所示。

A. 结构层　多为钢筋混凝土屋面板，可以是现浇板或预制板。

B. 找平层　卷材防水层要求铺贴在坚固而平整的基层上，以防止卷材凹陷或断裂，因而在松软材料上应设找平层；找平层的厚度取决于基层的平整度，一般采用 20mm 厚 1∶3 水泥砂浆，也可采用 1∶8 沥青砂浆等。找平层宜留分格缝，缝宽一般为 5～20mm，纵横间距一般不宜大于 6m。屋面板为预制时，分格缝应设在预制板的端缝处。分格缝上应附加 200～300mm 宽卷材，和胶粘剂单边点贴覆盖，如图 2–130 所示。

C. 结合层　结合层的作用是在基层与卷材胶粘剂间形成一层胶质薄膜，使卷材与基层胶结牢固。沥青类卷材通常用冷底子油作结合层；高分子卷材则多采用配套基层处理剂，也可用冷底子油或稀释乳化沥青作结合层。

D. 防水层　a. 高聚物改性沥青防水层　其铺贴做法有冷粘法和热熔法两种，冷粘法是用胶粘剂将卷材粘结在找平层上，或利用某些卷材的自粘性进行铺贴。铺贴卷材时注意平整顺直，搭接尺寸准确，不扭曲，应排除卷材下面的空气并辊压粘结牢固。热熔法施工时用火焰加热器将卷材均匀加热至表面光亮发黑，然后立即辊铺卷材使之平展，并辊压牢实。b. 高分子卷材防水层（以三元乙丙卷材防水层为例）先在找平层（基层）上涂刮基层处理剂（如 CX—404 胶等），要求薄而均匀，干燥不黏后即可铺贴卷材。卷材一般应由屋面低处向高处铺贴，并按水流方向搭接；卷材可垂直或平行于屋脊方向铺贴。卷材铺贴时要求保持自然松弛状态，不能拉得过紧。卷材长边应保持搭接 50mm，短边保持搭接 70mm，铺好后立即用工具辊压密实，搭接部位用胶粘剂均匀涂刷粘合。

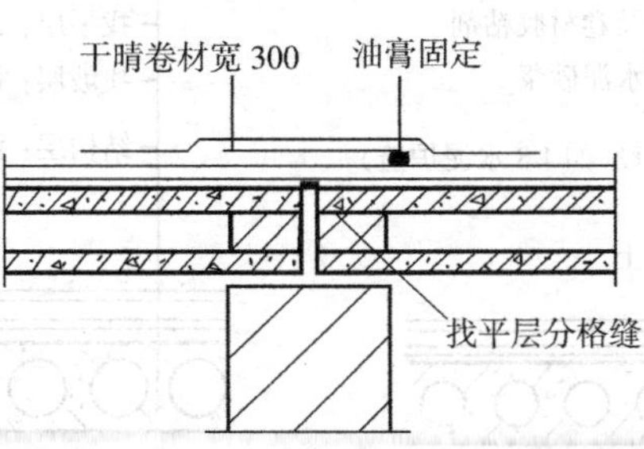

图 2–130　卷材防水屋面分格缝

E. 保护层　设置保护层的目的是保护防水层。保护层的构造做法应视屋面的利用情况而定。不上人时，改性沥青卷材防水屋面一般在防水层上撒粒径为 3～5mm 的小石子作为保护层，称为绿豆砂保护层。高分子卷材如三元乙丙橡胶防水屋面等通常是在卷材面上涂刷水溶型或溶剂型浅色保护着色剂，如氯丁银粉胶等，如图 2-131 所示。上人屋面的保护层的构造做法通常有：用沥青砂浆铺贴缸砖、大阶砖、混凝土板等块材；在防水层上现浇 30～40mm 厚细石混凝土。板材保护层或整体保护层均应设分隔缝，位置为：屋盖坡面的转折处，屋面与突出屋面的女儿墙、烟囱等的交接处。保护层分隔缝应尽量与找平层分隔缝错开，缝内用油膏嵌封。上人屋面做屋盖花园时，水池、花台等构造均在屋面保护层上设置，如图2-132所示。

②辅助层次　辅助层次是根据屋盖的使用需要或为提高屋面性能而补充设置的构造层，如：保温层、隔热层、隔汽层、找坡层等。

其中，找坡层是材料找坡屋面为形成所需排水坡度而设。保温层是为防止夏季或冬季气候使建筑顶部室内过热或过冷而设。隔汽层是为防止潮汽侵入屋面保温层，使其保温功能失效而设等。有关的构造详情将结合后面的内容做具体介绍。

3）卷材防水屋面细部构造

卷材防水层是一个封闭的整体，如果在屋面开设孔洞，有管道出屋面，或屋顶边缘封闭不牢，都可能破坏卷材屋面的整体性，形成防水的薄弱环节而造成渗漏。因此，必须对这些细部加强防水处理。

①泛水构造　泛水是指屋面与垂直墙面相交处的防水处理。女儿墙、山墙、烟囱、变形缝等屋面与垂直墙面相交部位，均需做泛水处理，防止交接缝出现漏水。泛水的构造要点及做法为：

A. 将屋面的卷材继续铺至垂直墙面上，形成卷材泛水，泛水高度不小于 250mm。

B. 在屋面与垂直女儿墙面的交接缝处，砂浆找平层应抹成圆弧形或 45°斜面，上刷卷材胶粘剂，使卷材铺贴牢实，避免卷材架空或折断，并加铺一层卷材。

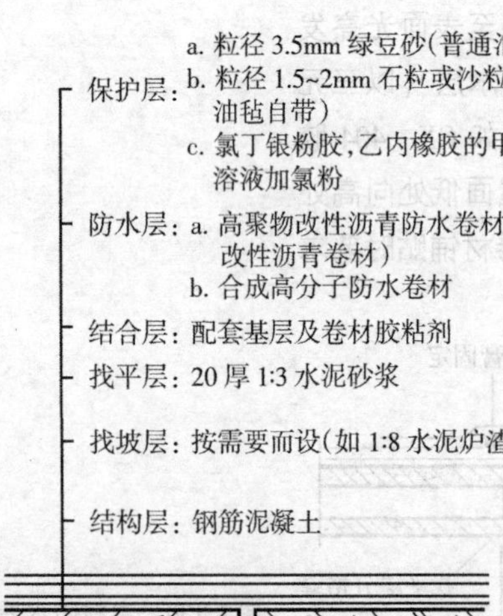

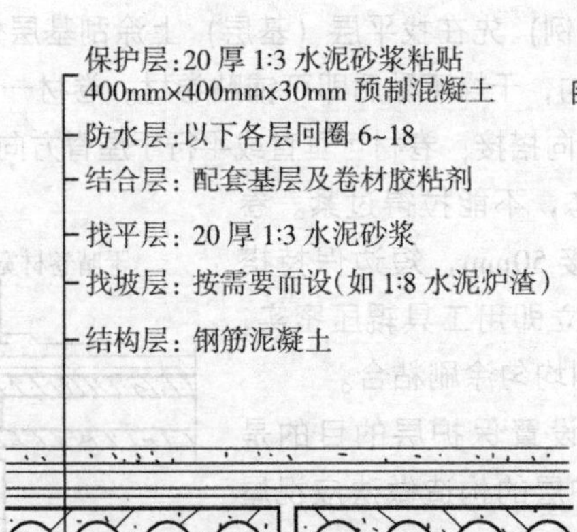

保护层：a. 粒径 3.5mm 绿豆砂（普通油毡）
b. 粒径 1.5~2mm 石粒或沙粒（SBS 油毡自带）
c. 氯丁银粉胶，乙内橡胶的甲苯溶液加氯粉
防水层：a. 高聚物改性沥青防水卷材（如 SBS 改性沥青卷材）
b. 合成高分子防水卷材
结合层：配套基层及卷材胶粘剂
找平层：20 厚 1:3 水泥砂浆
找坡层：按需要而设（如 1:8 水泥炉渣）
结构层：钢筋泥凝土

保护层：20 厚 1:3 水泥砂浆粘贴 400mm×400mm×30mm 预制混凝土
防水层：以下各层回圈 6~18
结合层：配套基层及卷材胶粘剂
找平层：20 厚 1:3 水泥砂浆
找坡层：按需要而设（如 1:8 水泥炉渣）
结构层：钢筋泥凝土

图 2-131　不上人卷材防水屋面保护层做法（左）

图 2-132　上人卷材防水屋面保护层做法（右）

C. 做好泛水上口的卷材收头固定，防止卷材在垂直墙面上下滑。一般做法为：在垂直墙中凿出通长凹槽，将卷材收头压入凹槽内，用防水压条钉压后再用密封材料嵌填封严，外抹水泥砂浆保护。凹槽上部的墙体亦应做防水处理，如图 2–133 所示。

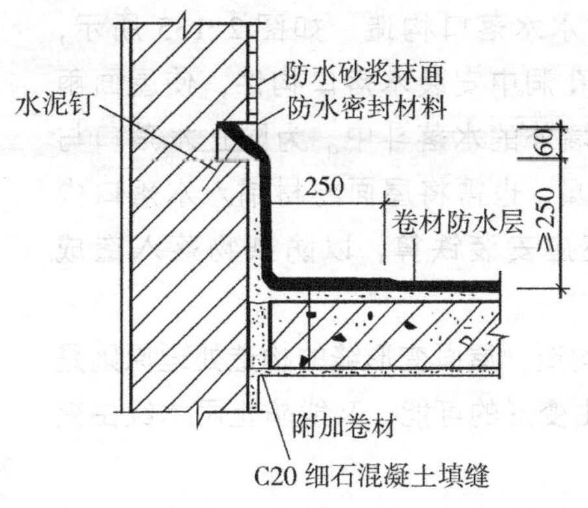

图 2–133　卷材防水屋面泛水构造（mm）

②挑檐口构造　挑檐口按排水形式分为无组织排水和檐沟外排水两种。其防水构造的要点是做好卷材的收头，使屋盖四周的卷材封闭，避免雨水渗入。无组织排水檐沟的收头处通常用油膏嵌实，不可用砂浆等硬性材料。同时，应抹好檐口的滴水，使雨水迅速垂直下落，如图 2–134 所示。

挑檐沟的卷材收头处理通常是在檐沟边缘用水泥钉钉压条将卷材压住，再用油膏或砂浆盖缝。此外，檐沟内转角处水泥砂浆应抹成圆弧形，以防卷材断裂；檐沟外侧应做好滴水，沟内可加铺一层卷材以增强防水能力。

③水落口构造　水落口是用来将屋面雨水排至水落管而在檐口或檐沟开设的洞口。构造上要求排水通畅，不易渗漏和堵塞。有组织外排水最常用的有檐沟及女儿墙水落口两种构造形式。有组织内排水的水落口设在天沟上，其构造与外檐沟相同。

A. 檐沟外排水水落口构造　在檐沟板预留的孔中安装铸铁或塑料连接管，就形成水落口。水落口周围直径 500mm 范围内坡度不应小于 5%，并应用防水涂膜涂封，其厚度不应小于 2mm，为防止水落口四周漏水，应将防水卷材铺入连接管内 50mm，周围用油膏嵌缝，水落口上用定型铸铁罩或钢丝球盖住，防止杂物落入水落口中。

水落口连接管的固定形式常见的有两种：一种是采用喇叭形连接管卡在檐沟板上，再用普通管箍固定在墙上；另一种则是用带挂钩的圆形管箍将其悬吊在檐沟板上。水落口现在多为硬质聚氯乙烯塑料（PVC）管，具有质轻、不锈、色彩多样等优点，已逐渐取代铸铁管。

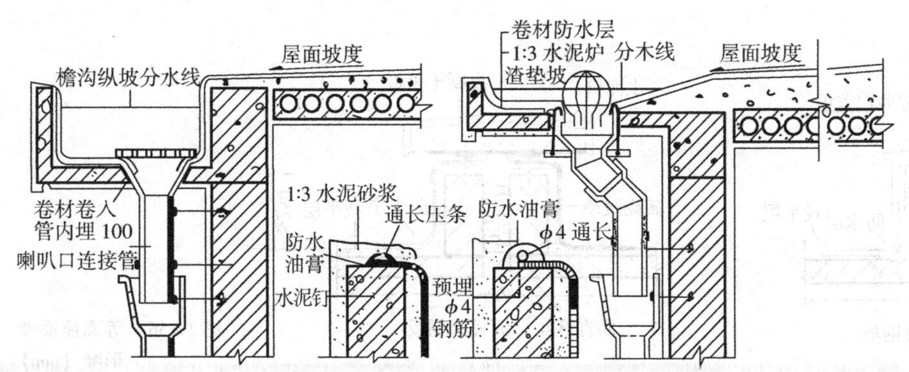

图 2–134　卷材防水屋面檐沟构造（mm）

B. 女儿墙外排水水落口构造　如图 2-135 所示，在女儿墙上的预留孔洞中安装水落口构件，使屋面雨水穿过女儿墙排至墙外的水落斗中。为防止水落口与屋面交接处发生渗漏，也需将屋面卷材铺入水落口内 50mm，水落口上还应安装铁箅，以防杂物落入造成堵塞。

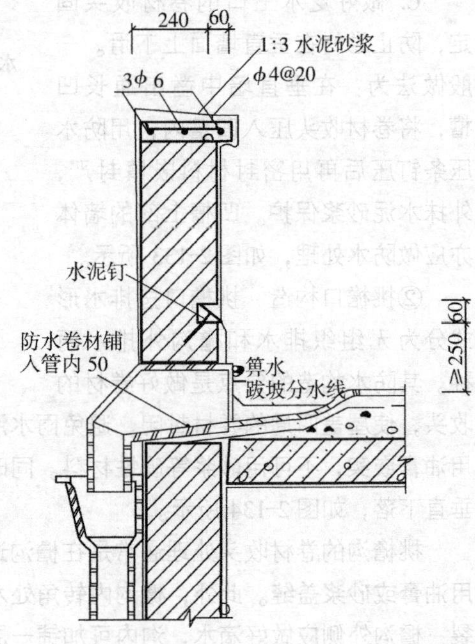

图 2-135　女儿墙外排水水落口（mm）

④屋面变形缝构造　屋面变形缝的构造处理原则是既要保证屋盖有自由变形的可能，又能防止雨水经由变形缝渗入室内。

屋面变形缝按建筑设计可设于同层等高屋面上，也可设在高低屋面的交接处。

等高屋面的变形缝在缝的两边屋面板上砌筑矮墙，挡住屋面雨水。矮墙的高度应大于 250mm，厚度为半砖墙厚；屋面卷材与矮墙的连接处理类同于泛水构造。矮墙顶部可用镀锌薄钢板盖缝，也可铺一层油毡后用混凝土板压顶，图 2-136。

高低屋面的变形缝则是在低侧屋面板上砌筑矮墙。当变形缝宽度较少时，可用镀锌薄钢板盖缝并固定在高侧墙上，做法同泛水构造，也可从高侧墙上悬挑钢筋混凝土板盖缝，如图 2-137 所示。

⑤屋面检修孔、屋面出入口构造　不上人屋面需设屋面检修孔，检修孔四周的孔壁可用砖立砌，也可在现浇屋面板时将混凝土上翻制成，高度一般为 300mm。壁外的防水层应做成泛水并将卷材用镀锌薄钢板盖缝并压钉好，如图 2-138 所示。

出屋面的楼梯间一般需设屋面出入口，最好在设计中让楼梯间的室内地坪与屋面间留有足够的高差，以利防水，否则需在出入口处设门槛挡水。屋面出入口处的构造与泛水构造类同，如图 2-139 所示。

（2）刚性防水屋面

刚性防水屋面，是以细石混凝土作防水层的屋面。其主要优点是施工方便、节约材料、造价经济和维修较为方便。缺点是对温度变化和结构变形较为

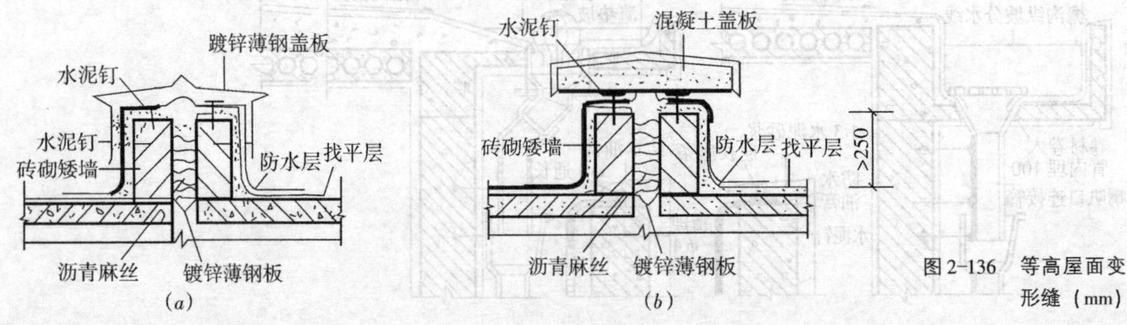

图 2-136　等高屋面变形缝（mm）

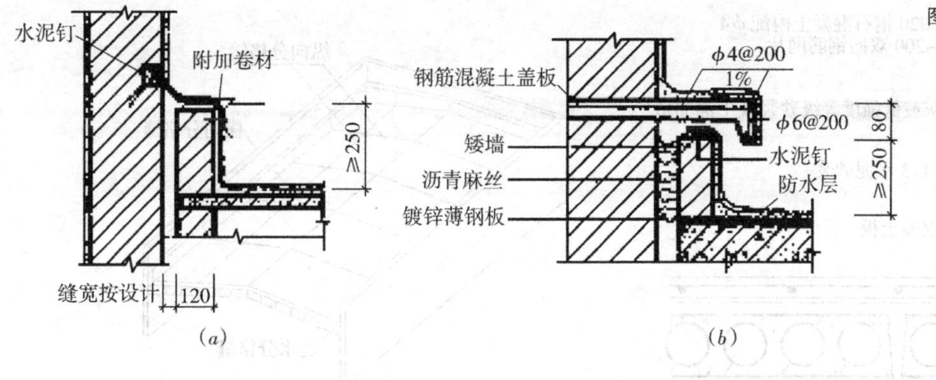

图 2-137　高低屋面变形缝（mm）

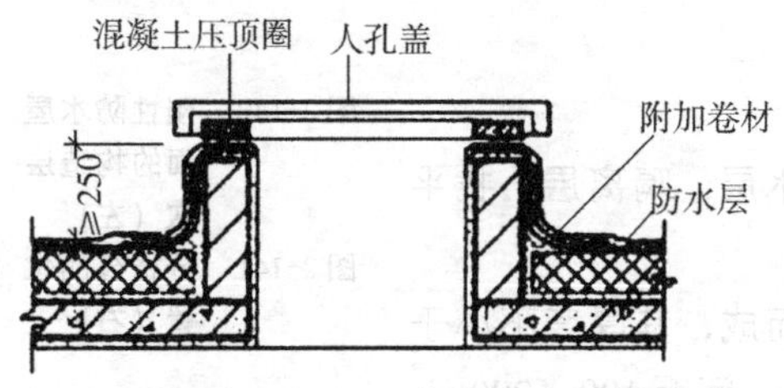

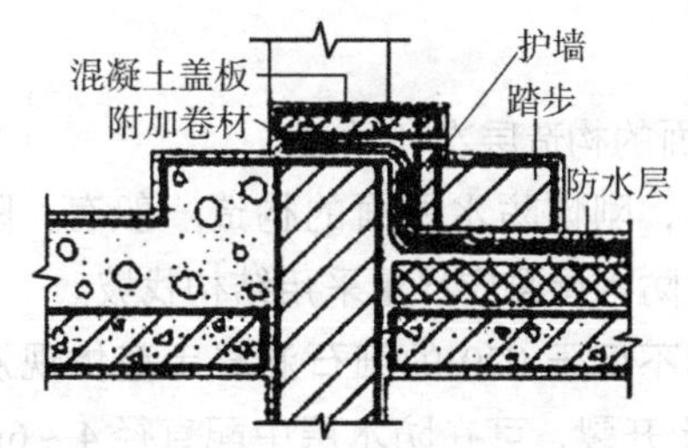

图 2-138　屋面检修口（左）

图 2-139　屋面出入口（右）

敏感，施工技术要求较高，较易产生裂缝而渗漏水。所以，刚性防水多用于日温差较小的我国南方地区防水等级为Ⅲ级的屋面防水，也可用作防水等级为Ⅰ、Ⅱ级的屋面多道设防中的一道防水层。

刚性防水屋面要求基层变形小，一般只适用于无保温层的屋面，因为保温层多采用轻质多孔材料，其上不宜进行浇筑混凝土的湿作业。此外，混凝土防水层铺设在这种较松软的基层上也很容易产生裂缝。刚性防水屋面也不宜用于高温、有振动和基础有较大不均匀沉降的建筑。

1）刚性防水屋面防止开裂的措施

由于水泥的硬化形成毛细通道，使砂浆或混凝土收水干缩时表面开裂成为屋面的渗水通道。普通的水泥砂浆和混凝土必须经过以下几种防水措施，才能作为屋面的刚性防水层。

①增加防水剂　防水剂是由化学原料配制，通常为憎水性物质、无机盐或不溶解的肥皂，如硅酸钠（水玻璃）类、氯化物或金属皂类制成的防水粉或浆。掺入砂浆或混凝土后，能与之生成不溶性物质，填塞毛细孔道，形成憎水性壁膜，以提高其密实性。

②采用微膨胀　在普通水泥中掺入少量的矾土水泥和二水石膏粉等所配置的细石混凝土，在结硬时产生微膨胀效应，抵消混凝土的原有收缩性，以提高抗裂性。

③提高密实性　控制水灰比，加强浇筑时的振捣，均可提高砂浆和混凝土的密实性。细石混凝土屋面在初凝前表面用铁滚辗压，使余水压出，初凝后加少量干水泥，待收水后用铁板压平、表面打毛，然后盖席浇水养护，从而提高了面层密实性和避免了表面的龟裂。

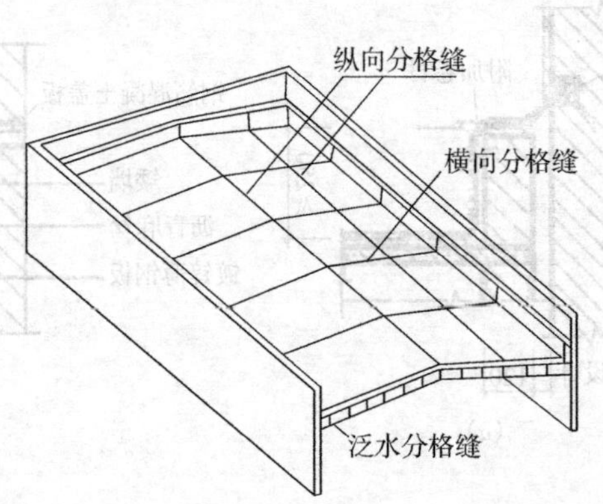

图2-140　刚性防水屋面的构造层次（左）
图2-141　分格缝的位置（右）

2）刚性防水屋面的构造层次和做法

如图2-140所示，刚性防水屋面的构造一般有：防水层、隔离层、找平层、结构层等，刚性防水屋面应尽量采用结构找坡。

①防水层　采用不低于C20的细石混凝土整体现浇而成，其厚度不小于40mm。为防止混凝土开裂，可在防水层中配直径4～6mm、间距100～200mm的双向钢筋网片，钢筋的保护层厚度不小于10mm。

为提高防水层的抗裂和抗渗性能，可在细石混凝土中掺入适量的外加剂，如膨胀剂、减水剂、防水剂等。

②隔离层　位于防水层与结构层之间，其作用是减少结构变形对防水层的不利影响。

结构层在荷载作用下产生挠曲变形，在温度变化作用下产生胀缩变形。由于结构层较防水层厚，刚度相应也较大，当结构产生上述变形时容易将刚度较小的防水层拉裂。因此，宜在结构层与防水层间设一隔离层使二者脱开。隔离层可采用铺纸筋灰、低强度等级砂浆，或薄砂层上干铺一层油毡等做法。

③找平层　当结构层为预制钢筋混凝土屋面板时，其上应用1∶3水泥砂浆做找平层，厚度为20mm。若屋面板为整体现浇混凝土结构时则可不设找平层。

④结构层　一般采用预制或现浇的钢筋混凝土屋面板。结构应有足够的刚度，以免结构变形过大而引起防水层开裂。

3）混凝土刚性防水屋面的细部构造

与卷材防水屋面一样，刚性防水屋面也需处理好泛水、天沟、檐口、水落口等细部构造。另外，还应做好防水层的分仓缝构造。

①分格缝构造　分格缝亦称分仓缝，是防止屋面不规则裂缝以适应屋面变形而设置的人工缝。分格缝应设置在装配式结构屋面板的支承端、屋面转折处、刚性防水层与立墙的交接处，并应与板缝对齐。分格缝的纵横间距不宜大于6m。在横墙承重的民用建筑中，分格缝的位置可如图2-141所示：屋脊处应设一纵向分格缝；横向分格缝每开间设一条，并与装配式屋面板的板缝对

齐；沿女儿墙四周的刚性防水层与女儿墙之间也应设分格缝。因为，刚性防水层与女儿墙的变形不一致，所以刚性防水层不能紧贴在女儿墙上，它们之间应做柔性封缝处理以防女儿墙或刚性防水层开裂引起渗漏。其他突出屋面的结构物四周都应设置分格缝。

分格缝的构造可参见图 2–142。设计时还应注意：A. 防水层内的钢筋在分格缝处应断开；B. 屋面板缝用浸过沥青的木丝板等密封材料嵌填，缝口用油膏嵌填；C. 缝口表面用防水卷材铺贴盖缝，卷材的宽度为200～300mm。

②泛水构造　刚性防水屋面的泛水构造要点与卷材屋面不同的地方为：刚形防水层与屋面突出物（女儿墙、烟囱等）间须留分格缝，另铺贴附加卷材盖缝形成泛水。下面以女儿墙泛水、变形缝泛水和管道出屋面构造为例说明其构造做法。

A. 女儿墙泛水　女儿墙与刚性防水层间留分格缝，使混凝土防水层在收缩和温度变形时不受女儿墙的影响，可有效地防止其开裂。分格缝内用油膏嵌缝，如图 2–143（*a*）所示，缝外用附加卷材铺贴至泛水所需高度并做好压缝收头处理，以免雨水渗进缝内。

B. 变形缝泛水　变形缝分为高低屋面变形缝和横向变形缝两种情况。图 2–143（*b*）所示为高低屋面变形缝构造，其低跨屋面也需像卷材屋面那样砌上附加墙来铺贴泛水。图 2–143（*c*）、图 2–143（*d*）为横向变形缝的做法。

③管道出屋面构造　伸出屋面的管道（如厨、卫等房间的透气管等）与刚性防水层间亦应留设分格缝，缝内用油膏嵌填，然后用卷材或涂膜防水层在管道周围做泛水，如图 2–144 所示。

④檐口构造　刚性防水屋面常用的檐口形式有自由落水檐口、挑檐沟外排水檐口、女儿墙外排水檐口、坡檐口等。

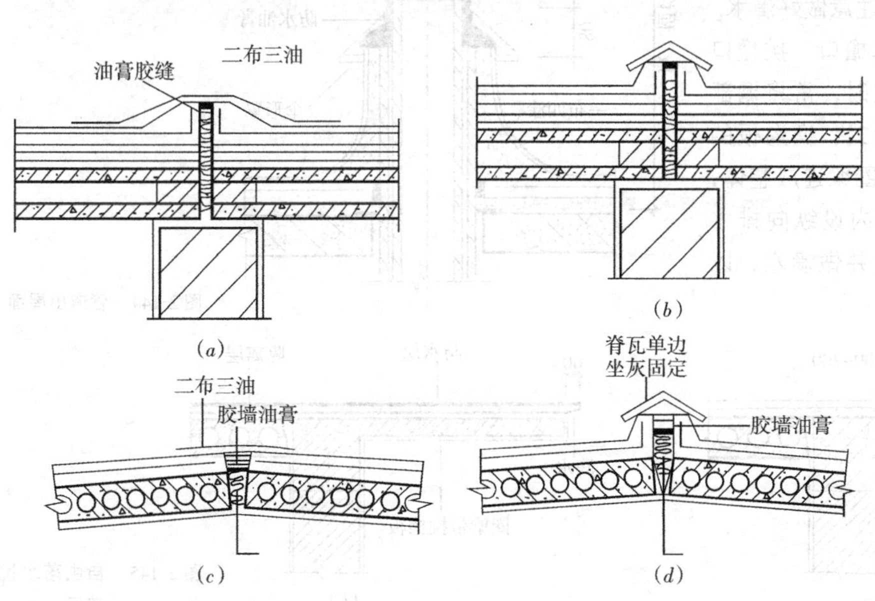

图 2–142　刚性防水屋面分格缝做法

（*a*）横向分格缝之一；（*b*）横向分格缝之二；（*c*）屋脊分格缝之一；（*d*）屋脊分格缝之二

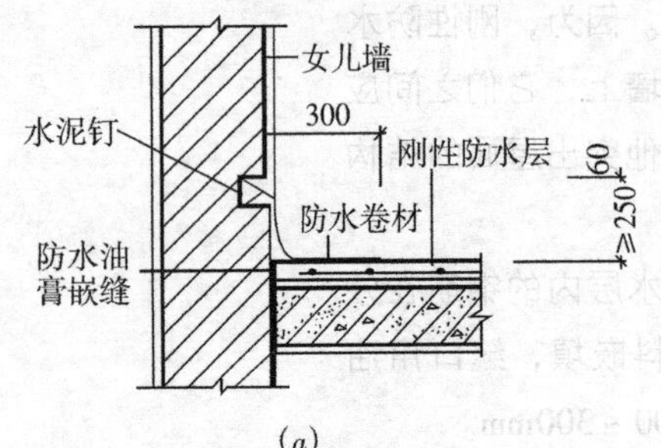

(a)

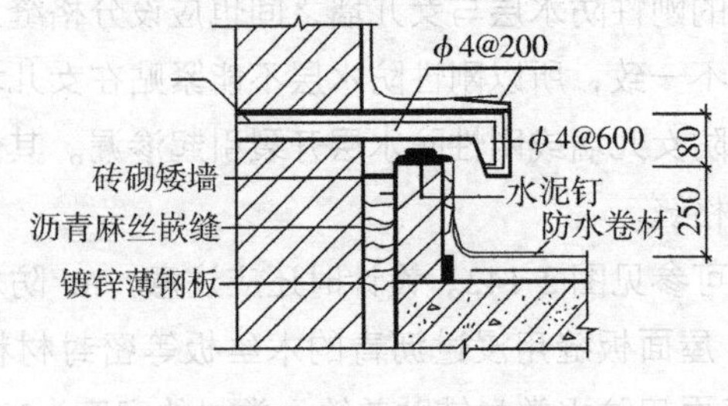

(b)

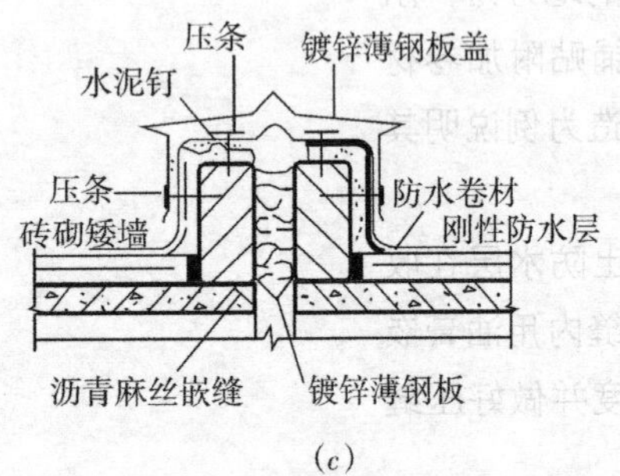

(c)

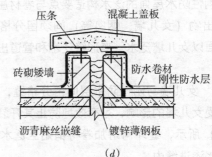

(d)

图 2-143 刚性屋面泛水构造(mm)

(a) 女儿墙泛水；(b) 高低屋面变形缝泛水；(c) 横向变形缝泛水之一；(d) 横向变形缝泛水之二

A. 自由落水檐口 当挑檐较短时，可将混凝土防水层直接悬挑出去形成挑檐口，如图 2-145 (a) 所示。当所需挑檐较长时，为了保证悬挑结构的强度，应采用与屋盖圈梁连为一体的悬臂板形成挑檐，如图 2-145 (b) 所示。在挑檐板与屋面板上做找平层和隔离层后浇筑混凝土防水层，檐口处注意做好滴水。

B. 挑檐沟外排水檐口 挑檐口采用有组织排水方式时，常将檐部做成排水檐沟板的形式，檐沟板的断面为槽形并与屋面圈梁连成整体，如图 2-146 所示。沟内设纵向排水坡，防水层挑入沟内并做滴水，以防止爬水。

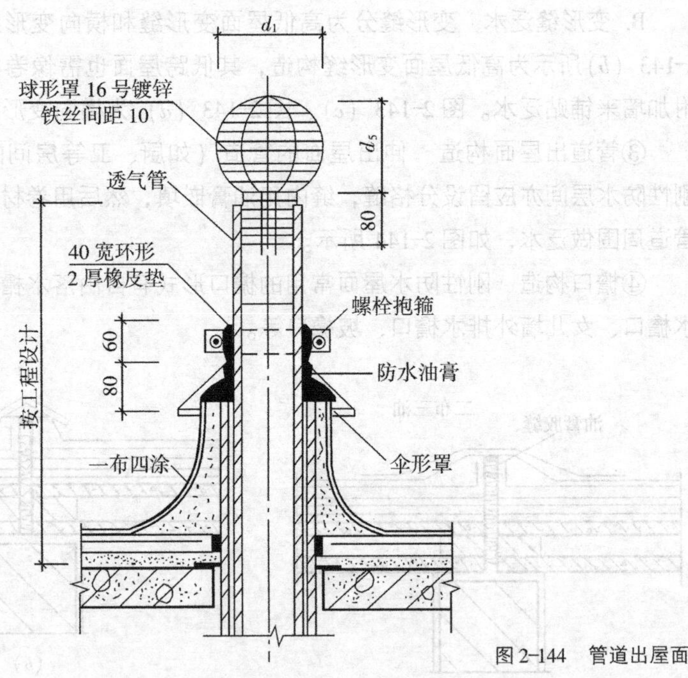

图 2-144 管道出屋面

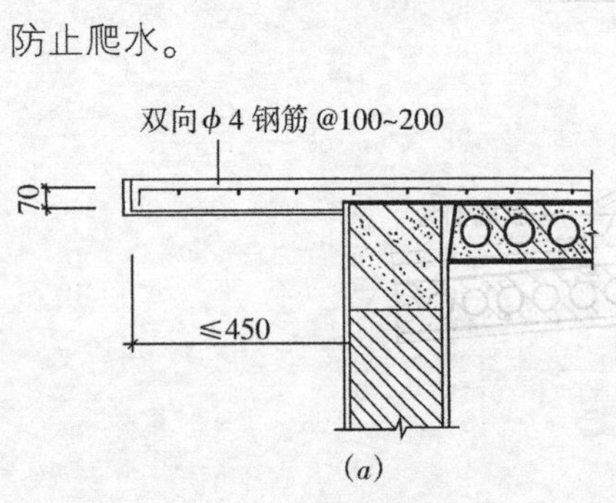

(a)

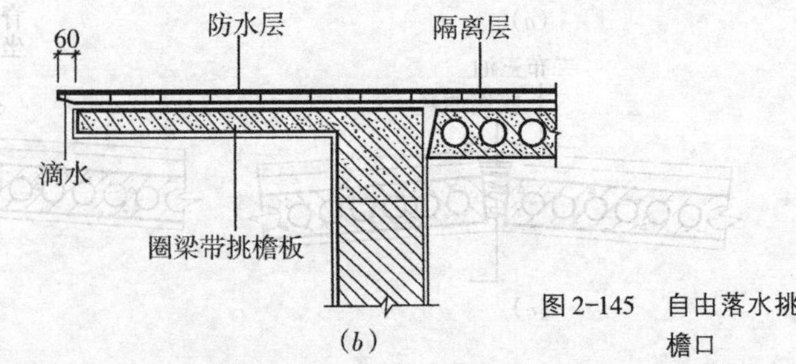

(b)

图 2-145 自由落水挑檐口

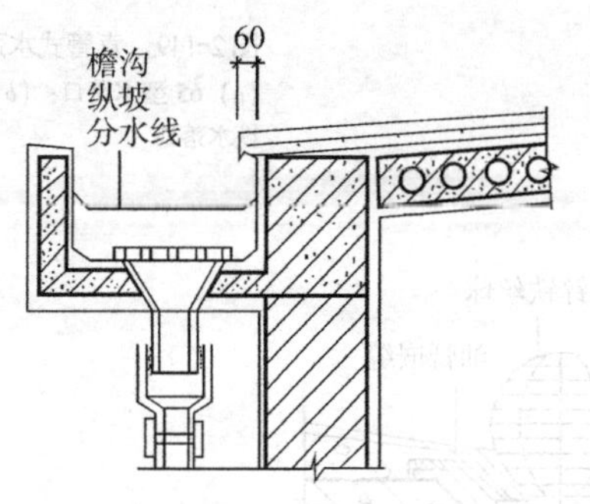

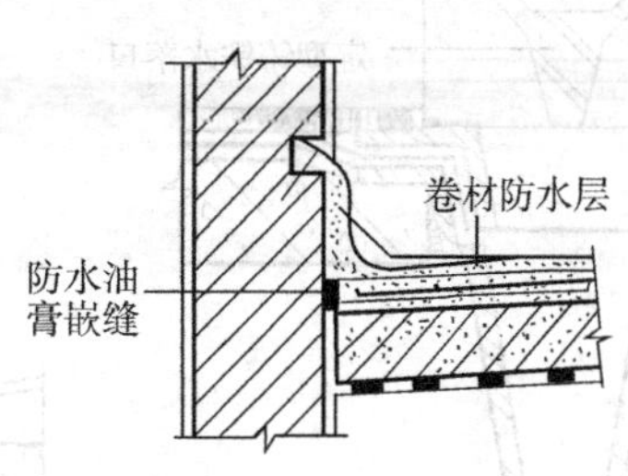

图 2-146　挑檐沟外排水檐口（左）
图 2-147　女儿墙外排水檐口（右）

C. 女儿墙外排水檐口　在跨度不大的平屋盖中，当采用女儿墙外排水时，常利用倾斜的屋面板与女儿墙间的夹角做成三角形断面天沟，如图 2-147 所示，其泛水做法与前述做法相同。天沟内也需设纵向排水坡。

D. 坡檐口　建筑设计中出于造型方面的考虑，常采用一种平顶坡檐的处理形式，意在使较为呆板的平顶建筑具有某种传统的韵味，形象更为丰富。坡檐口的构造如图 2-148 所示。由于在挑檐的端部加大了荷载，结构和构造设计都应特别注意悬挑构件的抗倾覆问题，要处理好构件的拉接锚固。

⑤水落口构造　刚性防水屋面的水落口常见的做法有两种，一种是用于天沟或檐沟的水落口，另一种是用于女儿墙外排水的水落口。前者为直管式，后者为弯管式。

A. 直管式水落口　这种水落口的构造如图 2-149 所示。安装时为了防止雨水从水落口套管与檐沟底板间的接缝处渗漏，应在水落口的四周加铺宽度约 200mm 的附加卷材，卷材应铺入套管内壁中，天沟内的混凝土防水层应盖在卷材的上面，防水层与水落口的接缝用油膏嵌填密实。其他做法与卷材防水屋面相似。

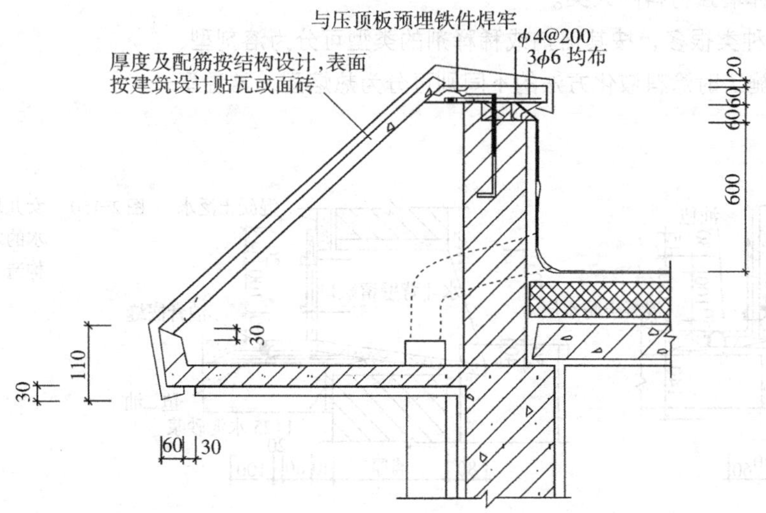

图 2-148　平屋顶坡檐构造

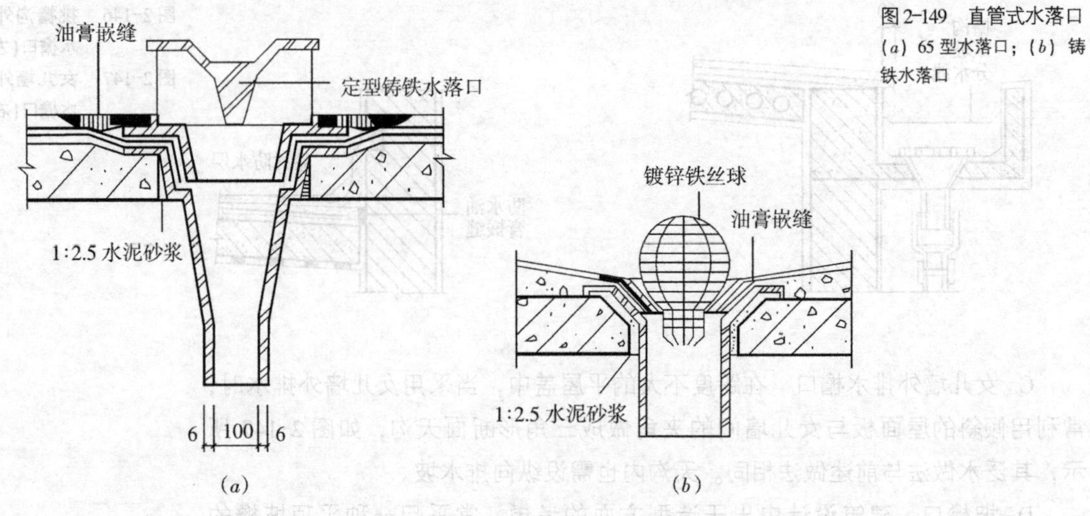

图 2-149　直管式水落口
(a) 65 型水落口；(b) 铸铁水落口

B. 弯管式水落口　弯管式水落口多用于女儿墙外排水，水落口可用铸铁或塑料做弯头，如图 2-150 所示。

（3）涂膜防水屋面

涂膜防水屋面是用防水材料涂刷在屋面基层上，利用涂料干燥或固化以后的不透水性来达到防水的目的。以前的涂膜防水屋面由于涂料的抗老化及抗变形能力较差，施工方法落后，多用在构件自防水屋面或小面积现浇钢筋混凝土屋面板上。随着材料和施工工艺的不断改进，现在的涂膜防水屋面具有防水、抗渗、粘结力强、耐腐蚀、耐老化、延伸率大、弹性好、不延燃、无毒、施工方便等诸多优点，已广泛用于建筑各部位的防水工程中。

涂膜防水主要适用于防水等级为Ⅲ、Ⅳ级的屋面防水，也可用作Ⅰ、Ⅱ级屋面多道防水设防中的一道防水。

1）涂膜防水材料

主要有各种涂料和胎体增强材料两大类。

①涂料　防水涂料的种类很多，按其溶剂或稀释剂的类型可分为溶剂型、水溶型、乳液型等类；按施工时涂料液化方法的不同则可分为热熔型、常温型等类。

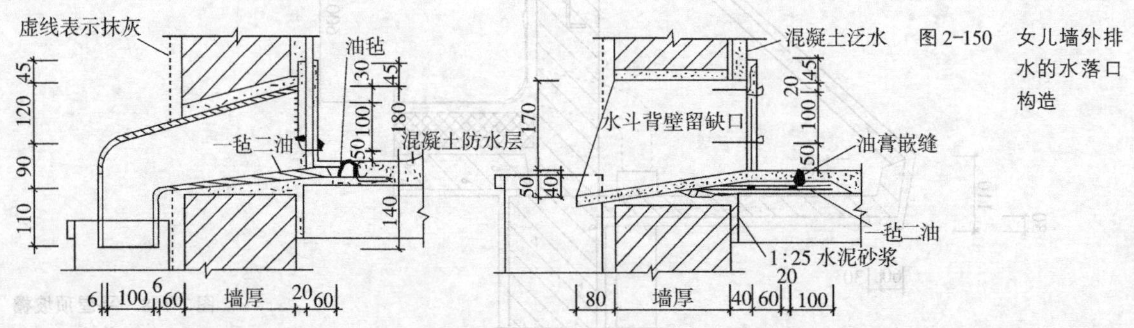

图 2-150　女儿墙外排水的水落口构造

②胎体增强材料　某些防水涂料（如氯丁胶乳沥青涂料）需要与胎体增强材料（即所谓的布）配合，以增强涂层的贴附覆盖能力和抗变形能力。目前，使用较多的胎体增强材料为 0.1mm × 6mm × 4mm 或 0.1mm × 7mm × 7mm 的中性玻璃纤维网格布或中碱玻璃布、聚酯无纺布等。

2）涂膜防水屋面的构造及做法

①氯丁胶乳沥青防水涂料屋面　氯丁胶乳沥青防水涂料以氯丁胶乳和石油沥青为主要原料，选用阳离子乳化剂和其他助剂，经软化和乳化而成，是一种水乳型涂料。其构造做法如下。

A. 找平层　先在屋面板上用 1：2.5 或 1：3 的水泥砂浆做 15～20mm 厚的找平层并设分格缝，分格缝宽 20mm，其间距不大于 6m，缝内嵌填密封材料。找平层应平整、坚实、洁净、干燥，方可作为涂料施工的基层。

B. 底涂层　然后将稀释涂料（按质量，防水涂料：0.5～1.0 的离子水溶液 =6：4 或 7：3）均匀涂布于找平层上作为底涂，干后再刷 2～3 遍涂料。

C. 中涂层　中涂层为加胎体增强材料的涂层，要铺贴玻纤网格布，有干铺和湿铺两种施工方法：a. 干铺法　在已干的底涂层上干铺玻纤网格布，开展后加以点粘固定，当铺过两个纵向搭接缝以后依次涂刷防水涂料 2～3 遍，待涂层干后按上述做法铺第二层网格布，然后再涂刷 1～2 遍涂料。干后在其表面刮涂增厚涂料（按质量，防水涂料：细砂 =1：1～1.2）。b. 湿铺法　在已干的底涂层上边涂防水涂料边铺贴网格布，干后再刷涂料。一布二涂的厚度通常大于 2mm，二布三涂的厚度大于 3mm。

D. 面层　根据需要可做细砂保护层或涂覆着色层。细砂保护层是在未干的中涂层上抛撒 20 目浅色细砂并辊压，使砂牢固地粘结于涂层上；着色层可使用防水涂料或耐老化的高分子乳液作胶粘剂，加上各种矿物颜料配制成成品着色剂，涂布于中涂层表面。全部涂层的做法，如图 2-151 所示。

②焦油聚氨酯防水涂料屋面　焦油聚氨酯防水涂料又名 851 涂膜防水胶，是以异氰酸酯为主剂和以煤焦油为填料的固化剂构成的双组分高分子涂膜防水材料，其甲、乙两液混合后经化学反应能在常温下形成一种耐久的橡胶弹性体，从而起到防水的作用。做法为：将找平以后的基层面吹扫干净并待其干燥后，用配制好的涂液（甲、乙二液的重量比为 1：2）均匀涂刷在基层上。不上人屋面可待涂层干后在其表面刷银灰色保护涂料；上人屋面在最后一遍涂料未干时撒上绿豆砂，三天后在其上做水泥砂浆或浇混凝土贴地砖的保护层。

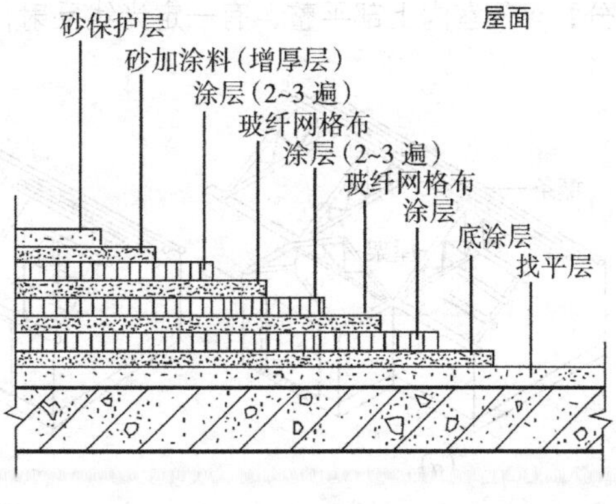

图 2-151　氯丁胶乳沥青防水涂料屋面

③塑料油膏防水屋面　塑料油膏以废旧聚氯乙烯塑料、煤焦油、增塑剂、稀释剂、防老化剂及填充材料等配制而成。做法为：先用预制油膏条冷嵌于找平层的分格缝中，在油膏条与基层的接触部位和油膏条相互搭接处刷冷粘剂 1～2 遍，然后按产品要求的温度将油膏热熔液化，按基层表面涂油膏、铺贴玻纤网格

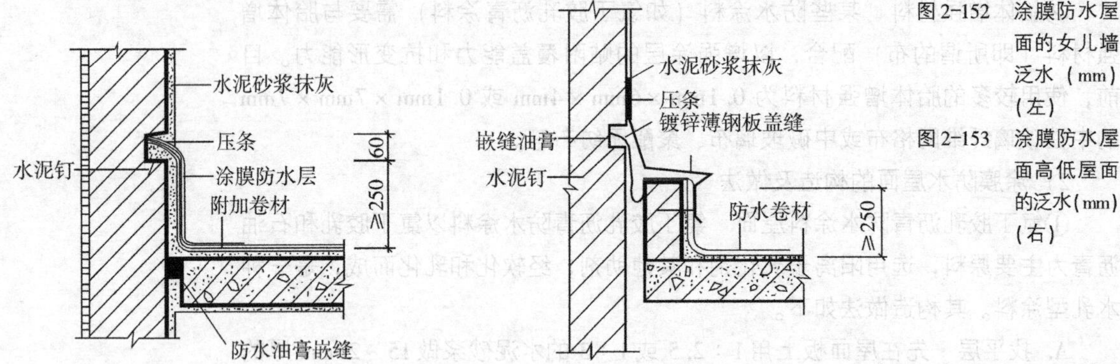

图 2-152　涂膜防水屋面的女儿墙泛水（mm）（左）

图 2-153　涂膜防水屋面高低屋面的泛水（mm）（右）

布、压实、表面再刷油膏、刮板收齐边沿的顺序进行。根据设计要求可做成一布二油或二布三油。

涂膜防水屋面的细部构造要求及做法类同于卷材防水屋面，如图 2-152 和图 2-153 所示。

2.8.4　坡屋顶构造

（1）坡屋顶的组成

坡屋顶一般由承重结构和屋面两部分所组成，必要时还有保温层、隔热层及顶棚等。

1）承重结构

主要承受屋面荷载并把它传递到墙或柱上，一般有椽子、檩条、屋架或大梁等，如图 2-154 所示。目前，基本采用屋架或现浇钢筋混凝土板（图2-155）。

2）屋面

屋面是屋顶结构层的上覆盖层，直接承受风雨、冰冻和太阳辐射等大自然气候的作用；防水材料为各种瓦材及与瓦材配合使用的各种涂膜防水材料和卷材防水材料。屋面的种类根据瓦的种类而定，如块瓦屋面、油毡瓦屋面、块瓦形钢板彩瓦屋面等。

3）其他层次

其他层次包括顶棚、保温或隔热层等。顶棚是屋顶结构层下面的遮盖部分，可使室内上部平整，有一定光线反射，起保温隔热和装饰作用。保温或隔

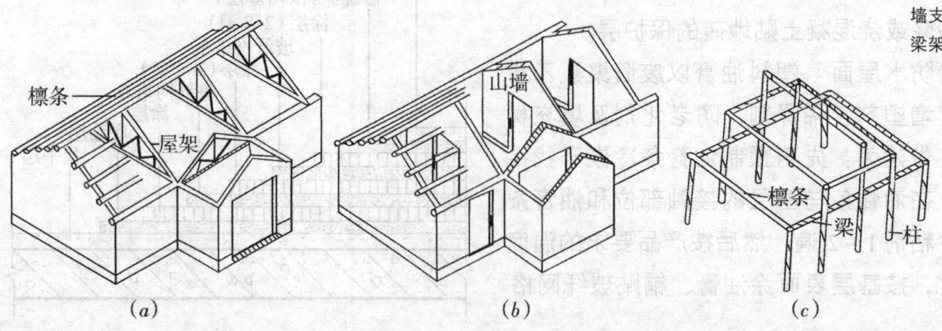

图 2-154　瓦屋面的承重结构系统
（a）屋架支承檩条；（b）山墙支承檩条；（c）木结构梁架支承檩条

热层可设在屋面层或顶棚层，视需要决定。

（2）块瓦屋面

块瓦包括彩釉面和素面西式陶瓦、彩色水泥瓦及一般的水泥平瓦、黏土平瓦等能钩挂、可钉、绑固定的瓦材。

铺瓦方式包括水泥砂浆卧瓦、钢挂瓦条挂瓦、木挂瓦条挂瓦，其屋面防水构造做法如图2-158所示。钢、木挂瓦条有两种固定方法，一种是挂瓦条固定在顺水条上，顺水条钉牢在细石混凝土找平层上。另一种不设顺水条，将挂瓦条和支承垫块直接钉在细石混凝土找平层上。

块瓦屋面应特别注意块瓦与屋面基层的加强固定措施。一般地震地区和风荷载较大的地区，全部瓦材均应采取固定加强措施。非地震和大风地区，当屋面坡度大于1：2时，全部瓦材也应采取固定加强措施。块瓦的固定加强措施如图2-156所示，一般有以下几种：

成品彩瓦
1:3 水泥砂浆卧瓦层，最薄处 20
（配 ϕ6@500×500 钢筋网）
合成高分子防水涂膜>2
1:3 水泥砂浆找平层 15
钢筋混凝土屋面板
钢筋混凝土屋面板内预埋 ϕ10 钢筋 @1500 与卧瓦层内的 ϕ6 钢筋绑扎牢固
20
20
20
50
图2-155 钢筋混凝土基层瓦屋面

①水泥砂浆卧瓦者，用双股18号铜丝将瓦与ϕ6钢筋绑牢；

②钢挂瓦条钩挂者，用双股18号铜丝将瓦与钢挂瓦条绑牢；

③木挂瓦条钩挂者，用40号圆钉（或双股18号铜丝）将瓦与木挂瓦条钉（绑）牢。

（3）油毡瓦屋面

油毡瓦是以玻纤毡为胎基的彩色块瓦状屋面防水片材，规格一般为1000mm×333mm×2.8mm。

铺瓦方式采用钉粘结合，以钉为主的方法。其屋面防水构造做法，如图2-157所示。

（4）块瓦形钢板彩瓦屋面

块瓦形钢板彩瓦系用彩色薄钢板冷压成型呈连片块瓦形状的屋面防水板材。

块瓦
1:3 水泥砂浆挂瓦层，最薄处 20
（配 ϕ 6@500×500 钢筋网）
高聚物改性沥青防水卷材 3
（合成高分子防水涂膜≥2）
1:3 水泥砂浆找平层 15
钢筋混凝土屋面板
(a)
块瓦
挂瓦条 L30×4，中距按瓦材规格
顺水条-25×5，中距 600
C15 细石混凝土找平层 35
（配 ϕ 6@500×500 钢筋网）
高聚物改性沥青防水卷材 3
（合成高分子防水涂膜≥2）
1:3 水泥砂浆找平层 15
钢筋混凝土屋面板
(b)
块瓦
挂瓦条 30×25，中距按瓦材规格
顺水条 35×25h，中距 500
C15 细石混凝土找平层 35
（配 ϕ 6@500×500 钢筋网）
高聚物改性沥青防水卷材 3
（合成高分子防水涂膜≥2）
1:3 水泥砂浆找平层 15
钢筋混凝土屋面板
(c)
图2-156 块瓦屋面构造（mm）
（a）砂浆卧瓦；（b）钢挂瓦条；（c）木挂瓦条

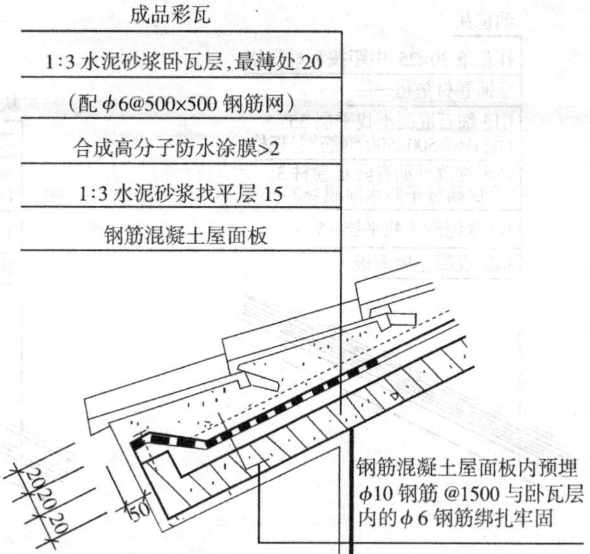

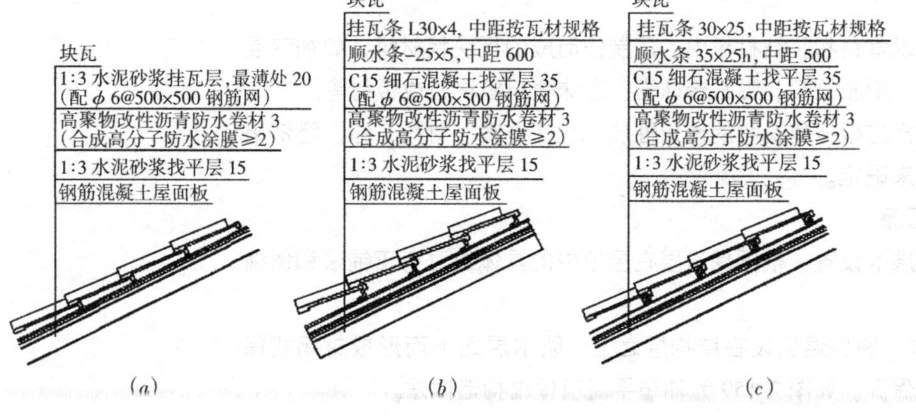

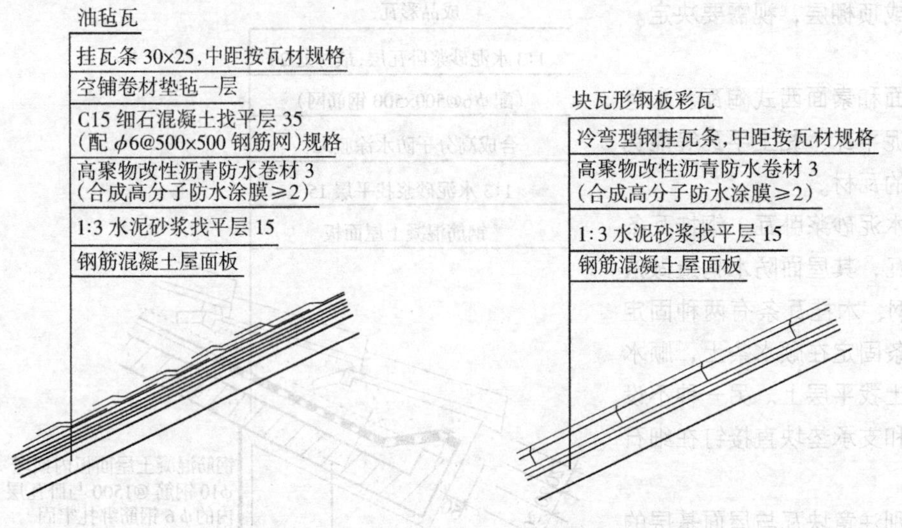

图 2-157　油毡瓦屋面构造层次（mm）（左）

图 2-158　块瓦形钢板彩瓦屋面构造层次（mm）（右）

瓦材用自攻螺钉固定于冷弯型钢挂瓦条上。其屋面防水构造做法，如图2-158所示。

2.8.5 屋顶的保温、隔热

屋顶作为建筑物的外围护结构，设计时应根据当地气候条件和使用功能等方面的要求，妥善解决屋顶的保温与隔热方面的问题。

（1）屋顶的保温

在寒冷地区或有空调要求的建筑中，屋顶应做保温处理。以减少室内热损失，保证房屋的正常使用并降低能源消耗。保温构造处理的方法通常是在屋顶中增设保温层。

1）保温材料类型

保温材料多为轻质多孔材料，一般可分为以下三种类型：

①散料类　常用的有炉渣、矿棉、岩棉、膨胀蛭石、膨胀珍珠岩等。

②整体类　指以散料作骨料，掺入一定量的胶结材料，现场浇筑而成。如水泥炉渣、水泥膨胀蛭石、水泥膨胀珍珠岩及沥青膨胀蛭石和沥青膨胀珍珠岩等。

③板块类　指以骨料和胶结材料由工厂制作而成的板块状材料，如加气混凝土、泡沫混凝土、膨胀蛭石、膨胀珍珠岩、泡沫塑料等块材或板材等。

保温材料的选择应根据建筑物的使用性质、构造方案、材料来源、经济指标等因素综合考虑来确定。

2）保温层的设置

①平屋顶保温层的设置　根据保温层在屋顶中的具体位置有正铺法和倒铺法两种处理方式。

A. 正置式保温　将保温层设在结构层之上、防水层之下而形成封闭式保温层。也称内置式保温。如图 2-159 为油毡平屋顶保温构造做法。

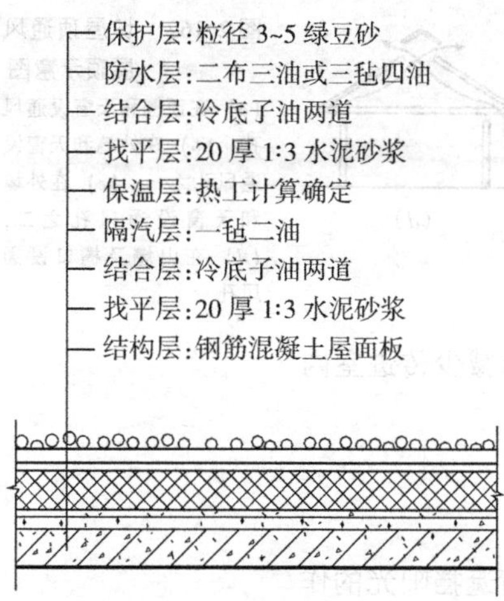

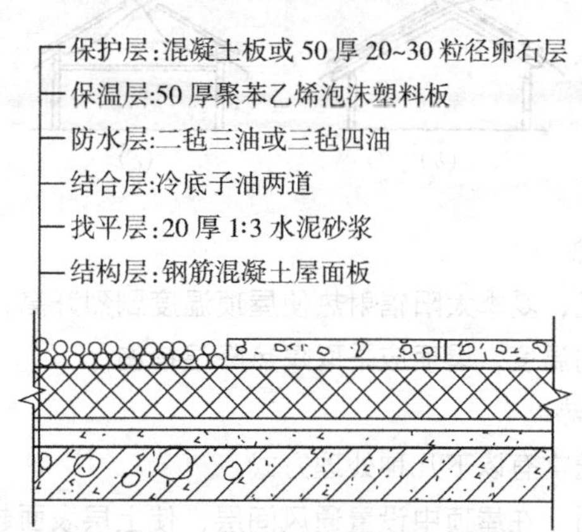

图 2-159　油毡平屋顶保温构造做法（左）

图 2-160　倒置式油毡保温屋面构造做法(右)

B. 倒置式保温　将保温层设置在防水层之上，形成敞露式保温层。也称外置式保温。如图 2-160 为倒置式油毡保温屋面构造做法。

②坡屋顶保温层的设置　坡屋顶的保温有屋面层保温和顶棚层保温两种做法。当采用屋面层保温时，其保温层可设置在瓦材下面或檩条之间。当屋顶为顶棚层保温时，通常需在吊顶龙骨上铺板，板上设保温层，可以收到保温和隔热的双重效果。坡屋顶保温构造举例，如图 2-161 所示。

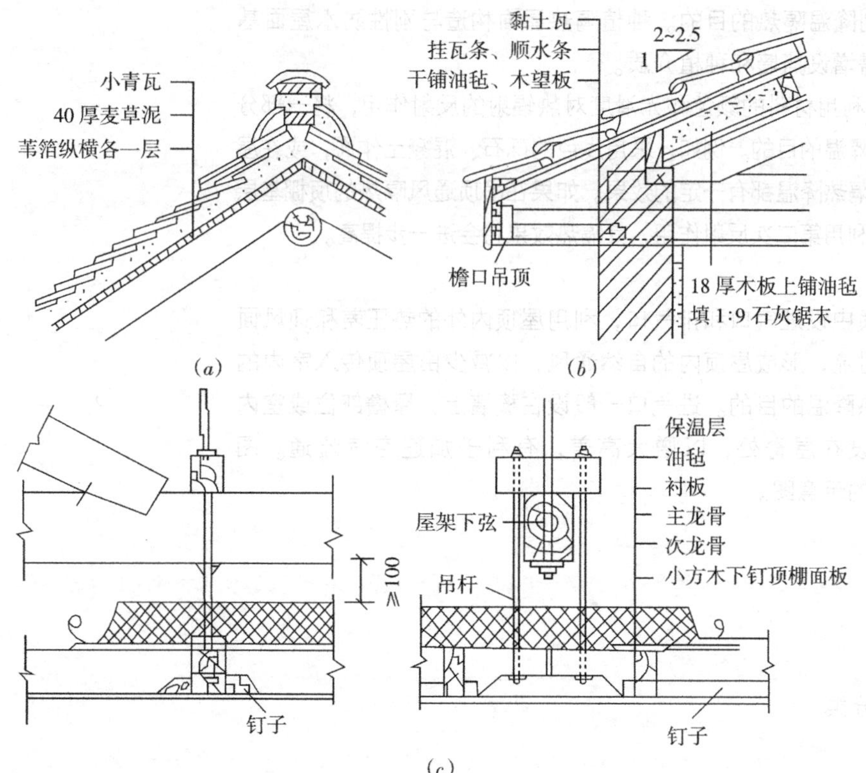

图 2-161　坡屋顶保温层的设置

(a) 瓦材下面设保温层；(b) 檩条下面设保温层；(c) 顶棚保温层构造

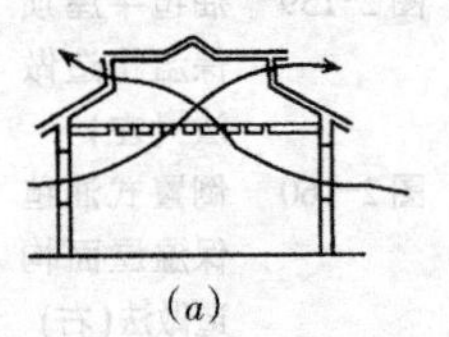
(a)

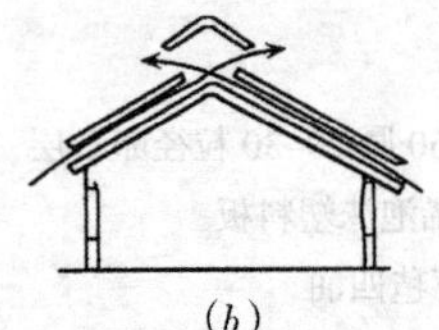
(b)

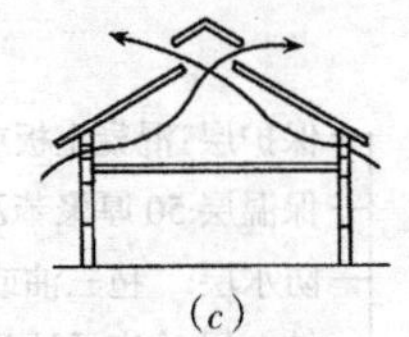
(c)

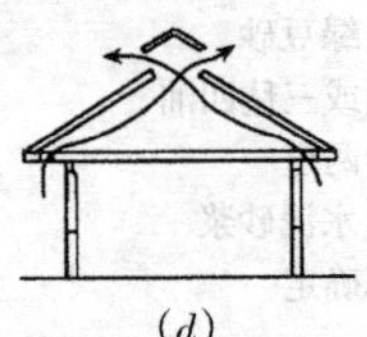
(d)

图2-162 坡屋顶通风屋顶示意图
(a) 在顶棚和天窗设通风孔；(b) 在外墙和天窗设通风孔之一；(c) 在外墙和天窗设通风孔之二；(d) 在山墙及檐口设通风孔

(2) 屋顶的隔热

在气候炎热地区，夏季太阳辐射热使屋顶温度剧烈升高，为减少传进室内的热量和降低室内的温度，屋顶应采取隔热降温措施。

1) 平屋顶的隔热

屋顶隔热措施通常有以下几种处理方式：

①通风隔热屋面　在屋顶中设置通风间层，使上层表面起着遮挡阳光的作用，利用风压和热压作用把间层中的热空气不断带走，以减少传到室内的热量，从而达到隔热降温的目的。通风隔热屋面一般有架空通风隔热屋面和顶棚通风隔热屋面两种做法。

②蓄水隔热屋面　在屋顶蓄积一层水，利用水蒸发时需要大量的汽化热，从而大量消耗晒到屋面的太阳辐射热，以减少屋顶吸收的热能，从而达到降温隔热的目的。蓄水屋面构造与刚性防水屋面基本相同，主要区别是增加了一壁三孔，即蓄水分仓壁、溢水孔、泄水孔和过水孔。

③种植隔热屋面　在屋顶上种植植物，利用植被的蒸腾和光合作用，吸收太阳辐射热，从而达到降温隔热的目的。种植隔热屋面构造与刚性防水屋面基本相同，所不同的是需增设挡墙和种植介质。

④反射降温屋面　利用材料的颜色和光滑度对热辐射的反射作用，将一部分热量反射回去从而达到降温的目的。例如，采用浅色的砾石、混凝土作面，或在屋面上涂刷白色涂料，对隔热降温都有一定的效果。如果在吊顶通风隔热的顶棚基层中加铺一层铝箔纸板，利用第二次反射作用，其隔热效果将会进一步提高。

2) 坡屋顶的隔热

炎热地区在坡屋顶中设进气口和排气口，利用屋顶内外的热压差和迎风面的压力差，组织空气对流，形成屋顶内的自然通风，以减少由屋顶传入室内的辐射热，从而达到隔热降温的目的。进气口一般设在檐墙上、屋檐部位或室内顶棚上；出气口最好设在屋脊处，以增大高差，有利于加速空气流通。图2-162为几种通风屋顶的示意图。

2.9 门窗

2.9.1 窗

(1) 窗的作用和分类

1) 窗的作用

窗的主要作用是采光和日照，同时并有眺望观景、分隔室内外空间和围护

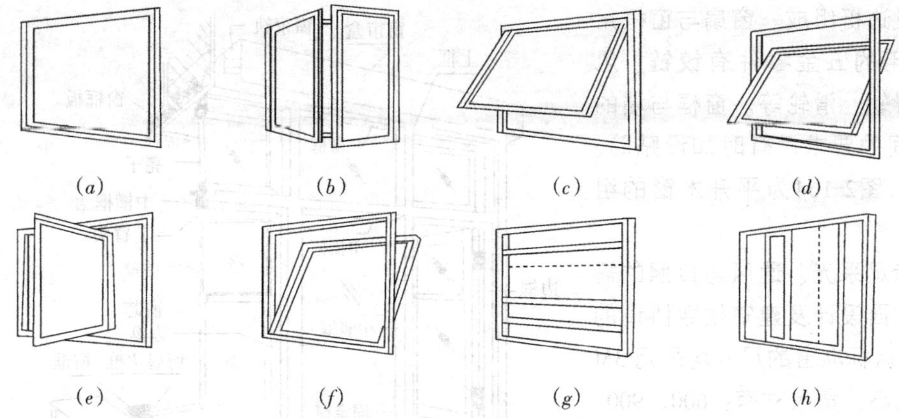

图2-163　窗的开启方式
(a) 固定窗；(b) 平开窗；(c) 上悬窗；(d) 中悬窗；(e) 立转窗；(f) 下悬窗；(g) 垂直推拉窗；(h) 水平推拉窗

作用。另外，窗在外墙面上占有显著地位，它的形状、大小、比例、排列对立面美观影响很大，所以还兼有美观作用。

2）窗的分类

①按开启方式分类　依据窗的开启方式不同，可分为：固定窗、平开窗、上悬窗、中悬窗、立转窗、水平推拉窗、垂直推拉窗等，如图2-163所示。

A. 固定窗　固定窗将玻璃安装在窗框上，不设窗扇，不能开启，仅作采光、日照和眺望用，构造简单，密闭性能好。

B. 平开窗　平开窗将玻璃安装在窗扇上，窗扇通过铰链与窗框连接，有内开和外开之分。它构造简单，制作、安装、维修、开启等都比较方便，在一般建筑中应用最广泛。

C. 悬窗　悬窗按旋转轴的位置不同，可分为上悬窗、中悬窗和下悬窗三种。上悬窗和中悬窗向外开，防雨效果好，且有利于通风，尤其用于高窗时，开启较为方便；下悬窗防雨性能较差，且开启时占据较多的室内空间，多用于有特殊要求的房间。

D. 立转窗　立转窗的窗扇可以沿竖轴转动。竖轴可设在窗扇中心，也可以略偏于窗扇一侧。立转窗的通风效果好，但密闭性能较差。

E. 推拉窗　推拉窗根据推拉方向不同分为水平推拉窗和垂直推拉窗两种。水平推拉窗需要在窗扇上下设轨槽，垂直推拉窗要有滑轮及平衡措施。推拉窗开启时不占据室内外空间，窗扇和玻璃的尺寸可以较大，但它不能全部开启，通风效果受到影响。多用于铝合金窗和塑料窗。

②按框料分类　按窗所用的材料不同，可分为木窗、彩板钢窗、铝合金窗和塑料窗等单一材料的窗，以及塑钢窗、铝塑窗等复合材料的窗。

③按层数分类　按层数不同分为单层窗和多层窗。

④按镶嵌材料分类　按窗扇所镶嵌的透光材料不同，可分为玻璃窗、百叶窗和纱窗。

(2) 窗的组成和尺度

窗主要由窗框、窗扇、五金零件和附件等四部分组成。窗框又称窗樘，一般由上框、下框、中横框、中竖框及边框等组成。窗扇由上冒头、中冒头、窗芯、下冒头及边梃组成。窗扇与窗框用五金零件连接，常用的五金零件有铰链、风钩、插销、拉手及导轨、滑轮等。窗框与墙的连接处，为满足不同的要求，有时加设贴脸、窗台板、窗帘盒等，图2-164为平开木窗的组成示意。

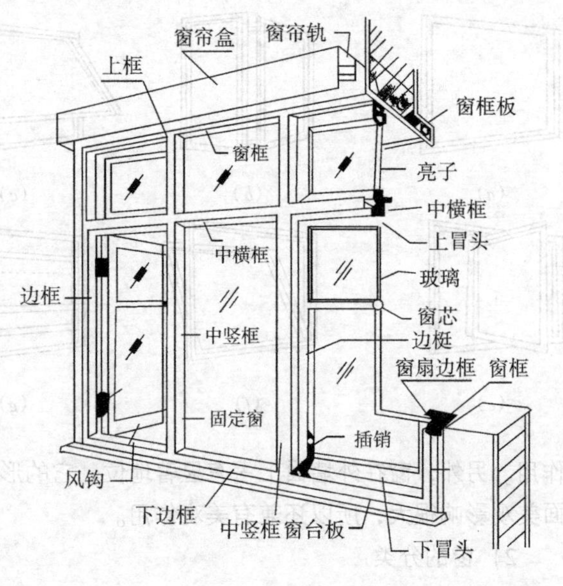

图 2-164　窗的组成

窗的尺度既要满足采光、通风与日照的需要，又要符合建筑立面设计及建筑模数协调的要求。我国大部分地区标准窗的尺寸均采用3M的扩大模数，常用的高、宽尺寸有：600、900、1200、1500、1800、2100、2400mm等。不同功能的房间有不同的照度要求（表2-14），超过或低于标准都不利于工作和生活，因而必须有天然采光和日照，并按照标准设置足够和适宜的自然采光面积。

民用建筑采光等级表　　表2-14

采光等级	视觉工作特征		房间名称	窗地面积比
	工作或活动要求精确程度	要求识别的最小尺寸（mm）		
Ⅰ	极精密	<0.2	绘图室、制图室、画廊、手术室	1/3～1/5
Ⅱ	精密	0.2～1	阅览室、医务室、健身房、专业实验室	1/4～1/6
Ⅲ	中精密	1～10	办公室、会议室、营业厅	1/6～1/8
Ⅳ	粗糙	>10	观众厅、居室、盥洗室、厕所	1/8～1/10
Ⅴ	极粗糙	不作规定	储藏室、门厅、走廊、楼梯间	1/10以下

（3）平开木窗的构造

1）窗框

窗框由边框、上、下框组成。当窗尺度较大时，应增加中横框或中竖框；通常在垂直方向有两个以上窗扇时应增加中横框，在水平方向有三个以上的窗扇时，应增加中竖框。窗框与门框一样，在构造上应有裁口及背槽处理，裁口亦有单裁口和双裁口之分。

①窗框断面　窗框断面尺寸应考虑接榫牢固，一般单层窗的窗框断面40～60mm，宽70～95mm，中横框上下均有裁口，断面高度应增加10mm，横框如有披水，断面尺寸应增加20mm。中竖框左右带裁口，应比边框增加10mm厚度。双层窗窗框的断面宽度应比单层窗宽20～30mm。常见窗框的断面形式及尺寸，如图2-165所示。

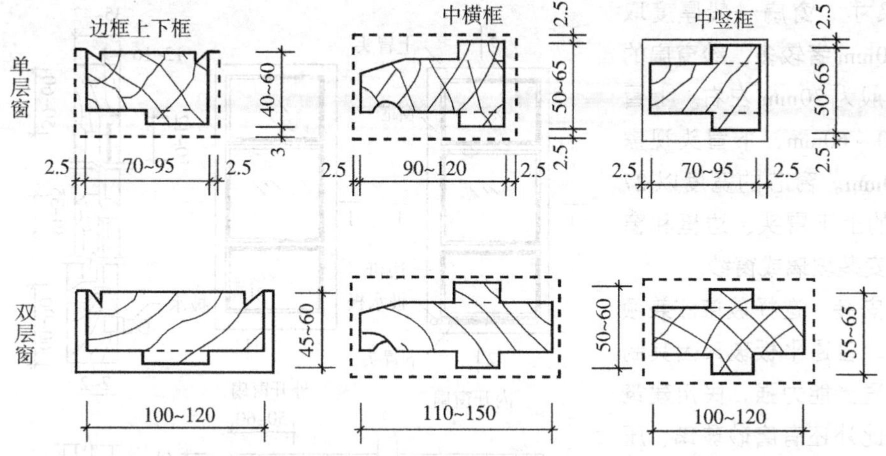

图 2-165　窗框断面形式及尺寸（mm）

②窗框安装　窗框的安装方式分为塞口和立口两种方式。塞口是在墙砌好后再安装窗框，采用塞口时洞口的高、宽尺寸应比窗框尺寸大 10 ~ 30mm。立口在砌墙前即用支撑先立窗框然后砌墙，框与墙的结合紧密，但是立樘与砌墙工序交叉，施工不便。

A. 窗框在墙中的位置　窗框在墙中的位置有内平（窗框与墙内表面相平）、外平、居中三种情况（图 2-166）。一般采用与墙内平的形式，安装时框应突出砖面 20mm，以便墙面粉刷后与抹灰面相平。框与抹灰面交接处，应用贴脸搭盖，以阻止由于抹灰干缩形成缝隙后风渗入室内，同时可增加美观，其形状尺寸与门贴脸板相同。窗台板可用木板、预制水磨石或大理石板，要求较高的窗子可设筒子板和贴脸板。

B. 窗框与窗扇的防水措施　窗框与窗扇之间，要求关闭紧密，开启方便，同时能有效地防止雨水渗入。内开窗的下口和外开窗的中横框处，都是防水的薄弱环节，仅设裁口条还不能防水，一般需做披水条和滴水槽，以防雨水内渗；在近窗台处做积水槽和泄水孔，以利于渗入之雨水排出窗外，如图 2-166 所示。

2）窗扇

常见的木窗扇有玻璃扇和纱窗扇。窗扇由上下冒头和边梃榫接而成，有的还用窗芯（也叫窗棂）分格（图2-167）。

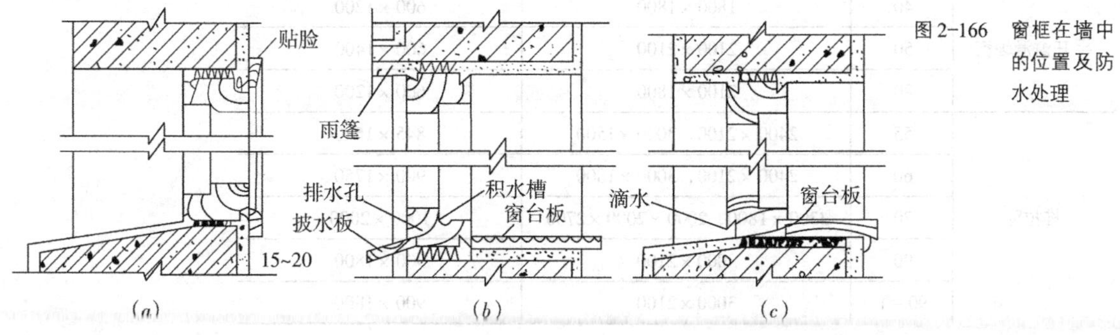

图 2-166　窗框在墙中的位置及防水处理

①断面形状与尺寸　窗扇一般厚度取35～42mm，以采用40mm者较多。纱窗扇的框料厚度可小些，一般为30mm左右。上冒头与边框的宽度取50～60mm，下冒头视需要可适当加宽10～30mm。窗芯的宽度以27～35mm较多。窗扇的上下冒头、边梃和窗芯均设有裁口，以便安装玻璃或窗纱。

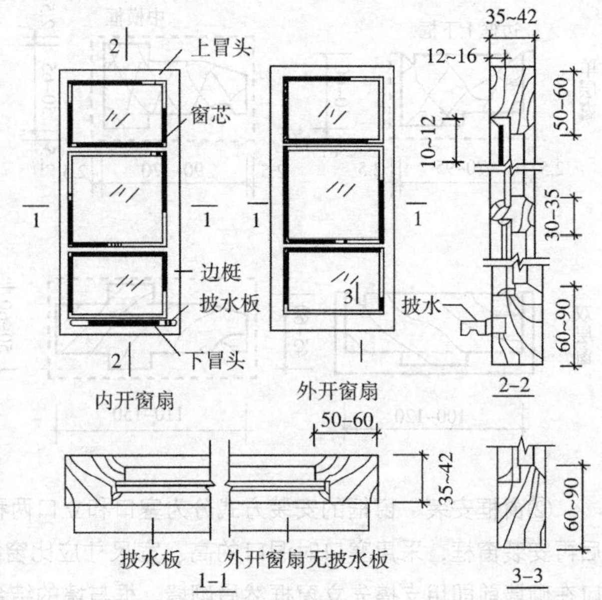

图2-167　玻璃窗扇的构造

②玻璃的选择与安装　选择玻璃应兼顾窗的使用及美观要求。普通平板玻璃因其制作简单、价格便宜且透光能力强，民用建筑中应用最为广泛。除此外还有磨砂玻璃、压花玻璃（装饰玻璃）、钢化玻璃、夹层玻璃、吸热玻璃、反射玻璃、中空玻璃等。如为了保温、隔声需要，可选用双层中空玻璃；需遮挡或模糊视线的，可选用磨砂玻璃或压花玻璃；为了安全可选用夹丝玻璃、钢化玻璃或有机玻璃；为了防晒可采用有色、吸热和涂层、变色等种类的玻璃。

玻璃厚度的选用，与窗扇分格的大小有关。单块面积小的，可选用薄的玻璃，一般2mm或3mm厚，单块面积较大时，可选用5mm或6mm厚的玻璃。

玻璃的安装一般用油灰嵌固。为了使玻璃牢固地装于窗扇上，应先用小钉将玻璃卡牢，再用油灰嵌固。对于不会受雨水侵蚀的窗扇玻璃，也可用小木条镶钉。

（4）铝合金窗构造

1）铝合金窗的用料

铝合金窗是以窗框的厚度尺寸来区分各种铝合金窗的称谓。如平开窗窗框厚度构造尺寸为50mm宽，即称为50系列铝合金平开窗。铝合金基本窗的最大洞口尺寸及开启扇尺寸与窗的形式及框料的用材有关，见表2-15。

铝合金窗最大洞口尺寸、最大开启扇尺寸（mm）　　表2-15

窗型种类	系列	最大洞口尺寸（$B\times H$）	最大开启扇面积（$b\times h$）
平开窗滑轴窗	40	1800×1800	600×1200
	50	2100×2100	600×1400
	70	2100×1800	600×1200
推拉窗	55	2400×2100，3000×1500	845×1500
	60	2400×2100，3000×1800	900×1750
	70	3300×1800，2000×2000×2700	1000×2000
	90	3000×2100	900×1800
	90-1	3000×2100	900×1800

续表

窗型种类	系列	最大洞口尺寸（$B \times H$）	最大开启扇面积（$b \times h$）	
固定窗	40	1800×1800		
	50	2100×2100		
	70	2100×2100		
立轴、中悬窗	70（立）	3000×2100		
	70（中）	1200×2000	1200×2000	
	80	1200×600	1200× 600	
百叶窗	100	1400×2000	700×2000	非开启
	100	1400×2000	（700+700）×2000	

铝合金窗所采用的玻璃根据需要可选择普通平板玻璃、浮法玻璃、夹层玻璃、钢化玻璃及中空玻璃等。

2）铝合金窗的构造

铝合金窗的常见形式有固定窗、平开窗、滑轴窗、推拉窗、立轴窗和悬窗等，一般多采用水平推拉式，图2-168为推拉式铝合金窗的构造。

3）铝合金窗的安装

为了便于铝合金窗的安装，一般先在窗框外侧用螺钉固定钢质锚固件，安装时与洞口四周墙中的预埋铁件焊接或锚固在一起，玻璃是嵌固在铝合金窗料中的凹槽内，并加密封条。窗框固定铁件，除四周离边角150mm设一点外，一般间距不大于400～500mm。其连接方法有：①采用墙上预埋铁件连接；②墙上预留孔洞埋入燕尾铁脚连接；③采用金属膨胀螺栓连接；④采用射钉固定，如图2-169所示，锚固铁件用厚度不小于1.5mm的镀锌铁片。窗框固定好

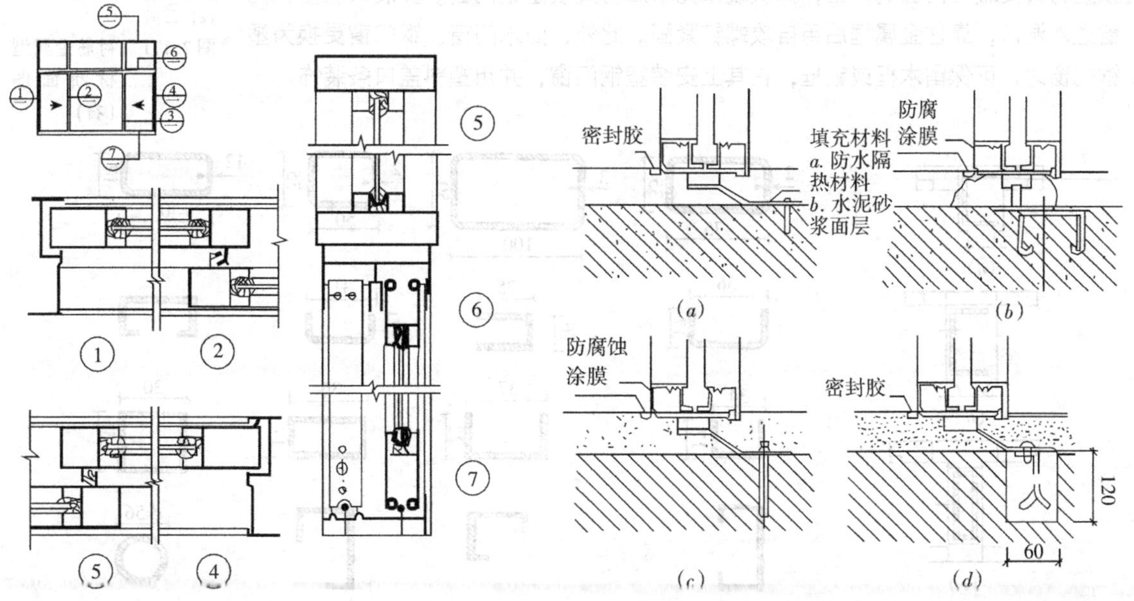

图2-168 推拉式铝合金窗的构造（左）

图2-169 铝合金窗框与墙体的连接构造（右）
（a）预埋件连接；（b）燕尾铁脚连接；（c）金属膨胀螺栓连接；（d）射钉连接

后窗洞四周的缝隙一般采用软质保温材料填塞，如泡沫塑料条、泡沫聚氨酯条、矿棉毡条和玻璃丝毡条、聚氨酯发泡剂等。填实处用水泥砂浆抹留 5 ~ 8mm 深的弧形槽，槽内嵌密封胶。

（5）塑钢门窗

塑钢门窗是以改性硬质聚氯乙烯（简称 UPVC）为主要原料，加上一定比例的稳定剂、着色剂、填充剂、紫外线吸收剂等辅助剂，经挤出机挤出成形为各种断面的中空异形材。经切割后，在其内腔衬以型钢加强筋，用热熔焊接机焊接成形组装制作成门窗框、扇等，配装上橡胶密封条、压条、五金件等附件而制成的门窗。它较之全塑门窗刚度更好，自重更轻，造价适宜。塑钢门窗具有抗风压强度好、耐冲击、耐久性好、耐腐蚀、使用寿命长的特点。

1）塑钢门窗的材料

塑钢门窗型材采用挤出成形工艺，为了节约原材料，异形材一般是中空的，为了提高门窗框、扇的热阻值，将排水孔道与补筋空腔分隔，可以做成为双腔室，以至多腔室，如图 2-170 所示。其截面造型可以比较复杂，为嵌装密封条、辅开型材创造充分条件。

为了提高硬质聚氯乙烯中空异形材的刚性和窗扇、窗框的抗风压强度，在塑料窗用主型材内腔中放入钢质或铝质异形材增强。金属增强型材的形状和尺寸规格，根据主型材主腔结构而定，由于主型材的型腔尺寸不同，所以金属增强型材的形状尺寸也有数种（图 2-171）。

2）塑钢推拉窗的构造

常用的塑钢窗有固定窗、平开窗、水平悬窗与立式悬窗及推拉窗等。图 2-172为塑钢推拉窗的构造图。

3）塑钢门窗框与墙体的连接

①假框法　做一个与塑钢门窗框相配套的镀锌金属框，框材厚一般 3mm，预先将其安装在门窗洞口上，抹灰装修完毕后再安装塑钢门窗。安装时将塑钢门窗送入洞口，靠住金属框后用自攻螺钉紧固。此外，旧木门窗、钢门窗更换为塑钢门窗时，可保留木框或钢框，在其上安装塑钢门窗，并用塑料盖口条装饰。

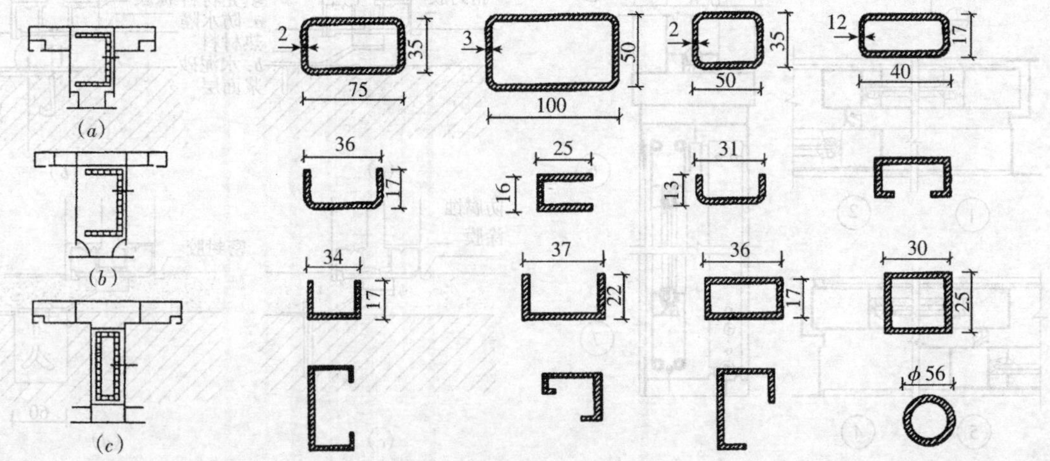

图 2-170　型材空腔的构造（左）
(a) 单腔；(b) 双腔；(c) 三腔

图 2-171　衬筋金属型材断面图（右）

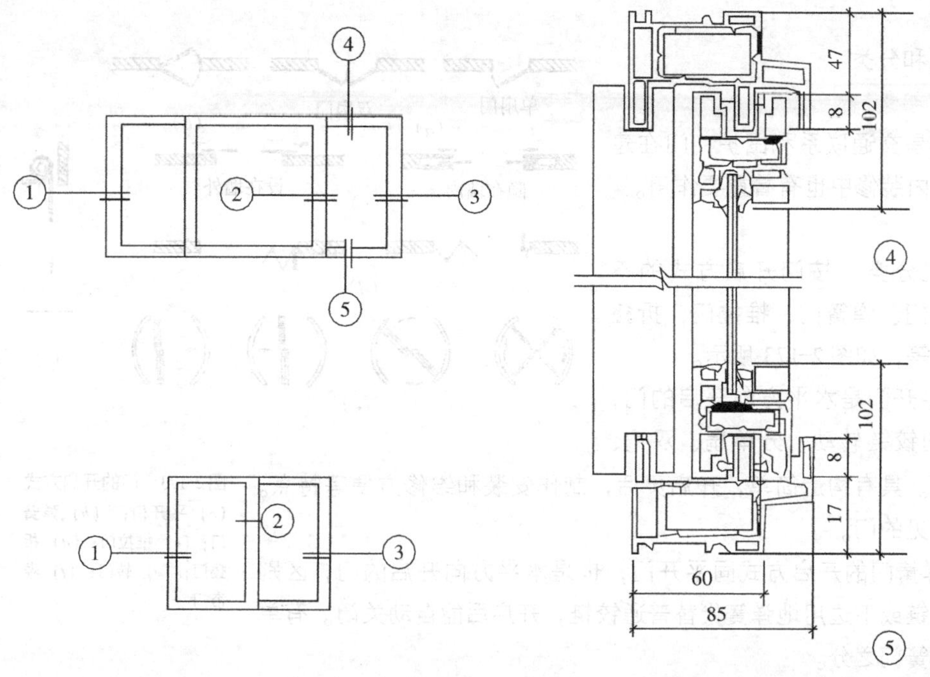

图 2-172　塑钢推拉窗构造图

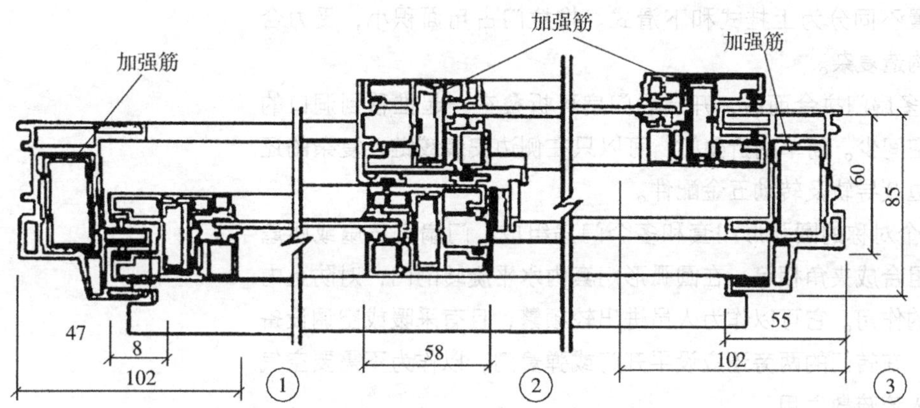

②固定件法　门窗框通过固定铁件与墙体连接，先用自攻螺钉将铁件安装在门窗框上，然后将门窗框送入洞口定位。于定位设置的连接点处，穿过铁件预制孔，在墙体相对位置上钻孔，插入尼龙胀管，然后拧入胀管螺钉将铁件与墙体固定。也可以在墙体内预埋木砖，用木螺钉将固定铁件与木砖固定。这两种方法均需注意，连接窗框与铁件的自攻螺钉必须穿过加强衬筋或至少穿过门窗框型材两层型材壁，否则螺钉易松动，不能保证窗的整体稳定性。

③直接固定法　即在墙体内预埋木砖，将塑钢门窗框送入窗洞口定位后，用木螺钉直接穿过门窗型材与木砖连接。

塑钢门窗固定后，门窗洞口和四周缝隙处理和铝合金窗相同。

2.9.2 门

(1) 门的作用和分类

1) 门的作用

门的主要用途是交通联系和围护，门在建筑的立面处理和室内装修中也有着重要作用。

2) 门的分类

①按开启方式分类　按门开启方式的不同，可分为：平开门、弹簧门、推拉门、折叠门、转门、卷帘门等，如图2-173所示。

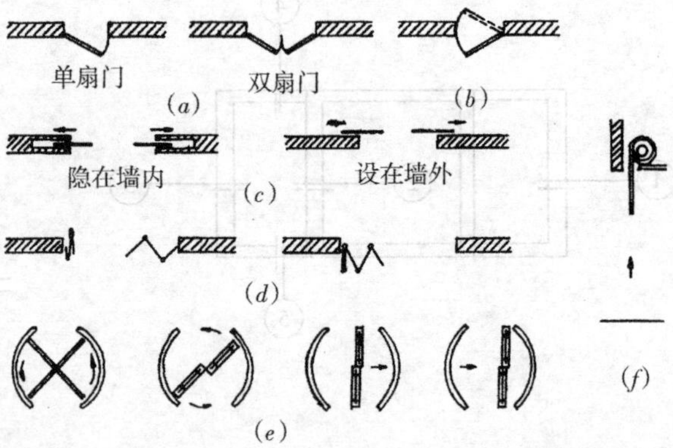

图2-173　门的开启方式
(a) 平开门；(b) 弹簧门；(c) 推拉门；(d) 折叠门；(e) 转门；(f) 卷帘门

A. 平开门　平开门是水平方向开启的门，门扇绕侧边安装的铰链转动，分单扇、双扇、内开和外开等形式。具有构造简单，开启灵活，制作安装和维修方便等特点。属一般建筑中最常见的门。

B. 弹簧门　弹簧门的开启方式同平开门，也是水平方向开启的门，区别在于侧边用弹簧铰链或下边用地弹簧代替普通铰链，开启后能自动关闭。有单向弹簧门和双向弹簧门之分。

C. 推拉门　门扇开启时沿上、下设置的轨道左右滑行，有单扇和双扇两种。按轨道设置位置不同分为上挂式和下滑式。推拉门占用面积小，受力合理，不易变形，但构造复杂。

D. 折叠门　由多扇门拼合而成，开启后门扇可折叠在一起推移到洞口的一侧或两侧，占用空间少。简单的折叠门，可以只在侧边安装铰链，复杂的还要在门的上边或下边装导轨及转动五金配件。

E. 转门　由两个对称的圆弧形门套和多个门扇组成。门扇有三扇或四扇之分，用同一竖轴组合成夹角相等、在圆弧形门套内水平旋转的门，对防止内外空气对流有一定的作用。它可以作为人员进出较频繁，且有采暖或空调设备的公共建筑的外门。在转门的两旁还应设平开门或弹簧门，以作为不需要空气调节的季节或大量人流疏散之用。

另外，还有上翻门、升降门、卷帘门等形式。一般适用于门洞口较大、有特殊要求的房间。

②按门所用材料分　按门所用的材料不同，可分为木门、钢门、铝合金门、塑料门及塑钢门等。木门制作加工方便，价格低廉，应用广泛，但防火能力较差。钢门强度高，防火性能好，透光率高，在建筑上应用很广，但钢门保温较差，易锈蚀。铝合金门美观，有良好的装饰性和密闭性，但成本高，保温差。塑料门同时具有木材的保温性和铝材的装饰性，是近年来为节约木材和有色金属发展起来的新品种，其刚度和耐久性还有待于进一步提高。另外，还有一种全玻璃门，主要用于标准较高的公共建筑中的出入口，它具有简洁、美观、视线无阻挡及构造简单等特点。

③按门的功能分　按门的功能不同可分为：普通门、保温门、隔声门、防

火门、防盗门、人防门以及其他特殊要求的门等。

(2) 平开门的构造

1) 平开木门的组成和尺度

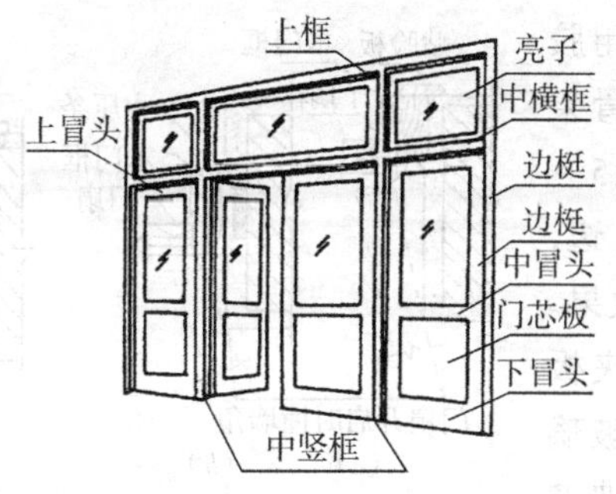

图 2-174　平开木门的组成

如图 2-174 所示，平开木门主要由门框、门扇、亮子和五金零件组成。门框又称门樘，由上槛、中槛和边框等组成，多扇门还有中竖框。门扇由上冒头、中冒头、下冒头和边梃等组成。为了通风采光，可在门的上部设亮子，有固定、平开及上、中、下悬等形式，其构造同窗扇。门框与墙间的缝隙常用木条盖缝，称门头线（俗称贴脸）。门上常见的五金零件有铰链、门锁、插销、拉手、停门器、风钩等。平开木门的洞口尺寸可根据交通、运输以及疏散要求来确定。一般情况下，门的宽度为：800 ~ 1000mm（单扇），1200 ~ 1800mm（双扇）。门的高度一般不宜小于 2100mm，有亮子时可适当增高 300 ~ 600mm。对于大型公共建筑，门的尺度可根据需要另行确定。

2) 平开木门的构造节点大样

①门框。

A. 门框的断面形状和尺寸　门框的断面形状与窗框类似，但由于门受到的各种冲撞荷载比窗大，故门框的断面尺寸要适当增加，如图 2-175 所示。

B. 门框的固定方法　门框的安装与窗框相同，分立口和塞口两种施工方法。工厂化生产的成品门，其安装多采用塞口法施工。

C. 门框与墙的关系　门框在墙洞中的位置同窗框一样，有门框内平、门框居中和门框外平三种情况。一般情况下多做在开门方向一边，与抹灰面平齐，使门的开启角度较大。对较大尺寸的门，为牢固地安装，多居中设置，如图 2-176 所示。

门框的墙缝处理与窗框相似，但应更牢固。门窗靠墙一边开防止因受潮而变形的背槽，并做防潮处理。门框外侧的内外角做灰口，缝内填弹性密封材料。

图 2-175　门框的断面形状和尺寸（mm）

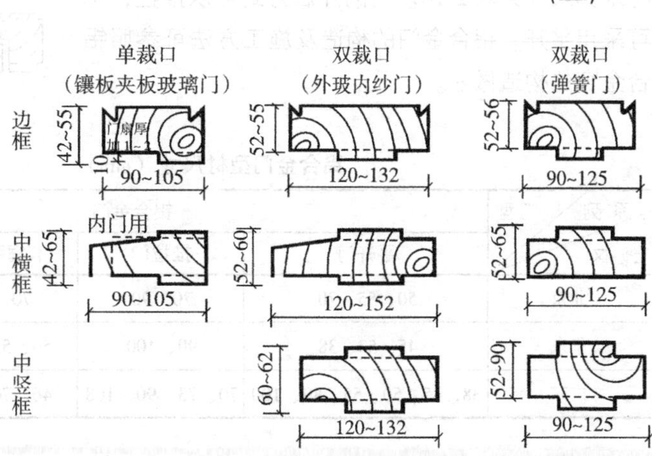

②门扇　根据门扇的不同构造形式，民用建筑中常见的门可分为夹板门和镶板门两大类。

A. 夹板门　夹板门门扇由骨架和面板组成，骨架通常采用（32 ~ 35）mm ×（34 ~ 36）mm 的木料制作，内部用小木料做成格形纵横肋条，肋距视木料尺寸而定，一般为 300mm 左右。在上部设小通气孔，保持内部干燥，防止面板变形。面板可用粘合板、硬质纤维板或塑料板等，用胶结材料双面粘结在骨架上。门的四周可用15～20mm厚的木条镶边，以取得整齐美观的效果。根据功能的需要，夹板门上也可以局部加玻璃或百叶，一般在装玻璃或百叶处，做一个木框，用压条镶嵌。图2-177是常见的夹板门构造示例。

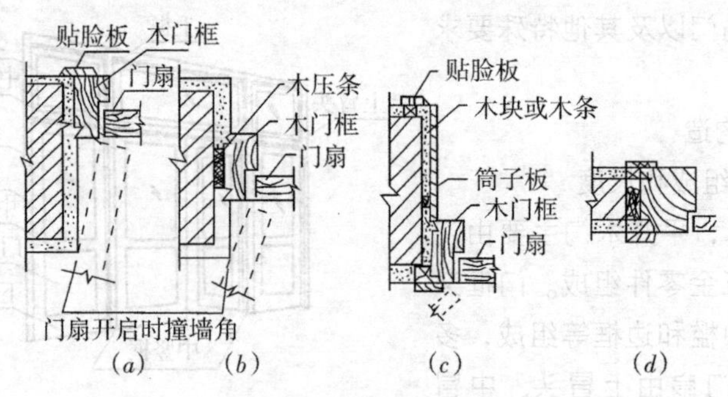

图2-176 门框在墙洞中的位置
(a) 外平；(b) 立中；(c) 内平；(d) 内外平

B. 镶板门　镶板门门扇由骨架和门芯板组成。骨架一般由上冒头、下冒头及边梃组成，有时中间还有中冒头或竖向中梃。门芯板可采用木板、胶合板、硬质纤维板及塑料板等。有时门芯板可部分或全部采用玻璃，则称为半玻璃（镶板）门或全玻璃（镶板）门。与镶板门类似的还有纱门、百叶门等。

木制门芯板一般用10～15mm厚的木板拼装成整块，镶入边梃和冒头中，板缝应结合紧密。实际工程中常用的接缝形式为高低缝和企口缝。门芯板在边梃和冒头中的镶嵌方式有暗槽、单面槽及双边压条三种。工程中用得较多的是暗槽，其他两种方法多用于玻璃、纱门及百叶门。

镶板门门扇骨架的厚度一般为40～45mm。上冒头、中冒头和边梃的宽度一般为75～120mm，下冒头的宽度习惯上同踢脚高度，一般为200mm左右。中冒头为了便于开槽装锁，其宽度可适当增加，以弥补开槽对中冒头材料的削弱。图2-178是常用的镶板门的实例。

3）铝合金门

铝合金门的特性与铝合金窗相同。铝合金门型材系列尺寸见表2-16。门的开启方式可以推拉，也可采用平开。铝合金门的构造及施工方法可参照铝合金窗的构造做法。

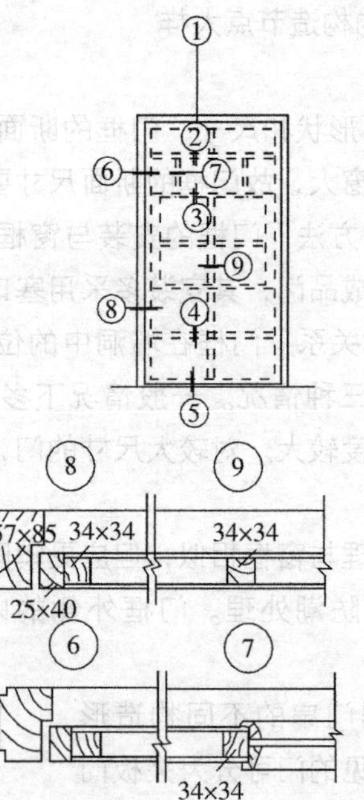

图2-177 夹板门的构造

铝合金门型材尺寸（mm）　　表2-16

系列 门型 / 地区	铝合金门			
	平开门	推拉门	有框弹簧门	无框弹簧门
北京	50、55、70	70、90	70、100	70、100
华东	45、53、38	90、100	50、55、100	70、100
广东	38、45、50、55、80、100	70、73、90、108	46、70、100	70、100

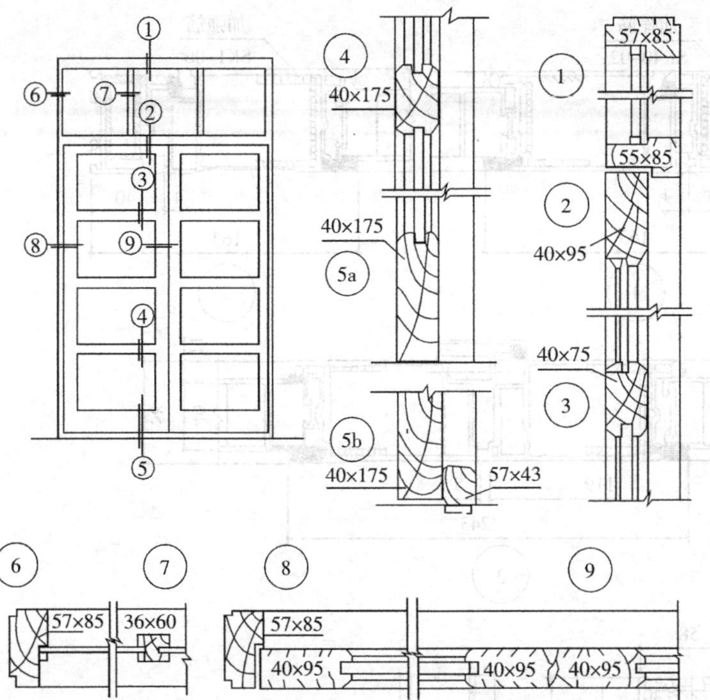

图 2-178　镶板门的构造

4）塑料门与塑钢门

塑料门与塑钢门的特性、材料、施工方法及细部构造可参照塑料窗与塑钢窗的构造做法，图 2-179 是常用的塑钢门的构造举例。

2.9.3　其他门窗

（1）彩板钢门窗

彩板钢门窗是以彩色镀锌钢板，经机械加工而成的门窗。它具有质量轻、硬度高、采光面积大、防尘、隔声、保温密封性好、造型美观、色彩绚丽、耐腐蚀等特点。

彩板门窗断面形式复杂，种类较多，通常在出厂前就已将玻璃装好，在施工现场进行成品安装。

彩板门窗目前有两种类型，即带副框和不带副框的两种。当外墙面为花岗石、大理石等贴面材料时，常采用带副框的门窗。安装时，先用自攻螺钉将连接件固定在副框上，并用密封胶将洞口与副框及副框与门窗樘之间的缝隙进行密封（图2-180）。当外墙装修为普通粉刷时，常用不带副框的做法，即直接用膨胀螺钉将门窗樘子固定在墙上（图 2-181）。

（2）特种门窗

1）保温门窗

对寒冷地区及冷库建筑，为了减少热损失，应做保温门窗。保温门窗设计的要点在于提高门窗的热阻，减少冷空气渗透量。因此室外温度低于 -20℃或建筑标准要求较高时，保温窗可采用双层窗、中空玻璃保温窗；保温门采用拼板门、双层门

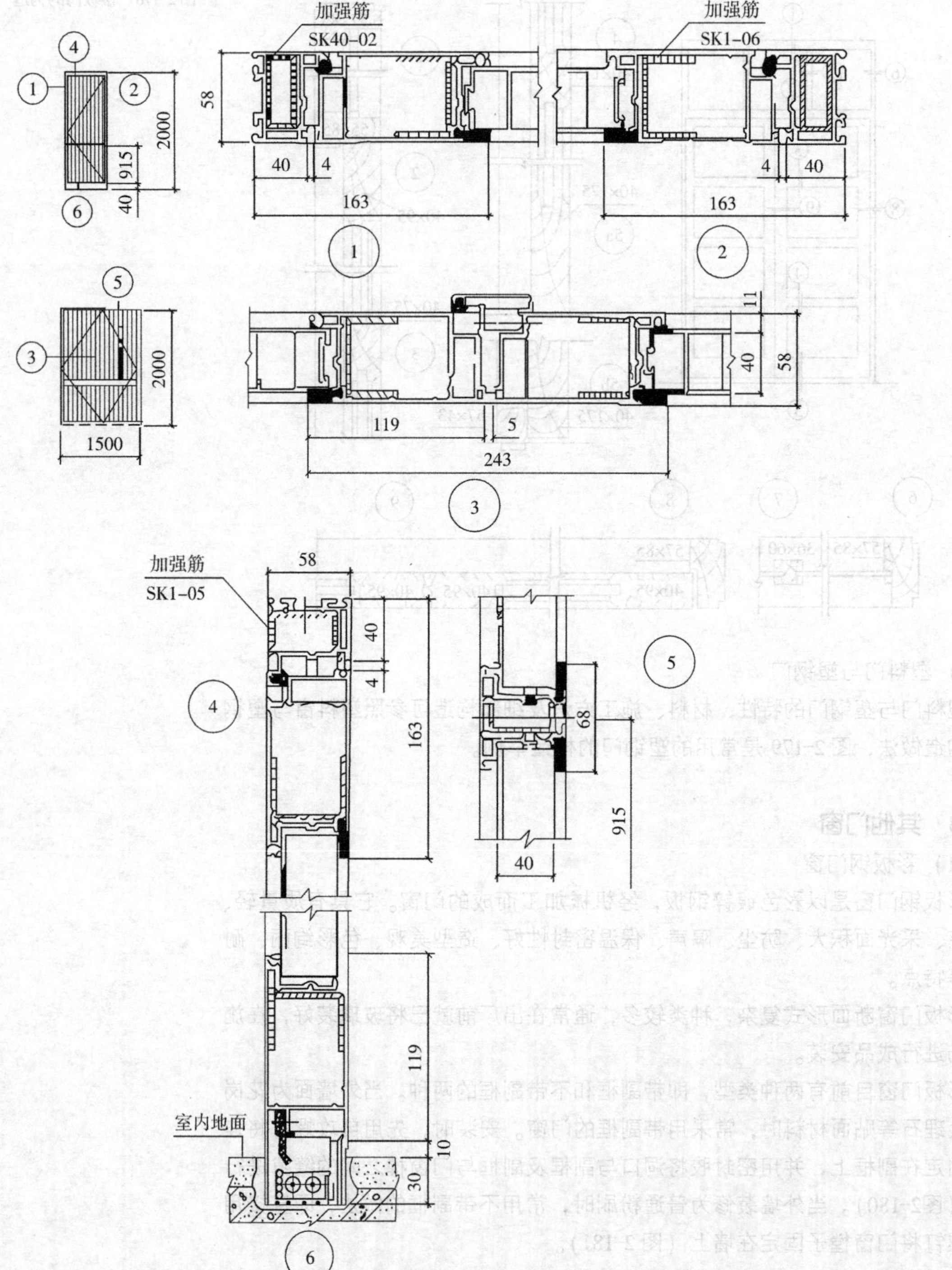

芯板、门芯板间填以保温材料，如毛毡、兽毛或玻璃纤维、矿棉等（图2-182）。

图2-179　塑钢门的构造

2）隔声门窗

对录音室、电话会议室、播音室等应采用隔声门窗。为了提高门窗隔声能力，除铲口及缝隙需特别处理外，可适当增加隔声的构造层次，避免刚性连接，

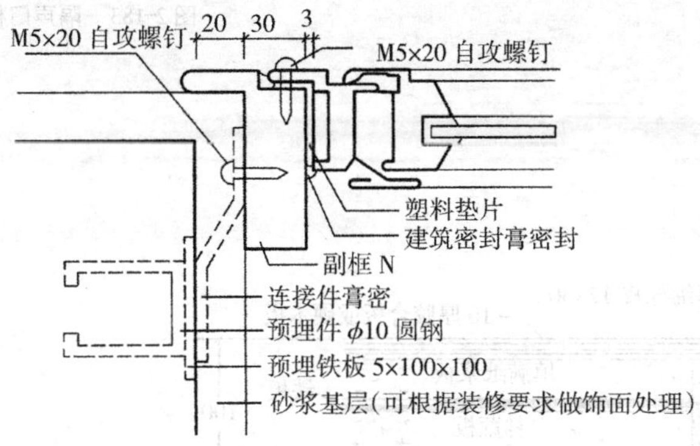

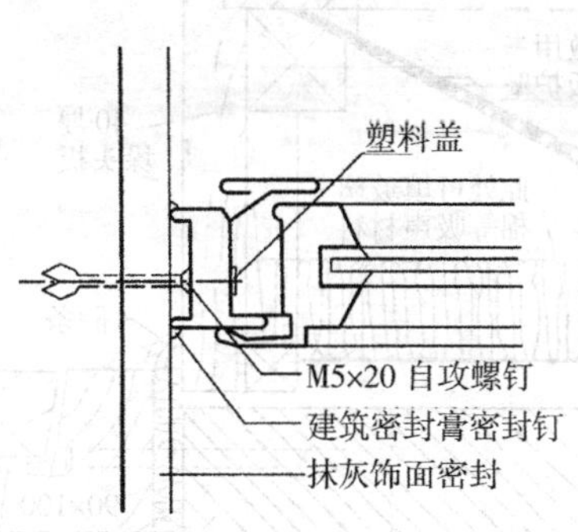

图 2-180 带副框彩板门窗（mm）(左)

图 2-181 不带副框彩板门窗(mm)(右)

以防止连接处固体传声（图 2-183）。当采用双层玻璃时，应选用不同厚度的玻璃。

3）防火门窗

依据我国高层民用建筑防火规范规定，防火门可分为甲、乙、丙三级，其耐火极限分别为 1.2、0.9、0.6h。防火门不仅应具有一定的耐火性能，且应关闭紧密、开启方便。防火门一般外包镀锌铁皮或薄钢板，美观性较差。常用防火门多为平开门、推拉门。它平时是敞开的，一旦发生火灾，需关闭且关闭后能从任何一侧手动开启。用于疏散楼梯间的门，应采用向疏散方向开启的单向弹簧门。当建筑物设置防火墙或防火门窗有困难时，可采用防火卷帘代替防火门，但必须用水幕保护（图 2-184）。

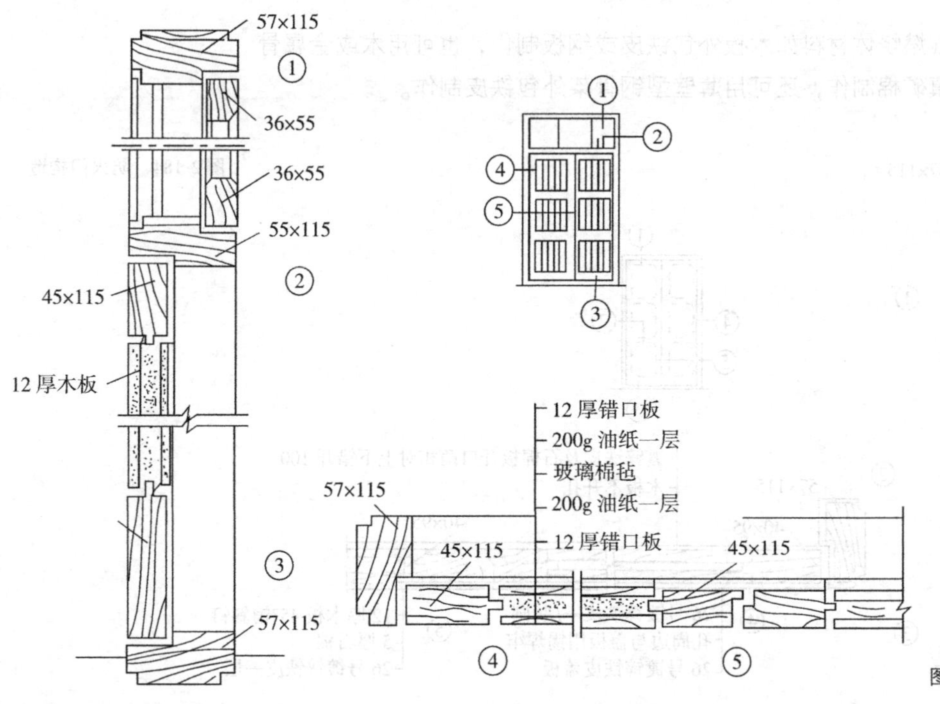

图 2-182 保温门构造

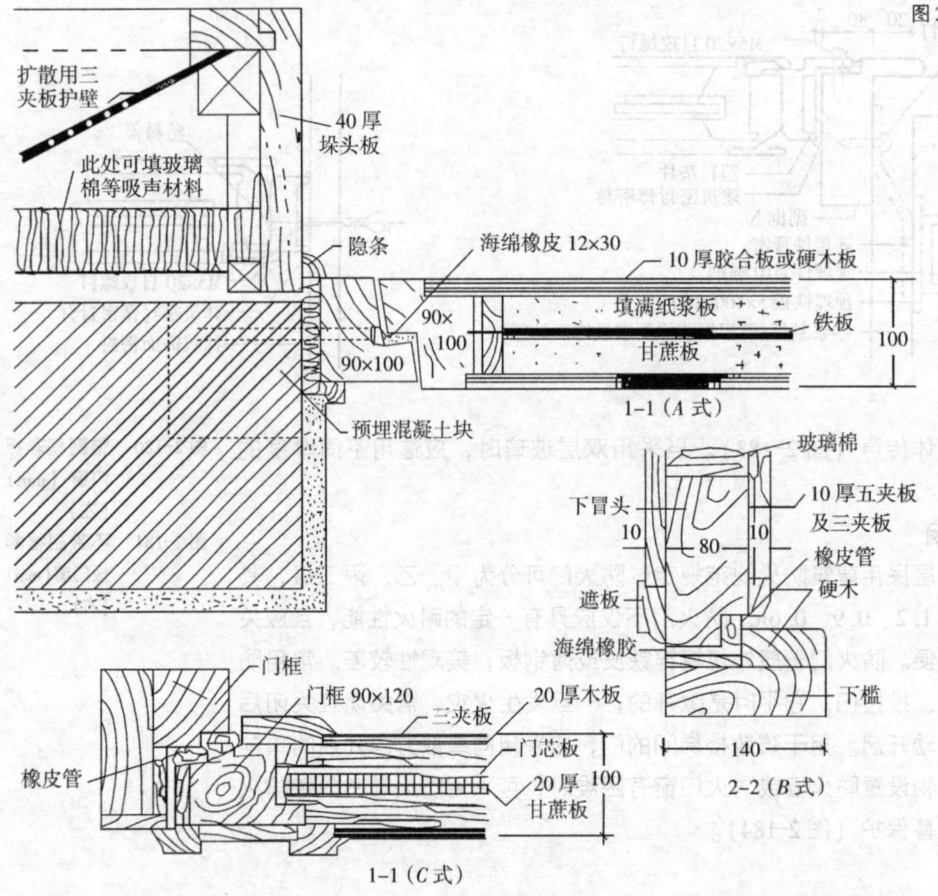

图 2-183　隔声门构造

防火门可用难燃烧体材料如木板外包铁皮或钢板制作，也可用木或金属骨架外包铁皮，内填矿棉制作，还可用薄壁型钢骨架外包铁皮制作。

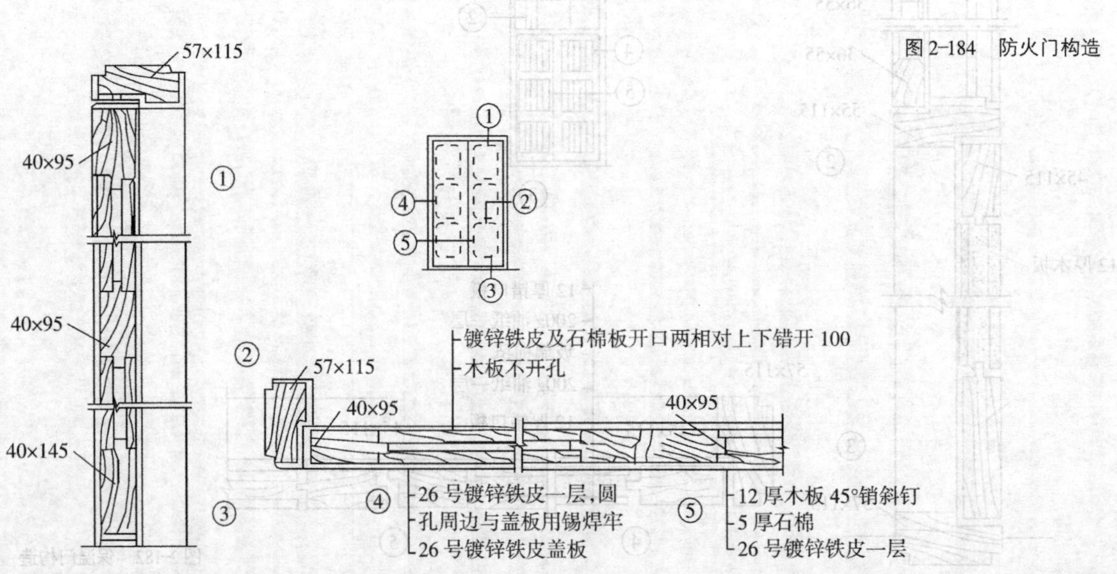

图 2-184　防火门构造

■本章小结

1. 建筑物与构筑物的概念有区别。房屋建筑按使用性质分为民用建筑、工业建筑和农业建筑等几大类。建筑还可以按承重结构材料、耐久性、工程等级等因素分为不同的类别或等级。

2. 力具有大小、方向、作用点三要素，约束反力、支座、荷载、内力均可以用受力图表示。力学中的结构是一种承载受力体系，柱、梁、墙、板、框架具有不同的受力特性。

3. 基础和地基是两个不同的概念，基础作为建筑底部重要的承重构件，应具备足够的强度和稳定性，以及一定的耐久性能。

基础的种类较多，按材料及受力特点分有刚性和非刚性基础两类，按构造形式分有单独基础、条形基础、片筏基础和箱形基础、桩基础等几种。不同的构造，其特性和适用情况也不相同，应当根据地质、水文、建筑功能、施工技术、材料供应和周边环境的具体情况作出适当的选择。

4. 墙体作用主要是承重、围护、分隔。其承重方案、选材和构造对建筑的正常使用、安全性、经济性和施工环境产生重要的影响。

墙体按照位置、受力、材料、构造方式、施工方式可分为不同的类型，本章重点介绍砖墙、砌块墙和隔墙这三种主要的墙体。

砖墙的细部构造包括墙脚（勒脚、踢脚、墙身防潮层、散水等）、窗台、门窗过梁、墙身加固措施等。

变形缝分三种，即伸缩缝、沉降缝、防震缝。

随着节能环保战略的实施，建筑保温节能在实践中应受到重视。

5. 楼板层主要由面层、结构层和顶棚三部分组成。有特殊要求的房间通常增设附加层。地面层的结构层为垫层，因而地面层是由面层、垫层和基层三部分组成。

钢筋混凝土楼板按其施工方式不同可分为：现浇式、预制装配式和装配整体式三种类型。其中，现浇式钢筋混凝土楼板又有板式楼板、梁式楼板、井式楼板、无梁楼板和钢衬板组合楼板几种。

因厕所等用水较多的房间，处理不当容易发生渗水的现象，一般需设1%～1.5%的排水坡度，用水房间标高地面低于相邻房间地面20～30mm，并且四周将防水层上翻150～200mm。

雨篷位于建筑物出入口上方，用于遮拦雨水，保护外门不受侵害，具有一定的装饰作用，结构可采用钢筋混凝土和钢结构悬挑构件，有板式和梁式两种。

阳台是多层和高层建筑中人们接触室外的平台，一般有凸阳台、凹阳台、半凹凸阳台及转角阳台几种。

6. 抹灰类饰面是用各种加色或不加色的水泥砂浆或石灰砂浆、混合砂浆、石膏砂浆以及水泥石粒浆等做成的各种饰面抹灰层。根据不同的装饰要求进行装饰抹灰。

贴面类饰面是指一些天然的或人造的材料，在现场通过构造连接或镶贴于墙体表面，由此而形成的墙体饰面。

罩面板类饰面是指用木板、木条、竹条、胶合板、纤维板、玻璃和金属薄板等材料制成的各类饰面板。

卷材类饰面一般指用裱糊的方法将墙纸、锦缎或微薄木等装饰在内墙面的一种饰面。

整体面层楼地面主要形式有水泥砂浆楼地面、细石混凝土楼地面、现浇水磨石楼地面、涂布楼地面等。

块材面层楼地面主要包括地砖、大理石、花岗石等。块材地面属于刚性地面。

木楼地面是表面由木板铺钉或胶合而成的地面，可分为普通木地板、复合实木地板、软木地板等几种形式。

直接式顶棚是在屋面板或楼板的底面直接进行喷浆、抹灰、粘贴壁纸、粘贴面砖、粘贴或钉接石膏板条与其他板材等饰面材料形成饰面的顶棚；悬吊式顶棚一般由基层、面层、吊筋三个基本部分组成。吊顶的基层一般有木基层和金属基层两种。吊顶的面层一般分为抹灰类、板材类及格栅类几种。

7. 楼梯的基本要求是通行顺畅、行走舒适、坚固、耐久、安全；楼梯的类型、形式较多，一般坡度在25°~45°之间，踏步宽度应符合建筑设计规范的要求；一般扶手的高度为900mm左右；净空高度：平台上部为2、2.2m，梯段上部为2.2m；楼梯段是楼梯的重要组成部分，其坡度、踏步尺寸和细部构造处理对楼梯的使用影响较大。

楼梯面层可用不同的材料，踏口要做防滑处理；栏杆、栏板及扶手可用不同材料制成，与梯段要有可靠连接。

台阶和坡道作为楼梯的一种特殊形式，在建筑中主要用于室内外有高差地面的过渡。其高宽值、坡道的坡度都有具体的要求；台阶有架空式和分离式台阶两种处理方式。

8. 屋顶坡度主要与防水材料、降雨量、结构形式有关。屋顶排水坡度的形成方式有结构找坡和材料找坡两种形式；屋面排水方式分为有组织排水和无组织排水两种。

钢筋混凝土平屋顶的应用较普遍，排水坡度为3%左右。屋面分为柔性防水、刚性防水和涂料防水三种常用防水屋面。

坡屋顶主要由承重结构和屋面组成。目前，主要将屋架或钢筋混凝土现浇板作为坡屋顶的承重构件。屋面的种类根据瓦的种类而定，如块瓦屋面、油毡瓦屋面、块瓦形钢板彩瓦屋面等。

在寒冷地区或有空调要求的建筑中，屋顶应做保温处理。

9. 门和窗是房屋建筑中的两个围护构件。门的主要作用是供交通出入、分隔联系建筑空间，有时也兼起通风作用和采光作用；窗的主要作用是采光、通风、观察等。

木窗主要由窗框、窗扇、五金零件及附件四部分组成。

木门一般由门框、门扇、亮子、五金零件及附件组成。

铝合金门窗的型材截面按其高度分别为40系列、50系列、60系列、70系列、90系列、100系列。

塑钢门窗是以改性硬质聚氯乙烯为主要原材的各种断面、中空异型材为杆件，并以型钢加强筋，用热熔焊接机焊接成型，组装制作成门窗。

复习思考题

1. 什么叫做建筑物和构筑物？

2. 按建筑的使用性质，建筑物可分为哪几种类别？园林建筑属于哪一个类别？

3. 什么叫做内力和强度？内力一般分为哪几种类别？

4. 荷载可以分为哪几种类别？它们与构件的内力有什么关系？

5. 受力图可以反映哪些内容？受力图有什么作用？

6. 什么叫做静定结构和超静定结构？

7. 说出钢筋混凝土结构的特点。

8. 什么是地基和基础？它们之间有何区别？

9. 什么是天然地基和人工地基？常用的人工地基处理方法有哪些？

10. 常见的基础类型有哪些？各有何特点？

11. 简述墙体的分类方式及类别。

12. 墙体的承重方式有哪些？各自特点是什么？

13. 勒脚和踢脚的作用是什么？常见的勒脚构造做法有哪些？

14. 墙体中为什么要设水平防潮层？有哪些构造做法？什么情况下需要设置垂直防潮层？

15. 简述散水的作用、适用范围以及一般做法。

16. 窗台构造中应考虑哪些问题？

17. 常见的过梁有哪些？它们的适用范围和构造特点是什么？

18. 圈梁和构造柱的构造要求有哪些？

19. 什么是变形缝？它包括哪些缝？各有什么特点？它们在构造上有何不同？

20. 常见的隔墙有哪些？简述各种隔墙的特点及构造做法。

21. 简述楼板层和地坪层的构造组成。

22. 钢筋混凝土楼板按施工方式不同有哪几种类型？简述各自特点。

23. 简述阳台结构的几种布置方式。

24. 墙面抹灰通常由哪几层组成？它们的作用各是什么？

25. 抹灰类饰面分为哪几种？各种包括哪些做法？

26. 简述大理石墙面的“拴挂法”做法。

27. 踢脚板有何作用？试画出几种常用踢脚板的构造图。

28. 什么是悬吊式顶棚？简述悬吊式顶棚的基本组成部分及其作用。

29. 一般民用建筑的踏步高与踏步宽的尺寸是如何限制的？

30. 楼梯段的最小净宽有何规定？平台宽度和梯段宽度的关系如何？

31. 楼梯的净空高度有哪些规定？如何调整首层通行平台下的净高？

32. 楼梯踏步的防滑措施有哪些？

33. 台阶的平面形式有几种？踢面和踏面尺寸如何规定？台阶的基础一般是怎样处理的？

34. 坡道的坡度、宽度有何具体规定？

35. 屋顶由哪几部分组成？它们的主要功能是什么？

36. 何谓刚性防水屋面？其基本构造层次有哪些？各层如何做法？

37. 何谓柔性防水屋面？其基本构造层次有哪些？各层次的作用是什么？分别可采用哪些材料做法？

38. 门和窗在建筑中的作用是什么？

39. 铝合金门窗框与墙体之间的缝隙如何处理？

40. 简述塑钢门窗的基本构造形式。

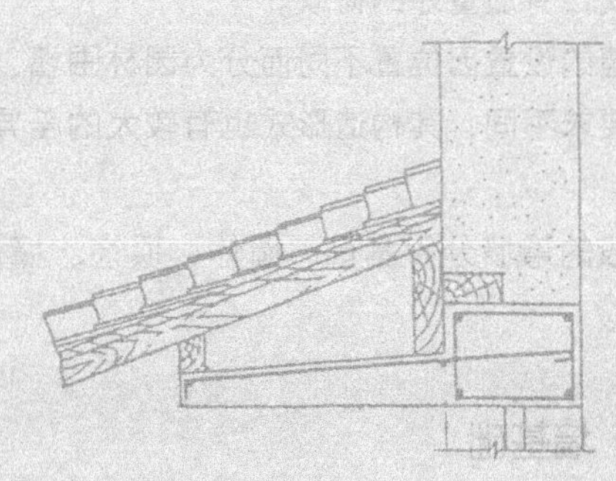

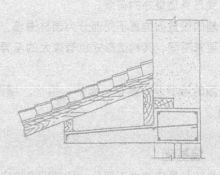

第 3 章　园林建筑的基本构造

在园林中起着点景、休憩和服务等功能的建筑，一般称为园林建筑，园林建筑是造园中的要素。园林建筑所包含的内容很广泛，其造型也千姿百态，相应的构造做法则更为复杂。在本章中，我们仅就常见的园林建筑类别，作一般的介绍。在实际的园林建筑设计和施工中，应结合当时当地的情况，妥善选择各种结构类型和构造方式，处理好各类园林建筑中的构造问题。

3.1 景墙

在园林建筑中，作为分隔空间，直接作为景物欣赏的墙叫做景墙。景墙一般不承受自身质量外的荷载。

景墙的设置因位置不同而分为园林围墙、园中墙、建筑物内墙等多种，由于功能要求不同，其构造形式也有较大的差异。在本节中仅讨论一般景墙的构造形式。

一般的景墙分为基础、墙体、顶饰、墙面饰、墙面窗洞等几部分，如图3-1所示。

3.1.1 墙基础

墙基础是景墙的地下部分，墙基础直接安置于地基上。

墙基础的作用，是把墙的自重及相应的荷载传至地基。

墙基础的埋置深度，一般为500mm左右，常将耕植土挖除，将老土夯实即可。当遇到虚土时，必须做地基处理，以防墙体出现不均匀沉降而形成裂缝、倾斜的现象。地基处理常采用换土、加深、扩大、打桩等方法。位于湖、河、崖旁的墙基础，应该设置桩基础，以防墙底的泥土被掏空而出现倾倒的现象。

墙基础的底面宽度应由设置规定，由于承受的垂直荷载不大，一般为500~700mm，其宽度随墙身的高度增加而变宽。

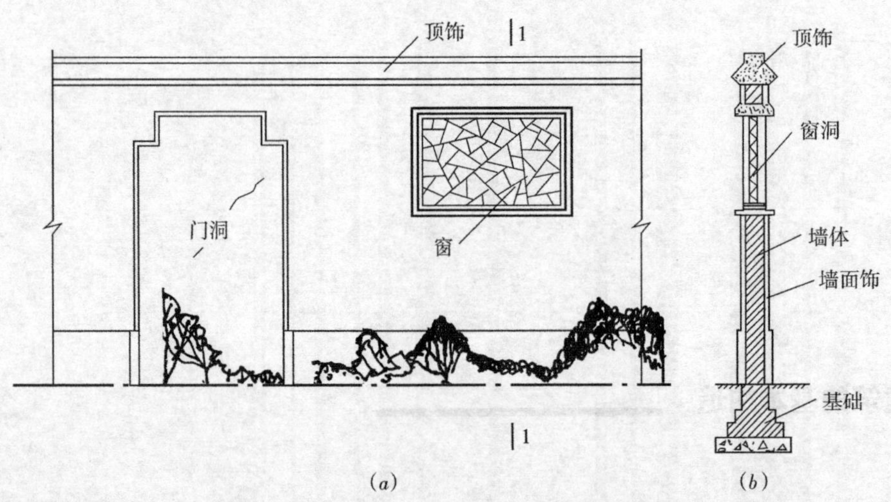

图3-1 景墙的基本组成
(a) 立面图；(b) 1-1剖面图

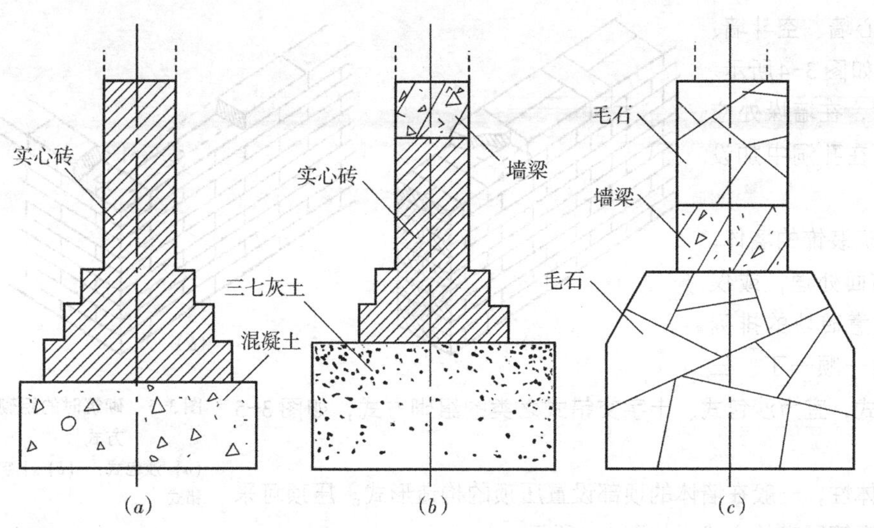

图 3-2　墙基础
(*a*) 混凝土垫层；(*b*) 灰土垫层；(*c*) 毛石墙

墙基础一般由垫层、大放脚、基础墙、墙梁所组成，图 3-2为墙基础的几种构造方式。

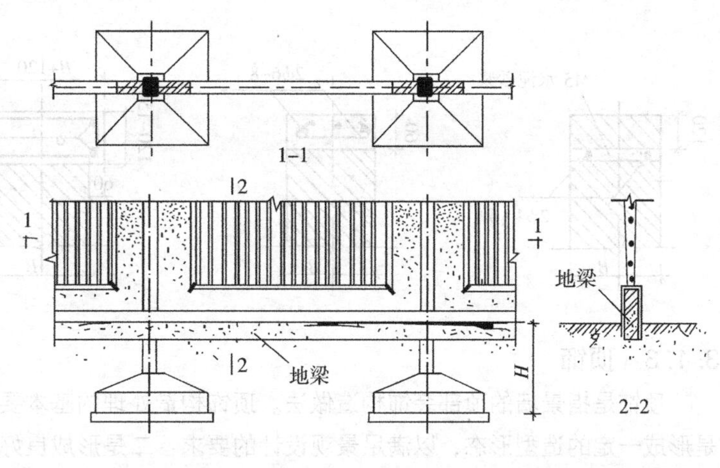

图 3-3　独立基础

垫层常用砂石、素混凝土、毛石或三七灰土做成。墙体采用实心的烧土砖、毛石砌成。设置墙梁是为了加强基础的整体性，常用 C20 的混凝土，内设 2 至 4 根$\phi6\sim\Phi12$ 的钢筋。当景墙中设置钢筋混凝土柱时，其柱的钢筋应埋置于基础中，并穿越于墙梁之内。

图 3-3为独立点式基础的构造方式，各独立基础之间采用地梁联系成一个整体。这种构造方式适用于景墙的墙体漏空状的做法。

3.1.2　墙体

墙体是景墙的主体骨架部件。为了加强墙体的刚度，墙体中间常设置墙垛，墙垛的间距为 2400 ~ 3600mm。墙垛的平面尺寸为 370mm × 370mm、490mm × 370mm、490mm × 490mm 等几种。

图 3-4　墙体构造
(*a*) 墙体平面；(*b*) 漏空墙；(*c*) 空斗墙

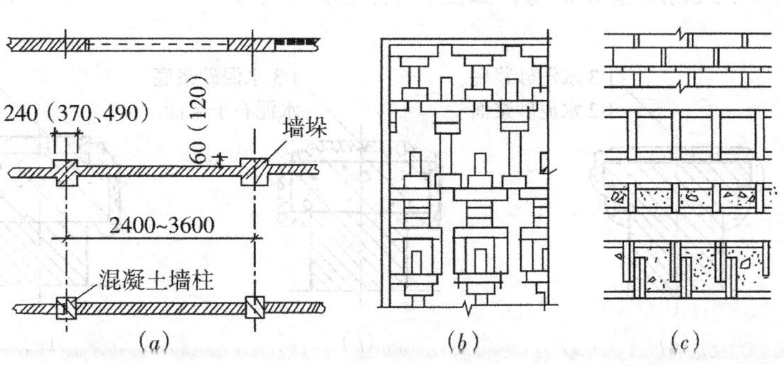

墙体的高度一般为 2200 ~ 3200mm，厚度常为 120、180、240mm 等几种。墙体常用黏土砖、小型空心砌块砌筑。使用实心黏土砖，可以砌筑成实心墙、空斗墙、漏花墙等多种形式，如图 3-4所示。使用小型空心砌块时，在墙垛处应浇筑细石混凝土，并在孔洞中加设 4ϕ10 ~ Φ 14 的钢筋。

对于采用砌体砌筑装饰的墙体，因外表不作抹灰等饰面处理，或仅作勾缝装饰，则应注意砖块的排列组砌方式，不宜采用一顺一丁、三顺一丁之类的组砌方式，宜为沙包式、十字交错式之类的组砌方式，如图 3-5所示。

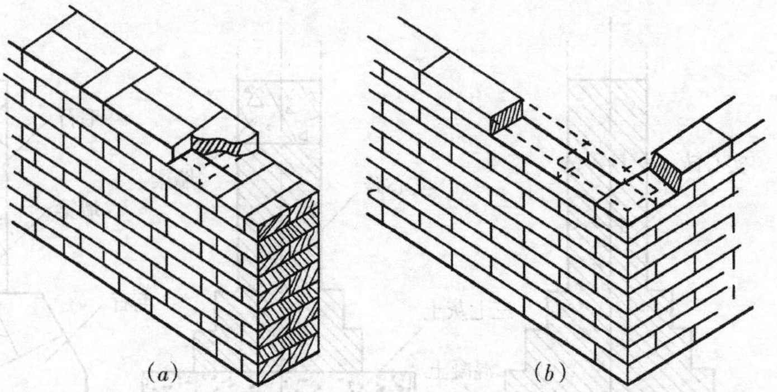

图 3-5　砌筑时的组砌方式

(*a*) 沙包式；(*b*) 十字错式

为了加强墙的整体性，一般在墙体的顶部设置压顶的构造形式。压顶可采用钢筋混凝土或加设钢筋网带的方式，如图 3-6所示。

图 3-6　压顶构造方式

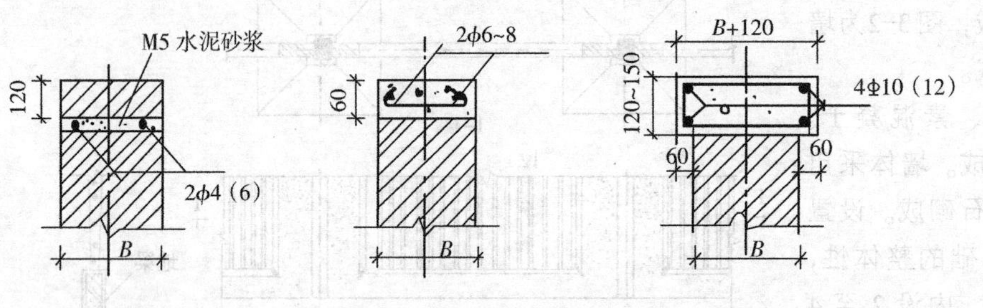

3. 1. 3　顶饰

顶饰是指景墙的顶部装饰构造做法。顶饰构造处理的基本要求有两个，一是形成一定的造型形态，以满足景观设计的要求；二是形成良好的防水防雨构造层次，以防止水渗漏进入墙体，达到保护墙体的目的。

现代景墙中的顶饰，常采用抹灰的工艺施工方法进行处理，即以 1 ∶ 4 ~ 1 ∶ 2. 5的水泥砂浆抹底层与中层，然后用 1 ∶ 2 水泥砂浆抹面层，或者以装饰砂浆、石子砂浆抹出各种装饰线脚，图3-7为抹灰类的顶饰构造做法。

对于有柱墩的顶饰，其装饰线脚一般随墙体贯通，或是独立存在而自成系统，如图 3-8所示。根据设计要求，有时在柱墩的顶部设置灯具、器物几何体、人物雕塑等饰物，如图 3-9所示。

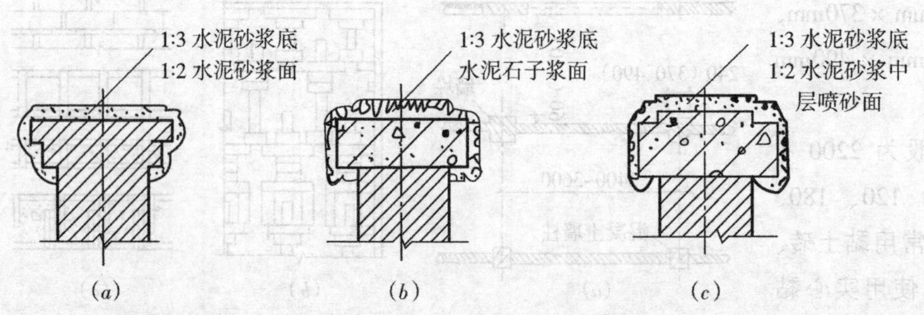

图 3-7　抹灰顶饰做法

(*a*) 水泥砂浆；(*b*) 石子砂浆；(*c*) 喷砂

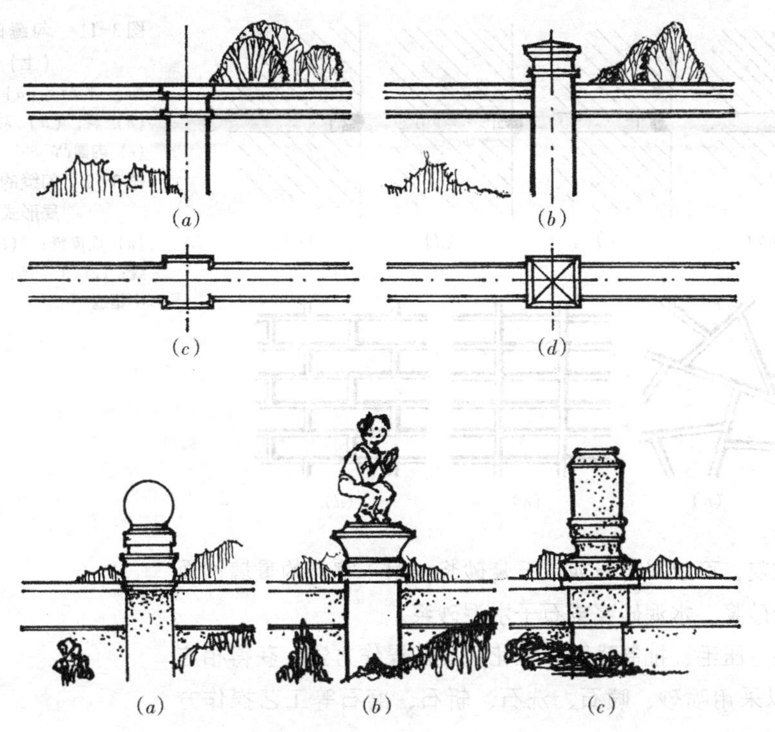

图 3–8　线脚处理
(*a*) 立面；(*b*) 立面；
(*c*) 平面；(*d*) 平面

图 3–9　柱墩顶装饰
(*a*) 灯饰；(*b*) 人物饰；
(*c*) 几何体

图 3–10 为中国古典景墙中顶饰的做法，有时将整个顶饰塑造为龙形，营造为卧龙藏水或腾云戏雾等情景。

3.1.4　墙面饰

墙面饰指的是景墙墙体的墙面装饰。墙面装饰一般有勾缝、抹灰、贴面三种构造类型。

(1) 勾缝

所谓勾缝，即对砌体或饰面块材之间的观面搭接拼砌缝隙，使用特定的勾缝砂浆，进行涂抹处理。

勾缝砂浆应具有油腻、稠度好的施工性能，满足干硬后不开裂、防水、抗冻等技术要求，分别有麻丝砂浆、白水泥砂浆、细砂水泥砂浆等数种。

根据勾缝的形状有凸缝、平缝、凹缝、圆缝等几种类型，如图 3–11 所示。

根据墙面装饰的观面上勾缝布局方式，勾缝有冰纹缝、虎皮缝、十字缝、十字错缝等多种形式，如图 3–12 所示。当然，缝的布局形式受砌块的组砌方式所控制。

(2) 抹灰

抹灰是墙面装饰中最普通的装饰

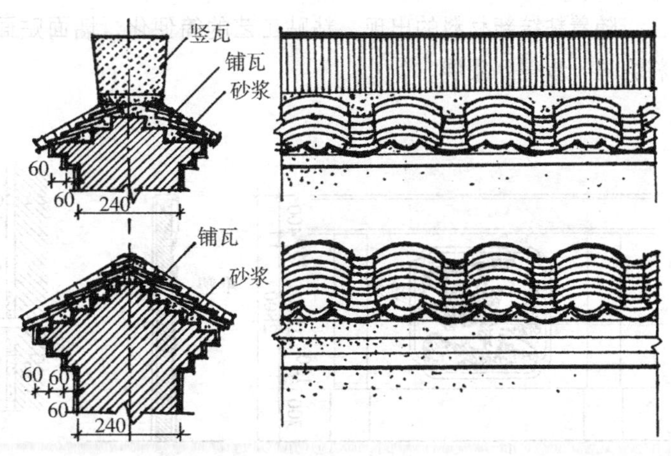

图 3–10　中式古典景墙的顶饰

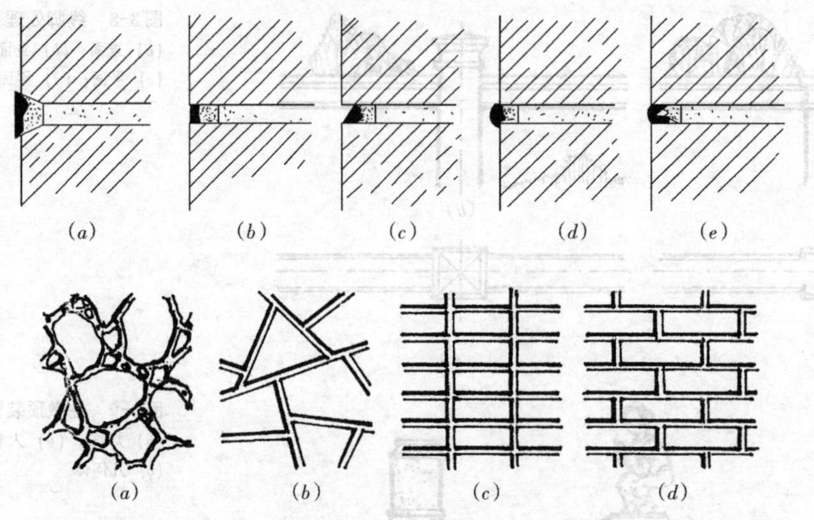

图 3-11　勾缝的形态（上）

(a) 平凸；(b) 齐平；(c) 斜；(d) 对圆凸；(e) 内圆凸

图 3-12　勾缝的平面布局形式（下）

(a) 虎皮缝；(b) 冰纹缝；(c) 十字缝；(d) 十字错缝

做法。室内的景墙饰面抹灰，可以采用石灰或石膏砂浆，对于室外的景墙饰面抹灰，必须采用水泥混合砂浆、水泥砂浆或石子水泥砂浆。

可以采用拉毛、搭毛、压毛、扯制浅脚、堆花等工艺操作方法，获得相应的抹层装饰效果，也可以采用喷砂、喷石、洗石、斩石、磨石等工艺操作方法，取得相应的材质效果。

在抹灰层的表面，可以喷涂各种涂料，能够获得设计所需要的色彩效果。

图 3-13 为抹面层上堆塑图案的一种构造做法。

（3）贴面

贴面装饰是指将装饰板材或块材铺贴于实体墙身上的一种构造做法。此种方法一般用于比较高级的景墙墙面装饰工程中。

景墙的贴面板块材的种类很多，例如素土青砖、泰山墙砖、劈裂石、劈裂砖、花岗石、大理石板、琉璃砖以及墙面雕塑块件等。

对于小型的墙面板块材，可以使用水泥浆直接粘贴于墙基体上；对于较大型的板块材，可以设置相应的钢筋网架，以增加与墙基体之间的联系固定力，如图3-14所示。

随着粘结新材料的出现，粘贴工艺的简便化，墙面贴面装饰的构造做法，将会进一步得到发展。

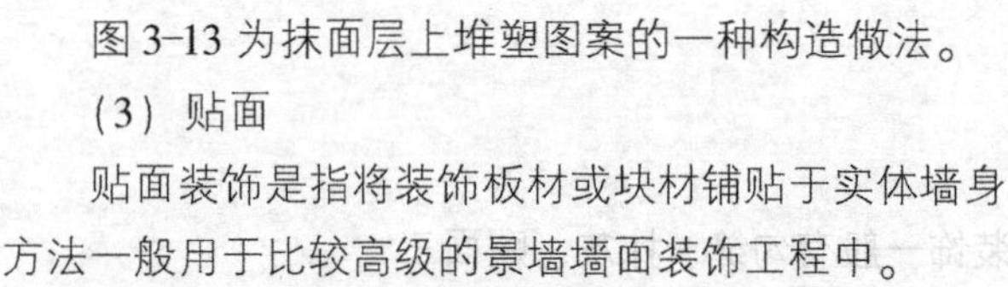

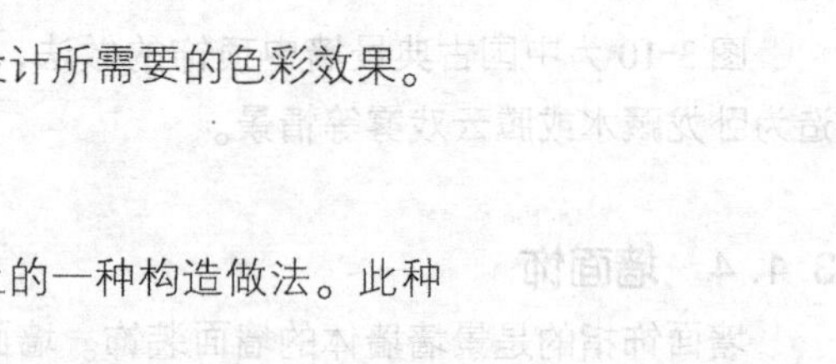

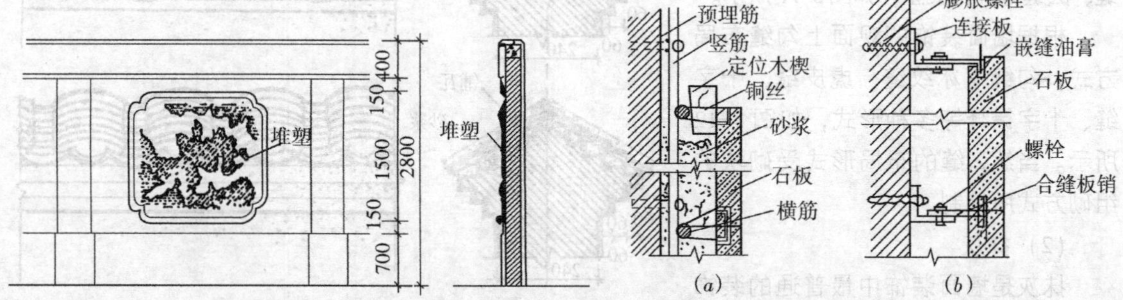

图 3-13　墙面堆塑面构造（左）

图 3-14　大型板材的固定（右）

(a) 钢筋网架；(b) 干挂法

3.1.5 墙洞口装饰

墙洞口装饰，指的是景墙上开设的门洞口、窗洞口及其他洞口上的装饰构造做法。

景墙上的门洞口，一般有设置门扇和无门无扇两种，如图 3-15 所示。洞口的外形有圆形、椭圆形、矩形等多种形式。

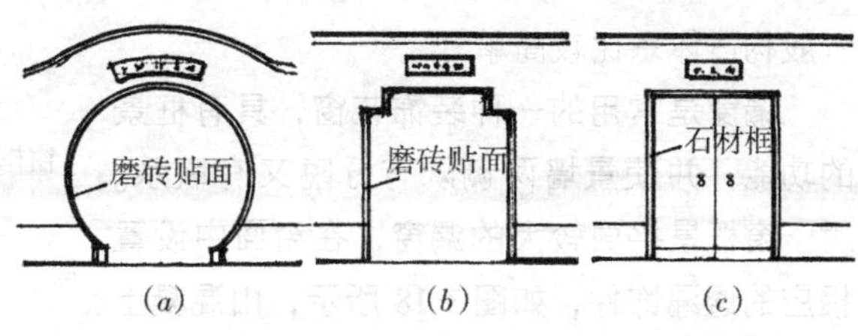

图 3-15 景墙的门
(a) 圆门口；(b) 凸形门口；(c) 矩形门口

景墙的门洞口，一般都设置门套。门套常用抹灰、砖石材料贴面的装饰构造方式，有时，还在洞口上方加设楣牌，书写相应的文字。

门洞口的门扇，宜采用耐水耐腐朽的杉木制成，并在木门的表面涂刷桐油等涂料。

景墙中的窗饰，在园林中常称为什景窗。什景窗是一种装饰和园林气氛很浓的窗饰，窗的外形有矩形、圆弧形、扇面、月洞、双环、三环、套方、梅花、玉壶、玉盏、方胜、银锭、石榴、寿桃、五角、六角、八角等，如图 3-16 所示多种式样。

窗饰按其功能性分为镶嵌窗、漏窗、夹樘窗三种形式。

镶嵌窗是镶在墙身一面的假窗，又叫盲窗，如图 3-17 所示。它没有一般窗子所具有的通风、透光、通视等功能，只起设置装饰件和直接起装饰作用，

图 3-16 窗的各种立面形式

一般构造体系比较简单。

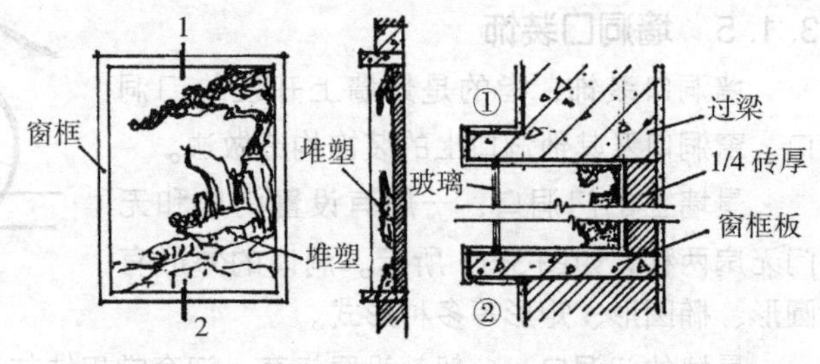

图 3-17 盲窗的构造

漏窗是常用的一种装饰花窗，具有框景的功能，并使景墙两侧既有分隔又有联系。对于窗框景平面较大的漏窗，在窗面中设置相应的透漏饰件，如图 3-18 所示，由混凝土预制块、雕塑件、铸铁件、中式小青瓦等多种饰件所组成。这些饰件，常使用水泥砂浆固定于窗面中。

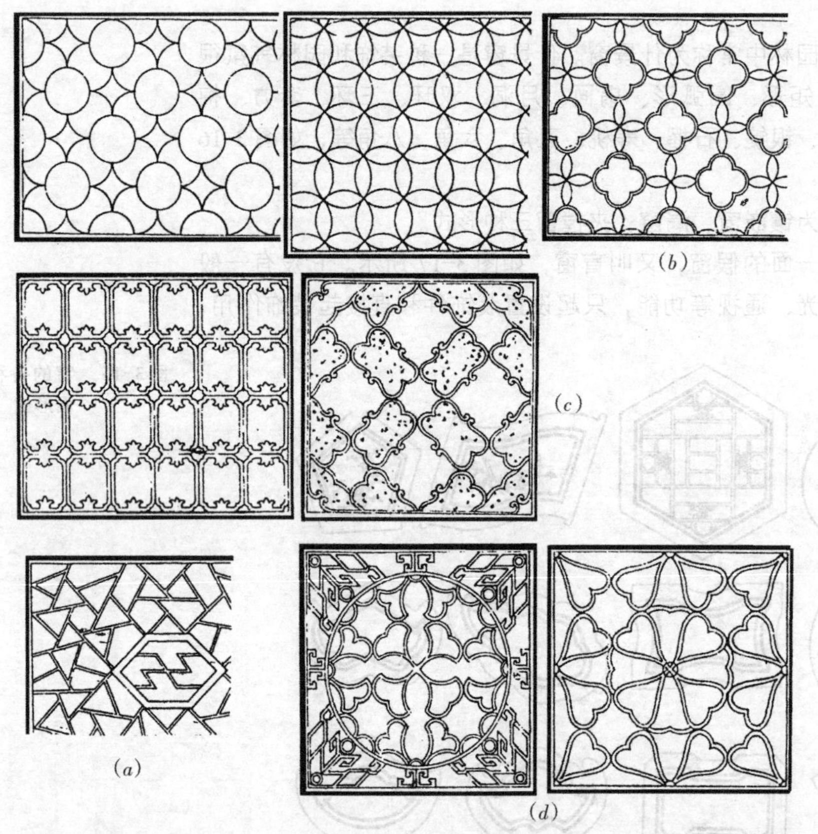

图 3-18 漏窗的几种形式

(*a*) 冰裂纹式；(*b*) 瓦花式；(*c*) 预制块式；(*d*) 铸件式

夹樘窗是指在墙的两侧各设相应的一樘仔屉，在仔屉上镶嵌玻璃或糊纱，其上题字绘画，中间安放照明灯，故又称灯窗；或在玻璃片中间注水养植观赏鱼或观赏植物，故又称养植窗。图 3-19 为夹樘窗的构造做法。

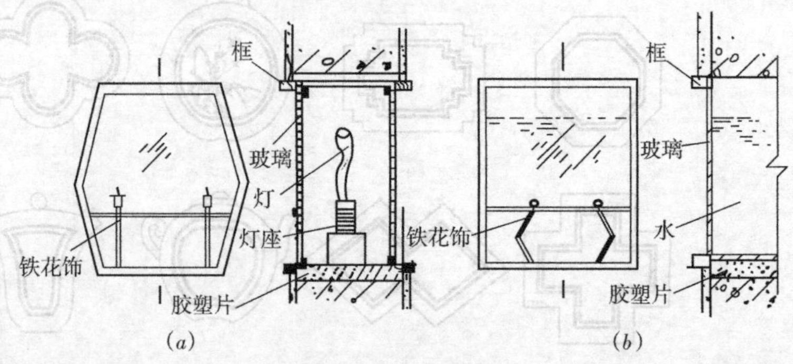

图 3-19 灯窗与养植窗的构造做法

(*a*) 灯窗；(*b*) 养植窗

墙洞口的上方，在墙体中应设置过梁，一般使用钢筋混凝土预制梁，梁高一般不小于洞口宽度的1/10，梁端搁置长度不少于梁高。

3.1.6 墙身变形缝

为适应墙体变形需要而设置的构造措施缝，叫做变形缝。在景墙中，一般设置温度变形缝和沉降变形缝两种。

（1）温度变形缝

温度变形缝又叫伸缩缝。由于自然界冬冷夏热气温变化，墙体因热胀冷缩发生变形而产生裂缝，为限制墙体的绝对变形值，防止变形过大而发生墙体开裂现象，设计时将较长的墙体垂直分为若干段，以控制每段墙的长度，从而控制了每段墙体的水平绝对变形值，每段墙一般为40m左右。

景墙的温度变形缝一般采用基础不分开、墙体断开的方式，中间留设20～40mm的缝隙，缝隙中可填嵌松软可变耐腐材料。

景墙若有墩子，温度变形缝应设置在墩子的中间。当墙体厚度为240mm以上时，应做成错口缝或企口缝的形式，在墙体厚度为240mm时，可做成平缝形式，图3-20为常见的构造做法。

（2）沉降变形缝

沉降变形缝简称为沉降缝。当景墙建造于不均匀的地基地段上，同一景墙的不同地段的荷载和结构形式差别过大，则景墙会出现不均匀的沉降，以致墙体的某些薄弱环节发生错位开裂。因而，需要在荷载和结构形式差别过大的部位，设置相应的沉降缝，把景墙划分为若干个刚性较好的单元，使相邻各单元可以自由沉降。

凡属下列情况，一般应设置沉降变形缝：①当景墙建造在不同的地基土层上时；②当景墙有高差，且高墙与低墙的墙高之比大于1：0.5时；③景墙与建筑物墙体的相邻处；④新建景墙与原有景墙的接触之处；⑤在相邻的基础宽度与埋置深度相差悬殊时。

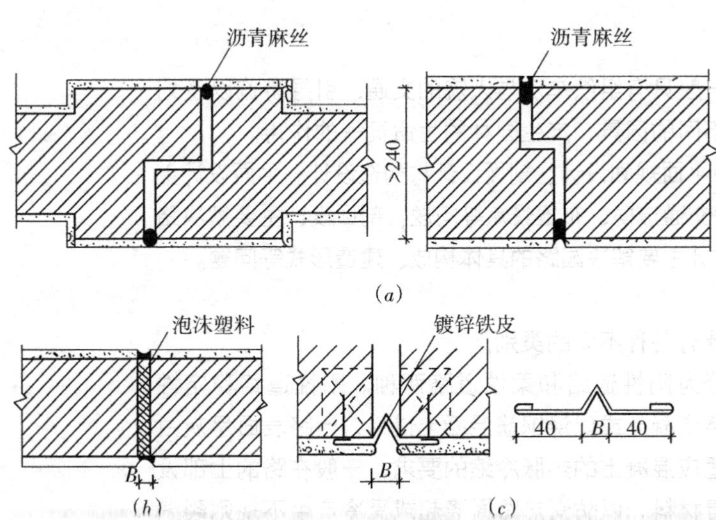

图3-20 景墙温度变形缝构造
(a) 错口缝；(b) 平缝；(c) 墙面处理

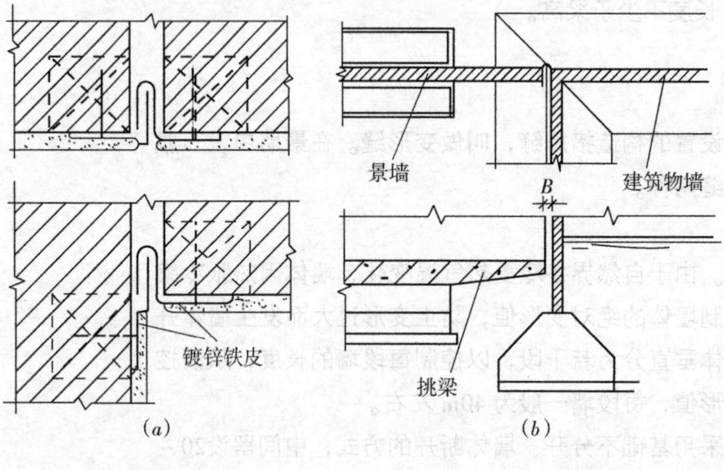

图 3-21　沉降变形缝构造
(*a*) 墙体缝；(*b*) 基础缝

沉降缝是一道由基础底面到墙顶饰的通缝，使缝的两侧墙体、基础、相应的墙顶饰、墙面饰体成为自由沉降的独立单元。

沉降变形缝的宽度，与地基情况、墙体的高度有关，以适应于沉降量不同而引起的垂直方向倾斜变化。景墙中的沉降变形缝宽度，一般为 30 ~ 70mm。图 3-21 为沉降变形缝的构造范例。

3.2　园路与铺地

园路和铺地是园林工程中的重要内容，并占有重要地位。本书将园路假定为园中起交通组织、引导游览、停车等作用的带状、狭长形的硬质地面设施；而铺地则假定为较为宽广、提供停车、人流集散与休憩等功能的硬质铺装地面设施。园路和铺地在构造上具有较大相同性，故本节以讨论园路为主。

3.2.1　园路

(1) 基本概念

园路好比园中的脉络，一般具有组织车流与人流的交通、引导游览以及划分园中各个空间以构成多个不同的园景，产生园林的生命灵气的作用。

园路的设计中，一般分为平面规划设计、剖面设计与构造设计。平面设计主要解决园路的平面布局、组织交通流向、布置景点等问题；剖面设计主要解决路的宽度与排水等问题；构造设计主要解决园路的具体构成、建造形式等问题。

(2) 园路类别

园路的分类体系不同，就有各种不同的类别。

按路的受力情况不同，分为刚性道路和柔性道路两种。刚性道路稳定性强，变形受到限制，例如现浇混凝土或现浇钢筋混凝土道路，因路表面呈灰白色，故又叫白色道路。为了适应混凝土的热胀冷缩的要求，一般在路的上部设置横向变形缝，缝中嵌设沥青材料，以防受热路面隆起或受冷产生不规则裂缝现象。柔性道路是指自身可以进行微小变形的道路，以适应路面热胀冷缩和路基少量沉降变化等情况，一般指沥青路面和散块铺设的道路，因沥青路面呈青灰色，故被称为黑色道路。

按路的使用功能不同，分为车流道、人流道两种。主要为汽车设置的道路，叫做车流道。车流道一般承载能力大、路宽、路面平整、路的长方向坡度受到一定限度、拐弯处要有一定的转弯半径。人行道主要提供给人行走，故平面布置比较自由，并且构造方式比较复杂多变。

按路的构成材料，尤其以路的表面铺装材料分类，常以材料与施工方法来命名，例如砂石路、碎石路，现浇水泥路、花砖铺路、木桩路等等，本节主要介绍这方面的构造做法。

(3) 园路的基本构造层次

园路一般由路基和路面两大部分组成，如图 3-22 所示。

路基是路面的基础，为园路提供一个平整的基面，承受路面上传递下来的荷载，以保证园路具有足够的强度和稳定性。常见的路基是将地面耕植土挖去后进行夯实处理，以减少使用后沉降量。

路面的构造组合形式多样，典型的园路路面构造通常包括垫层、基层、结合层、面层。各个构造层次的要求如下：

1) 垫层

在路基上面标高过低、或路基排水不良，有冻胀、翻浆的路线上，为了填高或排水、隔温、防冻的需要，用煤渣土、石灰土等筑成，或用与路基同类土加高加强基层的方法而不设此层。

2) 基层

一般直接设置于路基基土之上，起承重作用，即一方面承受由面层传下的荷载，另一方面把此荷载传给路基土层。基层不直接受车辆、行人和气候因素的作用，对材料的外观要求比面层低，一般用碎石、灰土或各种工业废渣等筑成，对于要求较高的园路，有时采用现浇混凝土的做法。

3) 结合层

当采用块料铺筑面层时，在面层和基层之间，为了找平和结合而设置的结构层，叫做结合层。结合层一般使用 30～50mm 厚的中粗砂、水泥砂浆或白灰砂浆即可。

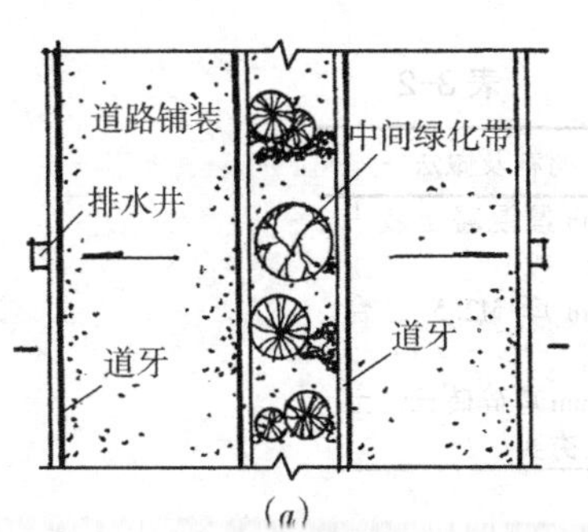

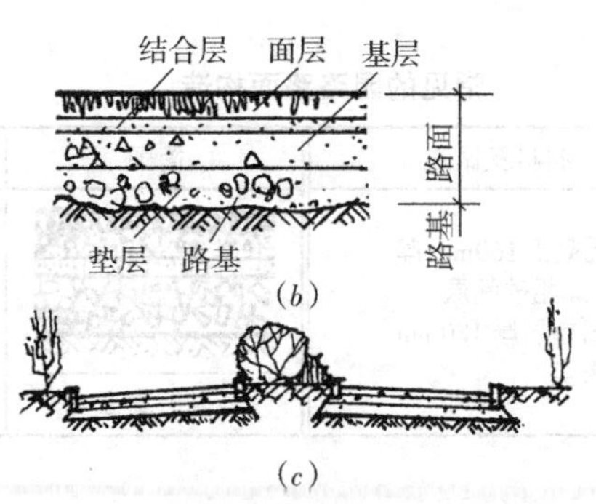

图 3-22 园路的构造简图
(a) 平面图；(b) 大样；(c) 横剖面

4）面层

面层是园路最上面的一层，它除了较好的视觉感受之外，直接承受人流、车流和大气因素（日晒、风雪、雨水、冷热）的影响。因此，路面面层应美观、坚固、平稳、耐磨损，具有一定的粗糙度、少起或不起尘，便于清扫。面层因材料不同、施工方法不同，可以形成相当多的构造方式。

各类路面结合层的最小厚度，可查下列表 3-1 选用。

路面结构层最小厚度控制值　　表 3-1

结构层材料		层位	最小厚度（mm）	备注
现浇水泥混凝土		面层	60	
现浇钢筋混凝土		面层	80	
水泥砂浆表面处理		面层	10	1：2 水泥砂浆用中粗砂
石片、釉面地砖铺贴		面层	15	水泥作结合层
沥青混凝土	细粒式	面层	30	双层式结构的上层为细粒式时，上层油毡层最小厚度为 20mm
	中粒式	面层	35	
	粗粒式	面层	50	
石板、混凝土预制板		面层	60	预制板 $\phi 6@150$ 双向钢筋
整齐石块、预制砌块		面层	100～120	
半整齐、不整齐石块		面层	100～120	包括拳石、圆石
卵石铺地		面层	25	干硬性 1：1 水泥砂浆结合层
砖铺地		面层	60	1：2.5 水泥砂浆结合层
砖石镶嵌拼花		面层	50	1：2 水泥砂浆结合层
石灰土		基层或垫层	80 或 150	老路上为 80mm，新路上为 150mm
锌石级陪造渣		基层	60	
手摆石块		基层	120	
砂、砂砾、煤渣		垫层	150	

（4）常见园路的路面结构形式

园林中的园路不同于一般的城市道路，除了稳定、结实、耐用外，同时要求有相应的景观效果，尤其是对面层的铺装有一定的要求。表 3-2为几种园路路面结构的做法。

常见的园路路面构造　　表 3-2

简图	材料及做法	简图	材料及做法
混凝土车行道	C20 混凝土 160mm 厚 30mm 厚粗砂间层 大块石垫层厚 180mm 素土夯实	卵石路面	70mm 厚混凝土栽小卵石 40mm 厚 M2.5 混合砂浆 200mm 厚碎砖三合土 素土夯实

续表

简图	材料及做法	简图	材料及做法
混凝土车行道	C20 混凝土 120mm 厚 80mm 厚粗砂垫层 素土夯实	砌块嵌草路面	100mm 厚混凝土空心砖 30mm 厚粗砂间层 200mm 厚碎石垫层 素土夯实
混凝土砌块路面	C20 混凝土砌块厚 100mm 1∶3 水泥砂浆厚 15mm 级配砂石垫层 素土夯实	平铺砖路面	普通砖平砌细砂嵌缝 10mm 厚石灰、黏土、炉渣， 或 5mm 厚粗砂 素土夯实
沥青表面处治	20mm 厚沥青表面处理 级配碎石面层厚 80mm 碎（砾）石垫层厚 120mm 素土夯实	石板嵌草路面	100mm 厚石板留草缝宽 40mm～50mm 厚黄砂垫层 素土夯实
沥青混凝土路	40mm 厚中粒沥青混凝土 80mm 厚碎（砾）石间层 100mm 厚碎（砾）石垫层 素土夯实	三合土路面	石灰、黏土、炉渣三合土 比例 15∶10∶15，厚 100mm 素土夯实

（5）路面铺装构造实例

路面铺装的构造做法，要充分展示园路的园林特色，体现相应的装饰效果，必须与园景的总体要求相一致。路面铺装，就是指路面材料的选用、外形形状的处理，相应的施工工艺的考虑等方面的综合反映。以下介绍常见园路铺装的构造实例。

1）整体路面

路面为一次而整体制作的铺装做法，主要为沥青混凝土或水泥混凝土铺筑的路面。

整体路面具有平整度好、耐磨耐压、施工和养护简单的特点，多用于园林中车行道和主要的人行道。

水泥混凝土路面基层的做法，可用 80～120mm 的道渣碎石层，或用 150～200mm 厚的大石块层并上置 50～80mm 的砂石层做找平间隔层。对于人行道的面层，一般采用 100～150mm 厚的 C20 现浇混凝土；对于车行道的面层，一般采用 150～250mm 厚的 C20 现浇混凝土，为了加强抗弯能力，对于行驶重型车辆的道路，中间应设置Φ 14@250mm 的双向钢筋网片。路面每隔 6～10m 设置横向伸缩缝一道。对于路面的装饰，可用一般的水泥砂浆或彩色水泥砂浆进行相应的抹灰等其他的工艺处理。

沥青混凝土路面，其基层的做法同水泥混凝土的基层，或用石灰碎石铺设 60～150mm 厚做垫层，再以 30～50mm 沥青混凝土做面层，并以 15～20mm 厚的沥青细石砂浆做光面覆盖层。

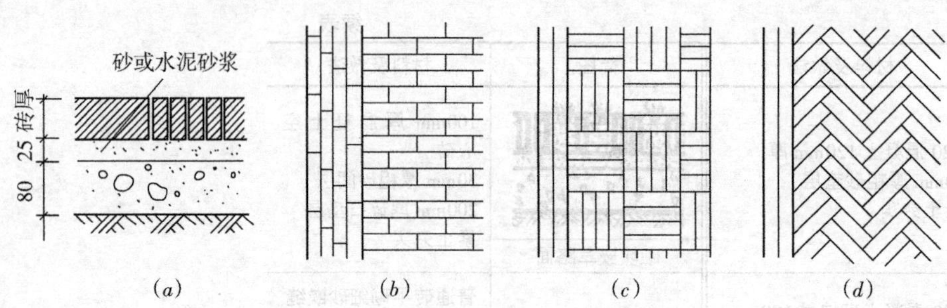

图 3-23　砖路面
(a) 详图；(b) 平行纹；(c) 席纹；(d) 人字纹

2）块料路面

用规则或比较规则的砖、预制混凝土块、石板材做路面的道路铺装方式，一般适用于园林中的游步道、次路等处，也是容易体现园林特色较为普遍的形式之一。块料一般使用水泥砂浆结合层铺设于混凝土的基层上。

①砖铺路面　以成品砖为路面面层，使用砖的自身本质色彩（青灰、土黄、红棕等色），采用各种不同的编排图式，可以构成各种形式，如图 3-23 所示。

②石材路面　一般选用等厚的石板材作面层，利用石材的天然质感，营造出一种自然、沉稳的气氛，根据块材的周边形状，经铺设工艺加工，使形式多种多样。

石板可以直接铺设于砂垫层上，或直接铺设于路基上，如图 3-24 所示。

③预制混凝土块路面　预制混凝土块的规格尺寸按设计要求而定，常用的为正方形、长方形和嵌锁形、空孔型等多种。不加钢筋的混凝土预制块，其厚度不应小于 80mm，加钢筋的混凝板，其厚度最小可达 60mm，钢筋为 $\phi6\sim\phi8$@200～250mm，双向布筋。混凝土预制块的顶部，可做成彩色、光面、露骨料等艺术形式。

预制混凝土块的铺设基本上同石板路面。

3）颗粒路面

颗粒路面是指采用小型不规则的硬质材料，使用水泥砂浆粘结于混凝土基层上的路面铺装方式，主要有卵石、陶材碎片的路面形式。

①卵石路面　卵石是园林中最常见的一种路面材料，一般用于公园游步道或小庭园中的道路。在中式古典园林中很早就使用卵石铺路，创造了许多具有中式文化传统的图案。近来，在公园或休闲广场上，卵石路面还经常充作足疗健身步行道。将卵石按大小、形状（圆形、长形、扁形）、色彩进行分档分类，可以铺设成各种色彩、图案形式，如图 3-25 所示。

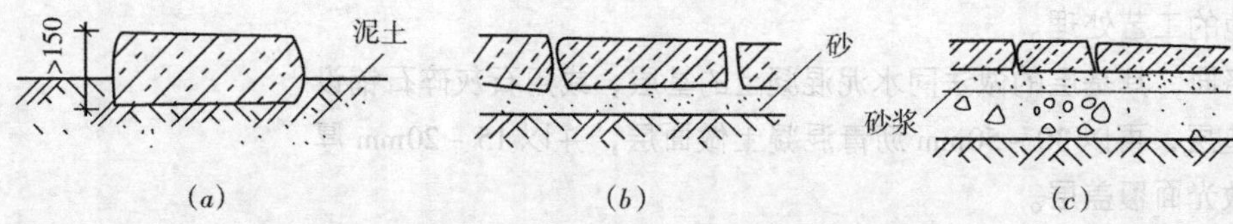

图 3-24　石板的铺设
(a) 直铺；(b) 砂铺；(c) 水泥砂浆铺；

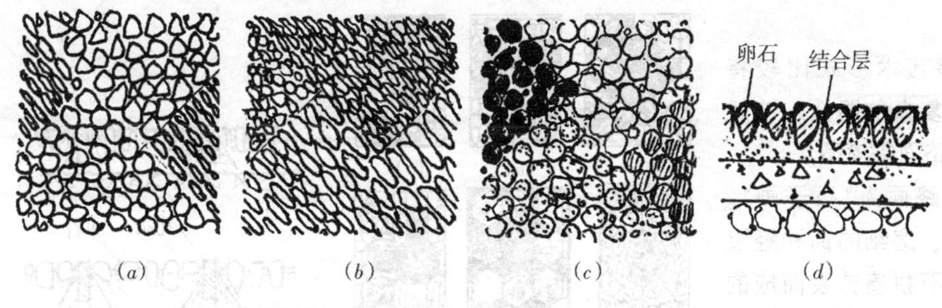

图 3-25　卵石铺装
(a) 形状；(b) 大小；(c) 色彩；(d) 详图

②陶材碎片路面　以陶质或瓷质器具的碎片，侧立铺设于路面基层上，形式具有特色的路面，如图 3-26 所示，碎片的上表面应尽量平整，避免尖角朝天现象的出现。

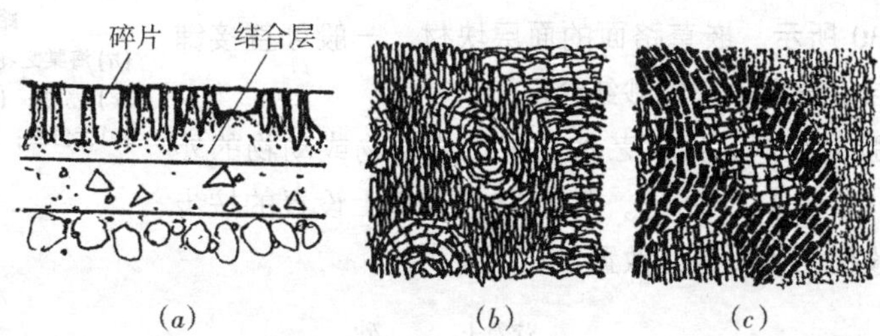

图 3-26　陶材碎片路面
(a) 详图；(b) 不同形态；(c) 不同色彩

③竖木路面　采用直径 50 ~ 100mm 粗的杉木、柏木树材，锯成长度一致的短木料，经剥皮、涂刷沥青防腐处理后，使用砂或水泥砂浆固定于路的基层上，形成自然质朴的园艺气氛，如图3-27所示。

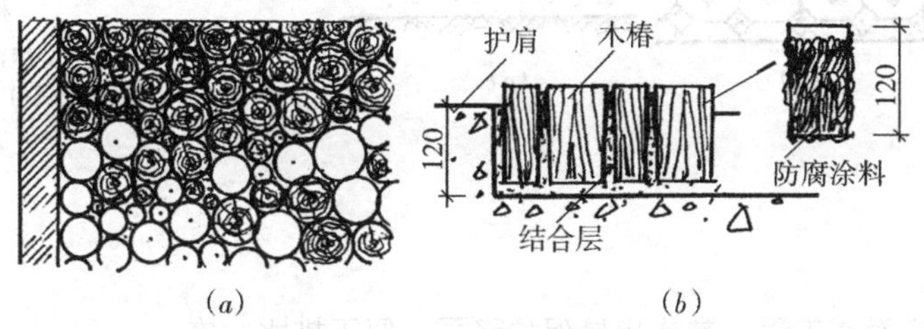

图 3-27　竖木路面
(a) 平面；(b) 详图

如果将木料劈开水平铺设，则可形成浓重的室内的情趣。

④碎石路面　碎石路面又叫“弹街石”路面，即选用粒径 50 ~ 100mm 的不规则碎石或较规则的正方体石块，使用中粗砂固定于路的基层上，如图3-28所示。

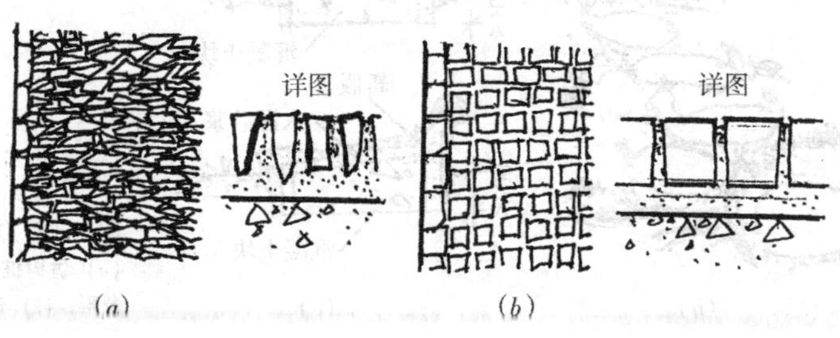

图 3-28　碎石路面
(a) 片石；(b) 立方石

4）花式路面

花式路面是指艺术形式比较特别、功能要求比较复杂的路面，一般有图案路面、嵌草路面等类型。

最常见的图案路面为“石子画”。它是选用精雕的砖、磨细的瓦和经过严格挑选的各色卵石拼凑铺装而成的路面。图面内容丰富，制作方便。图3-29为其中的几种。

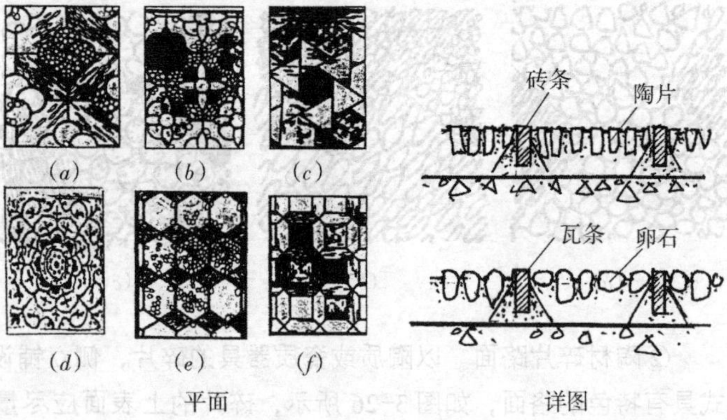

图3-29 “石子画”的路面铺装

(a)海棠之花；(b)葵花；(c)冰纹；(d)莲花纹；(e)六方式；(f)八角景

嵌草路面又叫植草路面，是指面层块材之间留出30～50mm的缝隙，或块材自身的穿空，中填培养土，用以种植草或其他地被植物。如图3-30所示。嵌草路面的面层块材，一般可直接铺设在路基土上，或在混凝土基层上设置较厚的砂结合层。

依物路面指使用水泥类的胶凝材料，经工艺加工塑造成植物或动物的外形，做成类似汀步的游行道路，如图3-31所示。图3-32为草地上设置的按步行习惯而设的石块或石板，一般称为步石道、散置块石道。

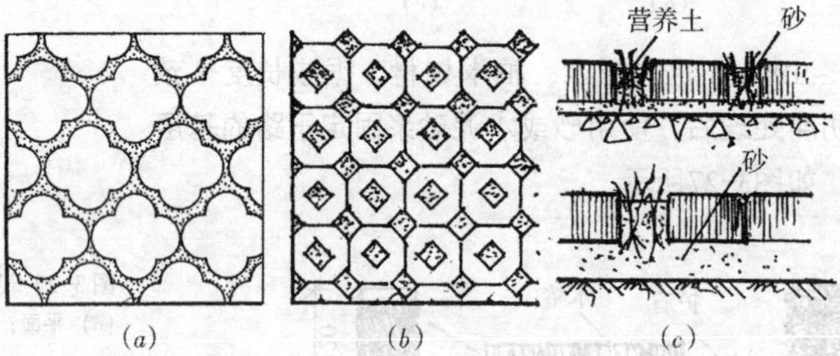

图3-30 嵌草路面的构造

(a) 实心块；(b) 穿心空心块；(c) 详图

(6) 附属工程的构造

1）道牙

道牙又叫路肩石、路缘石。

道牙是安置园路两侧的园路附属工程，其作用是保护路面，便于排水，在路面与路肩之间起衔接联系作用。

道牙的结构形式如图3-33所示，有立式、平式、曲面、复式等多种方式。

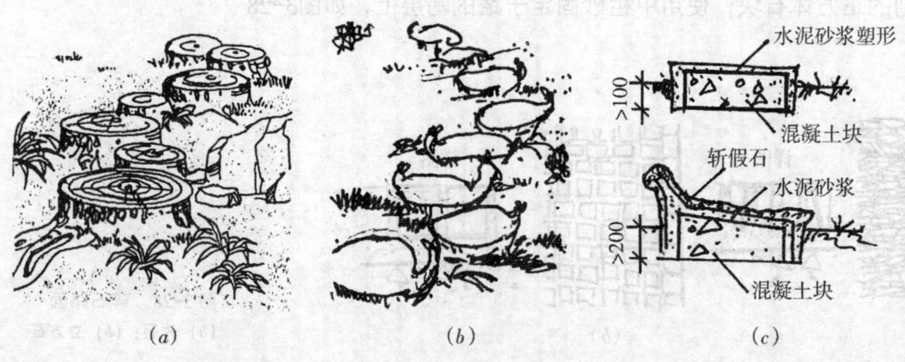

图3-31 仿物步石

(a) 仿树桩；(b) 仿物象形；(c) 详图

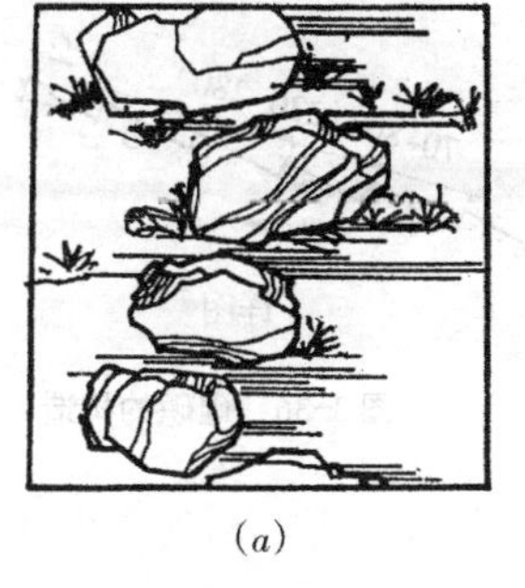

(a)

(b)

(c)

图 3-32　草地步石道

(a) 大石块；(b) 圆石板；(c) 详图

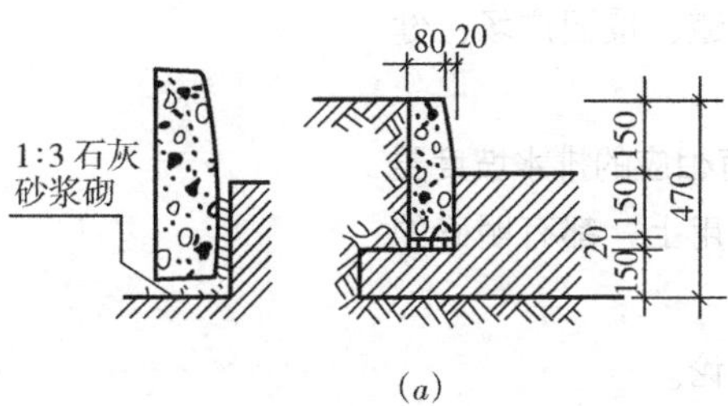

(a)

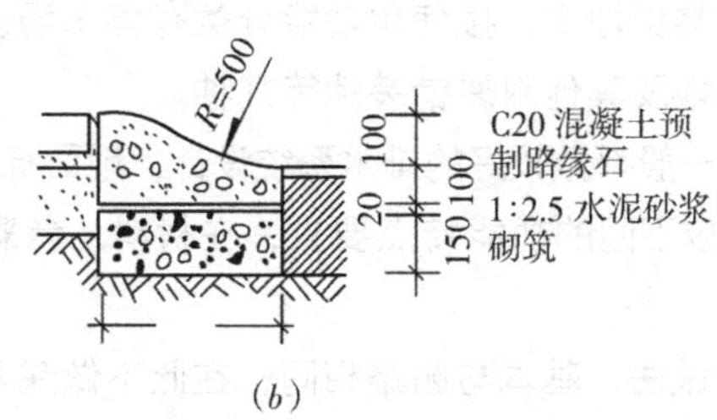

(b)

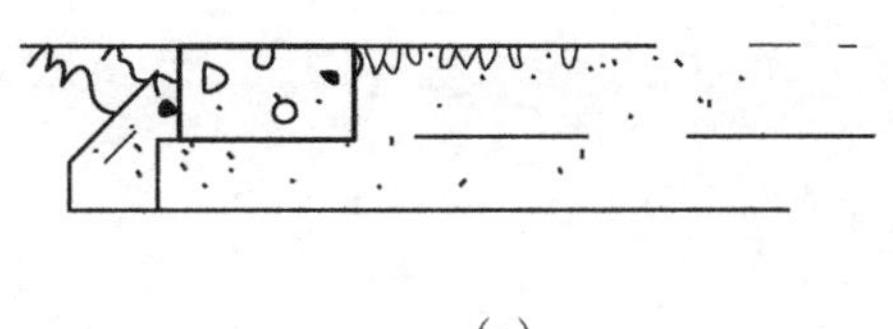

(c)

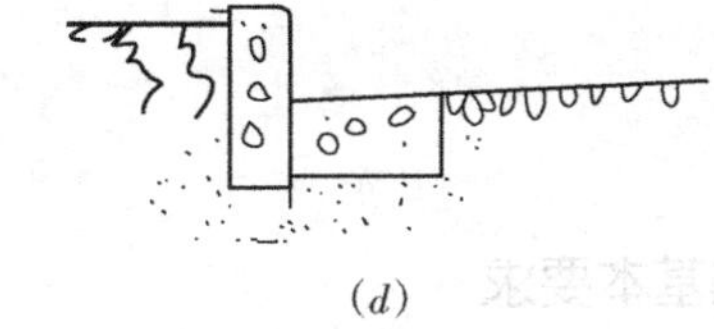

(d)

图 3-33　道牙的结构形式

(a) 立式；(b) 曲线形；(c) 平式；(d) 复式

道牙一般采用 C20 的预制混凝土块、长方形的花岗石块做成，有时采用砖块砌作小型的路牙。对于自然式园林的小道，可以采用瓦、大卵石、大石块等材料构成，能起到很好的造景效果，如图 3-34 所示。

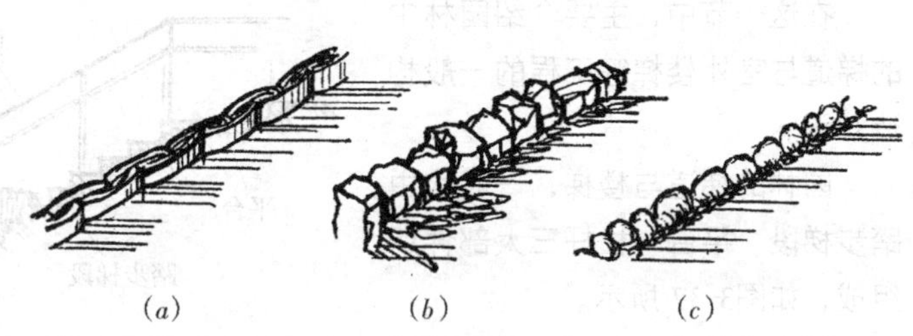

(a)　(b)　(c)

图 3-34　小道路牙

(a) 瓦；(b) 大石块；(c) 卵石

2）明沟与雨水井

明沟和雨水井是收集和引走路面雨水的设施物。在园林中明沟和雨水井一般用砖块或混凝土预制块材砌成。

明沟一般多置于平行于道牙的路两侧，而雨水井则处于立式道牙的路面边侧，如图 3-35 所示。

图 3-35　明沟与雨水井

(a) 明沟；(b) 雨水井

3）礓䃰

当园路坡度大于 15% 时，为了通车，将斜面做成锯齿形坡道，这种带有锯齿形的路面叫礓䃰。礓䃰的构造形式如图 3-36 所示。

当路面坡度超过 15° 时，为了便于行走，在不需要通过车辆的路段，

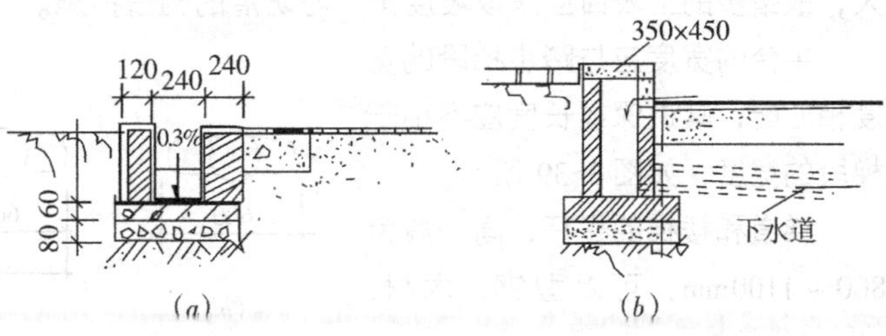

(a)　(b)

一般进行台阶的构造处理，即平常所说的做梯式踏步。每级台阶的高度为120～170mm，台阶面宽为380～300mm，每级台阶面应有1%～2%的外倾坡度，以利于排水。台阶的构造将在以后相关章节中介绍。

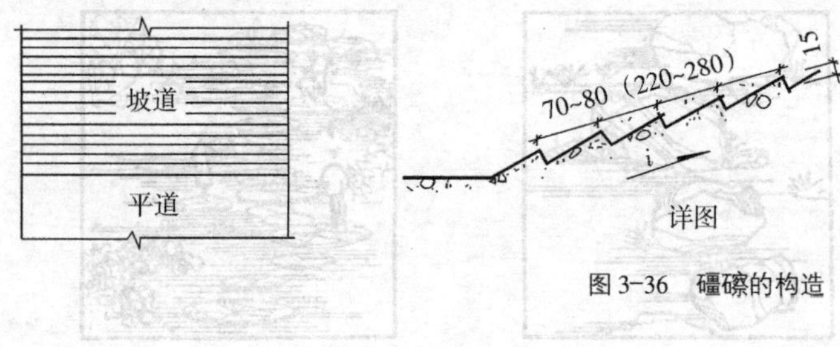

图3-36　礓礤的构造

3.2.2　铺地

在常见的园林铺地中，按使用功能分类有停车场、回车道、景园广场、健身场地、集散场地及其他附属铺装地等几种。

铺地工程中一般都做较好的排水系统设计，地面标高都有相应的排水坡度要求。有时为了适应不同的功能特点要求，在材料、色彩的选用上，都有明确的安排。

铺地的构造做法，基本与园路相同，在此不做深入的讨论。

3.3　梯道与楼梯

3.3.1　梯道与楼梯的基本要求

在这一节中，主要介绍园林中的梯道与室外楼梯等工程的一般构造知识。

园林的梯道与楼梯，一般均由踏步梯段、平台、栏杆三大部件所组成，如图3-37所示。

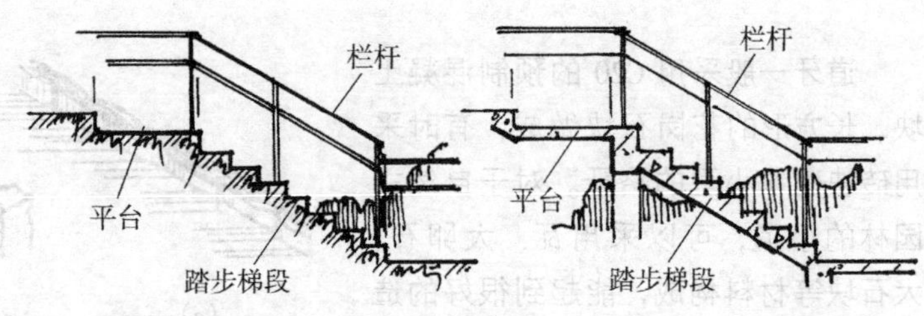

图3-37　梯道与楼梯的组成

踏步梯段的宽度，一般根据同一时刻通过梯段同一剖面的人数而定。以人均需要宽度为侧行300mm、直行600mm计算梯段的宽度，如图3-38所示。

踏步的高度，一般为120～170mm，宽度为280～330mm，每级踏步高与宽之和宜为450mm，以适应人们的行走自然步距。

踏步的连续步数宜控制在18级之内，连续步数过多，中间应设置相应的休息平台。

园林中的踏步，一般处于室外的自然环境中，受到雨水、冰雪的影响较大，故踏步的上表面应采取坡度排水与防滑的构造措施。

平台的宽度应与踏步梯段的宽度相匹配，其进深或长度应不小于梯段的宽度，如图3-39所示。

梯道和楼梯的栏杆，高一般为800～1100mm，可以型钢、木材、

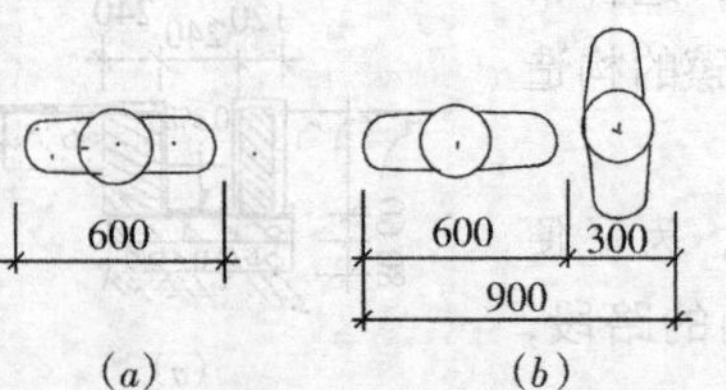

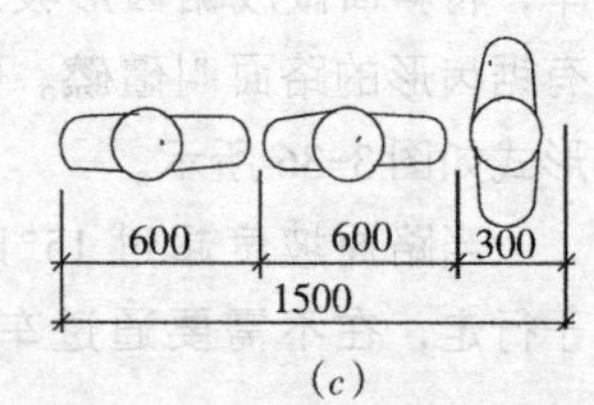

图3-38　踏步梯段的宽度计算

(a) 单人直行；(b) 单直单侧行；(c) 双直单侧行

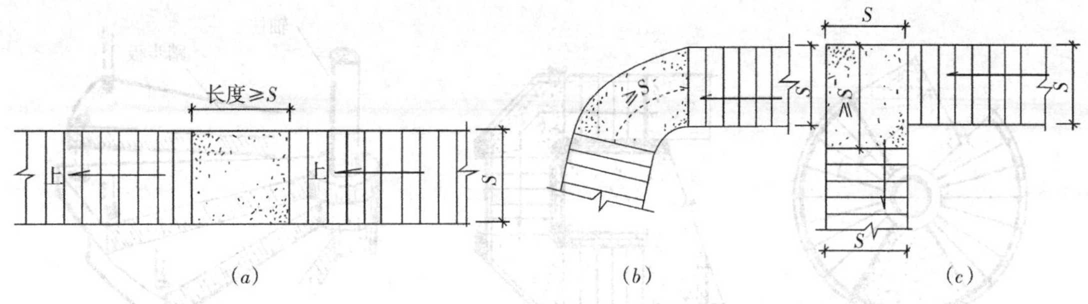

钢筋混凝土材料组成，设置于临空的一侧。栏杆底下应固定牢固。所采用的构造方式，应充分考虑室外自然条件的影响因素，以防固定失效而影响保护作用。图3-40为栏杆的几种形式。有时，根据设计要求，可以用砖砌筑护栏矮墙，以代替栏杆。

图3-39 平台的平面尺寸
(a) 直跑；(b) 弧弯；(c) 直弯

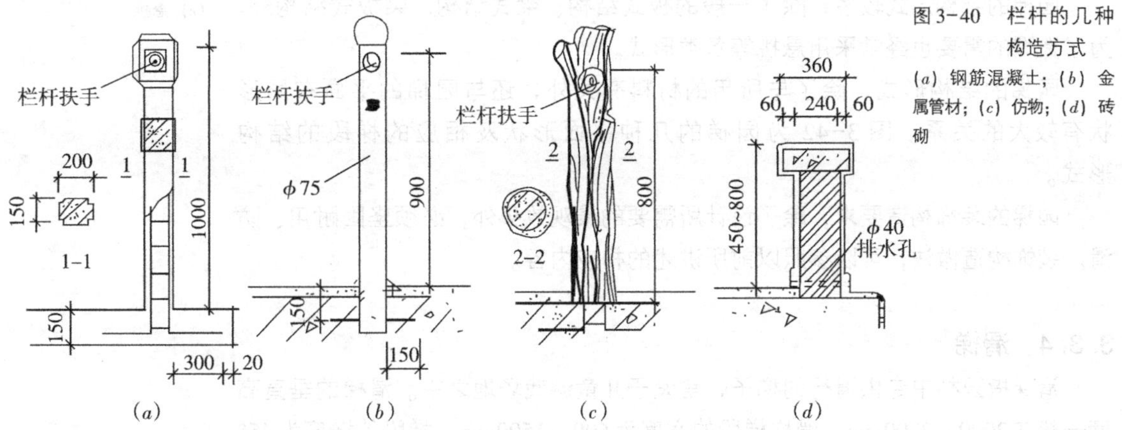

图3-40 栏杆的几种构造方式
(a) 钢筋混凝土；(b) 金属管材；(c) 仿物；(d) 砖砌

3.3.2 梯道的构造

梯道又叫做台阶，一般是在原有坡地上建造踏步而成。实践表明，每级台阶的尺寸以150mm×350mm（高×宽）较佳，至少不宜小于120mm×300mm。每级台阶的高与宽的尺寸，还反映出梯道的坡度情况。

图3-41 梯道的构造简图
(a) 混凝土；(b) 石板；(c) 木材；(d) 六方石；(e) 砖

梯道可根据设计要求使用多种材料制作，常用的有现浇混凝土、石材、预制混凝土块、砖材、木材、型钢及相应的铺装石层材料，图3-41为常见的梯道构造形式。

3.3.3 园梯

园林中的楼梯，主要设置于室外的建筑上，一般都有明显的景观要求，常采用外露裸装的手法，以取得较有个性的视觉效果。

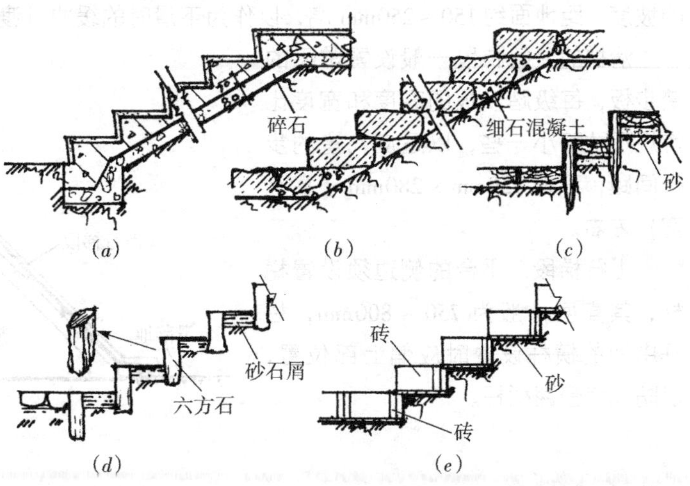

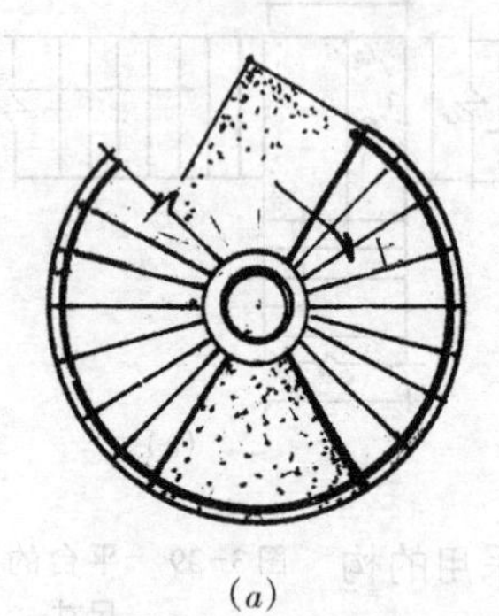

(a)

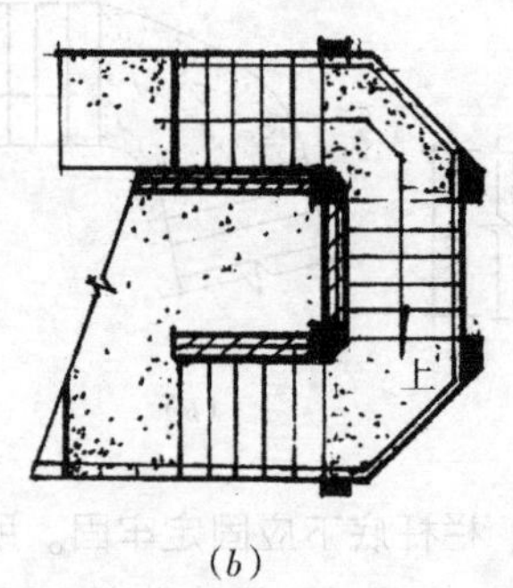

(b)

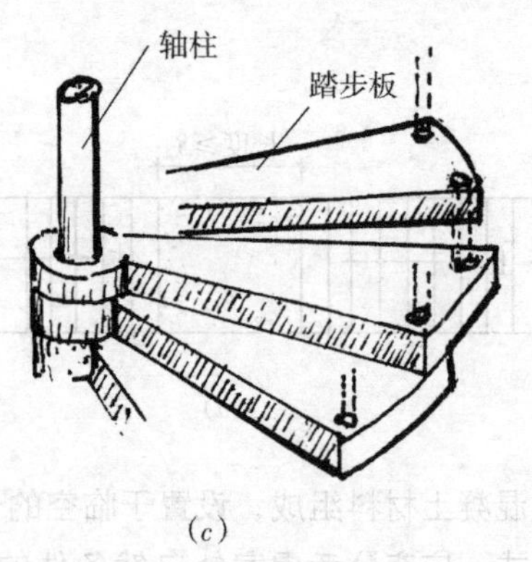

(c)

图 3-42　园梯的平面形状

(a) 圆形；(b) 直弯；(c) 悬挑

园梯的材料比较多地采用钢筋混凝土与金属型材，以适应复杂的室外气象变化。为了特定的景观需要，使用杉木等耐腐木材也较多。

园梯的结构形式较多，除了一般的板式结构、梁式结构、梁板式结构外，为了造型的需要也经常采用悬挑等各类形式。

园梯的结构形式，除了与所用的材料有关外，还与园梯的平面布局形状有较大的关系。图 3-42 为园梯的几种平面形状及相应的梯段的结构形式。

园梯的装饰构造要求，除了设计所需要的景观效果外，必须坚固耐用、防滑。装饰构造做法，可以参照以前所讲述的相应内容。

3.3.4　滑梯

滑梯指园林中专供滑行的梯子，常设于儿童游戏场地之中。滑梯的垂直高度一般在 2000 ~ 2200mm，滑梯梯段的宽度为 600 ~ 1500mm，梯段的坡度为 45°左右，梯段两旁应设置高 100 ~ 200mm 的扶手。

滑梯梯段的面板一般为木质板材做成，以取软硬适中，感受亲切之效果。滑梯梯板落地处，常作草地、塑料等软质铺地的处理，以减少滑行落地时的下降冲击力。图 3-43 为滑梯的构造简图。滑梯梯段的下端可做 600 ~ 650mm 长的坡度，距地面约 150 ~ 250mm 高，以作为下滑时的缓冲过渡。

滑梯的上行梯段一般设置常见的踏步板，每级踏步板的高度和宽度比常规尺寸略小一些，以适应儿童的步行间距，可取 150mm × 280mm（高 × 宽）左右。

上行梯段、平台的侧边须设置栏杆，其高度一般为 750 ~ 800mm，栏杆中间的横杆设置时应偏上部位置，以防儿童登翻栏杆。

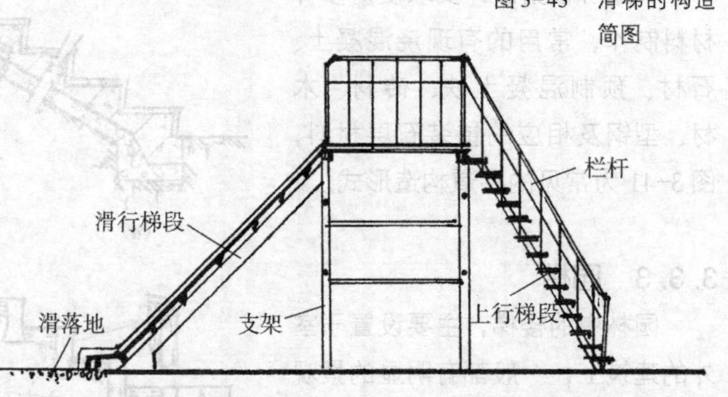

图 3-43　滑梯的构造简图

3.4 花架

花架是园林中支撑藤类植物的工程设施物，具有廊的某些功能，并更接近自然，融于园林环境中。

与花架相匹配的植物主要为紫藤、葡萄、蔷薇、络石、常春藤、凌霄、木香等。

3.4.1 花架的类型

花架按平面形状分，有点状、条形、圆形、转角形、多边形、弧形、复柱形等。

花架按组成的材料分，有竹、木、钢筋混凝土、砖石柱、型钢梁架等多种类别。

花架按上部结构受力分，有简支式、悬臂式、拱门刚架式、组合单体花架等结构类型。

花架按垂直支撑分，有立柱式、复柱式、花墙式等，常见的花架形式，如图3-44所示。

3.4.2 花架的体量尺度

花架的高度控制在2500～2800mm，使其具有亲切感，常用尺寸为2300mm、2500mm、2700mm。其高度一般为地面至梁架底部之间的垂直距离。

多立柱花架的开间，一般为3000～4000mm。进深根据梁架下的功能特点而定，以作坐椅休息用为主，则进深为2000～3000mm，作大流量的人行通道用为主，则进深跨度在3000～4000mm。

3.4.3 花架的构造做法

（1）竹、木花架

竹花架的立柱常用ϕ100mm竹杆，主梁用ϕ70～100mm的竹杆，次梁用ϕ70mm的竹杆，其余的杆件用ϕ50～70mm的竹杆制成。

木花架的木料树种最好为杉木或柏木。立柱的断面为200mm×200mm～300mm×300mm，主梁的断面为100mm×150mm～150mm×200mm，横梁断面为50mm×75mm～75mm×100mm。

竹木立柱一般将下端涂刷防腐沥青后埋设于基础预留孔中，如图3-45所示。

竹立柱与竹梁的交接之处，可采用图3-46所示的附加木杆连接。

木立柱与梁之间的连接，可以采用扣合榫的结合方式，如图3-47所示。

竹木花架的外表面，应涂刷清漆或桐油，以增强其抗气候侵蚀的耐久性。

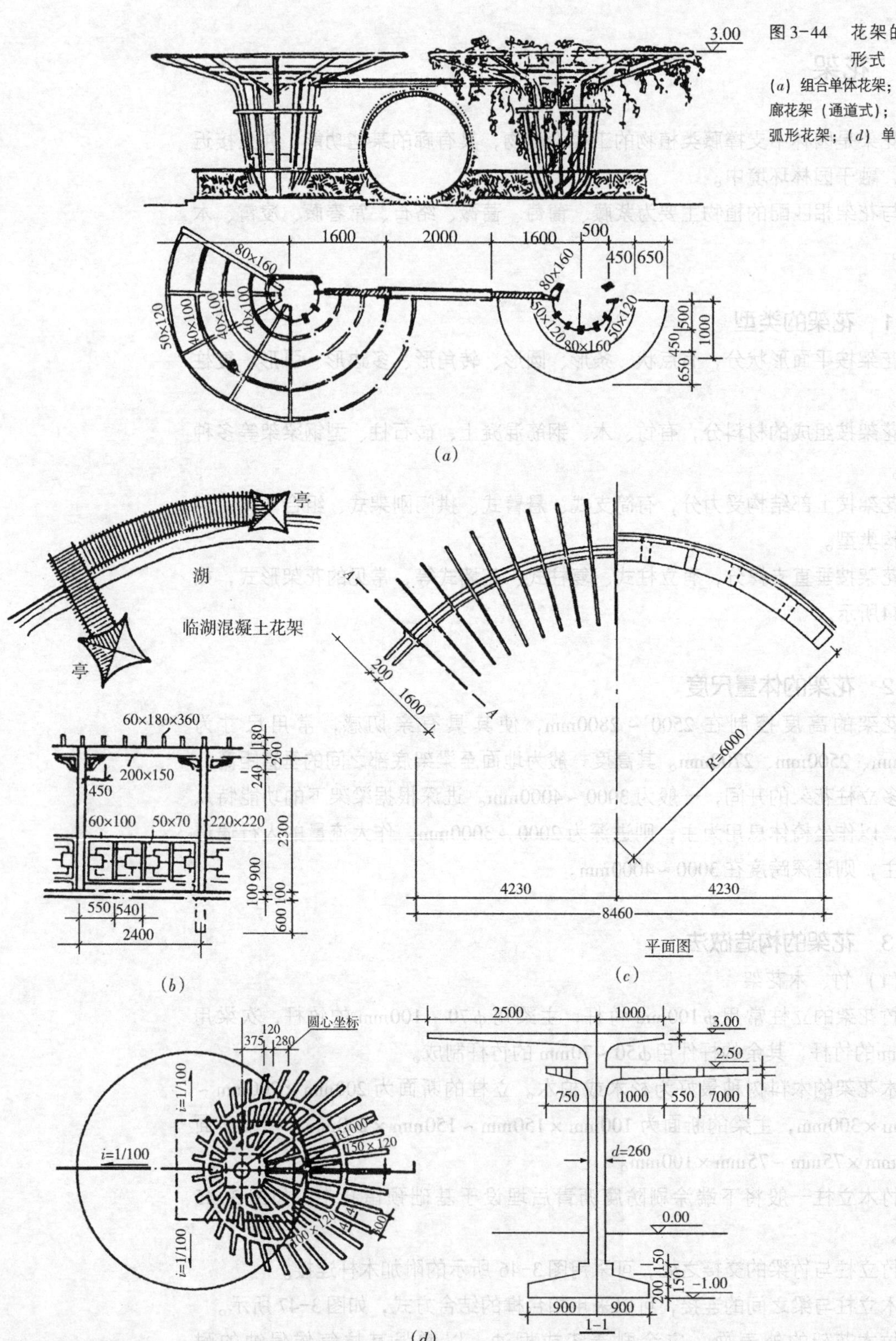

图3-44 花架的几种形式

(a) 组合单体花架；(b) 长廊花架（通道式）；(c) 圆弧形花架；(d) 单体花架

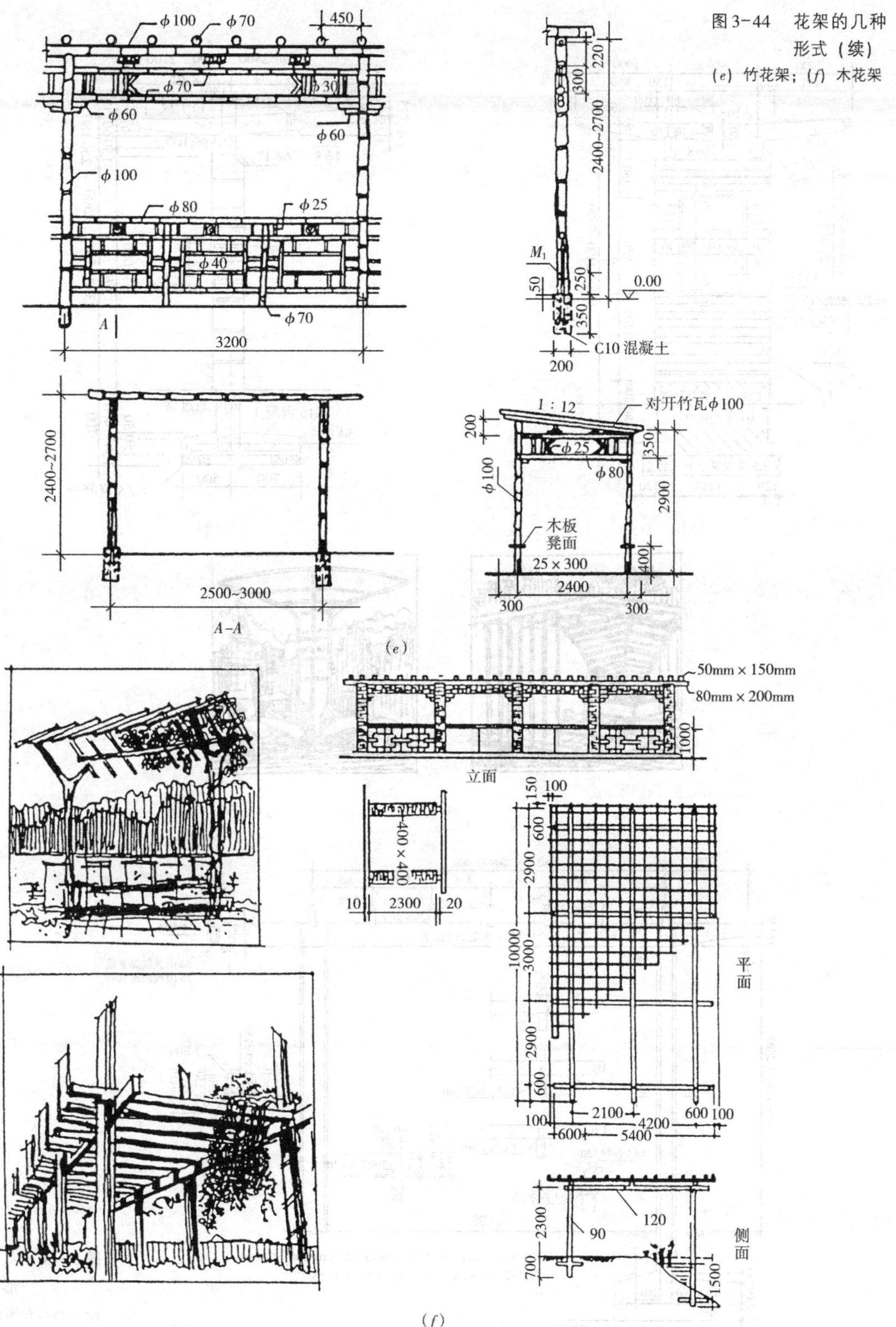

图 3-44　花架的几种形式（续）

(e) 竹花架；(f) 木花架

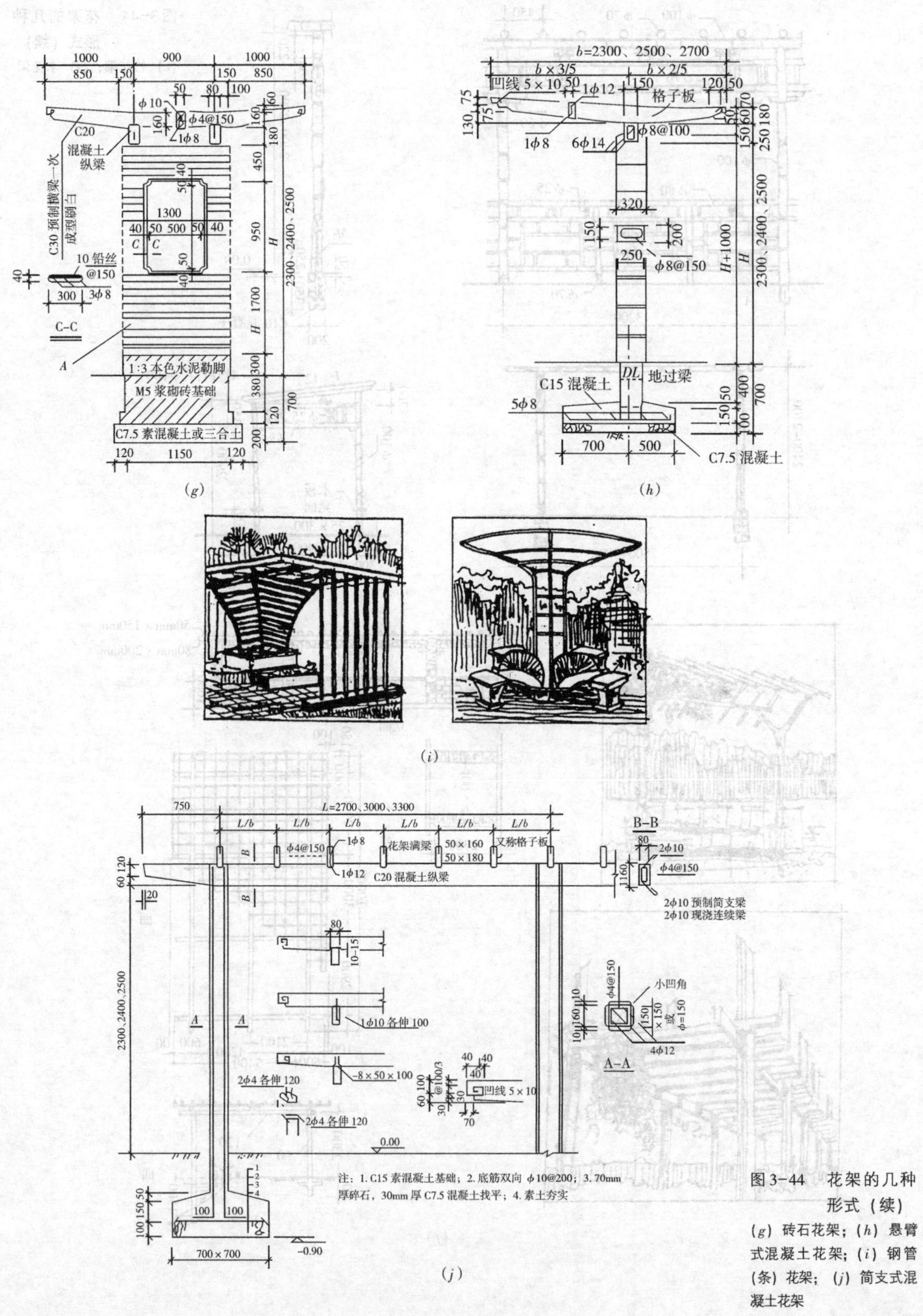

图 3-44 花架的几种形式（续）

(*g*) 砖石花架；(*h*) 悬臂式混凝土花架；(*i*) 钢管（条）花架；(*j*) 简支式混凝土花架

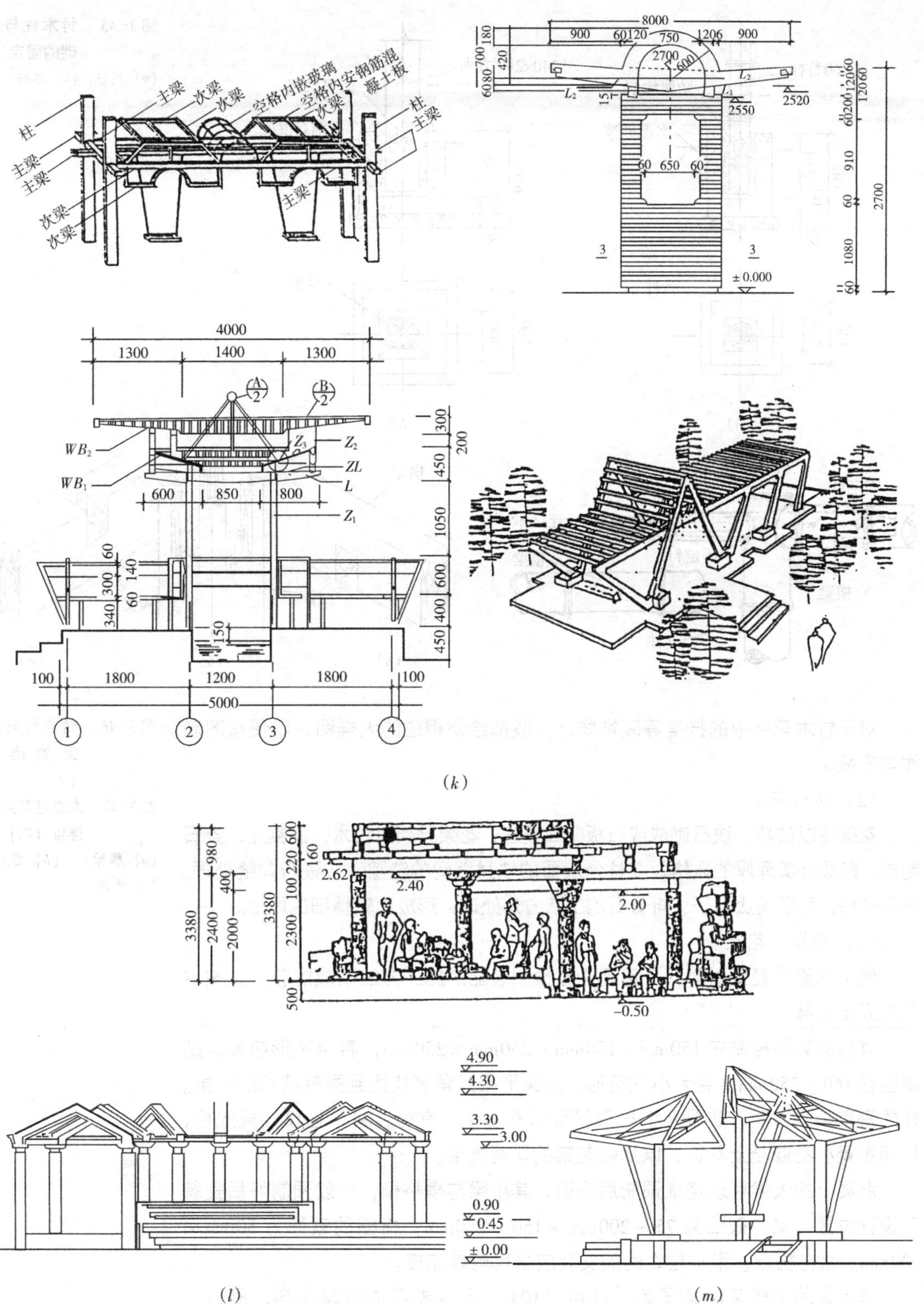

图 3-44　花架的几种形式（续）

（k）码头花架亭；（l）花架的创新；（m）花架的对话

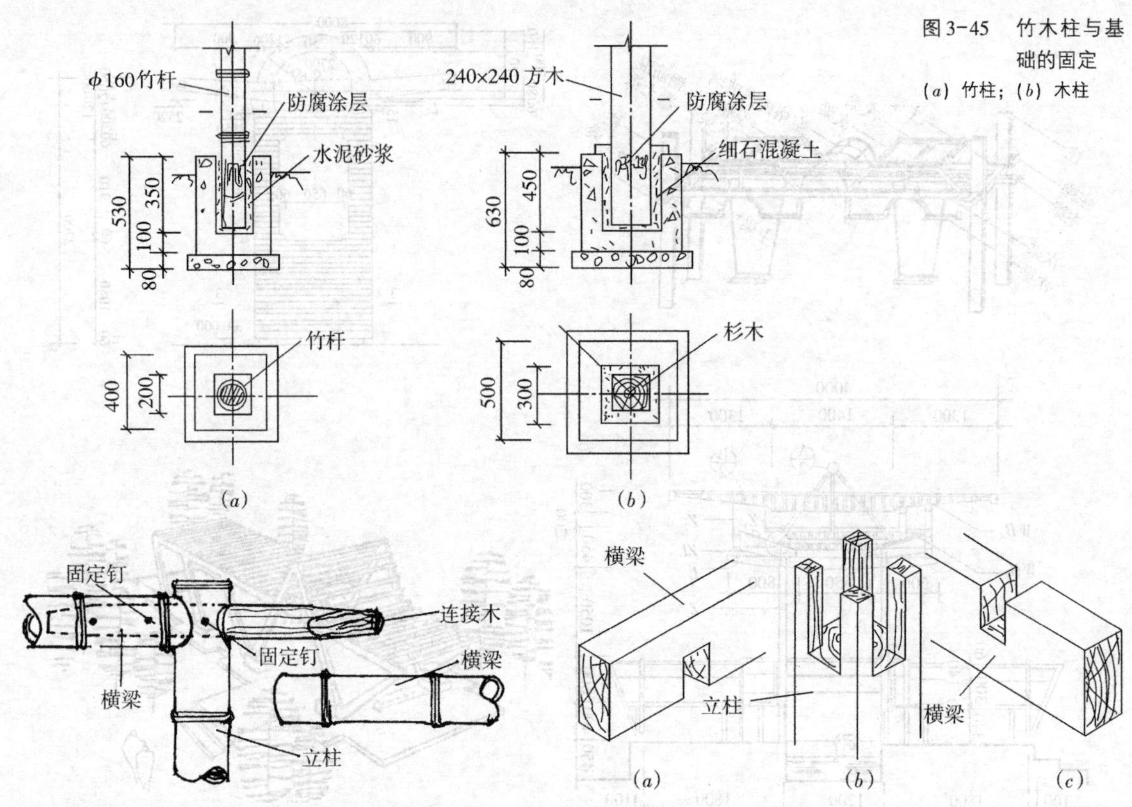

图 3-45　竹木柱与基础的固定
(a) 竹柱；(b) 木柱

图 3-46　竹立柱与横梁的连接（左）
图 3-47　木立柱与梁的连接（右）
(a) 横梁；(b) 立柱；(c) 横梁

对于竹木花架中的挂落等装饰物，一般都绘制相应的大样图，以便按图制作与安装。

(2) 砖石花架

花架柱以砖块、块石砌成或石板贴面处理，花架梁架以竹木、混凝土、条石制成，形成朴实浑厚的风格。立柱外表面的块材之间的缝隙，应进行勾缝处理。对于砖柱，可采用汰石子、斩假石的工艺方法处理，形成比较精细的风格。

(3) 混凝土花架

使用钢筋混凝土材料，采用现浇或预制装配的施工方法制成的花架，被叫做混凝土花架。

立柱的截面控制在 150mm × 150mm ~ 250mm × 250mm，若用圆形断面，则直径在 160 ~ 250mm，若为小八角形、海棠形带线角者能达到秀气精细的效果。柱的垂直轴线方向，截面大小与形状可以有变化。有时，将单柱设计成双柱，柱间布置小花混凝土花饰，以加强花架的景观效果。

混凝土的大梁可现浇或预制后安装，其小梁与横格栅，一般预制好后安装至设计位置。梁的截面为 75 ~ 200mm × 150 ~ 250mm，格栅的截面为 50mm × 100mm。梁与格栅、梁与柱之间的安装应采用电焊连接。

最上面的格栅又叫条子条，可用“104”涂料或丙烯酸酯涂料，刷白二遍。梁可同上格栅一样刷白，或做装饰抹灰，立柱一般采用装饰抹灰处理，常用斩假石、汰石子或贴石板面。

（4）钢花架

使用各种规格的管材型钢制成的花架，造型活泼自由，轻巧挺拔。

立柱可用ϕ100～150mm 的圆钢管或 150mm×150mm 的组合槽钢做成。立柱的下端固定于钢筋混凝土基础上，大梁可用轻钢桁架的形式，格栅可用ϕ48mm 的钢管做成。

各钢杆件之间一般采用电焊连接固定，所有钢杆件的表面必须作防锈涂料处理。

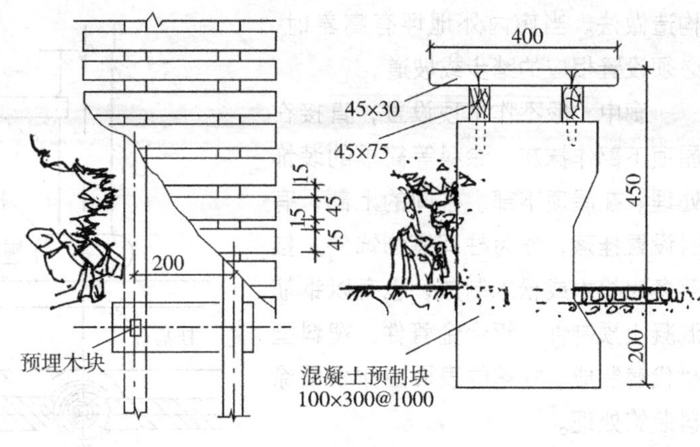

图 3-48　木条坐凳的构造

3.4.4　木坐凳的构造

条形花架内一般设置固定的木质坐凳，其高度为 400～500mm，宽度为 350～450mm，图 3-48 为一种构造做法。

3.5　廊

廊是园林中一个重要的建筑设施。廊通常布置于两个建筑物或两个观赏点之间，作为划分与组织园林空间的一种重要手段。廊自身具有避风避雨、交通联系的功能，并对园林中风景的展示、景观程序的层次深化与演变起着重要作用。在整个园林布局中，廊也是一个重要的景观内容。

3.5.1　廊的一般构造要求

廊从建筑角度上，一般由基础、柱与墙、屋顶、装饰与坐凳等部件所组成。各部件因廊的类型不同而存在较大的差异。

廊的开间一般不会很大，宜在 3000mm 左右，故柱的纵向间距与之相匹配。廊的宽度以适应游人截面流量的需要而定，常为 1500～3000mm。廊的檐口高度一般为 2400～2800mm，若廊地坪的标高起伏，则檐口也作相应的高低起落处理。

廊的屋顶一般有平顶、坡顶、卷棚等形式。廊柱的直径根据柱高而确定，不应小于柱高的 1/30。当柱高为 2500～3000mm，并柱距为 3000mm 时，一般圆柱直径不小于 150mm，方柱截面控制在 150mm×150mm～250mm×250mm，长方形截面柱的长边不宜大于 300mm。廊的墙可设为承重墙或作柱间的非承重分隔墙。墙体可增强廊的水平抗风抗剪能力，保证廊的水平稳定性。屋顶自重较大的廊柱，可安置于柱础石上，并砌筑部分柱间墙，以增强稳定性。如图3-49所示。

廊的地坪一般比室外自然地面低一至三个踏步。廊地坪应作铺装处理，以改善使用环境。廊地坪的铺装构造方法同一般的室内地面，或采用园路面层的构造做法。当廊内外地坪有高差时，必须设置相应的踏步或坡道。

廊中一般不作吊顶设置，直接在屋顶下部作抹灰、涂料等简单的装饰处理。在屋顶下部、柱间的上部，有时设置挂落，作为柱间装饰饰件。挂落多为松木或松木制成，也有以钢筋混凝土预制件、铝合金管件、塑料型材代替制成。挂落的表面应作表面涂料装饰处理。

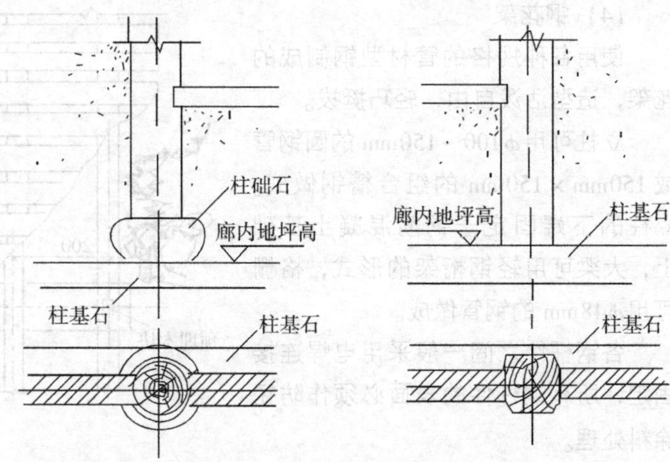

图 3-49 露地廊柱

廊中的坐凳，一般设置于柱间的挨墙之内，凳面高为 450mm，宽度为 350 ~ 400mm，凳面料使用水泥砂浆抹灰、木板、石板、塑料等，并做上相应的面层涂料。图 3-50 为坐凳的构造简图。

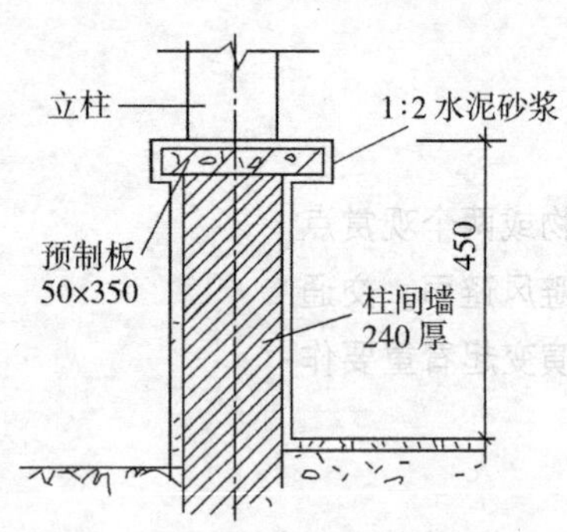

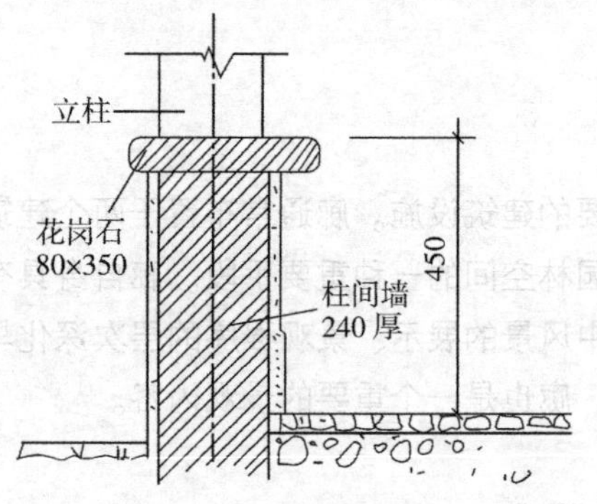

图 3-50 柱间坐凳构造简图

靠近水边，廊外落差较大的廊边，应设置护身栏杆，如图 3-51 所示。栏杆的高度为 900 ~ 1200mm，一般使用木材或金属管材制成，或用石质材料，以取得古朴、稳重的景观效果。

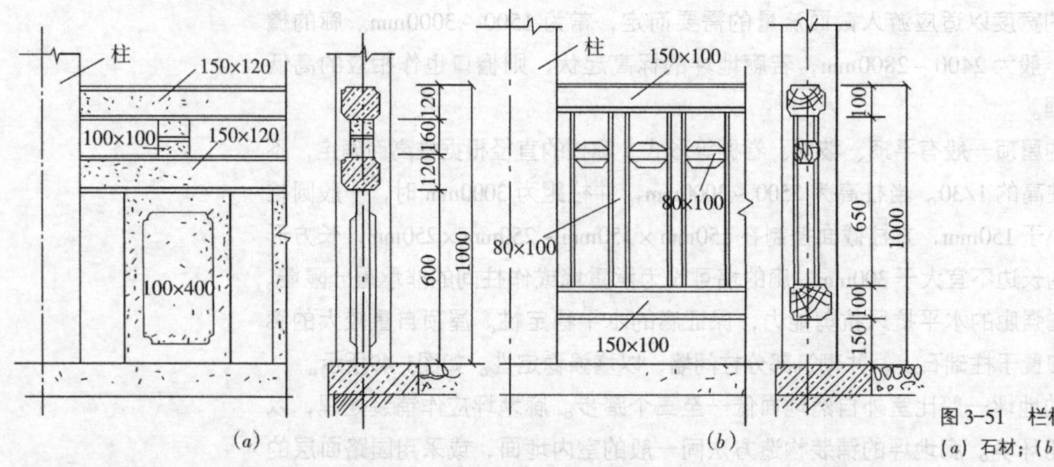

图 3-51 栏杆
(a) 石材；(b) 木质

3.5.2 廊的类型

廊按平面造型形式分，有直廊、曲廊、回廊、桥廊等，如图 3-52 所示。按其通道的数量有单廊、双廊等数种。

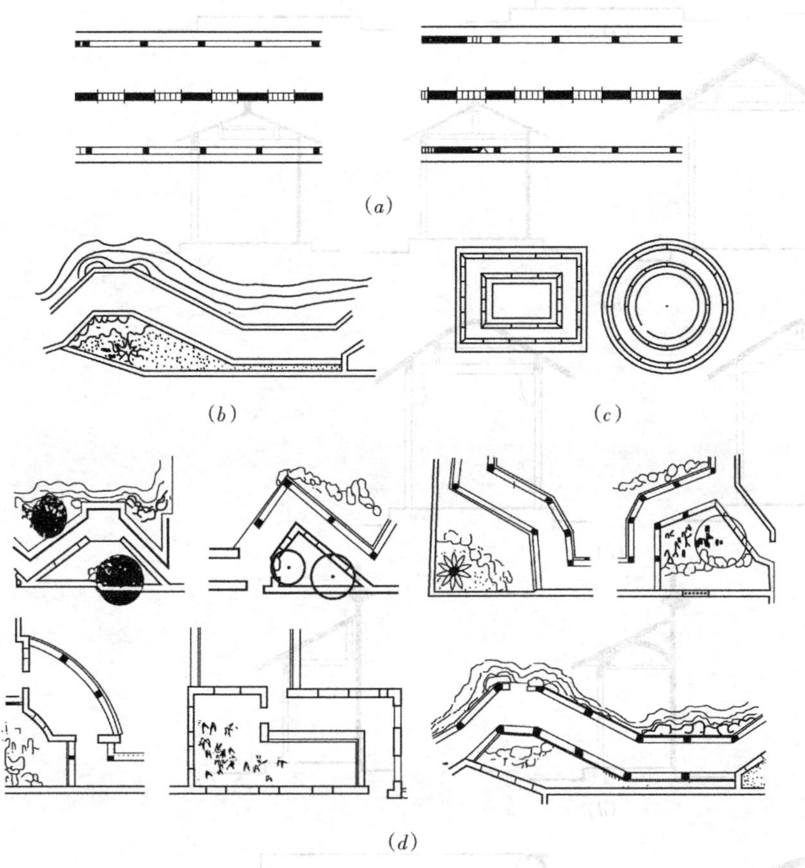

图 3-52 廊的平面类型
(*a*) 直廊；(*b*) 曲廊；(*c*) 回廊；(*d*) 廊的转角

廊按剖面形式分，有平坡、圆弧坡、双坡、披坡（又名侧廊、依廊）等形式，图 3-53 为其中的几种。

按结构主体的组成材料，廊有竹木、钢筋混凝土、轻钢或铝合金等数种结构体系。

按廊的艺术造型，常见的有中外古典曲样式、现代流行样式、山野自然乡土样式、民族地区样式等多种形式。

3.5.3 廊的结构实例

由于廊的类型多样，其各类结构、造型、用料、装饰要求也随之有较大的区别。在此介绍最常见、最基本的竹木廊、混凝土廊、金属结构廊的部分构造做法。

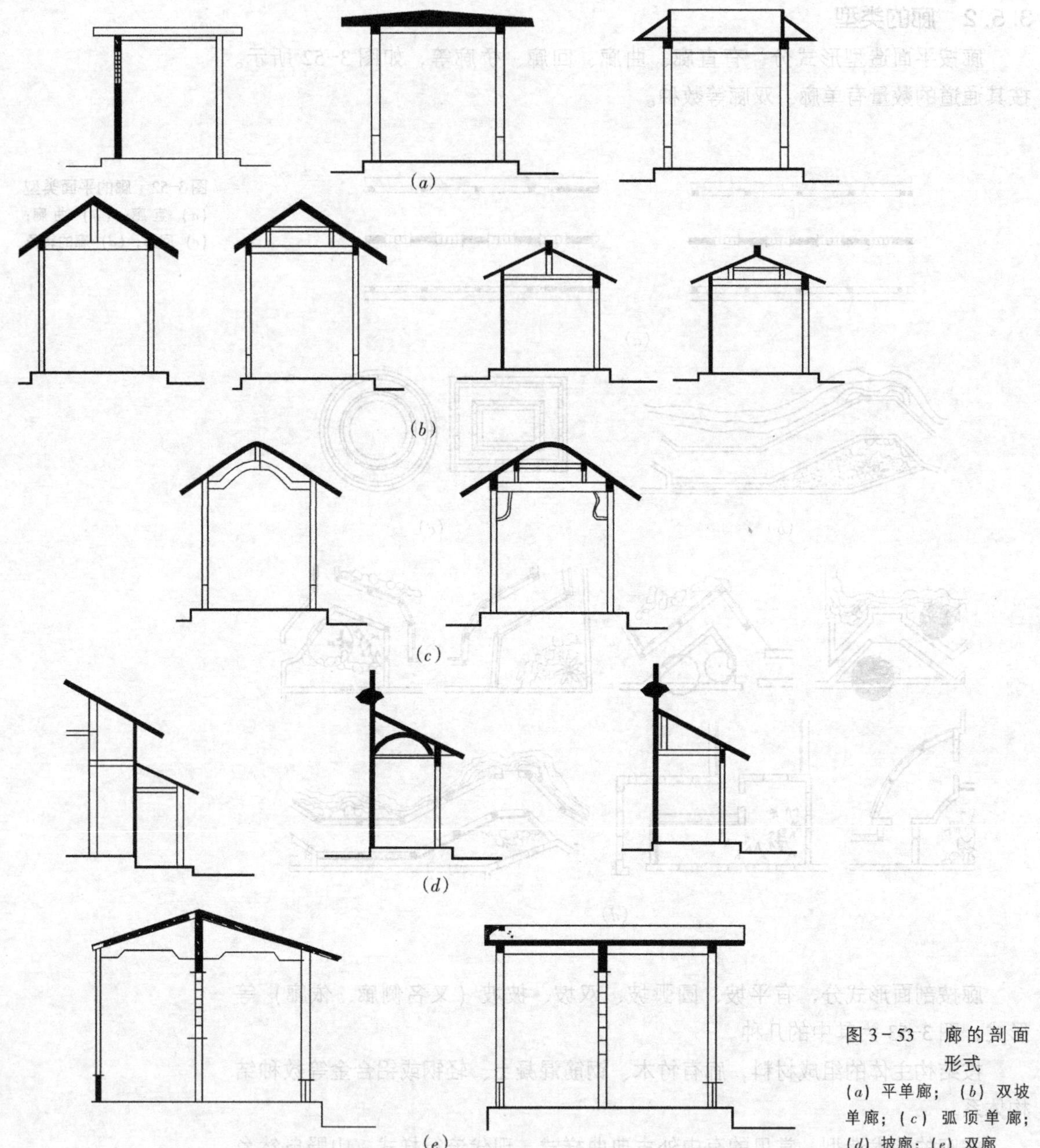

图 3-53 廊的剖面形式
(a) 平单廊；(b) 双坡单廊；(c) 弧顶单廊；(d) 披廊；(e) 双廊

(1) 竹结构

图 3-54 为竹结构的主要部件的构造图。从图中可以看出，竹廊为双坡单道，宽度为 2500mm，纵向柱距为 2500mm，高度按常规为 2800mm，廊内外的地坪标高相同。有挂落、栏杆等装饰设置，在廊的转角处做发戗艺术处理。各种杆件均以竹材制作。

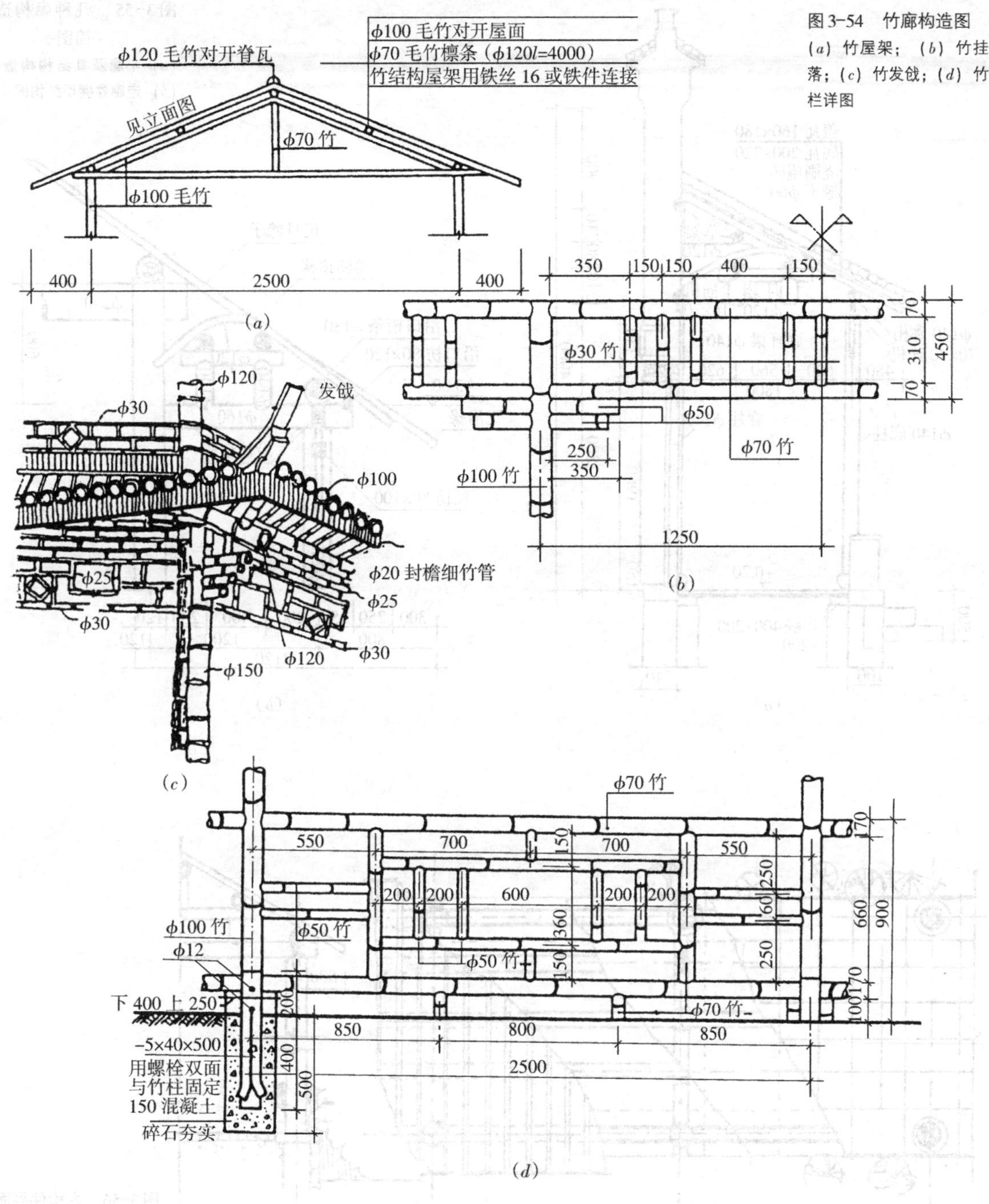

图 3-54　竹廊构造图
(*a*) 竹屋架；(*b*) 竹挂落；(*c*) 竹发戗；(*d*) 竹栏详图

（2）木结构

木结构的廊，结构布置比较灵活，各构造杆件之间的连接技术比较成熟，中式古典的廊，常采用木结构的构造方式，形成了特有的风格，图 3-55 为廊的部分构造简图。图 3-56 为木构件平面布置位置。

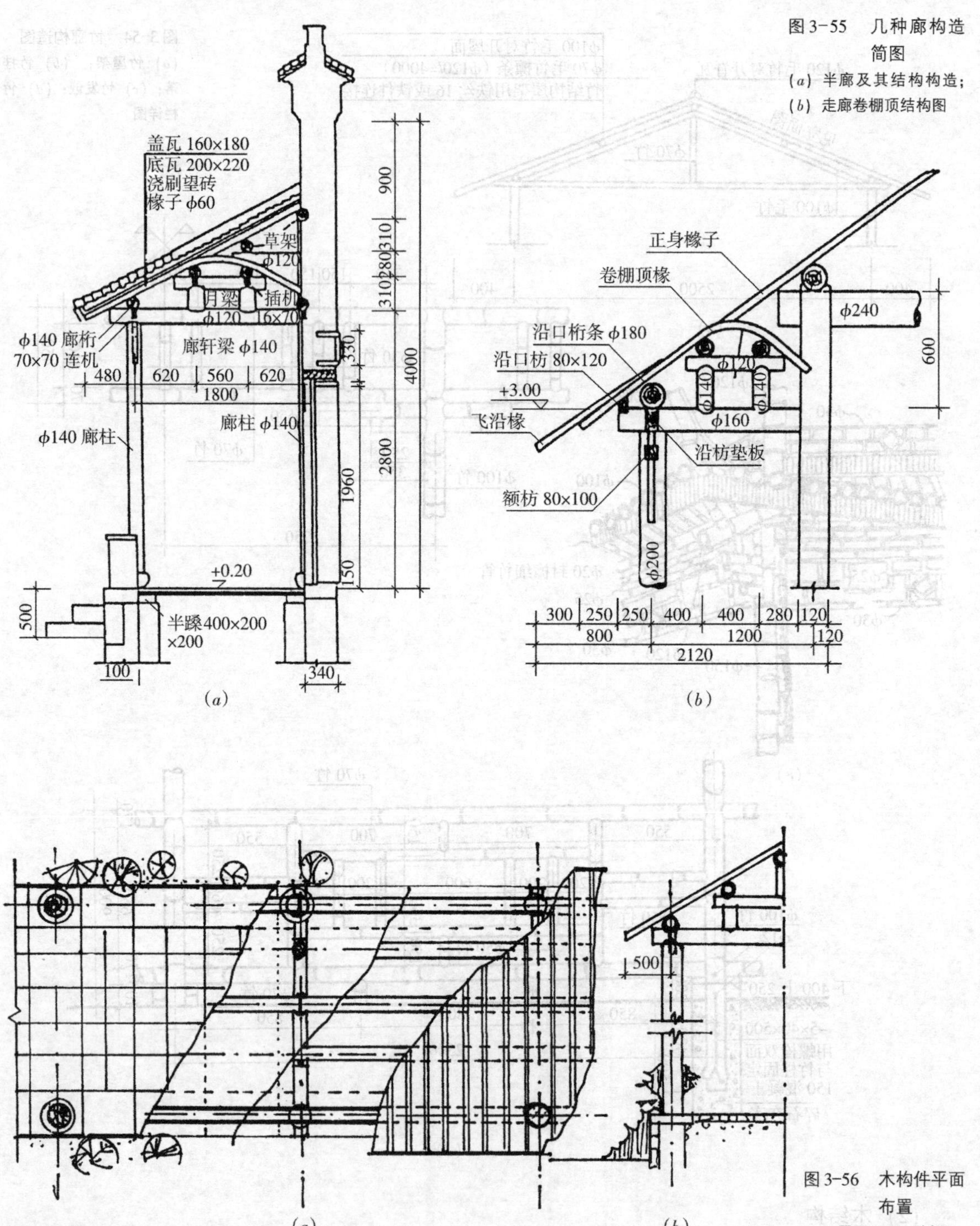

图 3-55　几种廊构造简图
(*a*) 半廊及其结构构造；(*b*) 走廊卷棚顶结构图

图 3-56　木构件平面布置
(*a*) 平面；(*b*) 剖面

(3) 钢筋混凝土结构

园林中现代造型形式的廊，较多采用钢筋混凝土结构。基础一般为条形或独立柱基的形式，基础的埋置深度至少为500mm，或埋于密实老土之上。柱及屋盖结构可采取现浇或预制装配的方式。屋面应采用较好的缸砖或卷材防水措施。图 3-57 为某廊的部分结构的构造详图，图 3-58 为某披廊的详图。

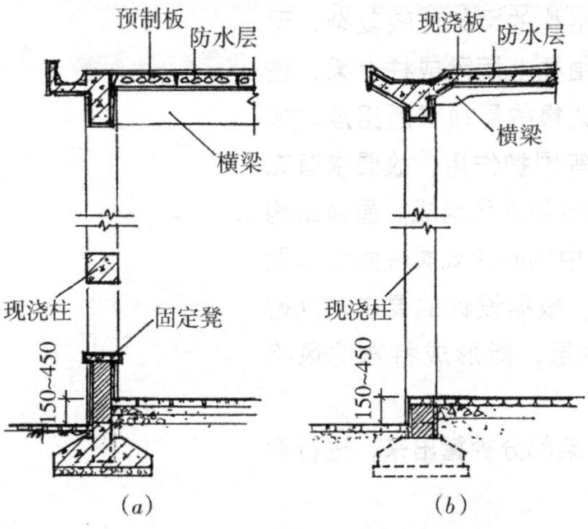

图 3-57 钢筋混凝土结构构造图（左）

（*a*）预制屋面板；（*b*）现浇结构

图 3-58 钢筋混凝土披廊（右）

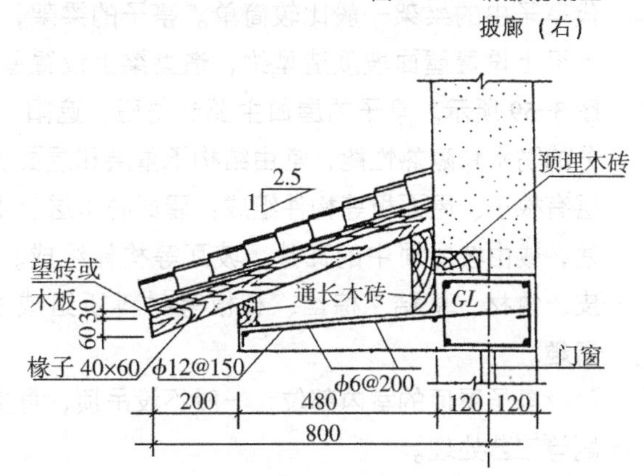

3.6 亭

3.6.1 亭的基本构造知识

园林中的亭，又叫亭子，主要供游人休息和观景之用。同时，亭子自身小而富有一定的造型特点，形成相对独立而完整的建筑形象，因此常作为造园中“点景”的一个重要手段。亭的功能主要是为了满足人们在游赏活动过程中驻足休息、纳凉避雨和极目远望的需要，自身没有复杂的功能要求。因此，亭的建筑形式容易做得多姿多样，其结构与构造随之而有较大的区别。

（1）亭的构造组成

亭子一般小而集中，体量不大，但造型上的区别都相当大。亭的造型主要取决于其平面形状、柱梁体系、屋顶的形状及相互之间的组合方式。

亭子从立面上一般可以划分为台基、柱身、屋顶三部分。

台基是亭子的地上部分最下端，是亭子基础的覆盖与亭子地坪的设置装饰体。台基的周边常用块体材料砌筑围合，中间填设土石碎料，表面再作抹灰、铺贴面料的构造措施。台基的构造中，应防止出现沉降不均匀、变形过大而形成裂缝的现象。

亭子的柱身部分一般为几根承重立柱，形成比较空灵的亭内空间。柱的断面常为圆形或矩形，其断面尺寸一般为 φ250～350mm 或 250mm×250mm～370mm×370mm，具体数值应根据亭子的高度与所用结构材料而定。柱可以直接固定于台基中的柱基，也可搁置在台基上的柱础石上。木质柱的表面需做油漆涂料；钢筋混凝土的柱可现浇或预制装配，表面应做抹灰涂料装饰，或进行贴面处理；石质柱应进行表面加工再安装。对于装配式的柱，常做成内倾，即柱轴顶向亭子中心倾斜一定的尺寸，可为柱高的 1/200 左右，以增强柱架的稳定性。

亭子的屋顶，往往是亭子艺术形式的决定因素。屋顶一般由梁架、屋面两部分组成。梁架由各种梁组合而成，中式古典木结构的梁架比较复杂，现代亭子中的梁架一般比较简单。亭子的梁架，一般由柱上搁梁成柱上梁，柱上梁上设置屋面坡度造型梁，造型梁上设置屋面板或椽的屋面梁所组成，如图 3-59 所示。亭子的屋面主要起防雨、遮阳、挡雪等围护作用，故要求有充分的防水和隔热性能，常由结构承重层和屋面防水层等层次所组成。屋面结构层有椽子、屋面板等构件组成；屋面防水层有平屋面中的刚性或柔性防水层做法，或由坡屋面中的瓦片、坡瓦等构件组成。有时，根据设计的要求，以树皮、竹材、草秸、棕丝、石板等材料所组成的防水层，能形成特殊的风格情趣。

亭子屋顶的室内部位，一般不设吊顶，直接把梁架部分裸露出来，进行涂刷等工艺处理。

亭子柱间周边，常设置相应的固定坐凳与靠身栏杆，在亭内空间较大的情况下，有时在中心设置可移动的木质或石质的凳或桌，以供少量的游人使用。

亭子的基础采用独立柱基或板式柱基的构造形式，较多地使用钢筋混凝土的结构方法。基础的埋置深度一般不应小于 500mm。对于如图 3-60 的监水亭子，其水中的柱基，应进行加固处理。

图 3-59　亭的梁架体系（左）

图 3-60　水中柱基处理（右）

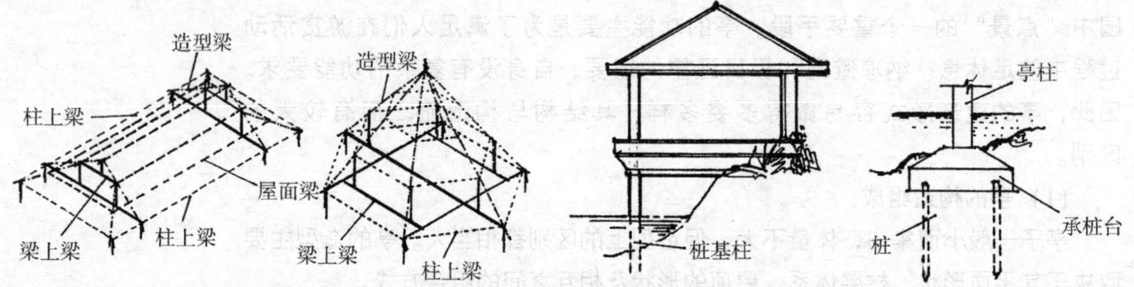

（2）亭的类别

园林中的亭子种类很多，按习惯一般根据造型特征、结构形式、用料种类、功能不同，分为许多相应的种类，其名称因地区等不同而有较大的区别。以下是习惯中使用的分类方法。①按设置位置不同，有山中亭、湖心亭、山顶亭、井亭、桥亭等；②按功能不同，有观花亭、品味亭、听风亭、观云亭、操琴亭、儿童趣味亭、报亭、动植物养植亭、碑亭等；③按造型不同，有中式古典亭、西式古亭、民族风俗亭、现代仿物亭、现代亭等；④按构成材料不同，有木亭、石亭、草亭、竹亭、钢架亭、钢筋混凝土亭、塑料亭等；⑤按平面形状不同，有多边形亭（如四角、六角亭）、圆形亭、半亭、连体亭（如双亭、套亭）等。亭子的类型，如图 3-61 所示。

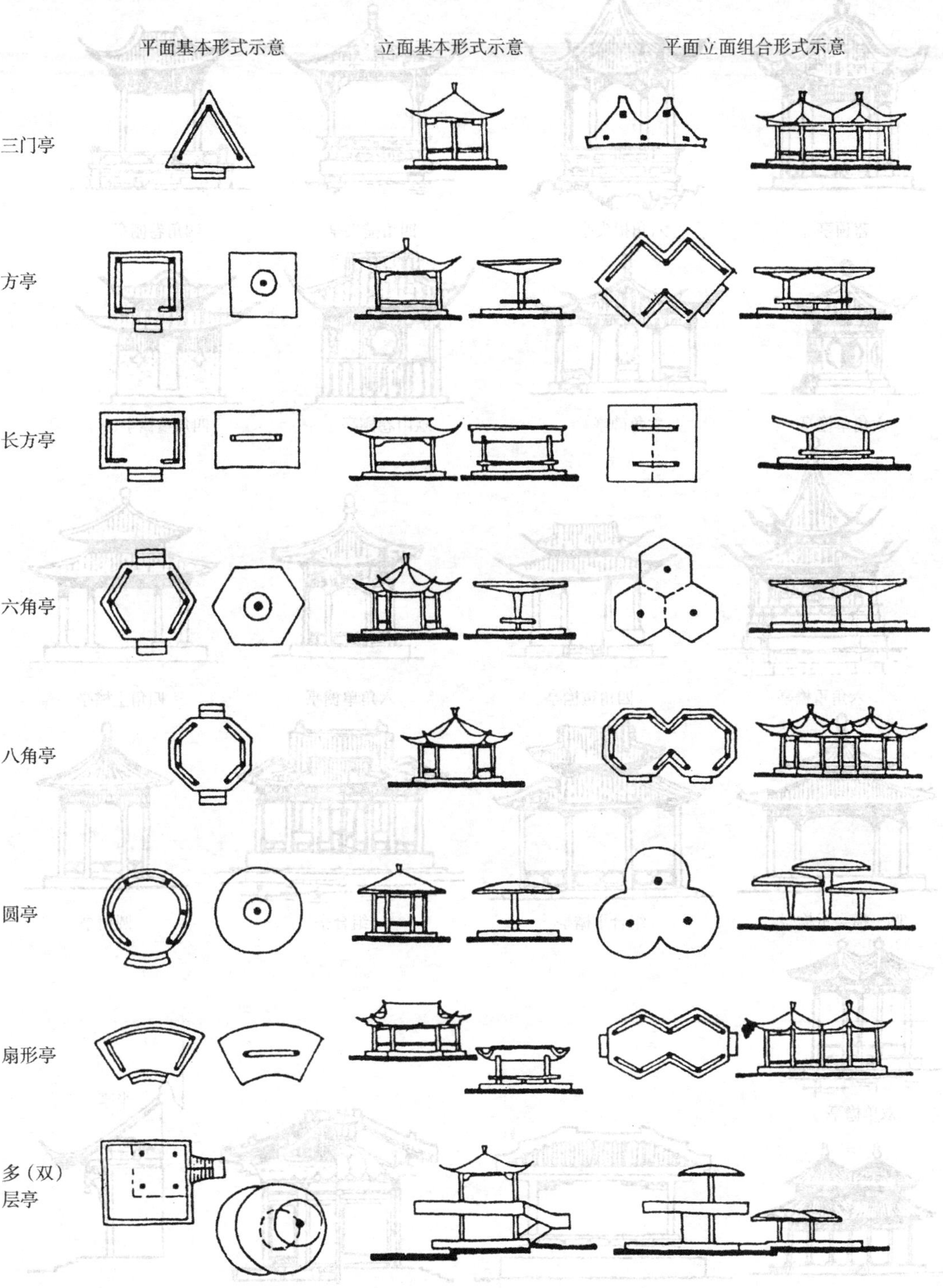
平面基本形式示意
立面基本形式示意
平面立面组合形式示意
三门亭
方亭
长方亭
六角亭
八角亭
圆亭
扇形亭
多（双）
层亭

图 3-61　亭的类型

盝顶亭
六角攒尖亭
四角攒尖亭
四角卷棚亭
六角单檐亭
六角碑亭
歇山卷棚亭
四角重檐亭
六角重檐亭
四角重檐亭
六角单檐亭
四角重檐亭
圆一攒尖重檐亭
组合重檐亭
组合亭
圆攒亭
双单檐亭
半亭
双重檐亭
盝顶亭
太庙八角盝顶井亭剖、立面
苏州拙政园东半亭剖面

图3-61　亭的类型（续）

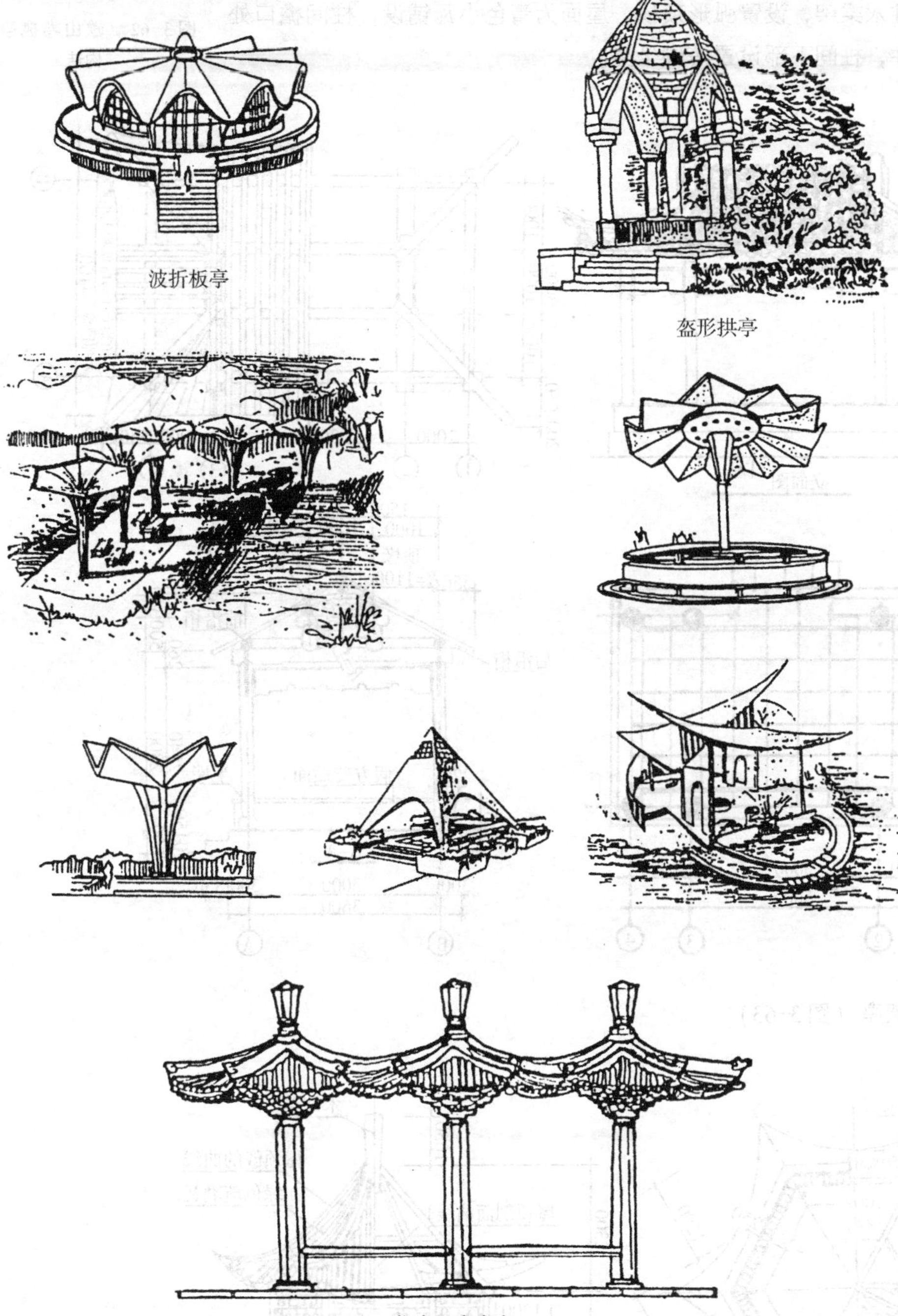

图 3－61　亭的类型（续）

3.6.2　传统亭的构造实例

传统亭是指中式古建筑的亭子。由于历史时期的演变、地区的差别、中华各民族的差异，中式古典亭子的造型、结构、用料等方面，存在着一定的个体特征。以下介绍的是常见亭子的个案构造做法。

(1) 歇山卷棚亭（图 3-62）

此亭采用木柱木梁架，设置弧形顶椽，屋面为青色小瓦铺设，柱间檐口处有木质挂落装饰件，柱间下部设置砖砌坐凳。

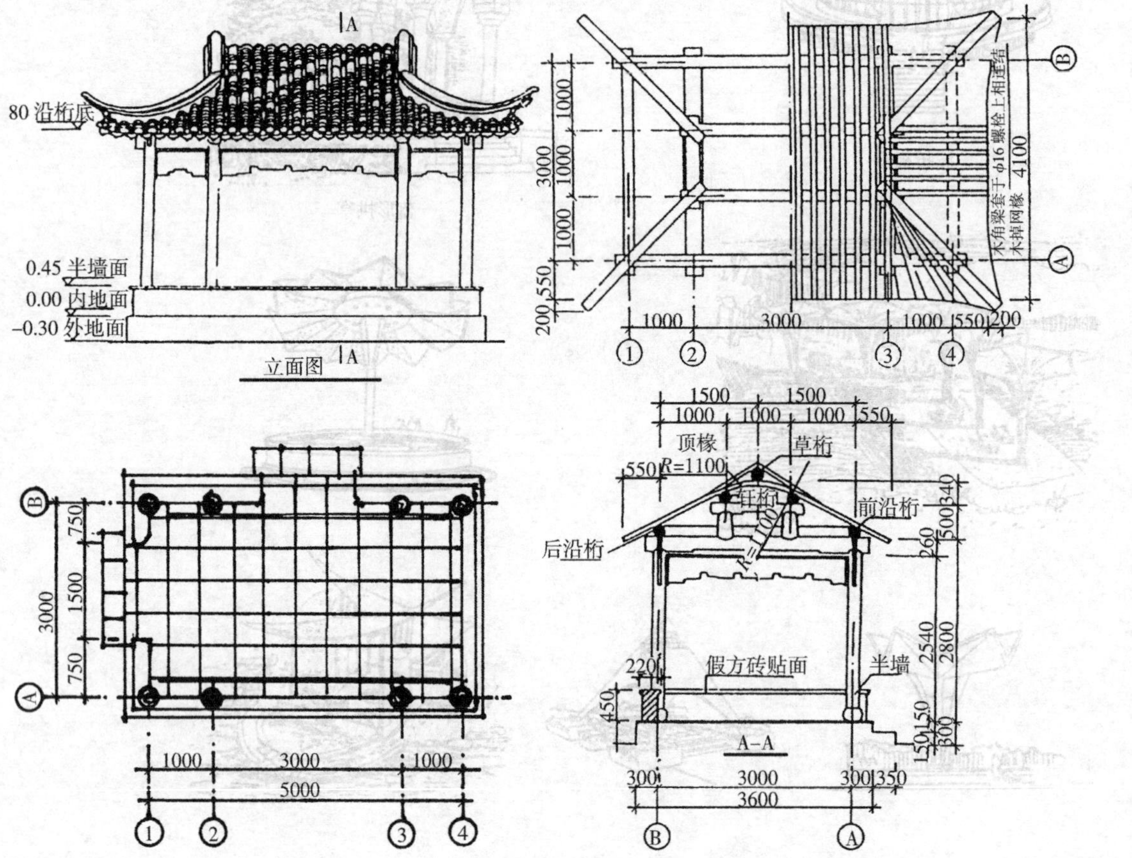

图 3-62 歇山卷棚亭构造

(2) 伞法构架亭（图 3-63）

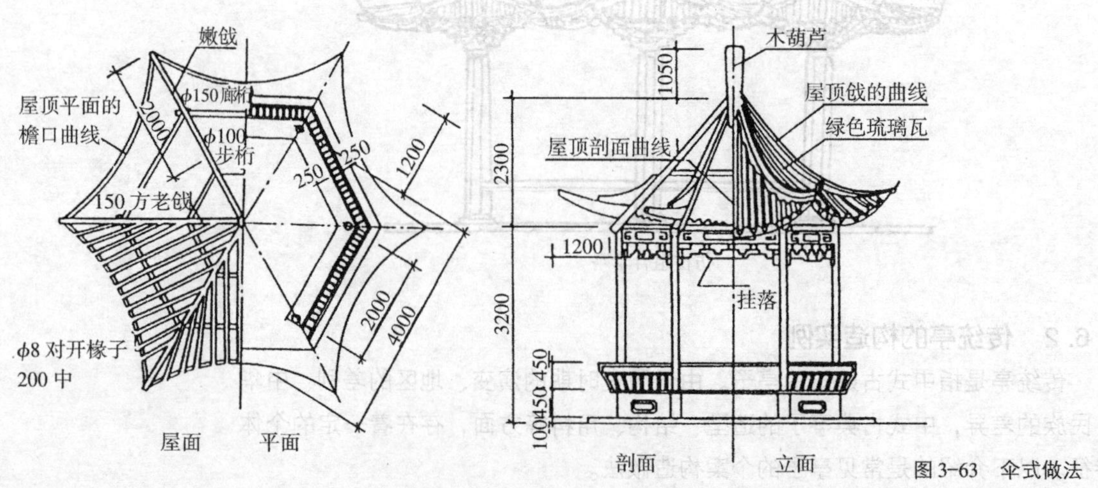

图 3-63 伞式做法

此亭的构造特点，主要为亭顶构架采用伞法的结构模式。这种模拟伞的结构模式，不用梁而用斜戗及枋组成亭的攒顶架子，边缘靠柱支撑，即由老戗支灯心木（需公柱）。这种亭顶的构造方式会因自重而形成向四周作用的横向推力，此横向推力由檐口处一圈檐梁（枋）和柱组成的排架来承受。伞法亭顶结构整体刚度较差，一般用于亭顶较小，自重较轻的小亭、草亭、竹亭上，或在亭顶内上部增加一圈拉结圈梁，以减小横向推力，增强亭顶的刚度。

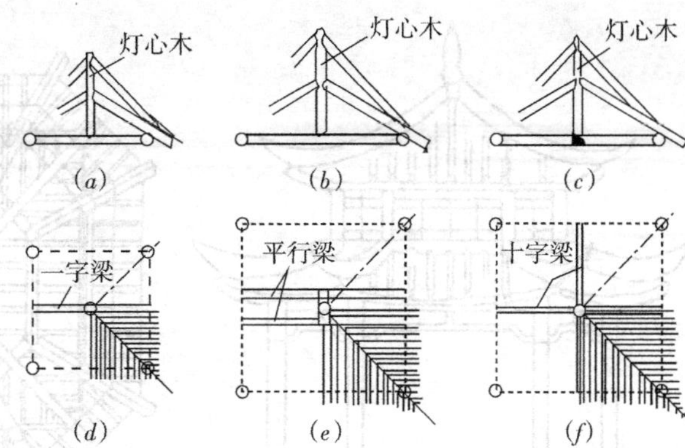

图 3-64　大梁法
(a) 一字梁；(b) 平行梁；(c) 十字梁；(d) 一字梁；(e) 平行梁；(f) 十字梁

（3）大梁法亭（图 3-64）

此亭的亭顶一般使用对称的一字梁，上架立灯心木，然后设置相应的椽子即可，对于较大的亭，则可用两根平行的大梁或相交的十字架，以此共同组成梁架，承受亭顶屋面荷载。

（4）扒梁法亭（图 3-65、图 3-66）

扒梁法构架实际上就是柱梁上架设短梁的构造做法。

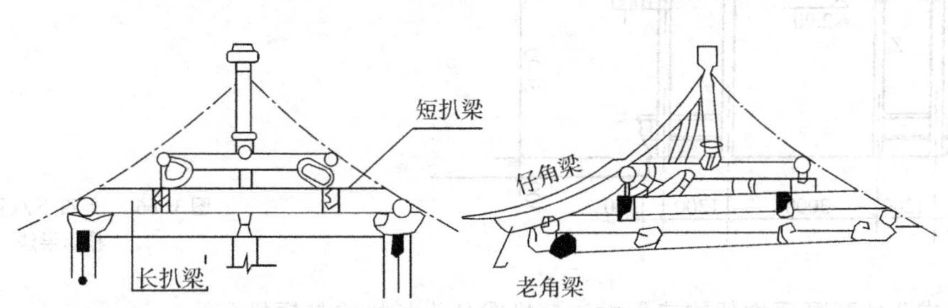

图 3-65　扒梁法

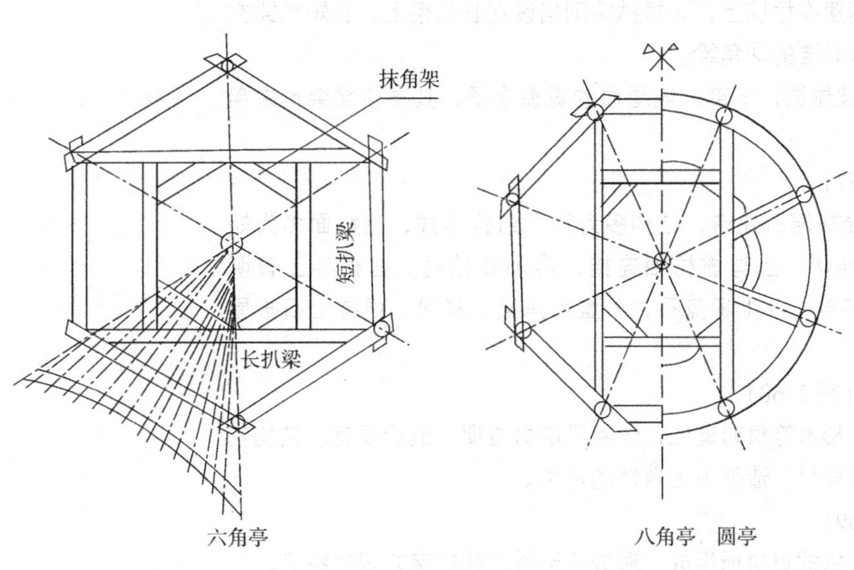

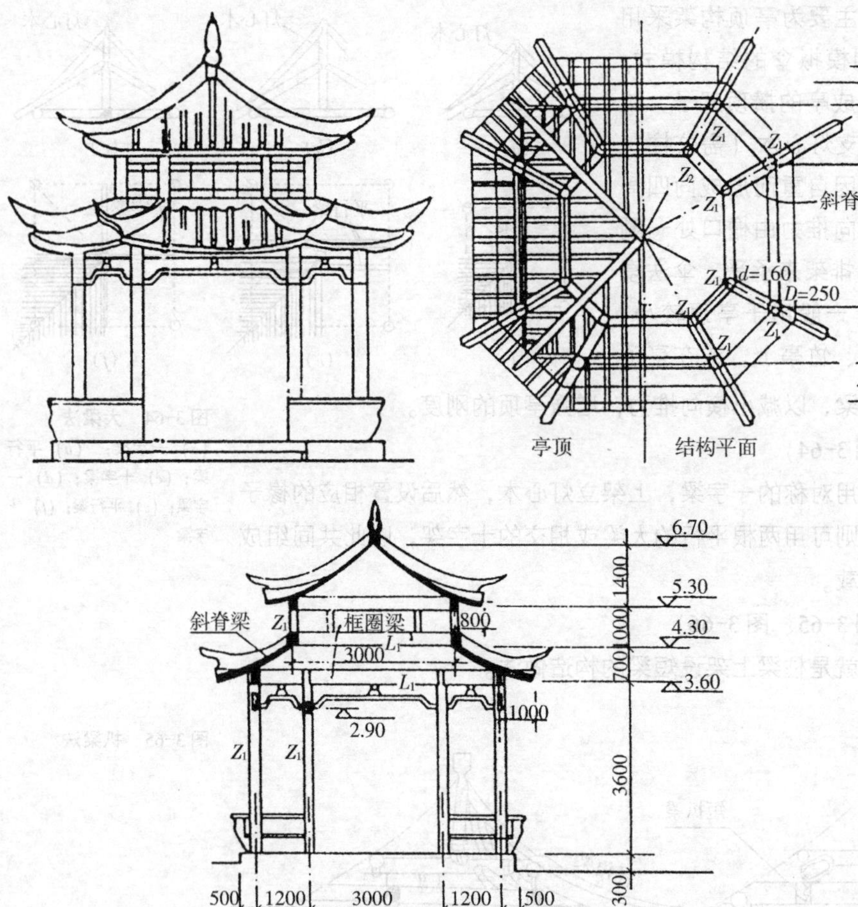

图 3-66　上四下八重檐扒梁法

图 3-65 为六角亭或八角亭亭顶构架的典型做法。扒梁分为长扒梁与短扒梁，长扒梁两端一般搁置在柱顶上，而短扒梁则搭设在长扒梁上，长短扒梁交替叠合，有时还应辅以必要的抹角梁。

图 3-66 为上部四坡屋面，下部八坡屋面的重檐亭子，其亭顶梁架也采用扒梁法的结构模式。

(5) 石亭（图 3-67）

石亭多用花石和凝灰岩石建造，结构多为仿木结构形式，柱截面多为矩形或海棠形，下设置地伏，上与檐枋相连接，再加普柏枋。在栌斗上置明伏，伏上正中安置圆栌斗，斗上覆盘石，分置大角梁、斜伏，再铺上石板屋面即可。

(6) 石木混合亭（图 3-68）

此亭使用了块石、杉木等材料建成，达到了取材方便、造价便宜、结构安全等目的，体现了就地取材、造型乡土自然的特色。

(7) 竹亭（图 3-69）

此亭主要由各种规格的竹材所组成，形成了清秀明快的南方园林特点。

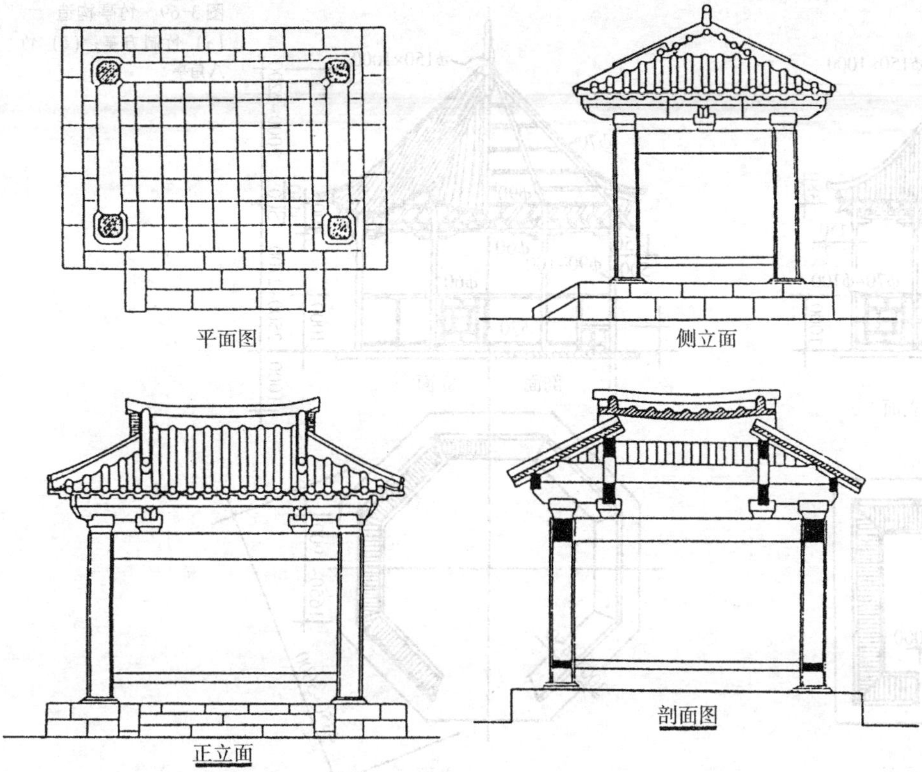

平面图

侧立面

正立面

剖面图

图 3-67　仿唐石亭(立、剖面)

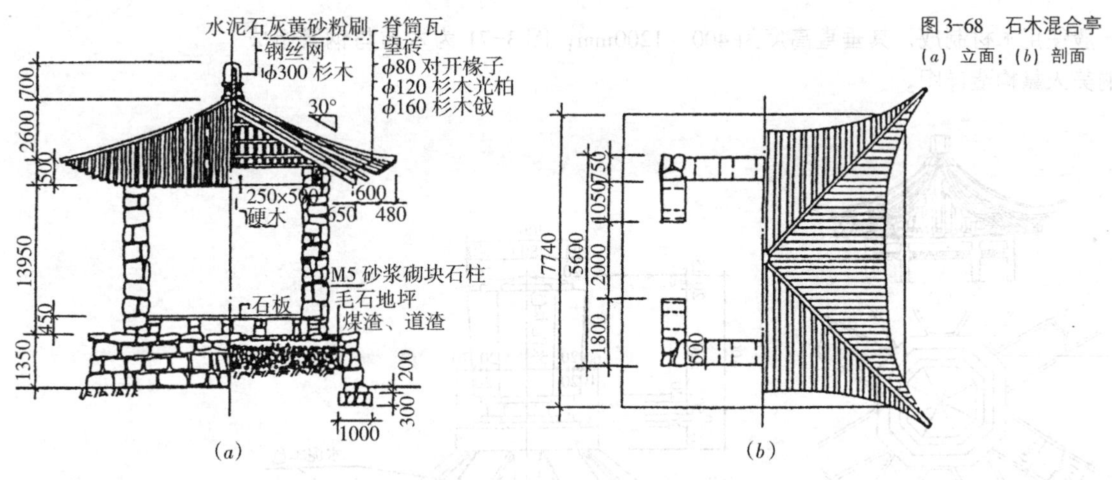

图 3-68　石木混合亭
(a) 立面；(b) 剖面

(8) 宝顶与美人靠

宝顶是亭顶屋面最高部位中心处的结构装饰构件，一般由亭顶灯心木伸出亭顶，直径在 180～200mm，长度为 600～1200mm，常与亭顶的平面尺寸大小、亭屋面的坡度等艺术造型有关。宝顶也可由砖、木、混凝土、钢丝网抹灰、玻璃材质所组成。图 3-70 为外表面采用水泥砂浆抹灰的构造详图。

美人靠又叫吴王靠，是紧靠固定坐凳临空一侧的弯曲栏杆，在古典亭子中

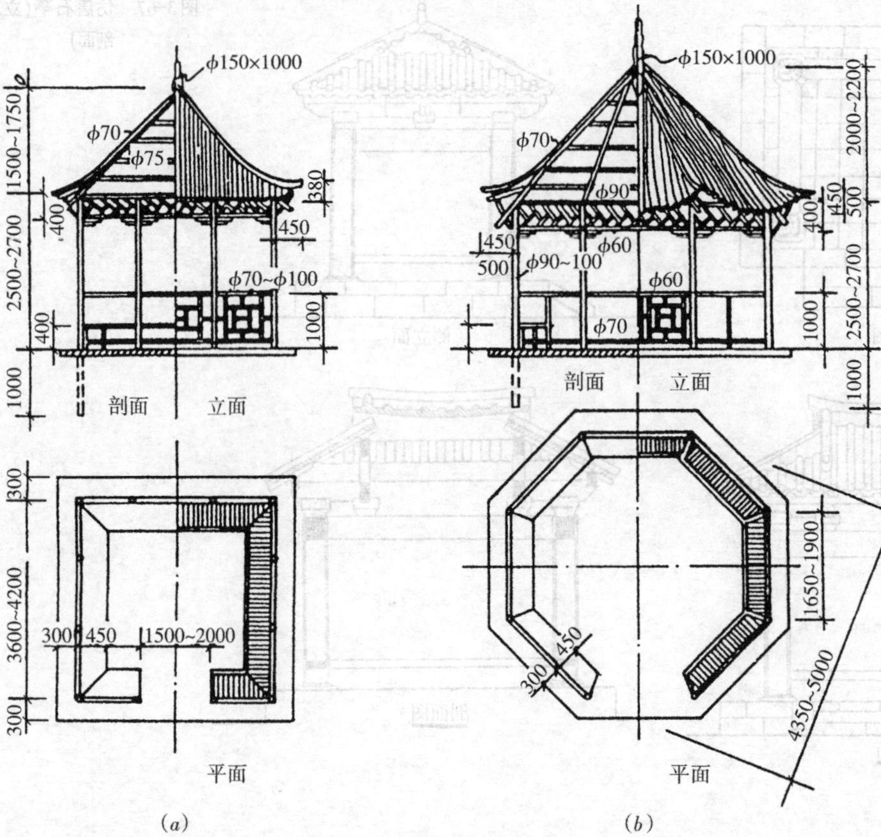

图 3-69　竹亭构造
(a) 竹制方亭；(b) 竹八角亭

一般使用木材制成，其垂直高度为 400～1200mm，图 3-71 为木质与钢管组成的美人靠构造详图。

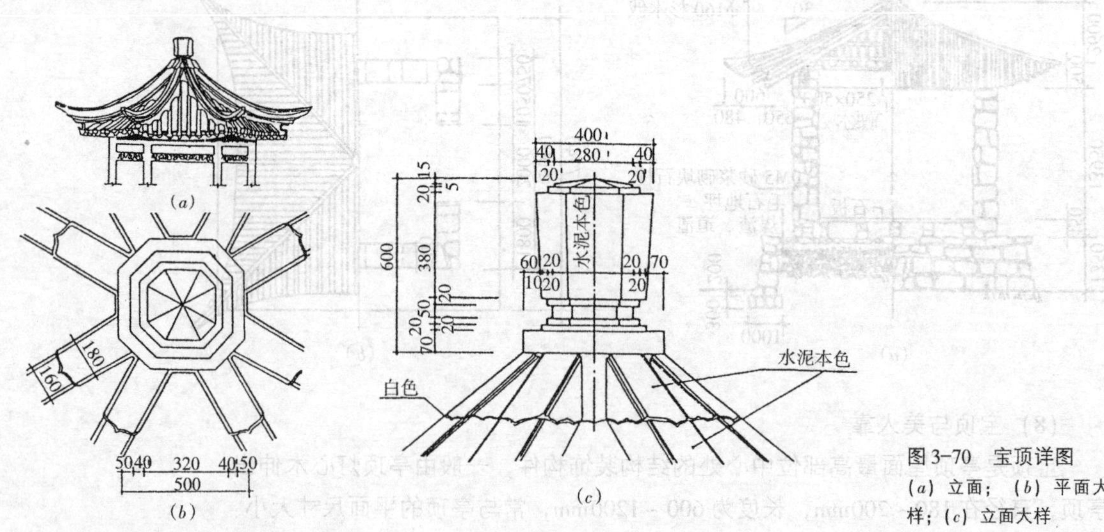

图 3-70　宝顶详图
(a) 立面；(b) 平面大样；(c) 立面大样

3.6.3　现代亭的构造实例

现代亭是指采用现代的材料、现代造型、新的结构模式形成的亭子。以下介绍几种常用的现代园林亭子。

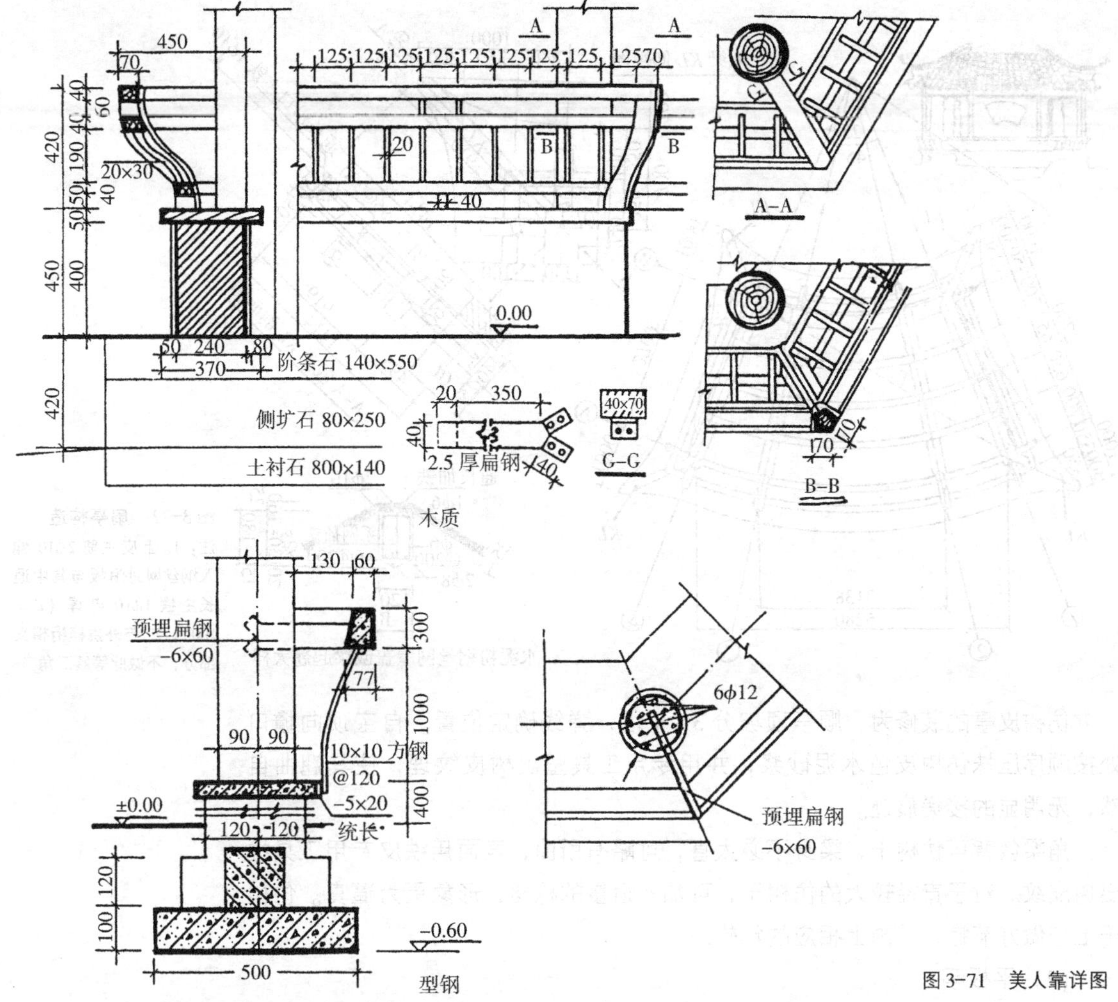

图 3–71 美人靠详图

（1）钢筋混凝土仿传统亭（图 3–72）

此亭为钢筋混凝土仿古亭，柱子可采用预制或现浇的方法制作，亭顶梁架的部分梁预制好后安装到设计位置上，采用电焊的方法固定，然后现浇其余的梁体，以形成一个牢固的亭顶梁架体系。屋面板采用双层钢丝网加钢筋固定成网板形体，然后采用水泥砂浆抹灰的工艺方法形成外形符合设计要求的板体。若使用椽子，则采用预制的方式制成相应的杆件，然后以电焊的方式固定于设计位置上。所有的混凝土构件外露部分，在装饰施工阶段涂刷相应的涂料，以形成逼真的古典形态。

对于混凝土亭，可以进行仿竹或仿树皮的工艺处理，以形成自然野趣的艺术形象，图 3–73 为混凝土仿竹亭构造图。

仿竹屋面的装修为：将亭顶屋面分为若干竹垅，截面仿竹搭接成宽 100mm，高 60～80mm、间距 100mm 的连续曲波形条。即自宝顶往檐口处，用 1∶2.5 的水泥砂浆堆抹成竹垅，表面抹竹色水泥砂浆，厚为 2mm，做出竹带和竹芽，并压光出亮。将亭顶脊梁做成仿竹杆或仿拼装竹片。在做竹芽中，可加上石棉纱绳或铁丝，则形态更逼真。

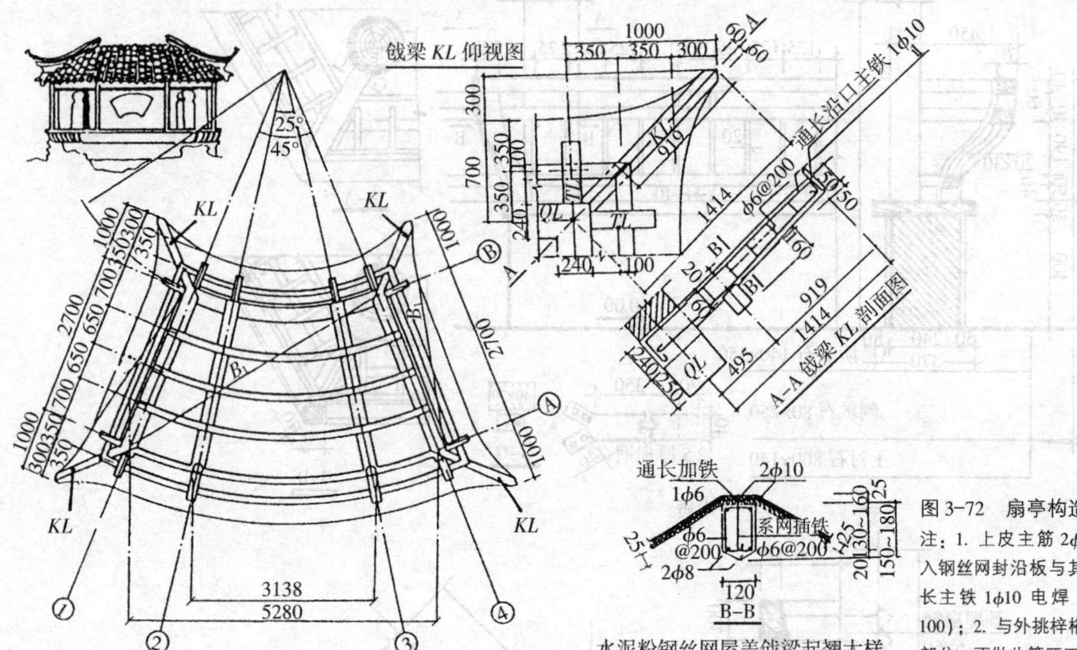

图 3-72　扇亭构造

注：1. 上皮主筋 2φ10 伸入钢丝网封沿板与其中通长主铁 1φ10 电焊（d = 100）；2. 与外挑桁桁相交部分，不做此等腰三角

仿树皮亭的装修为：顺亭顶坡分 3～4 段，弹线确定位置。自宝顶向檐口处按顺序压抹仿树皮色水泥砂浆，并用专用工具塑出树皮纹理，使其翘曲自然，无明显的接槎痕迹。

角梁戗背可仿树干，梁身不必太直，可略有所曲，表面用铁皮专用工具拉出树皮纹。对于直径较大的仿树干，可加入适量的棕丝，形象更为逼真。仿树干上应做好节疤，并画上相应的年轮。

（2）平板亭

平板亭又叫板亭，一般为独柱支撑悬臂板的结构形式。如图 3-74 所示。

板亭的柱为现浇钢筋混凝土构件，固定于柱的独立基础上。柱的截面较多为圆形，柱身的轴向断面常有变化，柱顶覆盖现浇的钢筋混凝土板，板的造型可按景观功能要求呈多种形态。板下的净高为 2100～2600mm，在柱的下半身

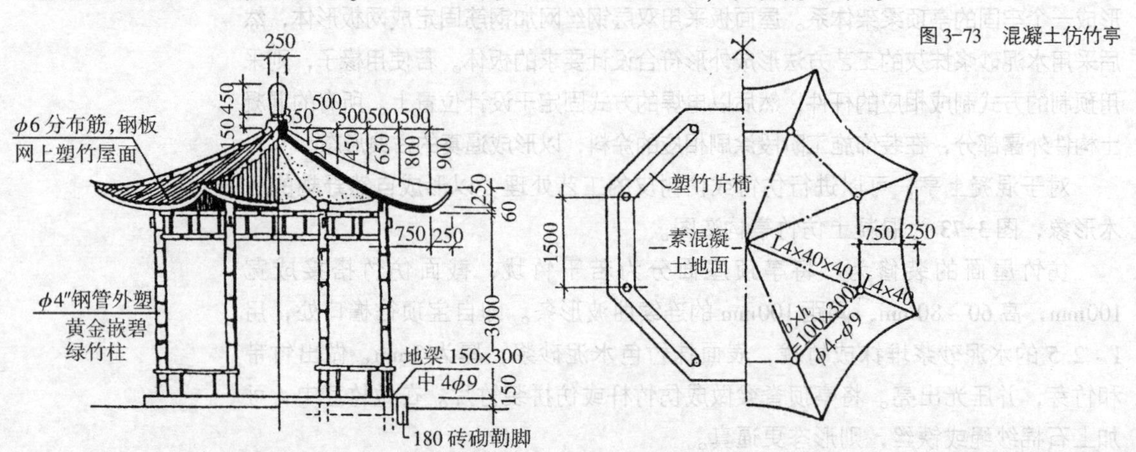

图 3-73　混凝土仿竹亭

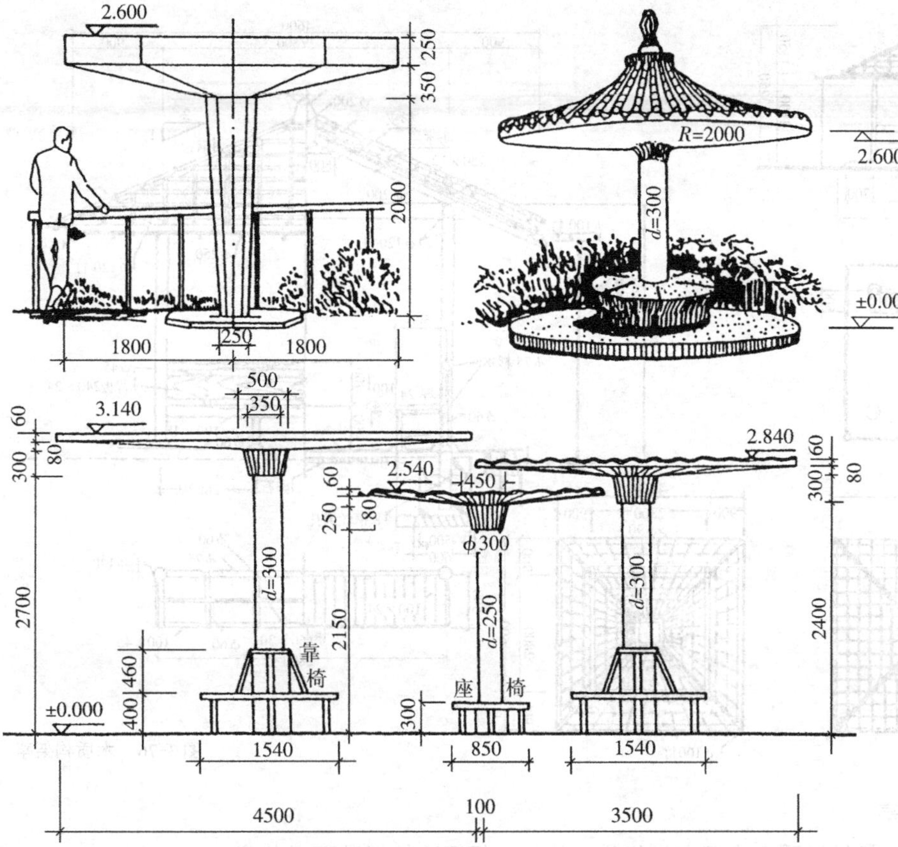

图 3-74 板亭

底部，较多设置 300～500mm 高的固定坐凳。

(3) 构架亭

构架亭是指由各细长状的杆件组成受力结构体系的亭子，细长杆的材料为型钢、方木、铝合金等。

图 3-75 为钢管构架组成造型奇特的半封闭亭子。屋面可做钢丝网抹灰层，或以涂塑织物覆盖。

图 3-76 为用木材做成的亭子。木材的树种以杉木或柏木耐朽为好，其屋面表面采取竹材装饰。

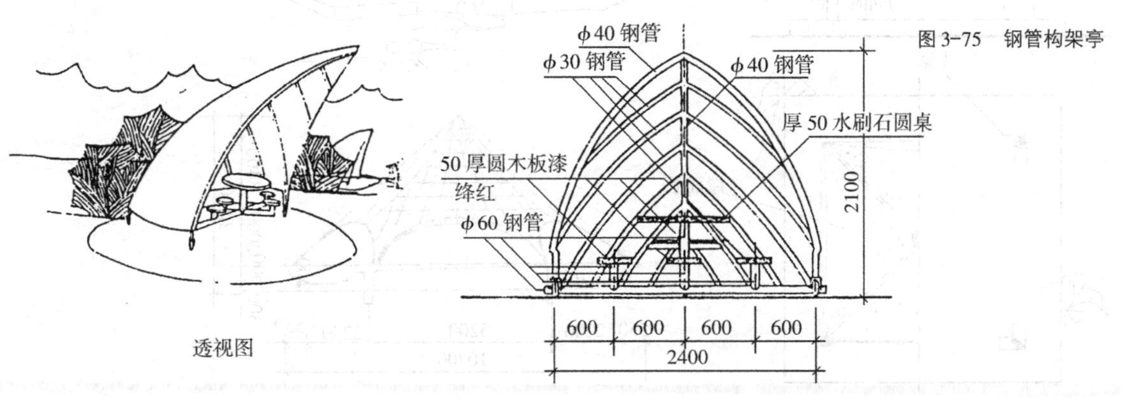

图 3-75 钢管构架亭

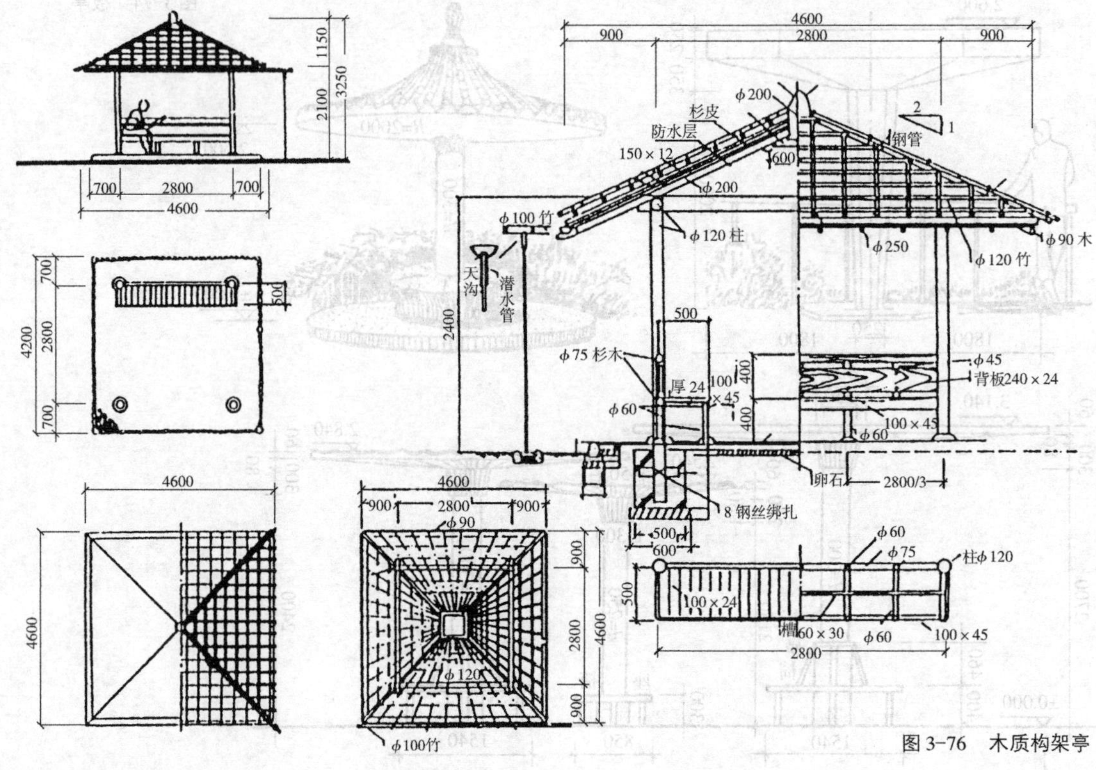

图 3-76　木质构架亭

（4）软体结构亭

软体结构亭，一般是指采用涂塑充气织物的构件，相互连接拼装而成的亭子，或是由钢架组成简单的基本骨架，悬吊或覆盖涂塑防水织物组成的亭子，如图3-77所示。

图 3-77　软体结构亭

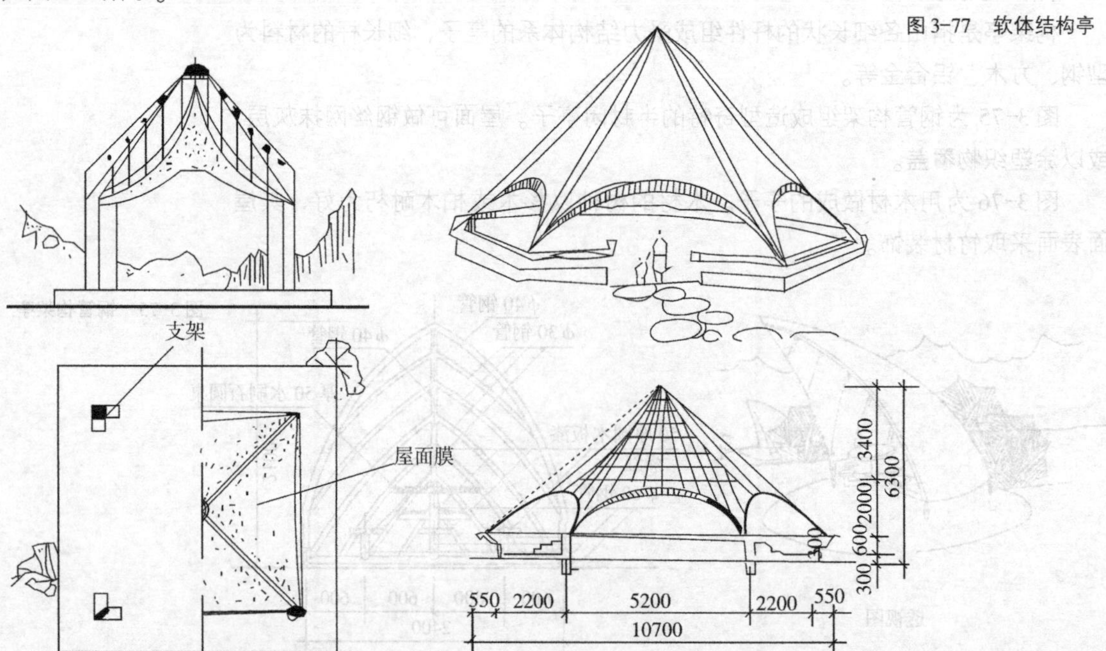

软体结构质轻，结构简单，容易形成一种新颖、活泼的园林气氛。

3.7 石景与水景

石景一般指置石和假山两个内容，水景是指河湖、溪流、瀑布、喷泉等内容，本书就此内容进行介绍。

石，有时包含着土，尤其在假山的构筑中更是相互结合在一起。水，在园林中往往离不开石，俗语所说，有土有石有水，才有植物，才能有灵气，才具备了园林建设的条件，故治石理水，是园林工程的重要工作内容。

3.7.1 园林石材

园林造景中的石材，在多数情况下，应该结合当地的情况，使用当地的石材，体现地方特色，并能最大限度地减少费用。

我国各地可作园林造景的石材品种很多，现在用得比较多的为以下几种：

(1) 湖石

因最早开采于太湖一带而得此名，并在江南一带运用得最普遍。实际上，湖石是一种经过熔融的石灰岩，分布的范围很广。由于产地不同，在色泽、纹理和形态方面有所差别，按产地区分，有以下几种。

1) 太湖石

太湖石原产于苏州太湖中的洞庭西山。其石质坚而脆，由于风浪或地下水的作用，其纹理纵横、脉络显隐，色分白、清而黑、微黑青三种，自然形成缝、沟、穴、窝、洞、环等，玲珑剔透，为天然的雕塑品，观赏价值较高，开采于水中或土中。因大多从整体岩层中选择而采凿下来，故一般靠岩层面必有人工采凿的创面。

2) 房山石

房山石产于北京房山大灰石一带。因也具有太湖石那样的沟、洞、孔等肌理，故又名北太湖石。但石色多为灰黑色，扣之无共鸣声，外观比较沉实、浑厚。

3) 灵璧石

灵璧石原产于安徽灵璧县。石存在于土中，被江泥渍滴，须经去土冲洗后方显石形与石色。其石中灰色而甚为清润，质脆并弹之能共鸣，有声。但石形虽有千变万化，须经人工修饰才能显其精美。

4) 宣石

宣石产于安徽省宁国市。其色愈旧愈白，具有积雪一般的外貌色相。

(2) 黄石

黄石是一种带橙黄色的细砂岩，其质坚硬，但可依纹理敲开。色分暗红、褐色、微褐等几种，故俗称为黄石。黄石块体的棱角分明，纹理古拙方整，质感浑厚沉实，容易取得棱角简洁明确的造景效果，是在南方做叠山理水的主要用材，沿长江流域的苏州、常州、镇江等地皆出产。

(3) 黄腊石

黄腊石色黄，表面油润如涂腊，有的浑圆如卵石，有的形态奇异，多为块料采得。由于其形美色明，常作孤石布景的石材用料，此石产于广东、广西等地。

(4) 青石

青石是一种青灰色的细砂石。石质机体多呈片状，故又有“青云片”之称，以北京西郊红山口一带所产最有代表性。

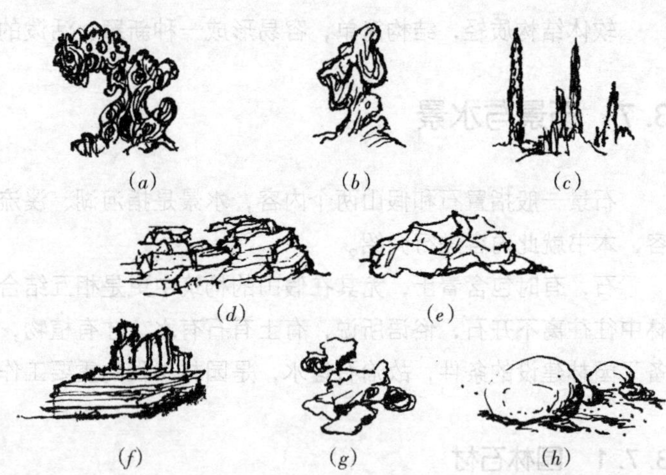

图3-78　造景石材的种类

(a) 太湖石；(b) 灵璧石；(c) 石笋石；(d) 黄石；(e) 黄腊石；(f) 青石；(g) 英德石；(h) 卵石

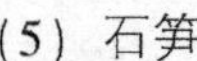

(5) 石笋

石笋为外形修长如竹笋一类山石的总称。此石原卧于土中，采出后直立于置境中，呈出土笋状形态。常见的石笋有以下几种。

1) 白果笋

在青灰色的细砂岩中沉积了一些卵石，如银杏的白果嵌在石中，因而得名。

2) 慧剑

指净面青灰色或灰青色的笋状条石。

3) 钟乳石笋

将石灰岩经熔融凝成的钟乳石倒置，或正放，呈垂直向上进行置境的石材，色有多样而不尽相同，常作石景小品用料。

图3-78为几种石材的示意外形图。除了上述石材之外，在园林造景工程中，还使用木化石、石珊瑚、大卵石等材料。

3.7.2　置石

以较少的景石，进行精心的点置，形成突出的特置石景，这种造景方式称为置石。

对于置石中所用景石材，对其形状、肌理、色彩等要求一般较高，具有一定的意境、韵味，给人提供较大的联想空间，方能达到特有的景观艺术水平。

置石的特点是以少胜多，以简胜繁，虽量小但对质的要求较高。依景石的用量和布局形式不同，置石的布置分为特置、对置、群置、散置等几种。

特置是将景石单独布置成景的一种方式，又称孤置山石。特置的景石材一般为体量较大，形态奇特，具有较高观赏价值或历史文化价值的峰石，也可以采用几块同种材质的山石料拼接成山峰。

对置是以两块景石为组合对象，沿着一个轴线或中心景物作对称布置，呈相互呼应的构图状态。

散置是用少数几块大小不等、形状自然的景石，按照美学构图法则进行点置布景的方法。散置对石材的要求比特置的要求低，但布景难度较高。

群置是运用数块景石材互相搭配布景，组成一个群体的置石方式。群置的布景空间比较大，堆数增多，有时堆叠量也较大。图 3-79 为置石的几种方式。

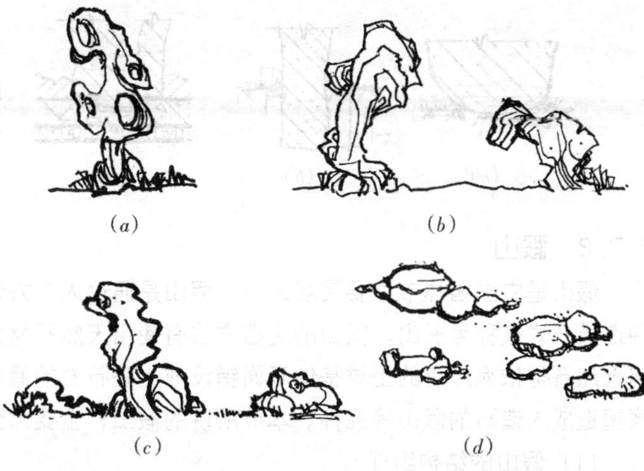

图 3-79　置石方式
(a) 独置；(b) 对置；(c) 散置；(d) 群置

在园林中，有时配置用石材制成的室内外家具，布置于亭中、林间或树荫的地方，供人休憩坐息，这种方式叫做石器设置，又叫器设。选用的石质器具，用于室外的材料体量应大一些，使之与外界空间相匹配。作为室内的石质器具，则较室外可适当小些。石质器具的外表面不必全部精细加工，次要的面顺其自然略为加工即可。

置石中的景石固定，有堆放固定、埋入固定、基础固定、基座固定等方式。

堆放固定是指将景石材直接搁置在土层等基面上，依据景石材的自重固定于设置点上，适用于体积较大、重心较低、容易放置平稳的景石，例如大卵石可直接搁置于草坪地上。

埋入固定是将景石的下部埋入土层中的固定方式，即根据景石的形状、高度、重量，先挖掘出相应形状和深度的土坑，把景石送入坑中定位后，四周填土捣实。此法适用于重量较小、底部形状简单、或材身呈杆件状的景石材固定布景。这种方法往往因石材底部埋入土中而减短了景石材的有效景段高度。

基础固定是先制作设置基础，然后将景石料安装在基础上的方法。基础的底面一般比景石的外沿大 300mm，当挖至老土或 500mm 深后，铺设砂石层 100 ~ 150mm 厚，然后浇筑 C15 或 C20 的混凝土 150 ~ 200mm 厚，并可留出景石料连接榫孔，待混凝土的强度达到要求后，将景石料吊入并用水泥砂浆或细石混凝土固定，并在露出地表的混凝土上铺设、拼接与景石料相同的料石。这种固定方法适用于形体复杂的大型景石。

基座固定是指景石固定在基座中的方法。基座使用石材或混凝土材料制成，在基座内部的上表面中留设榫孔，将景石的底部石榫头套入榫孔中，并使用水泥砂浆等材料进行固定。榫头的长度一般为 100 ~ 250mm，直径宜大不宜小，榫肩宽为不少于景石底面宽的 1/3，石榫头的中心必须在安装就位时的重心线上。基座固定的方式适用于珍贵、重要的景石安装配景上。

图 3-80 为置石固定的示意图。

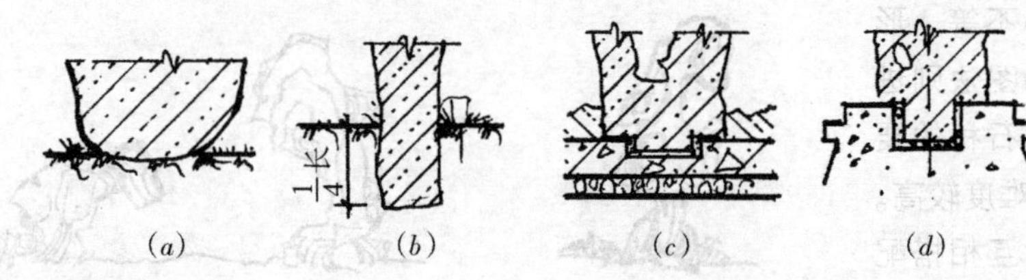

图 3-80　置石的固定
(a) 堆放；(b) 埋入；(c) 基础；(d) 基座

3.7.3　假山

假山是中国园林中主要景观之一，假山是通过人工方法叠石筑山成景，这种造景方式被称为掇山。假山的建造方法有使用天然石材叠筑成全石假山；使用天然石材依靠原有的土堆基体表面铺设成土基石面的假山；使用混凝土与砂浆塑造成人造石的假山等几种。本节所讲的假山，主要为全石假山。

(1) 假山的结构组成

假山的外形、用料虽然千变万化，但其结构一般都分为基础、中层、顶层和山脚几个部分。

1) 基础

基础包括基础主体、拉底二个组成部分及相应的地基。假山如果能坐落在天然岩石地基上，则结构上最为省事，而坐落在土质等地基上，则应进行地基处理和设置相应的基础主体。

基础的做法一般有桩基、灰土基础、毛石基础与混凝土基础几种方法。

北方园林中位于陆地上的假山，多采用灰土基础。灰土基础的宽度应比假山底面宽度放出 500mm 左右；灰槽的深度根据假山的高度而定，并不得少于 500mm。灰土的比例采用 3∶7，灰土的填入高度随假山的高度和重量而定，一般高 2000mm 以下的假山做一步素土，一步灰土；高于 2000mm 的假山用一步素土，两步灰土。

现代的假山多采用毛石砌体或现浇混凝土基础。这类基础适应能力大，能承受较大的山体压力、施工速度快，若配置相应的钢筋，则基础的承受力更大、抗开裂性能强。在地基土坚实的情况下可直接挖槽开坑后做基础主体部分。槽坑的底面应比假山的底面边线外放 500 ~ 600mm，槽坑的土中埋置深度不应小于 500mm。槽坑的底面先铺 50 ~ 100mm 厚的垫层，然后浇筑 C10 ~ C20，厚 150 ~ 250mm 混凝土，水中的混凝土强度等级与厚度应增大，即C15 ~ C20，厚 200 ~ 350mm。当假山的体量不大时，可采用砂浆与细石混凝土砌筑大石块作为基础，并使用 C15 的混凝土对砌石基础封面 50 ~ 100mm 厚。

桩基是一种古老的基础，现在仍在使用，特别在水中建假山或做山石驳岸，经常使用此法。桩使用柏木、杉木或钢筋混凝土制成，截面为 100 ~ 150mm 或 150mm × 150mm ~ 250mm × 250mm，长为 1000 ~ 2000mm，下端制成尖状，打入水下的坚实土层中。桩位以平面梅花形布置，桩边与桩边之间的距离一般为 200 ~ 300mm，桩的设置数量按假山的平面形状、整个体量而定。采用木质的桩身，在湖水底上可露出 150 ~ 800mm，其间以石块嵌紧，再用花岗石等整形石条作压顶，石条应在常年水位线以下，以控制木桩腐烂。对于钢筋混凝土及石质桩，应在桩顶浇筑钢筋混凝土的承桩台板，把各个桩连成一体，并支托整个假山。

拉底是指在基础主体部分的上表面铺设最底层的自然料石，作为假山的底层造型石，术语称为拉底。拉底应打破基础主体部分的规则有形格局，为整个假山的平面造型做好良好的布局。拉底为假山基础的最上部分的结构组成部分，大部分在地面以下，只有小部分露出地表，故可以采用形状好、强度高、没有风化的大石。拉底的结构要求为侧边美观、石块之间咬合紧密、石底垫平，以确保假山山体的稳定性。

2）中层

假山的中层是指底面之上、顶层以下的部分，这部分体量大，占据了假山的主要部分，是最易让人们注意到的部位。同时，也是石材拼叠安装构造中最复杂的层体。

每一块石材，都有其自身的大小、形状、重量、纹理、脉络、色泽等，必须设置在比较合理的位置，以充分发挥自身的材质特点。

石块与石块之间的堆积与拼叠，恰当地应用假山营造的堆叠技法，以达到假山的造型要求。假山的堆叠技法很多，每一种技法的地方术语称呼也不尽相同。图3-81 为主要技法的示意图。

假山的中层结构中，平衡问题特别重要，要充分考虑山石的重心组合，山体的重心不能偏离着力的基础山石，不得存在局部或整体的倒塌危险因素。

3）顶层

顶层是假山最顶上的山石部分。处理假山顶部山石的设计与施工工作，叫做收顶。

顶层是假山立面上最突出、视线最集中的部位。为此，顶层部分要求轮廓丰富，能够表现出假山的风貌特点。从结构上讲，收顶的景石料体量应选用较大者，以便紧凑封顶收顶，形成较坚固的结构体系。

收顶的方式一般有峰顶、峦顶、崖顶、平顶四种类型。峰顶是在山峰的形态上做文章，呈剑状、斧立状、横挑流云状、斜设有动势状，并将峰的数量配置成单峰、双峰、多峰等数种。峦顶一般作山头较圆缓的处理，以体现柔美的特征。崖顶是作山体陡峭的边缘处理，成悬崖绝壁之状。平顶是将山顶作平台式处理，上设亭台、草坪、坐石等小品，作可游可憩的景点。

4）山脚

山脚是指紧贴拉底石外缘部分，后堆叠的山体部分，以形成假山底脚部分的最终造型，或弥补拉底造型中的不足。山脚处理得恰当，能表现出山体的自然效果，增强山体的完美性。

山脚的构造形式有凹进脚、凸出脚、断连脚、承上脚、悬底脚、平板脚形式，在应用中无论选用哪种形式，在外观和结构中，都是整个山体的有机组成部分。

（2）假山山洞

山洞是假山中一个重要的组成内容，其布局、造型、数量、结构也千差万

图 3-81　假山堆叠技法

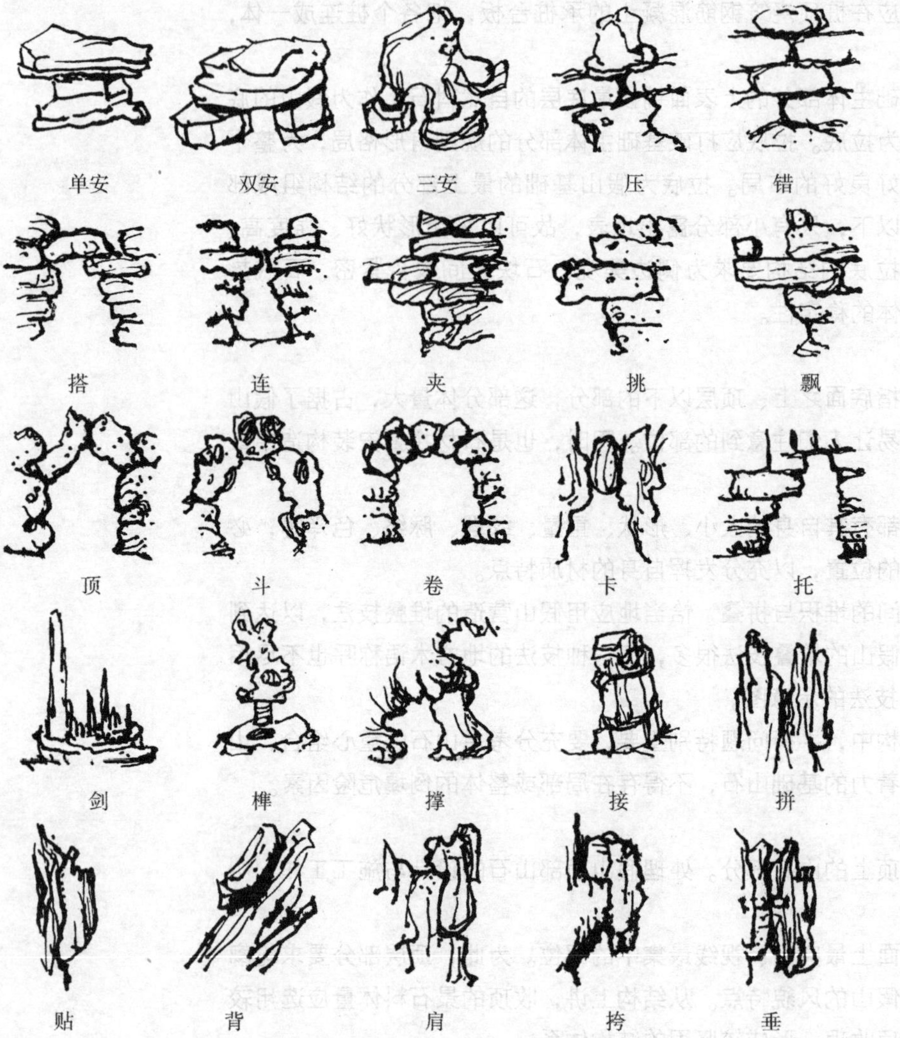

单安　双安　三安　压　错

搭　连　夹　挑　飘

顶　斗　卷　卡　托

剑　榫　撑　接　拼

贴　背　肩　挎　垂

别。按洞的数量分有单洞和复洞两种。单洞是指由一个洞口出入，复洞是指由几个洞口出入。按穴的走向有水平洞和爬山洞、单层洞和多层洞、旱洞和水洞等。爬山洞中有上下坡的设置，多层洞在垂直方向上有如楼层一样的设置，旱洞以形取胜，洞体立面造型讲究精彩，而水洞中设置水景要素。

山洞的构造做法中有梁柱式、挑梁式、卷拱式等几种方式，如图 3-82 所示。

1）梁柱式

一般使用黄石、青石等条形石材，作柱作梁，形成洞柱洞壁洞顶的洞穴。这种方法布置灵活，施工方便，结构结实稳固，但外观易显生硬，人工痕迹明显，需加设铺贴饰面景石，改善洞体的造型效果。

2）挑梁式

挑梁式是指山石出挑，逐渐向洞上上方靠拢，至洞顶用一块巨石合压。在设置石材时，应选用外形有变化、纹理统一有序的料石，以营造一个极富趣意的洞穴。

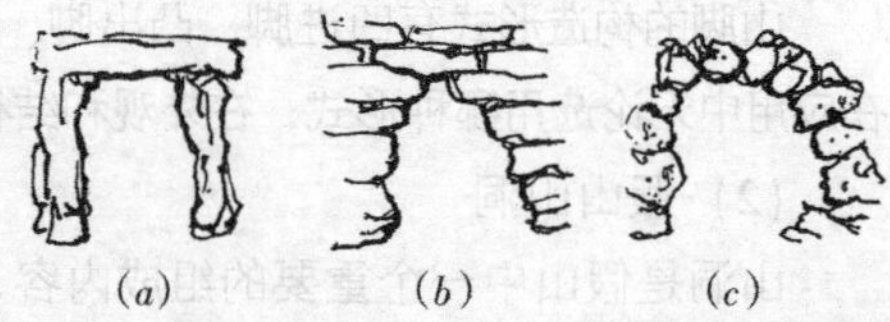

图 3-82　山洞的构造
(a) 梁柱；(b) 挑梁；(c) 卷拱

3）卷拱式

卷拱式是借鉴拱顶的建造原理，使山石间相互挤压，使上层的重力等荷载以环形方向传递到洞底结构上，不会出现梁体断裂、柱体破裂等现象，并容易营造洞穴复杂的内部立面形象。

如果由假山的洞穴中间的某些部件，对外设置各种不同形状的大小孔洞，可以通风透光，而不易进雨水，以增多假山洞穴中的造景元素，丰富洞景的趣味。

（3）假山结构设施

假山的叠造过程中，一般采用以下的几种结构设施。

1）石垫片

假山的堆叠中，每一块每一层都必须平衡。由于大块景石料的外形不规则，必须使用石垫片来控制与支垫，确保每块景石料的稳定。

石垫片是把坚实的山石打制成斧形或楔形等各种形状的小块石料，石质一定要坚实、耐压。石垫片设置在大石块的要害部位，用最少量的垫片确保其稳定。对于大石之间其余空隙，常用一般的小块塞满，并灌以灰浆固定。

2）灰浆

灰浆主要用于填塞大块景石安置稳定之后的空隙，或块石之间的粘结固定。古代采用糯米石灰浆作为块石堆叠砌筑的灰浆，现代常用1：3的水泥砂浆，或1：2：4的水泥、黄砂、细碎石混凝土。使用水泥类的砂浆，必须注意养护条件和要求。

3）加固设施

所谓的加固，是指在山石自身重心稳定的前提下进行的加固，即增加原有的稳定平衡性能。常用的加固设施有银锭扣、铁件及施工中临时支撑等。图3-83为假山山体中的加固设施示意图。

①银锭扣　传统的银锭扣用生铁铸成，现常用方钢制成。大小可按要求进行设计，不受原有的大、中、小三种规格限制。银锭扣主要用于增强景石块之间的水平联系，提高同一层面中的山石整体性。

②铁爬钉　铁爬钉用熟铁或扁钢制成，用于加固水平和垂直方向的联系。铁爬钉形如钉书钉，长约100～800mm，厚60～70mm，宽60～100mm，两端垂直弯曲，分别插入垂直或斜向槽内，深约50～100mm。

③铁扁担　铁扁担用高强度的钢板或铁板制成，其外形与铁爬钉相似，但尺寸大且两端翘起，宽150～200mm，厚约60mm，其具体的长、宽及翘头的长度规格尺寸按实际要求而定。铁扁担一般用于山洞、悬岩的堆叠构造中。

④吊架　吊架有马蹄形、叉形两种形式，用于加固铺设装饰类景石，以改善

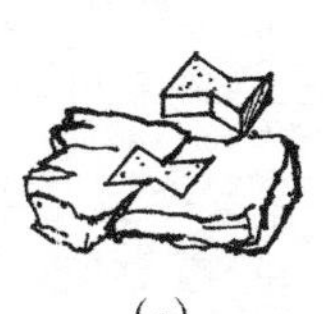
(a)

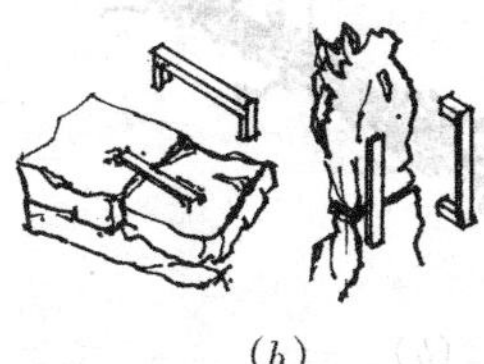
(b)

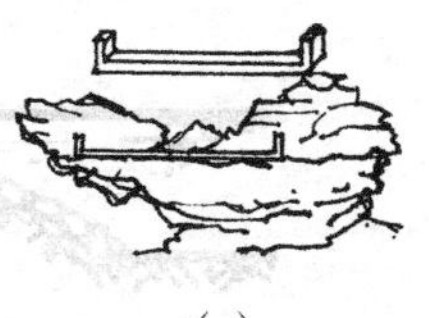
(c)

(d)

图3-83　加固措施
(a) 银锭扣；(b) 铁爬钉；(c) 铁扁担；(d) 吊架

山体或山洞的面观形态。吊架使用型钢制成，其形状及大小根据实际情况而定。

（4）假石的叠缝处理

假石堆叠成形后，必须对叠缝进行构造处理，以增强假山的整体强度和营造外观的欣赏效果。

假山堆叠中的内部块石之间的缝隙，现在一般使用小粒块石与水泥砂浆或细石混凝土填塞密实，并要求每堆叠一层时同时进行填塞。

假山堆叠中的外观缝隙，应进行清缝与勾缝的工艺处理。清缝即通过冲洗、剔除等方式，理出景石料的自然缝隙。勾缝则通过清缝、开缝、加抹灰浆等方式，对石块之间的堆叠缝隙处理成自然状态下的缝隙状态。

现代勾缝的材料是由1∶3的水泥砂浆，并调制成与景石料外观颜色相似的浆料。

3.7.4 护坡、驳岸与挡土墙

（1）护坡

护坡是保护地形坡面，防止雨水径流冲刷、风浪拍击对岸坡破坏的一种构造措施。在土层斜坡45°以内适宜采用护坡的措施，能够达到防止滑坡，保证岸坡稳定，产生自然亲水的景观效果。

护坡的做法一般有草皮护坡、灌木护坡、铺石护坡等几种，应按照坡地的土质、坡地的坡度、径流的情况而合理选用。

草皮护坡适用于坡度在1∶5～1∶20之间的湖岸缓坡。草皮可条形设置，沿水平方向铺设，较多选用全铺，也可以采用播种方法形成草坪。可用耐水湿、根系发达、生长快、生存力强的草种，例如假俭草、狗牙根等品种。为了增强草皮的护岸固砂能力，有时在坡地上先铺设带有孔洞的混凝土预制块，或间铺小型块材，之后在块材孔洞或块材之间的空缝中栽种草被植物。图3-84为草皮护坡的示意图。

灌木护坡适用于大水面旁的平缓坡岸。可用沼生植物，或耐水灌木，选用速生、根系发达、株矮常绿等树种。有的地区选用柳条进行编结压条或粗柳扦插的栽种而成。图3-85为灌木护坡的示意图。

铺石护坡适用于坡岸较陡，风浪较大，或造景需要设置的坡岸。护坡的石料应为吸水率低、密度大和有较强的耐水抗冻性的石材，如花岗石、石灰石、砂等。铺石护坡有单层块石、双层块石、设置反滤垫层的护坡等几种。图3-86

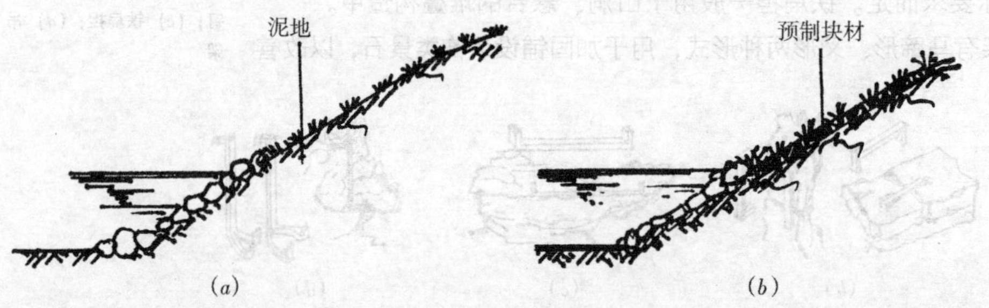

图3-84　草皮护坡构造
(a) 实地铺设；(b) 有孔块体

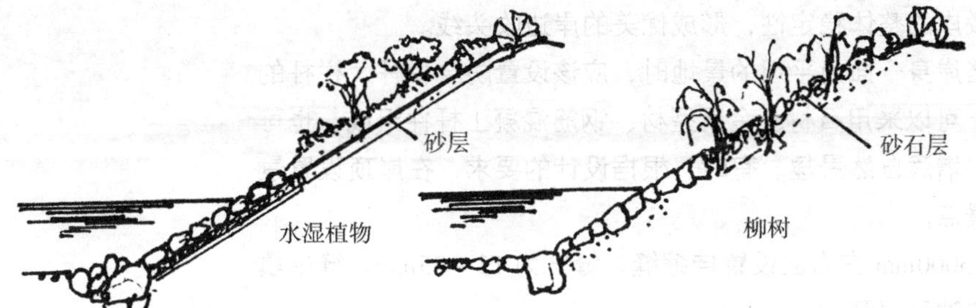

图 3-85　灌木护坡构造

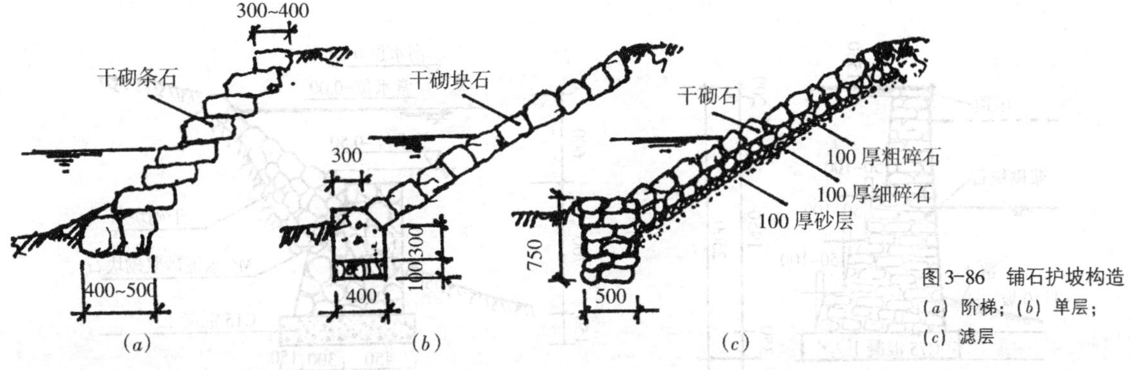

图 3-86　铺石护坡构造
(a) 阶梯；(b) 单层；(c) 滤层

为铺石护坡的几种构造做法。

为了减少或消除湖、河水对水中坡岸的冲刷影响，在水中坡岸处有时也设置相应的保护构造层，多采用块体材料铺砌而成。

(2) 驳岸

驳岸是一种单面临水的挡土设施，是支持和防止岸体坍塌的构筑物。它能保护水体岸坡不受冲刷损害，维系陆地与水面的界线，营造特殊的岸线景观层次。

驳岸的构造一般分为基础、堰身和压顶三部分，如图 3-87 所示。

基础是驳岸的承重部分，驳岸的基础要求坚固，埋入水底土中的深度不得小于 500mm，基础的宽度应视土质与驳岸的高度、驳岸的自重等因素而定，一般情况基础宽度为埋置深度 3/4。基础常用浆砌毛石或 C10 ~ C20 的混凝土做成。当地基不良，或有特殊设计要求，可以做桩基础。桩材选用钢筋混凝土预制桩或耐水防腐蚀的柏木、杉木桩。桩顶应埋入含水土中，上做承桩台板（带），以便安置堰身。

图 3-87　驳岸的构造组成

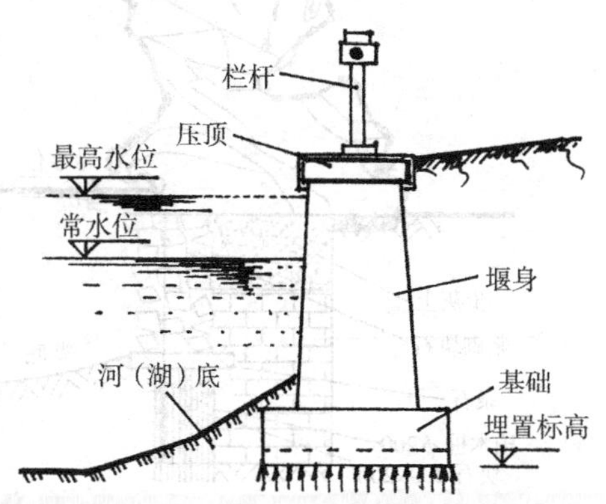

堰身是驳岸的主体部分，承受自身的垂直荷载、水压力与水冲刷力、身后土侧压力等，并以此确定堰身的厚度。堰身的高度，即堰身的上部设置标高，以水面的最高水位与水的浪高来确定。岸顶一般高出 250 ~ 1000mm，水面大、风浪大时可高出500 ~ 1000mm，反之则小些。堰身可采用浆砌块石、现浇混凝土或现浇钢筋混凝土做成。

压顶为驳岸的最上部分，常用钢筋混凝土做成，高为 200 ~ 250mm，宽为300 ~ 400mm，也可以使用方整石材做成，主要为增强驳岸的整体稳定性，形成优美的岸边收头线。

在驳岸的上部，当岸身一面为平坦的景地时，应该设置防身栏杆，栏杆的高度为 800 ~ 1200mm，可以采用石材、金属型材、钢筋混凝土杆件组成，也可进行仿竹仿木处理，以增添自然景趣。有时，根据设计的要求，在岸顶设置景石，营造假石之类的景点。

对于驳岸，每隔 15000mm 左右应设置伸缩缝，缝宽为 15 ~ 25mm，缝中填塞油膏或以二至三层的油毡隔开。

图 3-88 为驳岸的几种实例。

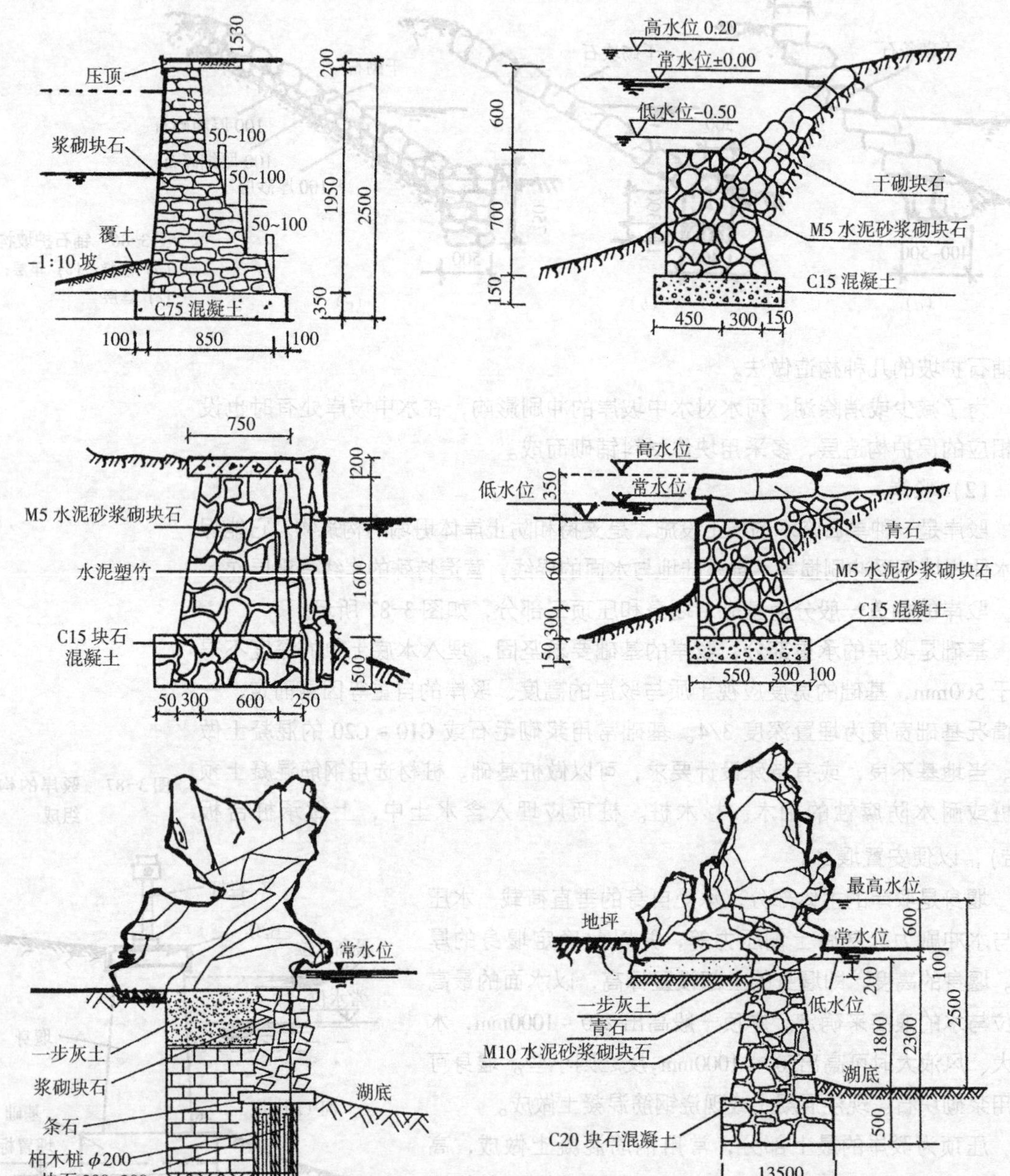

图 3-88　驳岸剖面构造图

(3) 挡土墙

挡土墙的主要功能是在较高地面与较低地面之间充当泥土阻挡物，以防止陡坡坍塌。同时，在园林中可以作为一种造景的措施。

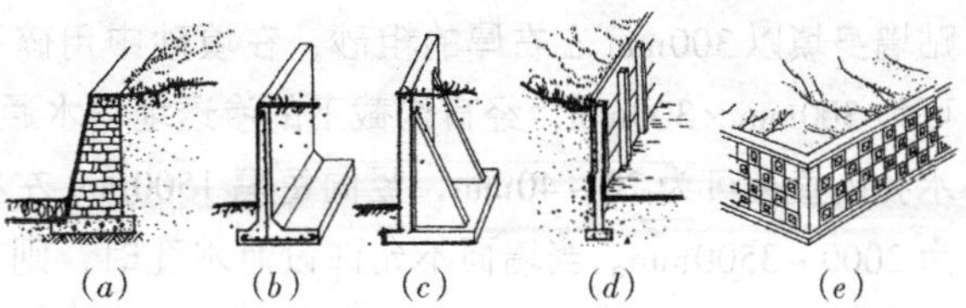

(a)　(b)　(c)　(d)　(e)

图 3-89　挡土墙的结构类型

(a) 重力式；(b) 悬臂式；(c) 扶垛式；(d) 桩板式；(e) 砌块式

挡土墙的建造材料为砌体块材（毛石、块石、砖、预制砌块)、混凝土与钢筋混凝土、木材等。挡土墙的结构类型有重力式、悬壁式、扶垛式、桩板式、砌板式等多种，如图 3-89 所示。一般常应用重力式挡土墙。

挡土墙的构造组成部分主要有基础、墙体、墙头、排水系统，如图 3-90 所示。挡土墙的断面形式因其结构类型不同而有较大的差别，对于重力结构类型，如图 3-91 所示的几种形式。

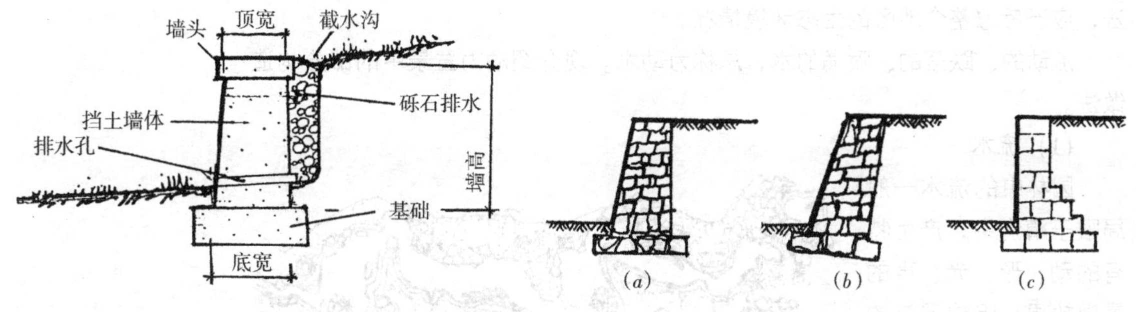

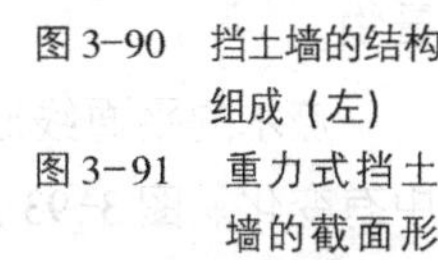

图 3-90　挡土墙的结构组成（左）

图 3-91　重力式挡土墙的截面形式（右）

(a) 直立式；(b) 倾斜式；(c) 台阶式

挡土墙的基础、墙身、墙头的构造要求，基本上同驳岸的构造相同，并在长度方向每隔 15000mm 左右同样应设垂直变形缝。

挡土墙后土坡的排水系统，对于维持挡土墙的稳定十分重要。挡土墙排水系统中应考虑地面水和土中渗透水两部分。

对于地面水的排除，可以采用种植草皮、黏土 200 ~ 300mm 厚的填铺、或做浆砌毛石、现浇混凝地面进行密封处理，并设置相应的坡度或明沟以排除积水。

对于土中的渗透水，可以在墙身的后部设置砂砾渗水层，通过排水暗沟、泄水孔将渗透积水排至墙外。

图 3-92 为排水系统的构造简图。对于排除渗透水的构造处理，可以在紧

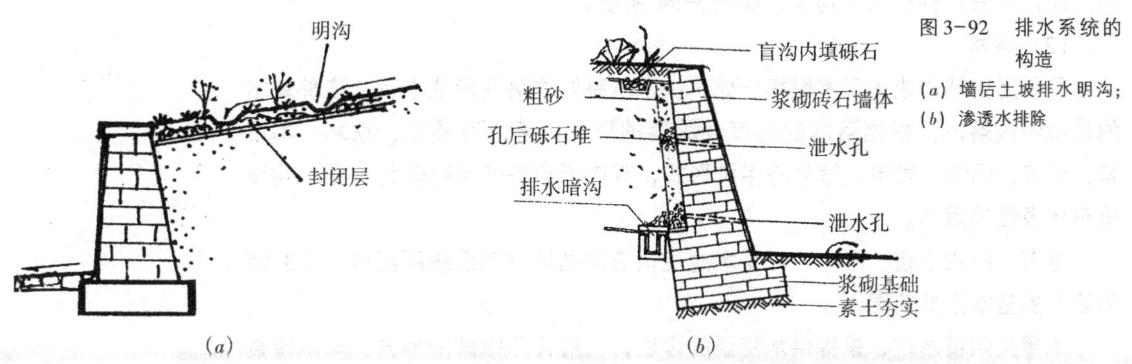

图 3-92　排水系统的构造

(a) 墙后土坡排水明沟；(b) 渗透水排除

贴墙身填以300mm左右厚的粗砂，在填砂中用碎石做排水盲沟，盲沟的截面可为300mm×300mm，经盲沟截下的渗透地下水通过墙身中的泄水孔排出。泄水孔的直径可为20~40mm，竖向每隔1500mm左右设一个，水平方向的间距为2000~3500mm。当墙面不允许设泄水孔时，则在墙身背面采用砂浆或贴面防水构造措施，在墙脚设排水暗沟将渗透水由盲沟引入后排至墙外。

3.7.5 动水致景的构造

园林水景的水，可以归纳为平静的、流动的、跌落的和喷涌的四种基本类型。平静的一般包括湖泊、水池、水塘等，水流形象不明显，水面受风而起波。一般对岸边进行相应的保护与造景处理，例如前面所述的护坡、驳岸等构造做法，对于渗透现象严重、或缺水地区，还应对水底泥层采取隔离层或加密加实的构造措施，以减少水量的渗透损失。当然，采用大面积的水底隔离做法，应当考虑整个地区的生态环境情况。

流动的、跌落的、喷涌的水，总称为动水。现介绍动力置景中的部分构造做法。

(1) 流水

园林中的流水一般局限于槽沟中，产生特有的动、形、光、声的景观效果，组成溪涧的景物。

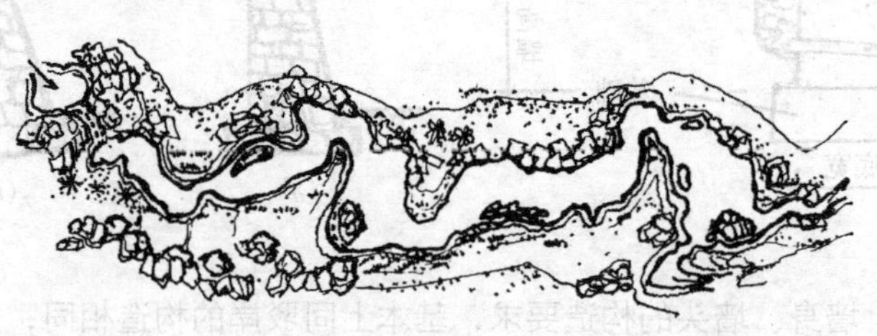

图3-93 流水道线形的平面布置

流水的平面线形一般曲折流畅，水面的宽窄有变化，两岸线的组景，协调中有变化。图3-93为流水线形的某个实例。

流水的上游坡度宜大，下游宜小，在坡地上坡度宜大，在平地上宜小，给水多则坡度可大，给水少则坡度宜小。在流水坡度大的地方宜放置圆石块或卵石，坡度小的地方宜放置砂砾。水流的深度一般在300mm左右。

流水道的横截面构造处理，应根据所处位置的土质而定。对于土岸，岸坡度宜较小，若为黏重不会崩溃的土壤，则可在岸边培植细草。对于土质松软易被水流冲刷的岸边，可做圆石堆砌的护坡。对于土质很差，水流冲刷作用很大的土质，可采用构筑人工沟岸，如图3-94所示。

(2) 落水

凡利用自然水或人工水聚集一处，供水从高处跌落而形成水带，这种置水的景观叫做落水。根据落水的高度及跌落的形式，落水有瀑布、跌水、水帘幕、溢流、泻流、管流、壁泉等多种形式，其中瀑布是使用得较为广泛，构造最有代表性的落水。

瀑布一般由水槽、出水口、受水池及相应的循环水流系统所组成。图3-95为瀑布的基本组成简图。

水槽又叫蓄水坑，是提供水资源的设施，一般设于隐蔽的地方，与水源直

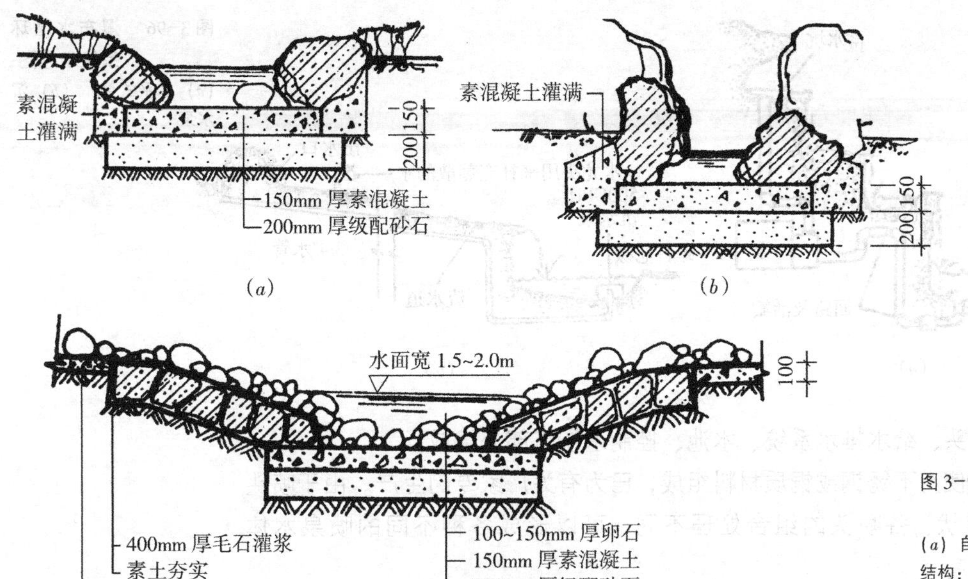

图 3-94　人工流水道沟岸

(a) 自然山石草块小溪的结构；(b) 峡谷溪流的结构；(c) 卵石护岸小溪的结构

接相通，并具有相当的水量不间断地充入。

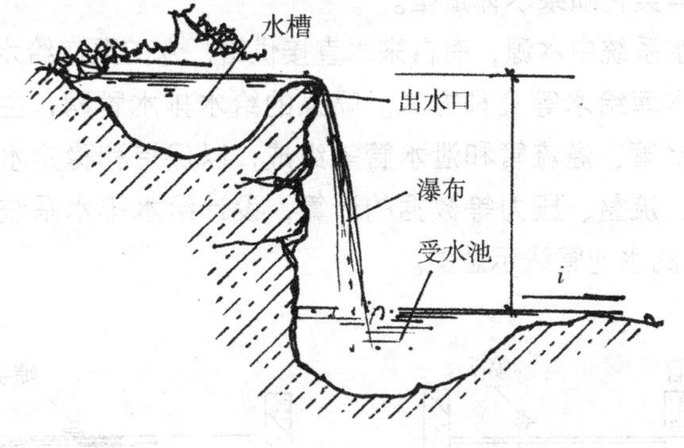

图 3-95　瀑布的构成

出水口有时叫做水挡，是决定瀑布造型的主要设施。出水口应设在景点视野的中上方，并可以树木及景石进行布景处理。出水口一般由坚硬耐冲刷的岩石制成，加设青铜或不锈钢堰唇，可使落水口平整光滑。瀑布面的内壁可用混凝土或钢筋混凝土做成，并用景石料装饰所有的可见面。瀑布的两侧，宜布设景石或树木，以增进瀑布的艺术美观。

受水池又叫受布潭，以接受和消耗水流倾泻而下的冲击力。天然瀑布的落水处多为一个深潭，人造瀑布受水池的深度一般以落水不发生飞溅为准，其宽度为瀑身高度的三分之二以上。

瀑布循环水系统用于人力水源的造景方法中，以使用水泵抽取受水池中的水至蓄水坑中，达到循环用水的目的，如图 3-96 所示。

（3）泉水

泉水是水压力的作用下从孔隙中挤落出水的一种水景形式。常见的有壁泉、山泉、水底泉、喷泉等几种形式。壁泉是水从岩壁、墙壁中的各个结构裂缝或砌筑孔隙中涓涓流出的水景。山泉是从天然山石裂缝流出滴滴细水的水景。水底泉是从池底基层中流出水流，微微冲击既有水体的水景。喷泉是利用压力使水从孔中喷向空中，再自由落下的一种人造水景。现主要介绍喷泉的构造做法。

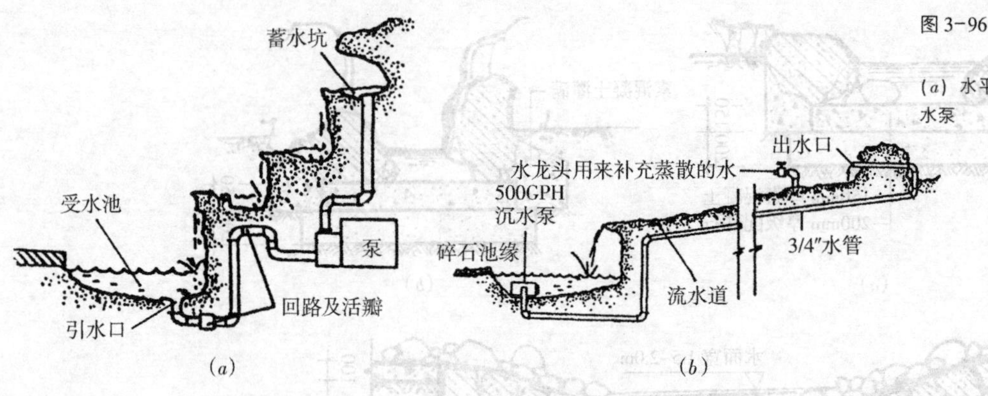

图 3-96 瀑布水循环系统示意图
(a) 水平式泵；(b) 沉水泵

喷泉由喷头、给水排水系统、水池、控制系统等部分组成。

喷头一般使用不锈钢或铜质材料组成，已为有关厂家专门生产。由于喷头喷口的断面形状、各喷头的组合处理不同，可以形成各种不同的喷泉水体造型。

水池是喷泉用水的储存设施，并作为喷头等设备安装的支承体。水池一般采用钢筋混凝土结构做成，并开设进水孔、排污孔、泄水孔，外表面常作贴面装饰处理，以衬托与美化喷泉水体造型。

喷泉的给水排水系统中水源，有自来水直接供给、专门泵房给水、潜水泵循环供水、高水位水库给水等几种方式。喷泉的给水排水管网，主要由进水管、配水管、补充水管、溢流管和泄水管等组成，以保持和稳定水池中的水位。应该通过水量、流量、压力等数据的计算，设计给水排水系统的设备配置。图 3-97 为喷泉的水池管线示意图。

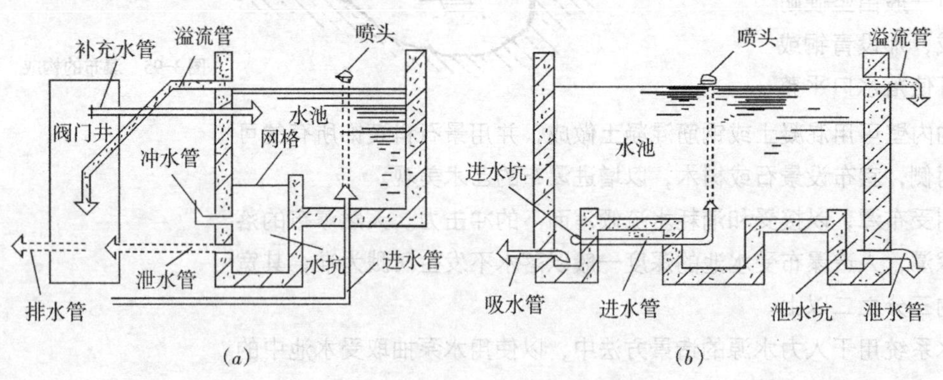

图 3-97 水池管线示意图
(a) 阀井式；(b) 集中式

喷泉的控制系统的功能是对喷泉的水量、时间和水体造型的控制，其控制方式有手阀控、继电器控和音响控三种。手阀控即在进水管上安装手工控制阀，以此来调节各管段中水的压力和流量，以形成所需的喷泉水体造型。通过继电器控制时间顺序、彩色灯、相应电磁阀的启闭，从而可以实现自动变换各种水体造型的设计目的。音响控制是利用声音来控制喷泉水体造型变化的一种自动控制，其原理是将声音信号转变为电信号，经放大等其他的处理后，以此控制相应水路上的电磁阀的启闭，从而控制喷头喷水的通断或大小，形成随乐声的不同而水体形状发生变化的喷水景观。

■本章小结

1. 景墙由基础、墙体、顶饰、墙面饰、墙门、窗洞等部件组成。地基不良要进行处理，基础除了确定结构形式之外，应该确定埋置深度和底面宽度或大小。墙体是景墙的骨架部件，墙体的高度一般为2200~3200mm，并可在中间设置墙垛。顶饰是景墙最上部的装饰部件，在墙垛上端可以设置独立的装饰构造物。墙面饰是景墙主要的饰面构造处理，一般有勾缝、抹灰、贴面等处理方式。墙洞口的装饰构造与洞口的形状有较大的关系。门洞口一般做线脚抹灰、贴面处理，窗洞口一般有镶嵌窗、漏窗、夹樘等几种做法。景墙上一般设置温度变形缝、沉降缝。

2. 园路按受力情况分为柔性与刚性两种，园路由路基和路面两大部分所组成。路基主要承受荷载，路面由垫层、基层、结合层、面层组成。园林中使用得较多的为整体路面、块料路面、颗粒路面、花式路面等几种。道牙、雨水井、礓礤是相应配套的构造设施。铺地的构造做法基本上与园路相同。

3. 梯道与楼梯一般均由踏步梯段、平台、栏杆三部分组成。梯段的宽度、踏步的高度与宽度、栏杆的高度一般都按使用功能所确定，并根据所处室外特点采取相应的构造措施。梯道一般指设置踏步的道路，常用混凝土、石材、砖材及其他铺装材料做成所要求的各种梯道。园梯的结构与一般房屋建造中的楼梯相同，但应注意结合室外特点进行相应的构造处理。滑梯的构造处理中应注意安全性。

4. 花架的类型一般按平面形状、组成材料、结构受力体系进行分类。一般在园林中常用的有竹木、砖石、混凝土、钢筋架等几种。木坐凳是花架中重要的配套设施。

5. 廊一般有基础、柱与墙、屋顶、装饰与坐凳等部件组成。廊的开间、宽度、檐口高度一般不大，屋顶采用平顶、坡顶、卷棚等形式，并在屋顶下一般不做吊平顶。廊地面常作铺装处理，靠近水边或临空的廊边应设置栏杆。

6. 亭从立面上分析由台基、柱身、屋顶三部分组成。台座一般为围合实体组成物，并做地面铺装。亭的柱可由木材、钢筋混凝土、型钢、砌筑块材等材料组成。屋面的用料和结构方式，直接影响了相应的构造处理方法。园林中使用的传统亭有歇山卷棚亭、伞法构架亭、大梁法亭、扒梁法亭、石亭、石木混合亭、竹亭等；现代亭有钢筋混凝土仿传统亭、平板亭、构架亭、软体结构亭等多种类型。

7. 石景、水景的基本概念和一般特点。园林常用置景石材有湖石、黄石、黄腊石、青石、石等几个品种。置石用料的选择标准。置石中对置、散置、特置、群置的方法。置石中景石的固定构造方法。假山的概念与类别，假山的基础、中层、顶层、山脚的构造做法。假山山洞的梁柱式、挑梁式、卷拱式的构造特点，假山结构设施的要求与使用，假山堆叠缝的构造处理方法。护坡、驳岸、挡土墙的作用与基本构造要求，相应的一般构造做法。动水致景的概念和类别，流水、落水、泉水的构造处理。

复习思考题

1. 如何确定景墙中基础的宽度与埋置深度？
2. 景墙的高度与宽度一般为多少？墙垛设置的作用是什么？墙垛的间距如何确定？
3. 说明抹灰墙顶装饰的一般构造做法。
4. 什么叫做勾缝？勾缝有哪几种构造做法？
5. 什么叫做什锦窗？什锦窗中的漏窗花饰如何做成？
6. 在景墙中，温度缝与构造缝在构造上有什么区别？
7. 说出园路的剖面构造图以及相应的要求。
8. 说明混凝土整体路面的构造做法。
9. 卵石路面的构造特征有哪些表现？
10. 什么叫做竖木路面？说明其构造做法。
11. 什么叫铺地？铺地设计中有什么要求？
12. 什么叫梯道？梯道由哪几个部分所组成？
13. 园梯有什么要求？
14. 花架上部的结构形式、垂直支撑方式各有哪些类型？
15. 说出花架的高度、柱间开间、坐凳高度的尺寸范围。
16. 廊由哪些部件所组成？各起什么作用？
17. 什么叫挂落？它起到什么作用？
18. 临水临空的栏杆起什么作用？可以使用哪些材料做成栏杆？
19. 什么叫做亭的台基？它起到什么作用？
20. 亭的梁架如何组成？起到什么作用？
21. 什么叫做钢筋混凝土仿亭？一般有哪些类别？
22. 宝顶起什么作用？美人靠设置在什么地方？一般有哪几种构造做法？
23. 构架亭有什么特点？一般使用哪些材料做成构架？
24. 园林造景的石材有哪几种？各有什么特色？
25. 什么叫做置石造景？如何固定置石造景的景石？
26. 假山由哪几个构造部分组成？各起什么作用？
27. 护坡、驳岸与挡土墙的结构特点是什么？
28. 喷泉由哪几个部分所组成？各起什么作用？

第 4 章　园林建筑材料与构造实训

4.1 园林建筑材料的认识

4.1.1 实训目的

通过对材料样品的外观观察，知道材料的外观特征，了解相应材料的使用范围，掌握识别材料的基本方法，懂得区分材料品种的一般特征。

4.1.2 实训材料与设备的准备

(1) 检测样品

①园林建筑常用的石材样品。②常用木材的树种与相应规格的样品。③常见装饰材料的样品。

(2) 操作台与检测量具

4.1.3 实训步骤

①目测材料样品的外观性质。②用测具检测材料的外形、几何尺寸。③按照样品的编号，书写样品检测报告，写出相应的名称、外观特征、几何尺寸，指出相应的材料用途。④样品归放至原处。

4.1.4 实训注意事项

①注意安全，防止砸伤弄破手脚。②轻放轻拿，防止样品损坏。

4.2 中式半亭抄绘

4.2.1 实训目的

通过对图4-1所示的中式古典半亭的抄绘，了解此类建筑的一般构造组成，知道有关构件（杆件）的功能情况，掌握中式古典亭类建筑构造特点。

4.2.2 抄绘内容

以1∶20的比例，抄绘图4-1所示的平面仰视剖面图，或以1∶15的比例抄绘剖面图，建议采用3号或2号厚质绘图纸。

在抄绘中，必须根据剖面线、投影线、尺寸线等不同情况，选择恰当的线型画出，注意各种图例的使用。

4.2.3 抄绘步骤

①阅读图4-1的内容，了解实习抄绘的目的、内容与要求。②根据比例和图幅的大小，依靠地平线和墙身中心线定出图面的位置，进行图面布局。布局中图面应处于图纸的中间位置。③按图4-1中的样图，用淡而细的铅笔稿画出所有内容。④使用深色线条绘制正图（可用铅笔或墨线笔），并正确应用各种

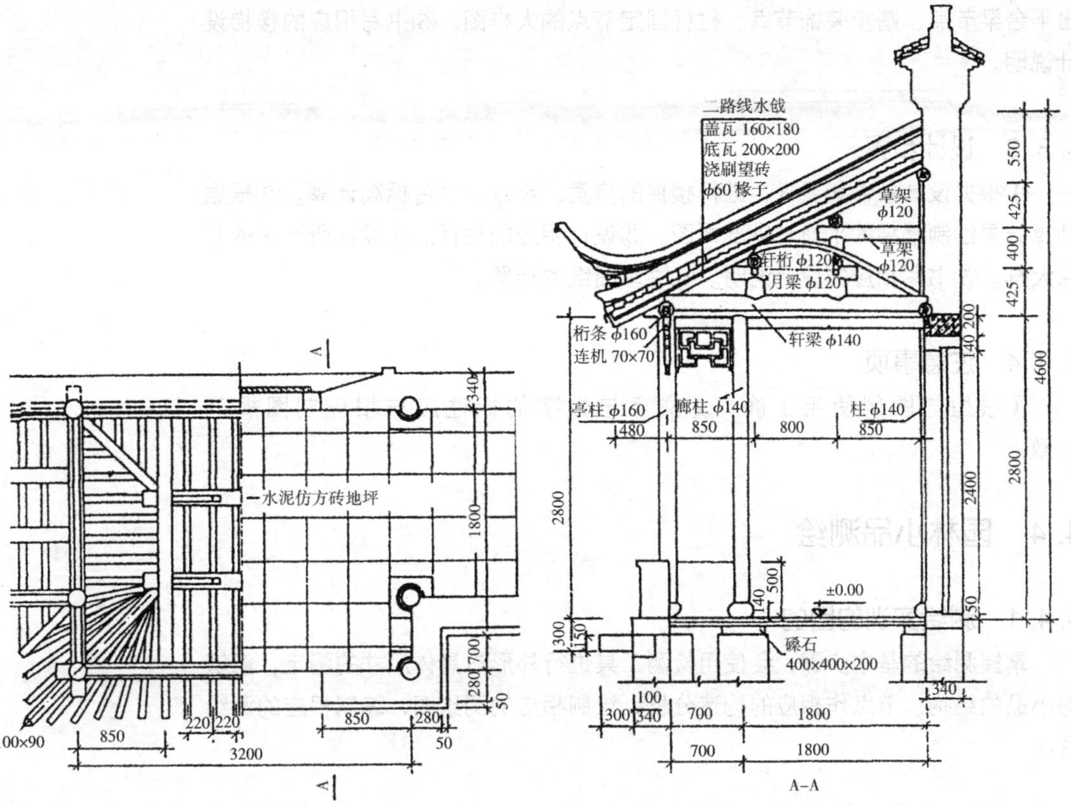

线型和图例对相应内容的表示。⑤用标准字体书写相应的文字说明，并标出有关的尺寸。⑥书写图标，对图纸进行最后的修整和清洁处理。

图 4-1　半亭范围
(a) 平面图与仰视图；(b) 剖面图

4.3　楼梯设计

4.3.1　设计目的

能够进行楼梯的简单构造设计，知道楼梯各部件的构造要求，会绘制楼梯的建筑图。

4.3.2　设计条件与要求

①图 4-2为楼梯设置的位置图，层高为3200mm。②设计现浇钢筋混凝土双跑板式楼梯，踏步高为 160mm，梯板与平台板厚150mm，平台梁截面为高 350mm，宽250mm。③以 1 : 50 的比例，画出楼梯底层、二层平面图，楼梯纵向剖面图，并反映楼梯栏杆的设置情况。④以 1 : 10 的比例画

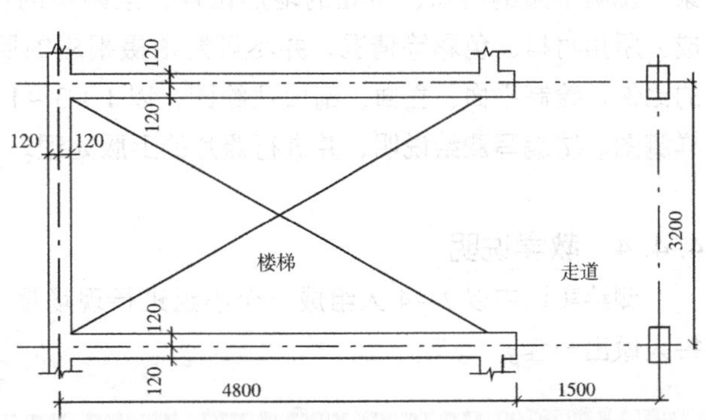

图 4-2　楼梯平面位置

出平台梁节点、踏步装饰节点、栏杆固定节点的大样图。⑤书写相应的楼梯设计说明。

4.3.3 设计步骤

①根据设计条件和要求，进行楼梯的步宽、步数、平台标高计算。②根据计算结果绘制楼梯的平面与纵剖面图。③设计相应的栏杆。④设计所要求的节点大样。⑤书写相应的设计说明。⑥书写图纸的标题。

4.3.4 注意事项

①线型与图例使用正确。②文字与数字的标注应与相应制图规范一致。

4.4 园林小品测绘

4.4.1 测绘实训的目的

掌握测绘的基本步骤，会使用检测工具进行外形与具体尺寸的测定，能够对小品的结构、节点作相应的构造分析，绘制相应的测绘图，编制相应的测绘说明。

4.4.2 测绘实训的准备

①确定测绘的对象，可选择园林大门、景桥、现代亭、园林雕塑等园林建筑小品。②相应的量测具：主要为各种量具。③测绘记录板：用以临时固定测绘记录纸。

4.4.3 测绘实训的步骤

①踏勘现场，了解测绘对象的概况，初步确立实测的操作步骤。②画出小品的平面草图，进行平面形状和尺寸的测定。③画出小品的立面（一般为东、南、西、北四个立面）草图，进行立面形状与尺寸的测定。④画小品的节点草图，进行相应的形状与尺寸检测，进行有关的构造分析。⑤记录相应的观察印象，说明小品的特点、所处的地形位置、景园中的作用、结构形式、构造组成、所用材料、色彩等情况，并尽可能拍摄相应的照片。⑥以1∶10～1∶50的比例，绘制平面、立面、剖面测绘图，以1∶3～1∶5的比例，绘制节点大样测图。⑦编写测绘说明，并进行照片的上版处理。

4.4.4 教学说明

测绘实训中以2～4人组成一个小组进行现场量测，测绘图纸与说明，应每人做出一套。

4.5 现代亭构造设计

4.5.1 实训目的

综合应用学到的知识，提高园林建筑的构造处理能力，培养构造设计能力。

4.5.2 设计实训的任务

按图4-3所示，某现代亭的建筑设计方案的造型与基本尺寸，按照砖基础、钢筋混凝土屋架结构、水泥或石材坐凳、石材地坪装饰的构造设计要求，进行以下内容的构造设计：

（1）基础部分

（2）柱

（3）屋盖

（4）坐凳

（5）地坪与踏步

（6）构造设计说明

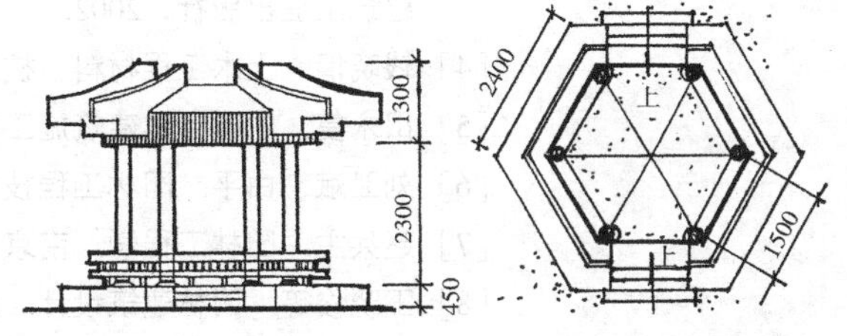

图4-3 亭建筑方案图

4.5.3 设计实训的要求

绘制相应图纸，标明相应的材料、尺寸与规格，说明相应的工艺操作要求。

4.5.4 教学建议

①可以根据教学时间的多少决定构造设计的深度或工作量。②可以采用大比例纵向剖面图的方式做此设计，或采用各组成部件（例如：基础、柱、屋盖、踏步与地坪、台阶、坐凳等）做此设计。③可以由2～3人组成一个小组完成整个亭的构造设计任务。

参考文献

[1] 中国新型建筑材料公司，中国建材工业技术经济研究会新型建筑材料专业委员会. 新型建筑材料实用手册. 第二版. 北京：中国建筑工业出版社，1992.

[2] 李继业. 建筑装饰材料. 北京：科学出版社，2002.

[3] [英] 阿伦·布兰克. 园林景观构造及细部设计. 罗福午，黎种译. 北京：中国建筑工业出版社，2002.

[4] 钱晓倩. 土木工程材料. 杭州：浙江大学出版社，2003.

[5] 田永复. 中国园林建筑施工技术. 第二版. 北京：中国建筑工业出版社，2003.

[6] 刘卫斌、白平. 园林工程技术. 北京：高等教育出版社，2006.

[7] 赵兵主. 园林工程学. 南京：东南大学出版社，2003.

[8] 王晓俊等. 园林建筑设计. 南京：东南大学出版社，2003.

[9] 唐学山等. 园林设计. 北京：中国林业出版社，1997.

[10] 吴为廉. 景园建筑工程规划与设计. 上海：同济大学出版社，1996.

[11] 刘福智等. 景园规划与设计. 北京：机械工业出版社，2003.

[12] 袁海龙. 园林工程设计. 北京：化学工业出版社，2005.

[13] 孙俭争. 古建筑假山. 北京：中国建筑工业出版社，2004.